茶文化的宝典　爱茶人的必备

中国茶一本通

徐馨雅/编著

中国华侨出版社

图书在版编目(CIP)数据

中国茶一本通 / 徐馨雅编著. -- 北京：中国华侨
出版社, 2017.7

ISBN 978-7-5113-6935-2

Ⅰ.①中… Ⅱ.①徐… Ⅲ.①茶文化－中国 Ⅳ.
①TS971.21

中国版本图书馆CIP数据核字（2017）第153449号

中国茶一本通

编　　著：徐馨雅

出 版 人：方　鸣

责任编辑：待　宵

封面设计：韩立强

文字编辑：朱立春

美术编辑：李丹丹

经　　销：新华书店

开　　本：720mm×1020mm　　1/16　　印张：30　　字数：790千字

印　　刷：北京鑫海达印刷有限公司

版　　次：2017年9月第1版　　2017年9月第1次印刷

书　　号：ISBN 978-7-5113-6935-2

定　　价：48.00元

中国华侨出版社　　北京市朝阳区静安里26号通成达大厦3层　　邮编：100028

法律顾问：陈鹰律师事务所

发 行 部：(010) 58815874　　　传　　真：(010) 58815857

网　　址：www.oveaschin.com

E－mail：oveaschin@sina.com

如果发现印装质量问题，影响阅读，请与印刷厂联系调换。

从神农尝百草起，茶历经无数个朝代，也见证了历代的荣辱兴衰，因而具有悠远深邃的底蕴和内涵。茶不仅仅是人们用来解渴的饮品，同时还包含了中国人细腻含蓄的思维与情感，因此茶在人们的生活中是不可或缺的。于是，研究茶，学会识茶、泡茶、品茶，体会茶艺和茶道的魅力，感悟中国茶文化的丰富内涵，便成了爱茶之人研习的基本"功课"，也是一种乐在其中的享受。

要识茶鉴茶，就要了解其源流、种类、品质、功效、保存方法等。对茶种类的了解十分重要，我国有上千个茶叶品种，可以归为绿茶、红茶、黄茶、白茶、乌龙茶、花茶等几大类，每种都有其独特的品质与特点，只有了解了这些，才能更好地冲泡及品饮。一般来说，一种茶的品质好不好，可以从外形、叶底、汤色和滋味等方面来加以鉴别。

泡茶是中国人的发明，中国人由最开始的以茶为食、以茶为药材，一步步发展成冲泡茶叶，其中经历了无数摸索的过程。同时，泡茶带动了茶具、茶道和茶艺的发展。泡茶的讲究，体现在茶叶、器具、水、冲泡方法等各个方面。不同的茶叶有着不同的甄别方法，在众多优劣不一的茶叶中择取品质最好的，这样冲泡出的茶才具有极致的味道；好茶配好器，若泡茶的器具太过简陋或是对这些器具使用方法错误，那么得到的茶汤也自然算不得极品；并不是所有的水都适合泡茶，并且不同茶叶所需要的水温也各不相同，只有对水有充分的了解和认识，才能让茶与水相得益彰；当一切材料准备得当后，讲究一定的冲泡方法，在每个环节和步骤都做到准确无误，才能确保得到最优质的茶汤。

品茶不仅是品茶汤的味道，同时也是一种极优雅的艺术享受，或是一种修身养性的手段。品茶首先讲求的是观茶色、闻茶香、品茶味、悟茶韵，这四个方面都是针对茶叶茶汤本身而言，也是品茶的基础；其次，品茶的环境也是不可忽视的，自古以来的名人雅士都追求静谧的品茗环境，从而达到最佳的饮茶效果；另外，品茶还重视心境的要求，它需要人们平心、静气、禅定，在茶香袅袅中，在唇齿回甘中，获得一种从未有过的精神享受。由这些，才发展出了中国人独特的茶道和茶艺。据考证，茶道始于中国唐代，中国茶道的四谛是"和、静、怡、真"。茶艺有广义和狭义之分。广义的茶艺是指研究与茶叶有关的学问，例如茶叶的生产、制造、经营、饮用方法等一系列原则与原理；狭义的茶艺是指如何冲泡出一壶好茶的技巧以及如何享受一杯好茶的艺术，也就是整个品茶过程中对美好意境的追求。

至于茶与茶人茶事茶典、与文学作品、与书法绘画等各种艺术形式，更是有着千丝万缕的联系，它们共同成就了中国源远流长的茶文化，值得我们一代代学习和传承。

总之，这是一本集识茶、鉴茶、泡茶、品茶、悟茶道、学茶艺、传承茶文化于一体的精品茶书，分为茶的源流及发展、茶的分类及区域分布、泡茶的学问和技巧、中国茶道与茶艺、丰富多彩的茶文化几大部分，将与茶相关的精彩内容一一呈现，带大家走进一个有关茶的缤纷世界。

全书图文并茂，读之既能学到丰富的知识，又能获得精神的愉悦与满足，从而找到清净平和的心境。希望本书能让不了解茶的朋友开始认识茶、了解茶，更希望广大茶友因茶结缘，使中国茶文化发扬光大。

|目录|
CONTENTS

第一篇　茶的源流及发展

第二篇　茶的分类及区域分布

第一章　茶叶的分类

| 第二章　代表性绿茶 |

▍第三章　代表性红茶 ▍

▍第四章　代表性黄茶 ▍

▍第五章　代表性白茶 ▍

▍第六章　代表性黑茶 ▍

▎第七章 代表性乌龙茶▎

第三篇 泡茶的学问和技巧

▎第一章 选茶贮茶▎

| 第二章 好器沏好茶 |

|第三章　好水泡好茶|

|第四章　茶的一般冲泡流程|

第五章　各类茶的冲泡方法

第六章　不同茶具的冲泡方法

第四篇　中国茶道与茶艺

第一章　饮茶与人生

第二章　修身养性论茶道

第五章　饮茶的宜忌

第五篇　丰富多彩的茶文化

第一章　生活处处有茶迹

第二章　茶人茶事茶典

| 第三章　茶与文学艺术 |

附录 陆羽《茶经》精要解读

第一篇

茶的源流及发展

茶的渊源与盛行

从远古时代的神农尝百草，及至今日，现代人对茶的需求越来越广泛，"以茶敬客"也成为生活中最常见的待客礼仪。饮茶习俗，在中国各民族传承已久。

取茶叶作为饮料，古人传说始于黄帝时代。《神农本草经》中说："神农尝百草，日遇七十二毒，得荼（茶）而解之。"

神农就是炎帝，我们的祖先之一。一日，他尝了一种有剧毒的草，当时他正在烧水，水还没有烧开就晕倒了。不知道过了多久，神农在一种沁人心脾的清香中醒了，他艰难地在锅中舀水喝，却发现沸腾的水已经变成了黄绿色，里面还飘着几片绿色的叶子，那清香就从锅里飘来。几个小时后，他身上的剧毒居然解了！神农细心查找之后发现锅的正上方有一棵植物，研究之后又发现了它更多的作用，最后将它取名为"茶"。这则关于茶的传说，可信性有多大，尚不可知。但有一点是明确的，即茶最早是一种药用植物，它的药用功能是解毒。

两汉时到三国时期，茶已经从巴蜀传到长江中下游。到了两晋南北朝时期，茶叶已被广泛种植，它渐渐地在人们日常生活中居于显著地位，甚至有些地方还出现了以茶为祭的文化风俗。茶已经从普通百姓中进入上层社会，不仅僧人与道家借此修行养生，在当时的文化人中，茶也成了他们的"新宠"。

"茶兴于唐、盛于宋"。到了唐代，出现了一位名叫陆羽的茶圣。他总结了历代制茶和饮茶的经验，写了《茶经》一书。陆羽在书中对茶的起源、种类、特征、制法、烹蒸、茶具、水的品第、饮茶风俗等进行了全面论述。当时他还曾被召进宫，得到皇帝赞赏。唐朝当时注重对外交往，经济开放，因而从各种层面上对茶文化的兴盛起了推波助澜的作用。于是唐代茶道大兴，同时也在我国茶文化发展史中具有了划时代的意义。

再到宋代，中国饮茶习俗达到更高地步，茶已经成为"家不可一日无也"的日常饮品之一。上至皇帝，下至士大夫，都有关于茶饮的专著。这时民间还出现了茶户、茶市、茶坊等交易、制作场所。其习俗中，最有特色的是斗茶。斗茶，不仅是饮茶方式，也是一种精神文化享受，把饮茶的美学价值提升到一个新的高度。与此同时，茶叶产品不再只是单一的团茶、饼茶形式，先后出现了散茶、末茶。此时，茶文化已然呈现出一派繁荣的景象，并传播到世界各国。

　　明清时期，茶叶的加工制作和饮用习俗有了很大改进。尤其进入清代以后，茶叶出口已经成为正式的贸易途径，在各国间的销售数量也开始增加。此时，炒青制茶法得到普遍推广，于是"冲饮法"代替了以往的"煎饮法"，这就是我们今天所使用的饮茶方法。明朝时还涌现出大量关于茶的诗画、文艺作品和专著，茶与戏剧、曲艺、灯谜等民间文化活动融合起来，茶文化也有了更深层次的发展。

　　发展至近代，随着品种越来越丰富，饮用方式越来越多样，茶已成为风行全世界的健康饮品之一，各种以茶为主题的文化交流活动也在世界范围内广泛开展，茶及茶文化的重要性也因此日趋显著。品茶已经成为美好的休闲方式之一，为人们的生活增添了更多的诗情画意，深受各阶层人们喜爱。

穿越千年墨香的茶历史

　　作为中国最古老的饮品，茶已经成为国人生活中不可分割的一部分。它不受地域限制，也没有民族差别，几千年来一直流传下来。

1. 古老的药材

　　我国最早发现茶和利用茶的时间，大约可以追溯到原始社会时期。当时，人们直接食用茶树的新鲜叶片，从中汲取茶汁。据《淮南子·修务训》中记载："神农尝百草之滋味，水泉之甘苦，令民知所避就。"由这一传说可以得知，我国大约在五千年以前就开始食用茶了。

　　那时，人们将含嚼茶叶作为一种习惯，时间久了之后，生嚼茶叶变成了煮熟服用。人们将新鲜的茶叶洗净之后，用水煮熟，连着汤汁一同服下。不过煮出来的茶叶味道苦涩，当时人们主要将它当作药或药引。如果有人生病了，人们就从茶树上采摘下新鲜的芽叶，取其茶汁，或是配合其他中药让病人一同服用，虽然煮出来的茶水非常苦，但确实有着消炎解毒的作

茶具有药用。

用。这可以说是茶作为药用的开端。

2. 以茶为食

慢慢地，茶在人们生活中的作用开始改变。以茶作为食物，并不是近现代才发明的新创意。《诗疏》说："椒树、茱萸，蜀人作茶，吴人作茗，皆合煮其中以为食。"早在汉代之前，人们就以茶当菜，茶叶煮熟了之后，与饭菜一同食用。那时，食茶的目的不仅作为食物解毒，同时也为了增加营养。三国时，魏已出现了茶叶的简单加工，采来的叶子先做成饼，晒干或烘干，这是制茶工艺的萌芽。

到了唐宋时期，皇宫、寺院以及文人雅士之间还盛行茶宴。不过寻常百姓是没有机会参加茶宴的，它主要是为那些有权势的人准备的。茶宴的大致过程是：先由主人亲自调茶或指挥、监督，以表示对客人的敬意，接着献茶、接茶、闻茶香、观察色、品茶味。客人接下来需要评论茶的品第，称颂主人道德，赏景作诗等。整个茶宴的气氛庄重雅致，礼节严格，所用茶叶必须用贡茶或是高级茶叶，茶具必为名贵茶具，所选取的水也一定要取自名泉、清泉，其奢侈程度实在令人咂舌。

3. 饼茶、串茶、茶膏的出现

饼茶又称团茶，就是把茶叶加工成饼。它始于隋唐，盛于宋代。隋唐时，为改善茶叶苦涩的味道，人们开始在饼茶中掺和薄荷、盐、红枣等。欧阳修《归田录》中写道："茶之品，莫贵于龙凤，谓之团茶，凡八饼重一斤。"初步加工的饼茶仍有很浓的青草味，经反复实践，人们发明了蒸青制茶，即通过洗涤鲜叶，蒸青压榨，去汁制饼，使茶叶苦涩味大大降低。

《梦溪笔谈·杂志二》中提到："古人论茶，惟言阳羡顾渚天柱蒙顶之类，都未言建溪。然唐人重串茶黏黑者，则已近乎建饼矣。"唐朝人将饼茶用黑茶叶包裹住，在中间打一个洞，用绳子串起来，称其为串茶。

茶膏现如今很少被人提及，只有在过去宫廷中才会被饮用。饮茶时先将茶膏敲碎，再经过仔细研磨、碾细、筛选，最后置于杯中，然后冲入沸水，由此看来，其整个制作过程和饮用都非常烦琐。

饼茶

串茶

茶膏

4. 散茶的出现

最早的砖茶、团茶被称为块状茶，饮茶方式也不像现在一样对茶叶进行冲泡，而是采用"煮"的方式。直到宋朝中后期，茶叶生产才由先前的以团茶为主，逐渐转向以散茶为主。到了明代，明太祖朱元璋发布诏令，废团茶，兴叶茶，才出现散茶。从此人们不再将茶叶制作成饼茶，而是直接在壶或盏中沏泡条形散茶，人类的泡茶、饮茶方式发生了重大的变革。饮茶方法也由"点"茶演变成"泡"茶。我们现在通行的"泡茶"的说法是明代才出现的，清代才开始广为流行。

散茶

5. 七大茶系产生

茶文化发展到清朝时，奢侈的团茶和饼茶虽然已经被散茶所取代，但我国的茶文化却在清朝完成了由鼎盛到顶级的转化。清朝的茶饮最突出的特点就是出现了七大茶系，即绿茶、红茶、黄茶、黑茶、白茶、花茶和青茶。

红茶（白琳工夫）

白茶（白牡丹）

花茶（茉莉银针）

绿茶（黄山毛峰）

黄茶（霍山黄芽）

黑茶（熟饼茶）

青茶（铁观音）

液体茶

速溶茶

袋泡茶

6. 现代茶的发展

时至今日，茶文化已经融入了各家各户的生活中。除了茶叶品种越来越丰富，饮用方式也趋于多样化。除了七大茶系之外，人们还逐步发明出各式各样的茶饮，例如花草茶、果茶和保健茶等。这些茶饮的形式也开始多样化：液体茶、速溶茶、袋泡茶……这些缤纷的茶饮充分满足了人们的日常需要，其独特的魅力也让各类人群越来越热衷。

饮茶方式的演变

茶叶被人类发现以后，人类的饮茶方式经过了三个阶段的发展演变过程。

沏茶

第一个阶段，煮茶。无论是神农用水煮茶，还是陆羽在《茶经》中提到的煎茶、煮茶理论，人类最开始都是将茶叶煮后服用。郭璞在《尔雅》注中提到：茶"可煮作羹饮"。也就是说，煮茶时，还要加粟米及调味的作料，煮作粥状。直到唐代，人们还习惯于这种饮用方法。时至今日，我国部分少数民族仍习惯于在茶汁中加其他食品。

第二个阶段，半饮半茶。到了秦汉时期，茶已经不仅作为药材，同时也在人们的生活中登场，逐渐成了待客的饮品。人们也在此时创造出"半茶半饮"的制茶和用茶方式。他们将团茶捣碎放入壶中，加入开水，并加工和调味。

三国时期的张揖在《广雅》中记载："荆巴间采叶作饼。叶老者，饼成以米膏出之。欲煮茗饮，先炙令赤迹，捣末，置瓷器中，以汤浇覆之，用葱、姜、橘子笔之。其饮醒酒，令人不眠。"大概是说，当时采下茶叶之后，要先制作成茶饼，饮茶时再捣碎成末，用热水冲泡。但这时煮茶的过程中，仍要加入葱、姜、橘子等调味料，由此可以看出从煮茶向冲泡茶过渡的痕迹。这种方法可算得上是冲泡法的初始模样，类似于现代饮用砖茶的方法。

第三个阶段，泡茶。这种饮茶的方式也可叫作全叶冲泡法，它始于唐代，盛行于明清，它是茶在饮用上的又一进步。唐代中叶以前，陆羽已明确反对在茶中加其他香料、调料，强调品茶应品茶的本味，说明当时的饮茶方法也正处在变革之中。纯用茶叶冲泡，便被唐人称为"清茗"。饮过清茗，再咀嚼茶叶，细品其味，能获得极大的享受。从此开始，人们煮茶时只放茶叶。唐代发明的蒸青制茶法，专采春天的嫩芽，经过蒸焙之后加工成散茶，饮用时用全叶冲泡。这种散茶的品质极佳，能够引起饮者的极大兴趣，而且饮用方法也与现代基本一致，以全叶冲泡为主。

"茶"字的演变和形成

我国是最早发现和利用茶的国家。世界各种语言中的"茶"字，都是从中国对外贸易港口所在的地区通过"茶"的方言音译而来。我国古代的许多史料中，都有关于茶的记载：《神农本草经》中，称茶为"荼草"；司马相如的《凡将篇》中提到的"荈诧"就是指茶；扬雄的《方言》中，称茶为"蔎"……此外，还有"槚"、"茗"等称谓，均被认为是茶的异名同义字。

1. 唐代以前的主要称谓：荼

"荼"字是"茶"字的古体字之一。《诗·豳风·七月》中有记载："采荼、薪樗，食我农夫。"在《诗·邶风·谷风》中也记有："谁谓荼苦？其甘如荠。"但对《诗经》中的荼，有人认为指的是茶，也有人认为指的是苦菜，至今也没有达到统一。我国最早的一部字书《尔雅》中有记载表明，当时茶的生产和饮用已经从巴蜀传播到了长江下游沿海一带。此书写于公元前 2 世纪秦汉时期，我国茶叶生产和饮用中心正是当时的巴蜀，这时荼已经明确表示有茶字的意义了。

陆羽在《茶经》"七之事"章，辑录了中唐以前几乎全部的茶资料，经统计，荼（含苦荼）25 则，荼茗 3 则，荼荈 4 则，茗 11 则，槚 2 则，荈诧 3 则，蔎 1 则。荼、苦荼、荼茗、荼荈共 32 则，约占总茶事的 70%。槚、蔎都是偶见，茗、荈也较荼为少见。况茗是茶芽，荈是茶老叶，荼、茗、荈，其实是一种东西。由此看来，荼是中唐以前对茶的最主要称谓。

2. 茶的其他称谓

《茶经·一之源》中有记载，"其字，或从草，或从木，或草木并。其名，一曰茶，二曰槚，三曰蔎，四曰茗，五曰荈。"

（1）槚

《尔雅·释木第十四》有记载，"槚，苦荼"。《说文解字》也提到，"槚，楸也。""楸，梓也。"也就是说，槚即是楸即是梓。由此看来，槚、楸、梓皆是茶的意思。

（2）莈

《说文解字》中提到："莈，香草也，从草设声。"莈的本来意义是指香草或草香。因为茶具有香味，所以后用莈借指茶。

段玉裁注云："香草当作草香。"莈本义是指香草或草香。因茶具香味，故用设借指茶。西汉杨雄在《方言论》有言："蜀西南人谓茶曰莈。"

（3）茗

茗，古通萌。《说文解字》中记载，"萌，草木芽也，从草明声。""芽，萌也，从草牙声。"茗与萌的本义都是指草木的嫩芽。"茗"字由"艹"和"名"组成，"名"字意为"众口皆碑"、"广为人知"的意思，因而，"茗"字组合起来的意思表示为"众口皆碑的茶"，"广为人知的茶"。唐前饮茶往往是生煮羹饮，年初正、二月采的是上年生的老叶，三、四月采的才是当年的新茶，所以晚采的反而是"茗"。以茗专指茶芽，当在汉晋之时。茗由专指茶芽进一步又泛指茶，一直沿用至尽。

（4）荈

《茶经》"七之事"引司马相如《凡将篇》中有"荈诧"。荈不像槚、荼等字是借指茶，它只有茶一种含义，所以，《凡将篇》中的"荈"指茶是很有可能的。《三国志·吴书·韦曜传》中提到"曜饮酒不过二升，皓初礼异，密赐茶荈以代酒"，茶荈代酒，荈应是茶饮料。这也是荈为茶的可靠记载。

茶的主要分布区域

我国幅员辽阔、气候多样，自古就是产茶大国。由于我国茶区面积辽阔，按照国家茶区划分标准，故将全国产茶地划分为三个级别的茶区，即一、二、三茶区。一级茶区，是全国性的划分，用来进行宏观指导；二级茶区，是由各产茶省（区）划分，用来进行省区内生产指导；三级茶区，是由各地、县划分，用以具体指挥茶叶生产。

我国一级茶区分为四个，即江北茶区、华南茶区、西南茶区和江南茶区。

1. 江北茶区

江北茶区是我国最靠北的茶区，它南起长江，北至秦岭、淮河，西起大巴山，东至山东半岛，包括河南、陕西、甘肃、山东等省和安徽、江苏、湖北北部等地。

江北茶区的地形比较复杂，土壤多为黄棕壤，少数为棕壤，为我国南北土壤的过渡类型，很多地方的土壤酸碱度略偏高。这里的茶区，年平均气温为 15℃ ~ 16℃，冬季绝对最低气温一般为 -10℃ 左右。年降水量较少，约为 700 ~ 1000 毫米，分布不均，常使茶树受旱。不过该茶区中虽只有少部分有良好的气候，种植的茶树大多为灌木型中叶和小叶种，但所产出的茶叶质量不次于其他茶区。

2. 华南茶区

华南茶区位于中国南部，在连江、红水河、南盘江、保山以南，包括广东、广西、福建、台湾、海南等省（自治区）。

华南茶区大多地方为赤红壤，少部分为黄壤。华南茶区具有丰富的水热资源，茶园在森林的覆盖下，土壤非常肥沃，有机物质含量非常丰富，这里的平均气温高达 19℃ ~ 22℃，最低月平均气温为 7℃ ~ 14℃，年降水量为中国茶区之最，一般为 1200 ~ 2000 毫米。其中台湾省雨量最为充沛，年降水量常超过 2000 毫米。茶区土层深厚，有机质含量丰富，为中国最适宜茶树生长的地区。该区品种资源丰富，有乔木、小乔木、灌木等各种类型的茶树品种，生产红茶、乌龙茶、花茶和六堡茶等在国内外都比较有名。

3. 西南茶区

西南茶区是我国最古老的茶区。它地处米仓山、红水河、神农架、巫山、武陵山以西，大渡河以东，包括云南、贵州、西藏东南部和四川省。

西南茶区是中国最古老的茶区。这里地形十分复杂，以盆地、高原为主，有些同纬度地区海拔高低悬殊，气候差别很大，大部分地区均属于热带季风气候，冬季不冷，夏季不热，云南主要为赤红壤和山地红壤，四川、贵州和西藏东南部以黄壤为主，有少量棕壤。土壤有机质含量一般比其他茶区丰富。西南茶区生长的茶树种类很多，主要是灌木型和小乔木型茶树，一些地区还有乔木型茶树。本区茶树品种资源丰富，生产红茶、绿茶、沱茶、紧压茶和普洱茶等，是中国发展大叶种茶的主要基地之一。出产的红茶有滇红工夫红茶、云南红碎茶，绿茶有蒙山甘露、蒙顶茶、都匀毛尖、蒙山春露、竹叶青、峨眉毛峰，黑茶有普洱茶、云南沱茶等。

4. 江南茶区

　　江南茶区位于长江以南，梅江、连江、雁石溪以北，包括浙江、湖南、江西等省和皖南、苏南、鄂南等地。江南茶区主要分布在丘陵地带，少数在海拔较高的山区，如浙江的天目山、福建的武夷山、江西的庐山、安徽的黄山等。这里是中国茶叶的主要产区，年产量约占总产量的 2/3。

　　江南茶区的土壤主要是红壤，部分为黄壤或棕黄壤，少数是冲积土。该区气候四季分明，年平均气温在 15℃ ~ 18℃，冬季的绝对最低气温一般在 -8℃ 左右，年平均降水量在 1400 ~ 1600 毫米，春夏两季雨水最多，约为全年降水量的 60% ~ 80%，秋季干旱。该区所种植的茶树大多为灌木型中叶种和小叶种，以及少量小乔木型中叶种和大叶种。主要出产绿茶、红茶、黑茶、花茶，以及各种品质的特种名茶，诸如西湖龙井、洞庭碧螺春、君山银针、庐山云雾、九曲红梅、修水宁红等。

武夷山茶园

茶的海外流传路径

中国是茶的故乡，是世界茶文化起源和传播的中心，"茶叶之路"成为中外经济文化沟通交流的桥梁和纽带。世界各国的种茶和饮茶习俗，最早都是直接或间接从中国传播去的。时至今日，全世界五大洲有 50 多个国家种植茶，有 120 多个国家的 20 亿人有饮茶习惯，中国在世界茶文化的发展上起到了至关重要的作用。

早在公元六、七世纪，朝鲜半岛上的大批新罗僧人为求佛法来到中国，他们中的大部分是在中国经过 10 年左右的专心修学，然后回国传教的。他们在唐朝时，当然会接触到饮茶，并在回国时将茶和茶籽带回新罗。

后来，据《日吉神道密记》记载，公元 805 年，从中国学佛归来的最澄和尚带回了茶籽，种在了日吉神社的旁边，成为日本最古老的茶园。至今在京都比睿山的东麓还立有《日吉茶园之碑》，其周围仍生长着一些茶树。这是中国茶种向外传播的最早记载，后又经日僧南浦昭明在径山寺学得径山茶宴，斗茶等饮茶习俗，并带回日本，在此基础上逐渐形成了日本自己的茶道。

约在公元六、七世纪，饮茶的习俗传入了朝鲜民间。不久，朝鲜派往中国的使者金大廉，还从中国带去了茶籽，在本国栽植。

在欧洲的文献中，最早记载饮茶的是《马可·波罗游记》和由马可·波罗所著的《中国茶》。而后，荷兰人从海上来澳门，将中国茶叶贩运到印度尼西亚。到了 1610 年，荷兰直接从中国贩运茶叶，转销欧洲。到了 1780 年，英国和荷兰人才开始从中国输入茶籽在印度种茶，英国起先从中国输入茶叶，并由此产生了英国的红茶文化。后来，一个名叫罗伯特·福琼的植树采集家，将茶树种子放入一个用特殊玻璃制成的便携式保温箱里，带上了开往印度的轮船。在航海过程中，茶树种子发了芽。船到了加尔各答，这些茶苗就落到了东印度殖民统治集团的手中。不久，印度便培育了十万株以上的茶树苗木，在印度高地形成了大规模的茶园。

17 世纪，茶叶先后传到荷兰、英国、法国，以后又相继传到德国、瑞典、丹麦、西班牙等国。18 世纪，饮茶之风已经风靡整个欧洲。欧洲殖民者又将饮茶习俗传入美洲的美国、加拿大以及大洋洲的澳大利亚等英、法殖民地。到 19 世纪，中国茶叶的传播几乎遍及全球。茶叶一传入外国，立即受到国外人士的珍视和欣赏，广为宣传。从此中国茶叶的功能和饮用方法，先后为世界各国所了解，饮茶风逐渐在全球兴起。

茶从中国南部传到全国，再由国内通过内路交通或海上航运传播到国外。可以说，中国给了世界茶的名字、茶的知识、茶的栽培加工技术。世界各国的茶叶，直接或间接地与我国茶叶有着千丝万缕的联系，我国茶文化也在世界掀起了广泛的流行风潮。

现代人与茶的不解之缘

对文化而言，饮茶是一种传统；对个人而言，饮茶是一种习惯，一种流行。中国的饮茶历史流传至今，不仅蕴含了丰富的人文精神，同时还带给人们愉悦的精神享受，因此，在现今社会，茶已经成了人们生活中不可缺少的必备品。

大家都知道我国有这样一句话，开门七件事：柴米油盐酱醋茶。《膳夫经手录》中记载了茶对普通百姓的重要性："今关西、山东、闾阎村落皆吃之，累日不食犹得，不得一日无茶。"由此可见茶的重要地位。

在贵州省西部的普定县，有一位年过百岁的老人。她90多年前从纳雍逃荒来到该县的一个小村子，从那时起与茶结下了不解之缘。开始老人只是喜欢喝茶，可慢慢地，老人甚至开始用茶当菜泡饭吃，只要一天不喝茶，她就觉得胸口热乎乎的难受，也没有胃口。

以茶泡饭不仅仅是老人特别的地方，她泡茶的方式也与平常人不太一样。她用瓦罐架在火上慢慢熬，等到茶叶熬得熟烂，茶水也变黄了之后，老人就连茶叶也一起"喝掉"。老人说，家里穷，没有菜不要紧，但不能没有茶。茶可是个好东西，只要有了茶喝，她从不会口干舌燥，而且口也不会苦。

老人爱茶，而茶也带给她许多好处。她虽然年纪过百，但牙齿尚在，记忆力也很好。更令人觉得诧异的是，老人的头发大部分都是黑亮的，实在与这个年龄的老人不同，看来茶真有一番妙用。

当地人说，老人生活的化处镇，其实是朵贝茶的故乡。而当地的百姓祖祖辈辈都有饮茶的习惯，用茶泡饭也不仅仅是老人特有的习惯。当地人但凡累了的时候，都喜欢熬煮茶叶泡饭吃，甚至还喜欢用茶叶当菜吃火锅，用他们的话说就是"这样很爽口"。

专家分析，茶叶有着保健、养生、药用和美容等功效，不仅会延年益寿，还能让人静心宁神，陶冶情趣。看起来茶的确有让人们深深喜爱的理由。当然，世界上从来就没有什么神仙，茶叶也不是什么仙药。不过，茶叶中含有大量营养和药用价值较高的成分，不失为一种对人体健康有益的饮品。

我国茶叶种类繁多，在世界上可算是首屈一指。而我国茶馆亦不少，恐怕也是其他国家难以超越的。中国人喜欢在茶馆中与好友、同事叙旧谈心，沏一壶好茶，边喝边聊，茶水喝到一半，再续上水，其乐趣也是其他饮品无法企及的。除此之外，国人无论是饭后、休息或者招待客人，茶都是不可缺少的。以茶待客已经成为我国标准的礼仪之一。在结婚大喜的日子里，男女双方也要给长辈和亲友们敬茶，以表示对对方的尊重。不仅如此，在许多重大的仪式上，茶亦是必不可少的。由此看来，现代人与茶真是系上了难解的缘分。

茶马古道

所谓茶马古道，实际上就是一条地道的马帮之路。茶马古道最早起源于唐宋时期的"茶马互市"。古代战争主力多是骑兵，马就成了战场上决定胜负的条件，而当时我国西南地区的少数民族，将茶与粮食看成重要的生活必需品，这样，西藏和川、滇边地出产的骡马、毛皮、药材和川滇及内地出产的茶叶、布匹、盐和日用器皿等等，在横断山区的高山深谷间南来北往，川流不息，并随着社会经济的发展而日趋繁荣。因此，"茶马互市"一直是历代统治者所采取的重要措施之一。

茶马古道的主要干线为青藏线、滇藏线和川藏线。其中青藏线发展最早，开始于唐朝时期；滇藏线经过西双版纳、丽江、大理等地，又经过喜马拉雅山运往印度等国，甚至更远，是路线最远的一条线路；而三条线路中，川藏线对后来的影响最大，也最为著名。

茶马古道随着茶马互市制度的兴起而繁荣，盛于明清。从明朝开始，川藏茶道正式形成。早在宋元时期官府就与吐蕃等族开展茶马贸易，但数量较少，所卖茶叶只能供应当地少数民族食用。到了明朝以后，政府规定于四川、陕西两省分别接待杂甘思及西藏的入贡使团，而明朝使臣亦分别由四川、陕西入藏，其余大部川茶，则由黎雅输入西藏。

到了清朝，川藏茶道得到了进一步繁荣和发展。川藏线道路崎岖难行，开拓十分艰巨，当时运输茶叶少量靠骡马驮运，大部分靠人力搬运。有一段民间谚语正描述了行路的艰难程度："正二三，雪封山；四五六，淋得哭；七八九，稍好走；十冬腊，学狗爬。"川茶就是在这种艰苦的条件下运至各地的。

茶马古道的主要干线除了这三种之外，还包括若干支线，如由川藏线北部支线经原邓柯县（今四川德格县境）通向青海玉树、西宁乃至旁通洮州（临潭）的支线；由昌都向北经类乌齐、丁青通往藏北地区的支线；由雅安通向松潘乃至连通甘南的支线等等。

《茶马古道研究模式以及意义》一文中提到：茶马古道是当今世界上地势最高的贸易通道，也是民族融合与和谐之道。它见证了中国乃至亚洲各民族间因茶而缔结的血肉情感，在世界文明传播史上做出了卓越的贡献。

茶马古道不仅对世界各国各民族的贡献巨大，对我们每个人来说，也具有显著的作用。历史已经证明，茶马古道原本就是一条人文精神的超越之路。马帮每

茶是文化交流的媒介。

次踏上征程，就是一次生与死的体验之旅。茶马古道的艰险超乎寻常，然而沿途壮丽的自然景观却可以激发人潜在的勇气、力量和忍耐，使人的灵魂得到升华，从而衬托出人性的真义和伟大。

现如今，几千年前古人开创的茶马古道上，成群结队的马帮身影不见了，远古飘来的茶香也消失得无影无踪，那清脆悦耳的驼铃声也早已消散，但千百年来茶马古道上的先人足迹与远古留下的万千记忆却深刻地印刻下来。它幻化成中华民族生生不息的拼搏精神与崇高的民族创业精神，为中国乃至世界的历史添加了浓墨重彩的一笔。

茶的雅号别称

由古至今，人们逐渐意识到了茶的妙用，不仅利用其制药，更让其成为日常必需品。人们对茶深情厚爱的程度，完全可以从为茶取的高雅名号看出。

消毒臣：出自唐朝《中朝故事》。诗人曹邺饮茶诗云："消毒岂称臣，德真功亦真。"唐武宗时期李德裕说天柱峰茶可以消减酒肉的毒性，曾派人煮茶浇在肉食上，并用银盒密封起来，过了一段时间打开之后，肉已经化成了水，因而人们称茶为消毒臣。

苦口师：相传，晚唐著名诗人皮日休之子皮光业在一次品赏新柑的宴席上，一进门，对新鲜甘美的橙子视而不见，急呼要茶喝。于是，侍者只好捧上一大瓯茶汤，皮光业手拿着茶碗，即兴吟诵道："未见甘心氏，先迎苦口师。"从此以后，茶就有了一个苦口师的雅号。

余甘氏：宋朝学者李郛在《纬文琐语》中写道："世称橄榄为余甘子，亦称茶为余甘子。因易一字，改称茶为余甘氏，免含混故也。"五代诗人胡峤在饮茶诗中，也说："沾牙旧姓余甘氏。"于是，茶又被称为余甘氏。

叶嘉：这是苏轼为茶取的昵称与专名。因《茶经》首句言："茶者，南方之嘉木也。"又因人们常常利用茶的叶片，所以取茶别名为"叶嘉"。《苏轼文集》载此文，并作《叶嘉传》，文中所言："风味恬淡，清白可爱，颇负盛名。有济世之才，虽羽知犹未评也。为社稷黎民，虽粉身碎骨亦不辞也。"此传中用拟人手法刻画了一位貌如削铁，志图挺立的清白自守之士，一心为民，一尘不染，为古来颂茶散文名篇，这也是茶别名中的最佳名号。

清友：宋朝文学家苏易简在《文房四谱》中记载有"叶嘉，字清友，号玉川先生。清友，谓茶也"。唐朝姚合品茶诗云："竹里延清友，迎风坐夕阳。"

水厄：灾难之意，出自《世说新语》，里面记载了这样的故事：晋代司徒长史王蒙，喜欢饮茶。他常常请来客人，陪他一同饮茶。但那些人并不习惯喝茶，每次去拜访王蒙的时候都会说："今天有水厄了。"

清风使：唐朝诗人卢仝的《茶歌》中有饮到七碗茶后，"惟觉两腋习习清风生，蓬莱山，在何处，玉川子，乘此清风欲归去"之句。据史籍《清异录》记载，五代时期，也有人称茶为清风使。

涤烦子：唐朝诗人施肩吾诗云："茶为涤烦子，酒为忘忧君。"饮茶，可洗去心中的烦闷，历来备受赞咏。唐朝史籍《唐国史补》中记载："常鲁公（即常伯熊，唐朝煮茶名士）随使西番，烹茶帐中。赞普问：'何物？'曰：'涤烦疗渴，所谓茶也。'因呼茶为涤烦子。"因此，茶又被称为涤烦子。

玉川子：唐代诗人卢仝，自号玉川子，平素极其喜爱饮茶，后被世人尊称为"茶仙"。他写了许多有关茶的诗歌，并著有《茶谱》，因此，有人以"玉川子"代称茶叶。

不夜侯：晋朝学者张华在《博物志》中说："饮真茶令人少睡，故茶别称不夜侯，美其功也。"唐朝诗人白居易在诗中写道："破睡见茶功。"宋朝大文豪苏东坡也有诗赞茶有解除睡意之功："建茶三十片，不审味如何，奉赠包居士，僧房战睡魔。"五代胡峤在饮茶诗中赞道："破睡须封不夜侯。"因而，茶又被称为不夜侯。

除此之外，人们还为茶取了不少高雅的名号。如唐宋时的团饼茶称"月团"、"金饼"；唐代陆羽《茶经》把茶誉为"嘉木"、"甘露"；杜牧《题茶山》赞誉茶为"瑞草魁"；宋代陶穀著的《清异录》对茶有"水豹囊"、"清人树"、"冷面草"等多种称谓；宋代杨伯岩《臆乘·茶名》喻称茶为"酪苍头"；五代郑遨《茶诗》称赞其为"草中英"；元代杨维桢《煮茶梦记》称呼茶为"凌霄芽"；清代阮福《普洱茶记》所记载的"女儿茶"等等。

后世，随着各种名茶的出现，往往以名茶的名字来代称"茶"字，如"铁罗汉"、"大红袍""白牡丹"、"雨前""黄金桂"、"紫鹃"，"肉桂"等。时至今日，随着人们对茶的喜爱程度越来越深，茶的种类与别称也随之增多。

中国的茶文化研究

我国是一个拥有五千年历史的文明古国。中国人最早懂得喝茶，也最会喝茶，喝茶已有数千年的历史。自从神农遍尝百草开始，中国人就懂得喝茶了。在两汉、三国、两晋时期，家家户户无不以茶待客，表示敬意，各地各族人民也开始形成饮茶礼俗，茶文化应运而生。从广义上讲，茶文化分自然科学和人文科学两方面，是指人类社会历史实践过程中所创造的与茶有关的物质财富和精神财富的总和。从狭义上讲，茶文化着重于茶的人文科学，主要指茶对精神和社会的功能。

中国茶文化博大精深，它包含作为载体的茶和使用茶的人类因茶而形成的各种事实和观念，是

古朴造型的茶罐

茶是日常生活中必备的物品。

一个内容丰富、结构复杂的体系。它的内容涉及科技教育、文化艺术、医学保健等许多学科与行业，包括诗词、美术、小说、祭祀、禅教、婚礼、歌舞、茶事旅游、茶事博览和茶食茶疗等多个方面，具有历史性、地区性、民族性和社会性等特点。

中华茶文化包含物质文化、精神文化与行为文化三个层次。

物质文化。茶文化的物质层次是指人们从事茶叶生产的活动方式及其成果的总和。例如：茶叶的种植与栽培、加工制造、保存与收藏，以及饮茶时所用的茶具、水、茶室等有形的过程、产品、物品、建筑物等。

精神文化。茶文化的精神层次是指人们在长期进行茶叶生产、经营、品饮及茶艺活动的过程中，逐渐形成的价值观念、审美情趣、思维方式等主观因素的总和，例如茶叶生产、饮茶情趣以及有关茶的诗词歌赋等文艺作品，该层次也是茶文化的核心部分。人们在品茶的过程中感悟人生，将品茶与人生哲学有机结合起来，将饮茶上升到哲理的高度，追求精神上的愉悦，也就是茶文化中的茶道、茶德等。

行为文化。茶文化的行为层次是指人们在茶叶生产、经营、消费过程中逐渐形成的行为模式的总和，常常以茶艺、茶礼、茶俗等形式表现出来。我国各民族、各地区在长期饮茶的过程中，结合地域特点及民族习惯，形成了各具特色的饮茶方式和茶艺程式。中国旧时曾以茶为礼，称为"茶礼"，送茶礼叫"下茶"，"一女不吃两家茶"，也是说一旦女家受了茶礼，便不再接受别家的聘礼。除此之外，客来敬茶是我国的传统礼节，表明了主人的热情好客；千里寄茶表现出对亲人、对故乡的思念，体现了浓浓的亲情。

茶最开始被我们的祖先发现，只是用来解毒、煮食而已。慢慢地，它发展到饮用。今天的茶不仅仅是生津止渴、醒脑提神的饮品，同时人们通过茶获得了精神的需要，表现了我们的人生信仰以及追求人生的崇高境界。茶经过几千年的发展，如今已经成为风靡世界的三大无酒精饮料之一。茶文化源远流长，博大精深。它包含人类对茶的认识，以及在此基础上的应用和创造等过程，它以茶为载体来传播各种文化，是茶与文化的有机融合。

不同时代、不同民族、不同社会阶层、不同的社会环境和自然环境使茶文化呈现出了不同形态，构成了中国茶文化的历史长链。在历史的进程中，茶文化的内容得到不断丰富和发展，不断汲取具有鲜明时代特色的营养，并与社会生活的各个时期、各个层面密切结合，对中国社会的发展产生了深远的影响。

茶美学的发展历程

茶的世界是一个色彩斑斓的世界，红茶、绿茶、黄茶、青茶、白茶、黑茶、花茶，每种都具有其独特的风格。几千年来，中国人种茶、制茶、品茶，并用茶作画、赋诗，不仅从物质角度发展了堪称世界最发达的茶业，同时也发展出博大精深的茶文化，积淀了丰富的美学思想。

众所周知，梅、兰、竹、菊是花中四君子，因品格清雅高贵，为国人所倾倒赞许。然心仪观赏梅兰竹菊，终归是圣人贤达心怡之志趣，寻常百姓又岂能品出其中之美？而茶则不然。茶居深山则春色满园，置杯中则飘逸如仙；入眼尽清媚，启唇皆香醇；味虽苦，却含香；虽质朴，却不俗。如此贤德清逸之茶，可观、可品、可饮，兼具原始生态之美。它虽为平常之物，但无论高雅低俗，也不论富贵贫贱，是人人都可以品评玩味的。

茶所具有的深蕴内涵，不仅包括了高洁、高雅、虚心、坚贞等美德，同时还具有"平和、俭朴"的本质特征，啜之使人"涤尘、清心"等更为深远和广泛的美学意义。茶是道，贵生而脱俗；茶是儒，文明又礼雅；茶是佛，空灵又至善。

唐诗宋词中提到的茶也美不可言。唐人吕岩在《大云寺茶诗》中这样写道：

玉蕊一枪称绝品，僧家造法极功夫。

兔毛瓯浅香云白，虾眼汤翻细浪俱。

断送睡魔离几席，增添清气入肌肤。

幽丛自落溪岩外，不肯移根入上都。

这首诗中，洋洋洒洒地记录了茶的风姿，茶的香气，茶的品性，读完此诗，茶的风情韵味之美感已经悠然入口。

茶诗、茶画、茶联、茶艺……无一不以茶喻人、喻物、喻情、喻心，匠心剪裁，浓笔淡抹，鲜活地描绘出茶之美韵，让平常茶香添了几分清新，脱去不少俗气。

茶是如此平凡，却又有着如此超凡脱俗的美感。在时代发展的今天，茶的美学功效得到充分的发挥：琳琅满目的茶包装、茶食品、茶生活用品，不仅美化了生活，同时还丰富了人文底蕴。茶美学丰富了人类的精神世界，让人们获得诗意栖居的理想家园。"落日平台上，春风啜茗时。"饮茶健身、品茶怡情，这是多么

朴实而美好的时刻。"故人气味茶样清，故人风骨茶样明。"这是对茶的赞歌，也是从茶之美生发对真、善、美人生境界的追求。

"美"与"文化"一样，已经被人们广泛地应用。茶文化之所以传承不衰，并且逐渐发展，其中一个很重要的原因是茶及茶事活动中包含很丰富的美学内涵，给人们带来感官和精神上的愉悦，增进身心健康。

20世纪以来，美学研究已经不只注重于艺术美、自然美，还随着科学技术的进步扩展到人类生活的各个方面。因而，雅俗共赏的茶美学自然被越来越多的学者所关注。其至真、至善、至美的特点影响着我们的生活。相信不久之后，茶美学将被越来越多的人认可，也将以特有的方式为人类美好前景做出重要的贡献。

为什么说中国是茶树的原产地？

中国是世界上最早种茶、制茶、饮茶的国家，茶树的栽培已经有几千年的历史。在云南的普洱县有一棵"茶树王"，树干高13米，经考证已有1700年的历史。近年，在云南思茅镇人们又发现两株树龄为2700年左右的野生"茶树王"，需要两人才能合抱。在这片森林中，直径在30厘米以上的野生茶树有很多。

茶树原产于中国，一直是一个不争的事实。但是在近几年，有些国外学者在印度也发现了高大的野生茶树，就贸然认为茶树原产于印度。中国和印度都是世界文明古国，虽然两国都有野生大茶树存在，但有一点是肯定的：我国已经有文献记载"茶"的时间，比印度发现野生大茶树的年龄要早了1000多年。当印度人还不知道茶的作用，甚至不知道有茶树这种植物时，我国的茶文化已有数千年的历史了。无论是从茶树的历史，还是分布情况，或是地质变迁，又或是气候变化等等，都只能说明一个事实：中国是茶树的原产地，是茶树的故乡。

在冰川时期，我国西南滇、贵、川温湿的土壤与气候条件使少量野生茶树在极端气候下存活下来，并至今保持着最原始的特征和特性。

中国茶树的栽培历史

中国关于茶最早的记载是《神农本草经》："神农尝百草，日遇七十二毒，得茶而解之。"陆羽的《茶经》中也说："茶之为饮，发乎神农氏。"由此可见，是神农氏发现了茶。

根据晋·常璩《华阳国志·巴志》，商末时候，巴国已把茶作为贡品献给周武王了。在《华阳国志》一书中，介绍了巴蜀地区人工栽培的茶园。魏晋南北朝时期，茶产渐多，茶叶商品化，人们开始注重精工采制以提高质量，上等茶成为当时的贡品。魏晋时期佛教的兴盛也为茶的传播起到推动作用，为了更好地坐禅，僧人常饮茶以提神。有些名茶就是佛教和道教圣地最初种植的，如四川蒙顶、庐山云雾、黄山毛峰、龙井茶等。

中国历史上关于茶最早的记载是《神农本草经》，传说是神农氏发现了茶，认为茶有解毒的神奇功效。

茶叶生产在唐宋达到一个高峰，茶叶产地遍布长江、珠江流域和中原地区，各地对茶季、采茶、蒸压、制造、品质鉴评等已有深入研究，品茶成为文人雅士的日常活动，宋代还曾风行"斗茶"。元明清时期是茶叶生产大发展的时期。人们做茶技术更高明，元代还出现了机械制茶技术，被视为珍品的茗茶也出现。明代是茶史上制茶发展最快、成就最大的朝代。朱元璋在茶业上诏置贡奉龙团，对制茶技艺的发展起了一定的促进作用，也为现代制茶工艺的发展奠定了良好基础，今天泡茶而非煮茶的传统就是明代茶叶制作技术的成果。至清代，无论是茶叶种植面积还是制茶工业，规模都较前代扩大。

魏晋时期的饮茶方式

魏晋南北朝时，饮茶之风已逐步形成。这一时期，南方已普遍种植茶树。《华阳国志·巴志》中说：其地产茶，用来纳贡。在《蜀志》记载：什邡县，山出好茶。当时的饮茶方式，《广志》中是这样说的："茶丛生真，煮饮为茗。茶、茱萸、檄子之属，膏煎之，或以茱萸煮脯胃汁，谓之茶。有赤色者，亦米和膏煎，曰无酒茶。"

魏晋时期三峡一带茶饼制作与煎煮方式仍保留着以茶为粥或以茶为药的特征。

浇以少量米汤固化制型。

把茶饼在火上微烤至变色，将茶饼捣成细末。

采摘茶树的老叶，制成茶饼。

唐代盛行蒸青茶饼

唐代以前，制茶多用晒或烘的方式制成茶饼。但是，这种初步加工的茶饼，仍有很浓的青涩之味。经过反复的实践，唐代出现了完善的"蒸青法"。

蒸青是利用蒸气来破坏鲜叶中的酶活性，形成的干茶具有色泽深绿、茶汤浅绿、茶底青绿的"三绿"特征，香气带着一股青气，是一种具有真色、真香、真味的天然风味茶。

陆羽在《茶经·三之造》一篇中，详细记载了这种制茶工艺："晴，采之。蒸之，捣之，拍之，焙之，穿之，封之，茶之干矣。"在 2～4 月间的晴天，在向阳的茶林中摘取鲜嫩茶叶。将这些茶的鲜叶用蒸的方法，使鲜叶萎凋脱水，然后捣碎成末，以模具拍压成团饼之形，再烘焙干燥，之后在饼茶上穿孔，以绳索穿起来，加以封存。

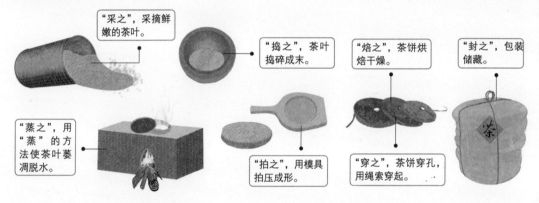

"采之"，采摘鲜嫩的茶叶。

"捣之"，茶叶捣碎成末。

"焙之"，茶饼烘焙干燥。

"封之"，包装储藏。

"蒸之"，用"蒸"的方法使茶叶萎凋脱水。

"拍之"，用模具拍压成形。

"穿之"，茶饼穿孔，用绳索穿起。

宋代的龙凤团茶

由于宋朝皇室饮茶之风较唐代更盛，极大地刺激了贡茶的发展。真宗时，丁谓至福建任转运使，精心监造御茶，进贡龙凤团茶。庆历中，蔡襄任转运使，创制小龙团茶，其品精绝，二十饼重 500 克，每饼值金二两！神宗时，福建转运使贾青又创制密云龙茶，云纹更加精细，由于皇亲国戚们乞赐不断，皇帝甚至下令不许再造。龙凤团茶的制造工艺，据宋代赵汝砺《北苑别录》记述，有六道工序：蒸茶、榨茶、研茶、造茶、过黄、烘茶。茶芽采回后，先浸泡水中，挑选匀整芽叶进行蒸青，蒸后冷水清洗，然后小榨去水，大榨去茶汁，去汁后置瓦盆内兑水研细，再入龙凤模压饼、烘干。

"龙凤团茶"是北宋的贡茶，因茶饼上印有龙凤形的纹饰而得名，由于制作耗时费工、成本惊人，后逐渐消亡。图为"龙凤团茶"模影。

从团茶到散茶

蒸青团茶的工艺，保持了茶的绿色，提高了茶叶的质量，但是水浸和榨汁的做法，损失了部分茶的真味和茶香，而且难以除去苦味。为了改善这些缺点，到了宋代，蒸茶时逐渐采取蒸后不揉不压，直接烘干的做法，将蒸青团茶改造为蒸青散茶，这样，就保证了茶的香味。

据陆羽《茶经》记载，唐代已有散茶。到了宋代，饼茶、龙凤团茶和散茶同时并存。《宋史·食货志》中说："茶有两类，曰片茶，曰散茶"，片茶即饼茶。

宋朝灭亡后，龙凤团茶走向末路。北方游牧民族，不喜欢这种过于精细的茶艺；而平民百姓又没有能力和时间品赏，他们更喜欢的是新工艺制作的条形散茶。到了明代，明太祖朱元璋于1391年下诏罢造龙团，废除龙凤团茶。从此，龙凤团茶成为绝唱，而蒸青散茶开始盛行。

相比于饼茶和团茶，少了揉压制形工序后的蒸青散茶更好地保留了茶叶的自然香味。

> **工序步骤**
>
> （1）采摘完毕后，用笼稍微蒸一下，生熟适当即可；
> （2）蒸好之后，用簸箕薄摊，趁湿揉之。

"后入焙，匀布火，烘令干，勿使焦。"
——取自元代王桢在《农书·卷十·百谷谱》

从蒸青到炒青

蒸青工艺虽更好地保留了茶香，但香味仍然不够浓郁，于是后来出现了利用干热发挥茶叶优良香气的炒青技术。

炒青散叶茶，在唐代时就已有了。唐代诗人刘禹锡在《西山兰若试茶歌》中说："山僧后檐茶数丛……斯须炒成满室香"，又有"自摘至煎俄顷余"的句子，说明了茶的嫩叶经过炒制后满室生香，又说明了炒制时间，这是至今为止关于炒茶最早的文字记载。

炒青的具体步骤是高温杀青、揉捻、复炒、烘焙至干。

清代制茶工艺的大发展

清代的制茶工艺进一步提高，综合前代多种制茶工艺，继承发展出六大茶类，即绿茶、黄茶、黑茶、白茶、红茶、青茶。

绿茶的基本工序是杀青、揉捻、干燥。但是，若绿茶炒制工艺掌握不当，如杀青后未及时摊晾、及时揉捻，或揉捻后未及时烘干、炒干，堆积过久，造成茶叶变黄，后来发现这种茶叶也别具一格，就采取有意闷黄的做法制成了黄茶。绿茶杀青时叶量过多、火温低，使叶色变为近似黑色的深褐绿色，或以绿毛茶堆积后发酵，茶叶发黑，就形成了黑茶。

青茶源于明末清初，制法介于绿茶、红茶之间，乌龙茶就是其中较为出众的一种。

宋代时，人们偶然发现：茸毛特多的茶树芽叶经晒或烘干后，芽叶表面满披白色茸毛，茶叶呈白色，因而形成了白茶。红茶起源于明朝。在茶叶制造过程中，人们发现用日晒代替杀青，揉捻后叶色变红而产生了红茶。此外，承接了宋代添加香料或香花的花茶工艺，明清之际的窨花制茶技术也日益完善，有桂花、茉莉、玫瑰、蔷薇、兰蕙、菊花、栀子、木香、梅花九种之多。

古代人最初的用茶方式

在原始社会，人类除了采集野果直接充饥外，有时也会挖掘野菜或摘取某些树木的嫩叶来口嚼生食，有时会把这些野菜和嫩叶与稻米一起在陶制的釜鼎（锅）内熬煮成粥。

古人在长期食用茶的过程中，认识到了它的药用功能。《神农本草经》记载："神农尝百草，日遇七十二毒，得茶而解之。"这是茶叶作为药用的开始，在夏商之前母系氏族社会向父系氏族社会转变时期。

蓝田人复原头像，旧石器时代（距今约115万年），远古人从野生大茶树上采集嫩梢主要用来充饥。

汉魏六朝时期的饮茶方式

饮茶历史起源于西汉时的巴蜀之地。从西汉到三国时期，在巴蜀之外，茶是仅供上层社会享用的珍稀之品。

关于汉魏六朝时期饮茶的方式，古籍仅有零星记录，《桐君录》中说："巴东别有真香茗，煎饮令人不眠"。晋代郭璞在《尔雅》注中说："树小如栀子，冬生，叶可煮作羹饮。"当时还没有专门的煮茶、饮茶器具，大多是在鼎或釜中煮茶，用吃饭用的碗来饮茶。

将冷水逐渐煮至沸腾。

冷水中的茶叶。

煮茶，即将茶叶入冷水中煮至沸腾。

据唐代诗人皮日休说，汉魏六朝的饮茶法是"浑而烹之"，将茶树生叶煮成浓稠的羹汤饮用。东晋杜育作《荈赋》，其中写道："水则岷方之注，挹彼清流。器泽陶简，出自东隅。酌之以匏，取式公刘。惟兹初成，沫沉华浮。焕如积雪，晔若春薮。"大概意思是：水是岷江的清泉，碗是东隅的陶简，用公刘制作的瓢舀出。茶煮好之时，茶末沉下，汤华浮上，亮如冬天的积雪，鲜似春日的百花。这里就涉及择水、选器、酌茶等环节。这一时期的饮茶是煮茶法，以茶入锅中熬煮，然后盛到碗内饮用。

唐代的煎茶法

到了唐代，饮茶风气渐渐普及全国。自陆羽的《茶经》出现后，茶道更是兴盛。当时饮茶之风扩散到民间，都把茶当作家常饮料，甚至出现了茶水铺，"不问道俗，投钱取饮。"唐朝的茶，以团饼为主，也有少量粗茶、散茶和米茶。饮茶方式，除延续汉魏南北朝的煮茶法外，又有泡茶法和煎茶法。

《茶经·六之饮》中"饮有粗茶、散茶、末茶、饼茶，乃斫、乃熬、乃炀、乃舂，贮于瓶缶之中，以汤沃焉，谓之痷茶。"茶有粗、散、末、饼四类，粗茶要切碎，散茶、末茶入釜炒熬、烤干，饼茶舂捣成茶末。将茶投入瓶缶中，灌以沸水浸泡，称为"痷茶"。"痷"义同"淹"，即用沸水淹泡茶。

捣压成碎茶末，投入瓷器中。

沸水冲泡。

辅以葱、姜、橘子做佐料。

煎茶，如同煎药，将茶叶下入水中煮熬。

煎茶法是陆羽所创，主要程序有：备器、炙茶、碾罗、择水、取水、候汤、煎茶、酌茶、啜饮。它与汉魏南北朝的煮茶法相比，有两点区别：①煎茶法通常用茶末，而煮茶法用散叶、茶末皆可；②煎茶是一沸投茶，环搅，三沸而止，煮茶法则是冷热水不忌，煮熬而成。

宋代的点茶法

　　饮茶的习俗在唐代得以普及，在宋代达到鼎盛。此时，茶叶生产空前发展，饮茶之风极为盛行，不但王公贵族经常举行茶宴，皇帝也常以贡茶宴请群臣。在民间，茶也成为百姓生活中的日常必需品之一。

　　宋朝前期，茶以片茶（团、饼）为主；到了后期，散茶取代片茶占据主导地位。在饮茶方式上，除了继承隋唐时期的煎、煮茶法外，又兴起了点茶法。为了评比茶质的优劣和点茶技艺的高低，宋代盛行"斗茶"，而点茶法也就是在斗茶时所用的技法。先将饼茶碾碎，置茶盏中待用，以釜烧水，微沸初漾时，先在茶叶碗里注入少量沸水调成糊状，然后再量茶注入沸水，边注边用茶筅搅动，使茶末上浮，产生泡沫。

注入适量沸水。

边注边用茶筅搅动。

茶末上浮，产生泡沫。

饼茶碾碎，置茶盏中待用。

待釜将水烧至微沸初漾时。

茶叶碗里注入少量沸水调成糊状。

从煎茶、煮茶到泡茶

　　泡茶法始于隋唐，但占主流的是煎茶法和煮茶法，泡茶法并不普遍。宋时的点茶法，可以说是一种特殊的泡茶法。点茶与泡茶的最大区别在于：点茶须"调膏击拂"，泡茶则不必如此。直到元明之时，泡茶法才得以发展壮大。

　　元代泡茶多用末茶，并且还杂以米面、麦面、酥油等佐料；明代的细茗，则不加佐料，直接投茶入瓯，用沸水冲点，杭州一带称之为"撮泡"，这种泡茶方式是后世泡茶的先驱。明代人陈师在《茶考》中记载："杭俗烹茶，用细茗置茶瓯，以沸汤点之，名为撮泡。"

　　曾在民间盛行的简单、便捷的茶叶冲泡方法在明代大行其道。

清代人怎样品茶？

清代时，品茶的方法日益完善，无论是茶叶、茶具，还是茶的冲泡方法，已和现代相似。茶壶茶杯要用开水先洗涤，干布擦干，茶渣先倒掉，再斟。各地由于不同的风俗，选用不同的茶类。如两广多饮红茶，福建多饮乌龙茶，江浙多好绿茶，北方多喜花茶或绿茶，边疆地区多用黑茶或茶砖。

杯盏以雪白为上。

器皿"以紫砂为上，盖不夺香，又无熟汤气"。

清袁枚《随园食单·武夷茶》条载："杯小如胡桃，壶小如香橼。上口不忍遽咽，先嗅其香，再试其味，徐徐咀嚼而体贴之。"

在众多的饮茶方式之中，以工夫茶的泡法最具特点：一壶常配四只左右的茶杯，一壶之茶，一般只能分酾二三次。杯、盏以雪白为上，蓝白次之。采取啜饮的方式：酾不宜早，饮不宜迟，旋注旋饮。

茶文化萌芽时期的特点

两晋南北朝时期，随着文人饮茶习俗的兴起，有关茶的文学作品日渐增多，茶渐渐脱离作为一般形态的饮食而走入文化领域。如《搜神记》《神异记》《异苑》等志怪小说中便有一些关于茶的故事。左思的《娇女诗》、张载的《登成都白菟楼》、王微的《杂诗》都属中国最早一批茶诗。西晋杜育的《荈赋》是文学史上第一篇以茶为题材的散文，宋代吴俶在《茶赋》中称："清文既传于杜育，精思亦闻于陆羽。"

魏晋时期，玄学盛行。玄学名士，大多爱好虚无玄远的清谈，终日流连于青山秀水之间。最初的清谈家多为酒徒，但喝多了会举止失措，有失雅观，而茶则可竟日长饮，心态平和。慢慢地，这些清谈家从好酒转向好茶，饮茶被他们当作一种精神支持。

这一时期，随着佛教传入和道教兴起，茶以其清淡、虚静的本性，受到人们的青睐。在道家看来，饮茶是帮助炼"内丹"，升清降浊，轻身换骨，修成长生不老之体的好办法；在佛家看来，茶又是禅定入静的必备之物。茶文化与宗教相结合，无疑提高了茶的地位。尽管此时尚没有完整茶文化体系，但茶已经脱离普通饮食的范畴，具有显著的社会和文化功能。

唐代是茶文化的形成时期

隋唐时，茶叶多加工成饼茶。饮用时，加调味品烹煮汤饮。随着茶事的兴旺和贡茶的出现，加速了茶叶栽培和加工技术的发展，涌现出了许多名茶，品饮之法也有较大改进。为改善茶叶苦涩味，开始加入薄荷、盐、红枣调味。此外，开始使用专门的烹茶器具，饮茶的方式也发生了显著变化，由之前的粗放式转为细煎慢品式。

《茶经》将诸家精华及诗人的气质和艺术思想渗透其中，探讨饮茶艺术、茶道精神。

从《茶经》开始，茶文化呈现出全新的局面，它是唐代茶文化形成的标志。

唐代的饮茶习俗蔚然成风，对茶和水的选择、烹煮方式以及饮茶环境越来越讲究。皇宫、寺院以及文人雅士之间盛行茶宴，茶宴的气氛庄重，环境雅致，礼节严格，且必用贡茶或高级茶叶，取水于名泉、清泉，选用名贵茶具。盛唐茶文化的形成，与当时佛教的发展、科举制度、诗风大盛、贡茶的兴起、禁酒等等均有关联。公元 780 年，陆羽著成《茶经》，阐述了茶学、茶艺、茶道思想。这一时期由于茶人辈出，使饮茶之道对水、茶、茶具、煎茶的追求达到一个极尽高雅、奢华的地步，以至于到了唐朝后期和宋代，茶文化中出现了一股奢靡之风。

宋代是茶文化的兴盛时期

到了宋代，茶文化继续发展深化，形成了特有的文化品位。宋太祖赵匡胤本身就喜爱饮茶，在宫中设立茶事机关，宫廷用茶已分等级。至于下层社会，平民百姓搬家时邻居要"献茶"；有客人来，要敬"元宝茶"，订婚时要"下茶"，结婚时要"定茶"。

在学术领域，由于茶业的南移，贡茶以建安北苑为最，茶学研究者倾向于研究建茶。在宋代茶叶著作中，著名的有叶清臣的《述煮茶小品》、蔡襄的《茶录》、宋子安的《东溪试茶录》、沈括的《本朝茶法》、赵佶的《大观茶论》等。

宋代是历史上茶饮活动最活跃的时代，由于南北饮茶文化的融合，开始出现茶馆文化，茶馆在南宋时称为茶肆，当时临安城的茶饮买卖昼夜不绝。此外，宋代的茶饮活动从贡茶开始，又衍生出"绣茶""斗茶""分茶"等娱乐方式。

"斗茶"是一种茶叶品质的比较方法，最早是用于贡茶的选送和市场价格的竞争，因此"斗茶"也被称为"茗战"。

元明清时期是茶文化的持续发展时期

宋人让茶事成为一项兴旺的事业，但也让茶艺走向了繁复、琐碎、奢侈，失却了茶文化原本的朴实与清淡，过于精细的茶艺淹没了唐代茶文化的精神。自元代以后，茶文化进入了曲折发展期。直到明代中叶，汉人有感于前代民族兴亡，加之开国之艰难，在茶文化呈现出简约化和人与自然的契合，以茶显露自己的苦节。

此时已出现蒸青、炒青、烘青等各茶类，茶的饮用已改成"撮泡法"，明代不少文人雅士留有传世之作，如唐伯虎的《烹茶画卷》《品茶图》等。茶叶种类增多，泡茶的技艺有别，茶具的款式、质地、花纹千姿百态。晚明到清初，精细的茶文化再次出现，制茶、烹饮虽未回到宋人的烦琐，但茶风趋向纤弱。

明清之际，茶馆发展极为迅速，有的全镇居民只有数千家，而茶馆可以达到百余家之多。店堂布置古朴雅致，喝茶的除了文人雅士之外，还有商人、手工业者等，茶馆中兼营点心和饮食，还增设说书、演唱节目，等于是民间的娱乐场所。

清末至新中国成立前的100多年，资本主义入侵，战争频繁，社会动乱，传统的中国茶文化日渐衰微，饮茶之道在中国大部分地区逐渐趋于简化，但这并非是中国茶文化的终结。从总趋势看，中国的茶文化是在向下层延伸，这更丰富了它的内容，也更增强了它的生命力。在清末民初的社会中，城市乡镇的茶馆茶肆处林立，大碗茶比比皆是，盛暑季节道路上的茶亭及乐善好施的大茶缸处处可见。"客来敬茶"已成为普通人家的礼仪美德。

当代是茶文化的再现辉煌时期

虽然中华茶文化古已有之，但是它们在当代的复兴，被研究却是始于20世纪80年代。中国台湾地区是现代茶艺、茶道的最早复兴之地。内地方面，新中国成立后，茶叶产量发展很快。物质基础的丰富为茶文化的发展提供了坚实的基础。

从20世纪90年代起，一批茶文化研究者创作一批专业著作，对当代茶文化的建立做出了积极贡献，如：黄志根的《中国茶文化》、陈文华的《长江流域茶文化》、姚国坤的《茶文化概论》、余悦的《中国茶文化丛书》，对茶文化学科各个方面进行系统的专题研究。这些成果，为茶文化学科的确立奠定了基础。

随着茶文化的兴起，各地茶文化组织、茶文化活动越来越多，有些著名茶叶产区所组织的茶艺活动逐渐形成规模化、品牌化、产业化，更加促进了茶文化在社会的普及与流行。

中国茶文化发展到今天，已不再是一种简单的饮食文化，而是一种历史悠久的民族精神特质，讲究天、地、山、水、人的合而为一。

贡茶制度

贡茶起源于西周,当时巴蜀作战有功,册封为诸侯,向周王纳贡时其中即有茶叶。中国古代宁波盛产贡茶,以慈溪县区域为主,其他省、府几乎难与它匹敌。直到清朝灭亡,贡茶制度才随之消亡。

华夏文明数千年,贡茶制度对于中国的茶叶生产和茶叶文化有着巨大的影响。贡茶是封建社会的君王对地方有效统治的一种维系象征,也是封建礼制的需要,它是封建社会商品经济不发达的产物。

贡茶的历史评价褒贬参半,首先,贡茶是对茶农的残酷剥削与压迫,它实际上是一种变相的税制,让茶农们深受其害,对茶叶生产极为不利;另外,由于贡茶对品质的苛求和求新的欲望,客观上也促进了制茶技术的改进与提高。

随着贡茶制度的发展与完善,皇室常在名茶产区专门设立贡茶院、御茶园,由官府直接管理,监造精品贡茶。

表面常附有皇家的印记或封蜡。

包装严谨、精致。

贡茶,就是古时专门作为贡品进献皇室供帝王享用的茶叶。

贡茶的起源

据史料记载,贡茶可追溯到公元前一千多年的西周。据晋代的《华阳国志之巴志》中记载:"周武王伐纣,实得巴蜀之师"。大约在公元前1025年,周武王姬发率周军及诸侯伐灭殷商的纣王后,便将其一位宗亲封在巴地。巴蜀作战有功,册封为诸侯。

这是一个疆域不小的邦国,它东起鱼复(今四川奉节东白帝城),西达僰道(今四川宜宾市西南安边场),北接汉中(今陕西秦岭以南地区),南至黔涪(相当今四川涪陵地区)。巴王作为诸侯,要向周武王纳贡。贡品有:五谷六畜、桑蚕麻纻、鱼盐铜铁、丹漆茶蜜、灵龟巨犀、山鸡白鸧、黄润鲜粉。贡单后又加注:"其果实之珍者,树有荔枝,蔓有辛蒟,园有芳蒻香茗。"香茗,即茶园里的珍品茶叶。

唐代的贡茶情况

　　唐代是我国茶叶发展的重要历史时期，佛教的发展推动了饮茶习俗的传播。安史之乱后，经济重心南移，江南茶叶种植发展迅速，手工制茶作坊相继出现，茶叶初步商业化，形成区域化和专业化的特征，为贡茶制度的形成奠定了基础。

　　唐代贡茶制度有两种形式：

　　（1）选择优质的产茶区，令其定额纳贡。当时名茶亦有排名：雅州蒙顶茶为第一，称"仙茶"；常州阳羡茶、湖州紫笋茶同列第二；荆州团黄茶名列第三。

　　（2）选择生态环境好、产量集中、交通便利的茶区，由朝廷直接设立贡茶院，专门制作贡茶。如：湖州长兴顾渚山，东临太湖，土壤肥沃，水陆运输方便，所产"顾渚扑人鼻孔，齿颊都异，久而不忘"，广德年间，与常州阳羡茶同列贡品。大历五年（770年）在此建构规模宏大的贡茶院，是历史上第一个国营茶叶厂。

　　◆ 唐三彩驿使骑马俑

宋代的贡茶情况

　　到了宋代，贡茶制度沿袭唐代。此时，顾渚贡茶院日渐衰落，而福建凤凰山的北苑龙焙则取而代之，成为名声显赫的茶院。宋太宗太平兴国初年，朝廷特颁置龙凤模，派贡茶特使到北苑造团茶，以区别朝廷团茶和民间团茶。片茶压以银模，饰以龙凤花纹，栩栩如生，精湛绝伦。从此，宋代贡茶的制作走上更加精致、尊贵、华丽的发展路线。

　　宋代的贡茶在当时人的心中已不仅仅是一种精制茶叶，而是尊贵的象征。北苑生产的龙凤团饼茶，采制技术精益求精，年年花样翻新，名品达数十种之多，生产规模之大，历史罕见。仁宗年间，蔡襄创造了小龙团；哲宗年间，改制瑞云翔龙。

宋代贡茶的价值高昂，"龙茶一饼，值黄金二两；凤茶一饼，值黄金一两。"欧阳修当了二十多年官，才蒙圣上赐高级贡茶一饼二两。

　　宋代的贡茶和茶文化在中国历史上享有盛名，不仅促进了名茶的发展、饮茶的普及，还使斗茶之风盛行，出现了无数优秀的茶文化作品，也促使了茶叶对外贸易的兴起。

元代的贡茶情况

元代的贡茶与唐宋相比，在数量、质量及贡茶制度上，都呈平淡之势。这主要是因为元代统治者的民族性、生活习惯以及茶类的变化等原因，使唐宋形成的贡茶规模遭到冲击。

宋亡之后，一度兴盛的建安之御焙贡茶也衰落了。元朝保留了一些宋室的御茶园和官方制茶工场，并于大德三年（1299 年）在武夷山四曲溪设置焙局，又称为御茶园。御茶园建有仁风门、拜发殿、神清堂及思敬、焙芳、宜菽、燕宾、浮光等诸亭，附近还设有更衣台等建筑。焙工数以千计，大造贡茶。

御茶园创建之初，贡茶每年进献

元代的贡茶虽然沿袭宋制以蒸青团饼茶、团茶为主，但在民间已多改饮叶茶、末茶。

约 5 千克，逐渐增至约 50 千克，而要求数量越来越大，以至于每年焙制数千饼龙团茶。据董天工《武夷山志》载，元顺帝至正二十七年（1367 年），贡茶额达 495 千克。

明代的贡茶情况

明代初期，贡焙仍沿用元代旧制，贡焙制有所削弱，仅在福建武夷山置小型御茶园，定额纳贡制仍然实施。

明太祖朱元璋，出身贫寒，深知茶农疾苦，看到进贡的龙凤团饼茶，有感于茶农的不堪重负和团饼贡茶的昂贵和烦琐，因此专门下诏改革，此后明代贡茶正式革除团饼，采用散茶。

但是，明代贡茶征收中，各地官吏层层加码，数量大大超过预额，给茶农造成极大的负担。根据《明史·食货志》载，明太祖时，建宁贡茶 800 余千克；到隆庆初，增到 1150 千克。官吏们更是趁督造贡茶之机，贪污纳贿，无恶不作，整得农民倾家荡产。

朱元璋曾下诏令建宁岁贡上供茶，罢造龙团……天下茶额唯建宁为上，其品有四：探春、先春、次春、紫笋，置茶户五百，免其役。

天下产茶之地，岁贡都有定额，有茶必贡，无可减免。明神宗万历年间，昔富阳鲥鱼与茶并贡，百姓苦难言。

清代的贡茶情况

清代，茶业进入鼎盛时期，形成了著名的茶区和茶叶市场。如建瓯茶厂竟有上千家，每家少则数十人，多则百余人，从事制茶业的人员越来越多。据江西《铅山县志》记载："河口镇乾隆时期制茶工人二三万之众，有茶行 48 家"。

在出口的农产品之中，茶叶所占比重很大。清代前期，贡茶仍旧沿用前朝产茶州定额纳贡的制度。到了中叶，由于商品经济的发展和资本主义因素的增长，贡茶制度逐渐消亡。清宫除常例用御茶之外，朝廷举行大型茶宴与每岁新正举行的茶宴，在康熙后期与乾隆年间曾盛极一时。

清代历朝皇室所消耗的贡茶数量是相当惊人的，全国七十多个府县，每年向宫廷所进的贡茶即达 6950 余千克。这些贡茶，有些是由皇帝亲自选定的。如洞庭碧螺春茶，是康熙第三次南巡时御赐茶名；西湖龙井，是乾隆下江南时，封为御茶；其他还有君山毛尖、遣定云雾茶、福建西天山芽茶、安徽敬亭绿雪、四川蒙顶甘露等。

图为清代掐丝珐琅缠枝莲茶具。清宫内院初期以调饮（奶茶）为主；后期才逐渐改为清饮。

皇室所用茶具不论材质、工艺，在历朝历代都极具特色与观赏性。

🍃 清代的名茶有哪些?

清代继承并发扬了前代茶文化的特色,各类绿茶、乌龙茶、白茶、黄茶、黑茶、红茶中的领军品种异军突起,传承或诞生出不少至今仍弥久不衰的传统名茶,共有40多种。

🍃 青花压手杯(清康熙)

以十二月份的当令花卉为题,十二件一套。

茶 名	产 地	茶 名	产 地	茶 名	产 地
武夷岩茶	福建武夷山	黄山毛峰	安徽黄山	青城山茶	四川灌县
徽州松罗	安徽休宁	西湖龙井	浙江杭州	蒙顶茶	四川雅安
普洱茶	云南	闽红	福建	峨眉白芽茶	四川峨眉山
祁门红茶	安徽祁门	庐山云雾	江西庐山	务川高树茶	贵州铜仁
婺源绿茶	江西婺源	君山银针	岳阳君山	贵定云雾茶	贵州贵定
洞庭碧螺春	苏州太湖	安溪铁观音	福建安溪	湄潭眉尖茶	贵州湄潭
石亭豆绿	福建南安	苍梧六堡茶	广西苍梧	严州苞茶	浙江建德
敬亭绿雪	安徽宣城	屯溪绿茶	安徽休宁	莫干黄芽	浙江余杭
涌溪火青	安徽泾县	桂平西山茶	广西桂平	富田岩顶	浙江富阳
六安瓜片	安徽六安	南山白毛茶	广西横县	九曲红梅	浙江杭州
太平猴魁	安徽太平	恩施玉露	湖北恩施	温州黄汤	浙江平阳
信阳毛尖	河南信阳	天尖	湖南安化	泉岗辉白	浙江嵊州市
紫阳毛尖	陕西紫阳	白毫银针	福建政和	鹿苑茶	湖北远安
舒城兰花	安徽舒城	凤凰水仙	广东潮安		
老竹大方	安徽歙县	闽北水仙	福建建阳		

茶具的起源

中国最早关于茶的记录是在周朝，当时并没有茶具的记载。而茶具是茶文化不可分割的重要组成部分，汉代王褒的《僮约》中，就有"烹茶尽具，酺已盖藏"之说，这是我国最早提到"茶具"的史料。此后历代文学作品及文献多提到茶具、茶器、茗器。

到了唐代，皮日休的《茶具十咏》中列出茶坞、茶人、茶笋、茶籝、茶舍、茶灶、茶焙、茶鼎、茶瓯、煮茶等十种茶具，"茶圣"陆羽在其著作《茶经》的"四之器"中先后共涉及多达24种不同的煮茶、碾茶、饮茶、贮茶器具。

中国的茶具种类繁多，制作精湛，从

口小而圆滑。

浑圆的缶体可盛食物或酒浆。

可供固定或悬挂的把手和拉环。

平底内收的底部便于火力均匀、高效加热。

根据考古研究推论，多数人认为最古老的茶具原型取自可兼做食器或酒器，陶土制成的瓦器——缶。

最初的陶制到之后的釉陶、陶瓷、青瓷、彩瓷、紫砂、漆器、竹木、玻璃、金属，无论是茶具材质还是制作工艺，茶具都经历了由粗渐精的发展过程。

唐代茶具的特点

唐代的茶饮及茶文化已发展成熟，人们以饼茶水煮作饮。湖南长沙窑遗址出土的一批唐朝茶碗，是我国迄今所能确定的最早茶碗。

茶业兴盛带动了制瓷业的发展，当时享有盛名的瓷器有越窑、鼎州窑、婺州窑、岳州窑、寿州窑、洪州窑和邢州窑，其中产量和质量最好的当数越窑产品。越窑是我国著名的青瓷窑，其青瓷茶碗深受茶圣陆羽和众多诗人的喜爱，陆羽评其"类玉""类冰"。当时茶具主要有碗、瓯、执壶、杯、釜、罐、盏、盏托、茶碾等。瓯是中唐时期风靡一时的越窑茶具新品种，是一种体积较小的茶盏。

三彩陶杯盘

以黄、赭、绿为基本色调，色彩斑斓。

白瓷瓷碗

碗作为唐时最流行的茶具，造型有花瓣形、直腹式、弧腹式等。

青瓷执壶

执壶是中唐以后才出现的器形，通常刻有各类纹饰。

宋代茶具的特点

承唐人遗风，宋代茶饮更加普及，品饮和茶具的发展已进入了鼎盛时期，茶成了人们日常生活中的必需品。

宋代的茶为茶饼，饮时须碾为粉末。饮茶的茶具盛行茶盏，使用盏托也更为普遍。其形似小碗，敞口，细足厚壁，适用于斗茶技艺，其中著名的有龙泉窑青釉碗、定窑黑白瓷碗、耀州窑内瓷碗。由于宋代瓷窑的竞争，技术的提高，使得茶具种类增加，出产的茶盏、茶壶、茶杯等品种繁多，式样各异，色彩雅丽，风格大不相同。全国著名的窑口共有五处，即官窑、哥窑、定窑、汝窑和钧窑。

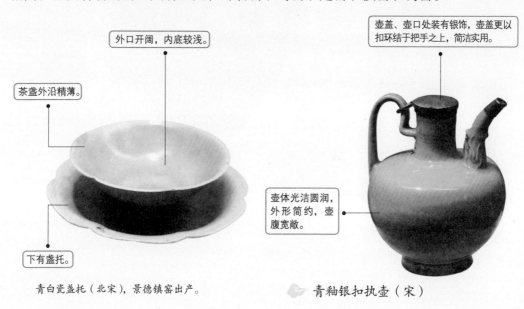

外口开阔，内底较浅。

茶盏外沿精薄。

下有盏托。

青白瓷盖托（北宋），景德镇窑出产。

壶盖、壶口处装有银饰，壶盖更以扣环结于把手之上，简洁实用。

壶体光洁圆润，外形简约，壶腹宽敞。

青釉银扣执壶（宋）

元代茶具的特点

元代时期，茶饼逐渐被散茶取代。此时绿茶的制作只经适当揉捻，不用捣碎碾磨，保存了茶的色、香、味。茶具也有了脱胎换骨之势，从宋人的崇金贵银、夸豪斗富的误区进入了一种崇尚自然、返璞归真的茶具艺术境界，对茶具去粗存精、删繁就简，为陶瓷茶具成为品饮场中的主导潮流开辟了历史性的通道。尤其是白瓷茶具不凡的艺术成就，把茶饮文化及茶具艺术的发展推向了全新的历史阶段，直到今天，元朝的白瓷茶具依然还有着势不可挡的魅力。

罐盖如荷叶般宽平，边缘微翘。

罐体上部宽圆，罐脚内收。

青釉荷叶盖罐（元），可做贮茶器具。

明代茶具的特点

明代饮用的茶是与现代炒青绿茶相似的芽茶，"茶以青翠为胜，陶以蓝白为佳，黄黑红昏，俱不入品"，人们在饮绿茶时，喜欢用洁白如玉的白瓷茶盏来衬托，以显清新雅致。

自明代中期开始，人们不再注重茶具与茶汤颜色的对比，转而追求茶具的造型、图案、纹饰等所体现的"雅趣"上来。明代制瓷业在原有青白瓷的基础上，先后创造了各种彩瓷，钧红、祭红和郎窑红等名贵色釉，使造型小巧、胎质细腻、色彩艳丽的茶具成了珍贵之极的艺术品。名噪天下的景德镇瓷器甚至为中国博得了"瓷器王国"的美誉。

蓝釉执壶（明）

外侧浮刻有螭龙纹，螭龙传说是龙子之一，有防火之能。

螭纹白玉水盂（明）

明朝人的饮茶习惯与前代不同，在饮茶过程中多了一项内容，就是洗茶。因此，茶洗工具也成了茶具的一个组成部分。茶盏在明代也出现了重大的改进，就是在盏上加盖。加盖的作用一是为了保温，二是出于清洁卫生。自此以后，一盏、一托、一盖的三合一茶盏，就成了人们饮茶不可缺少的茶具，这种茶具被称为盖碗。

清代茶具的特点

清代的饮茶习惯基本上仍然继承明代人的传统风格，淡雅仍然是这一时期的主格调。

紫砂茶具的发展经历了明供春始创、"四名家"及"三妙手"的成就过程终于达到巅峰。茶具以淡、雅为宗旨，以"宛然古人"为最高原则的紫砂茶具形成了泾

绿、黄、紫三色交相辉映。造型栩栩如生，极富表现力。

素三彩鸭形壶（清）

以海生动物的背甲制成。质地半透明，光润圆滑，有黄、黑、褐色的斑纹。

玳瑁镶银里盖碗（清）

渭分明的三大风格——讲究壶内在朴素气质的传统文人审美风格、施以华美绘画或釉彩的市民情趣风格以及镶金包银专供贸易的外销风格。

一贯领先的瓷具也不甘寂寞，制作手法、施釉技术不断翻新，到清代已形成了陶瓷争艳、比肩前进的局面。而文人对茶具艺术的参与，则直接促进了其艺术含量的提高，使这一时期的作品，成了传世精品。

中国的茶区分布

中国茶区分布辽阔，从地理上看，东起东经 122 度的台湾省东部海岸，西至东经 95 度的西藏自治区易贡，南自北纬 18 度的海南岛榆林，北到北纬 37 度的山东省荣成市，东西跨经度 27 度，南北跨纬度 19 度。茶区地跨中热带、边缘热带、南亚热带、中亚热带、北亚热带和暖日温带。在垂直分布上，茶树最高种植在海拔 2600 米高地上，而最低仅距海平面几十米或百米。

在不同地区，生长着不同类型、不同品种的茶树，决定着茶叶的品质及其适制性和适应性。

茶区囊括了浙江、湖南、湖北、安徽、四川、福建、云南、广东、广西、贵州、江苏、江西、陕西、河南、台湾、山东、西藏、甘肃、海南等 21 个省（区、市）的上千个县市。

茶区划分的意义

划分茶业区域，是为了更好地开发和利用自然资源，更合理地调整生产布局，因地制宜地指导茶业的生产和规划。因此，科学的茶区划分，是种植业规划的重要部分，也是顺利发展茶叶生产的一项重要基础工作，对于茶叶的研究工作也非常有利。

由于我国茶区辽阔，品种丰富，产地地形复杂，茶区划分采取三个级别：即一级茶区，系全国性划分，用以宏观指导；二级茶区，系由各产茶省（区）划分，进行省区内生产指导；三级茶区，系由各地县划分，具体指挥茶叶生产。

现代中国的茶区划分

按照一级茶区的划分，中国茶区可分为四大块：即江北茶区、江南茶区、西南茶区和华北茶区。

江北茶区：南起长江，北至秦岭、淮河，西起大巴山，东至山东半岛，包括甘南、陕西、鄂北、豫南、皖北、苏北、鲁东南等地，是我国最北的茶区。茶区多为黄棕土，酸碱度略高，气温偏低，茶树新梢生长期短，冻害严重。因昼夜温度差异大，茶树自然品质形成好，适制绿茶，香高味浓。

江南茶区：长江以南，大樟溪、雁石溪、梅江、连江以北，包括粤北、桂北、闽中北、湘、浙、赣、鄂皖南、苏南等地。江南茶区大多是低丘山地区，多为红壤，酸碱度适中。有自然植被的土壤，土层肥沃，气候温和，降水充足。茶区资源丰富，历史名茶甚多，如西湖龙井、君山银针、洞庭碧螺春、黄山毛峰等等，享誉国内外。

西南茶区：米仑山、大巴山以南，红水河、南盘江、盈江以北，神农架、巫山、方斗山、武陵山以西，大渡河以东的地区，包括黔、川、滇中北和藏东南。茶区地形复杂，多为盆地、高原。各地气候差异较大，但总体水热条件良好。整个茶区冬季较温暖，降水较丰富，适宜茶树生长。

华南茶区：位于大樟溪、雁石溪、梅江、连江、浔江、红水河、南盘江、无量山、保山、盈江以南，包括闽中南、台、粤中南、海南、桂南、滇南。茶区水热资源丰富，土壤肥沃，多为赤红壤。茶区高温多湿，四季常青，茶树资源极其丰富。

茶区	位置	土壤/地形	气候	茶产
江北茶区	甘南、陕西、鄂北、豫南、皖北、鲁东南等地	酸碱度略高的黄棕土，地形复杂	气温低、雨量少，昼夜温差大	品质优良，适制绿茶，香高味浓
西南茶区	黔、川、滇中北和藏东南	地形复杂，多为盆地、高原	气候条件各异、水热条件好	适宜茶树生长
华南茶区	闽中南、台、粤中南、海南、桂南、滇南	土壤肥沃，多为赤红壤	高温多湿，四季常青	茶树资源极其丰富
江南茶区	粤北、桂北、闽中北、湘、浙、赣等地	低丘山地，土壤酸碱度适中	四季分明，气候温和，降水充足	茶区资源丰富，历史名茶甚多

古时茶业纵览

古时茶业纵览 之 锄地

　　高山地势下多云雾，大量漫射光线中的蓝紫光利于茶产生多种氨基酸，以提高自身香气；空气湿度大，利于茶叶成长的持嫩性。人们开垦、深耕来获取最适宜的土地结构：表层土松软肥沃，中层土保水蓄肥，底层土排水性佳。

　　◐ 较大的空气湿度利于茶叶成长的持嫩性，以提高品质。

　　◑ 酸性土壤（pH值为4.0~5.5）中充足的铝元素与适量的钙元素是茶树健壮成长的基础。

古时茶业纵览 之 播种

春季播种时间通常在三月份之前，播种茶子前，人们要在土地上画线定行，控制行距以利于茶树生长和田间耕作。然后在开垦、深耕、平整后的土地上开挖一个个直径、深度各尺许的坑，培以基肥，播种四粒，以"穴播丛植法"栽种茶树。

开挖一个直径、深度各尺许的坑，培以基肥，并覆土3~5厘米，以免烧根。

以"穴播丛植法"播种4~5粒后，再覆土3厘米左右。

古时茶业纵览 之 施肥

　　茶树种植区域通常设在村庄的附近，以便于肥料的收集与运送，并在耕地之间开挖水渠，以便在干旱季节辅助灌溉，在多雨季节利于排水。土地需要充足的肥力，浇水、施肥时要注意浇水淋透，从而保持土壤湿润以及充足的有机质和养分。

　　◎ 充足的水肥决定了茶
　　株生长发育的旺盛。

　　◎ 村庄附近便于肥
　　料的收集与运送。

　　◎ 浇水、施肥时
　　要注意浇水淋透。

　　◎ 开挖的水渠，干旱时可辅
　　助灌溉，雨季能利于排水。

　　◎ 充足的肥力可保
　　持土壤湿润以及充足
　　的有机质和养分。

古时茶业纵览 *之* 采茶

　　虽然采茶时间根据气候条件与地理位置各有不同，但通常为清明之后，谷雨之前，草木返青，气温逐渐转高之时，此时茶叶的芽叶壮硕饱满，色泽润绿，茶味鲜浓甘醇。人们多在晴天采茶，采茶时人工去除茶株"顶端优势"以提高产量。

　　◎ 虽然采茶时间根据气候条件与地理位置各有不同，但通常为清明之后，谷雨之前，草木返青，气温逐渐转高时。

　　◎ 此时芽叶壮硕饱满，色泽润绿，茶味鲜浓甘醇。

　　◎ 茶树性耐阴，种植地附近可适当栽种遮阴树来调节日照强度。

　　◎ 人们多选择晴天采茶，以帽遮挡阳光。采茶时，摘除掉了顶芽会人为抑制其过快生长，间接地提升侧芽的活跃性，从而提升单株茶树的产量。

古时茶业纵览 *之* 拣茶

　　采摘回的茶叶嫩芽需要迅速集中加工处理，人们在阴凉通风的室内进行初步的芽叶挑拣，茶叶品种不同，其初步挑拣、取舍的标准也各有不同。在除去黄叶、杂物以及茶梗后，挑拣出的茶芽尖细如枪，叶展如旗，然后摊放备晒。

◯ 采摘回的茶叶嫩芽要
迅速集中加工处理。

◯ 茶叶嫩芽的初步挑拣、
加工通常在室内进行。

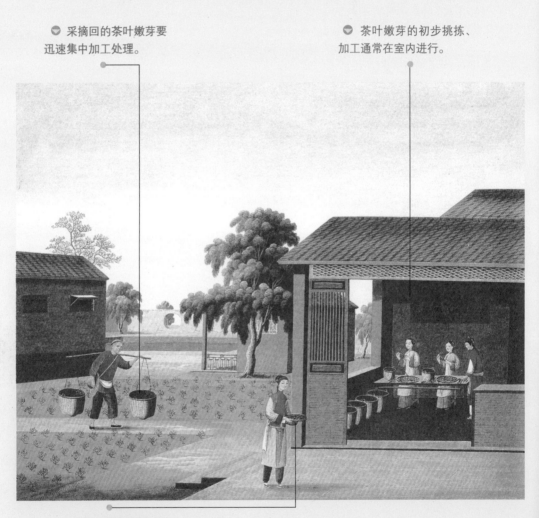

◔ 茶芽在挑拣除去
黄叶、杂物及茶梗
后，摊放备晒。

古时茶业纵览 之 晒茶

人们将挑拣出的鲜嫩茶叶以竹筐匀铺，置于阳光下晒青，利用日光的凋萎作用散失掉茶中的部分水分，茶叶质地柔软、干湿得当，叶色由鲜绿转为暗绿色时，即可判定晒青合格。待茶叶青色渐收后，集中放置在密室中发酵，准备炒焙。

● 将茶叶以竹筐匀铺，置于阳光下凋萎以散失部分水分，称之为"晒青"。

● 待茶叶青色渐收后，集中放置发酵准备炒焙。

● 经过挑拣后的鲜嫩茶叶。

● 茶叶质地柔软、干湿得当，叶色由鲜绿转为暗绿色，即可判定晒青合格。

古时茶业纵览 之 炒茶

炒茶之前，人们需要对茶叶进行简单的去湿加工或特种茶深度加工。炒茶的基本动作有翻、抖、压等，抛闷结合的杀青技术能在快速破坏酶的活性同时获得优异的茶香。温度控制在80℃以上，锅温略低可适当运用焖炒技术产生高温蒸汽来让茶叶快速升温。

◎ 抛闷结合的杀青技术在快速破坏酶的活性同时能获得优异的茶香。

◎ 炒茶前需进行简单的去湿加工或特种茶深度加工。

◎ 炒茶的基本动作有翻、抖、压等。

◎ 温度应控制在80℃以上。

古时茶业纵览 *之* 揉茶与筛茶

炒焙后的茶叶在揉捻前需适当摊晾，以利于茶汤保持鲜嫩明亮的色泽。人们运用适度的揉捻来挤出茶叶内部的汁液，使其条索收卷紧实，以手工挑拣来去除杂叶，最后用平端筛子来回往复晃动的方式，筛除茶叶中过粗的茶叶或窨制花朵。

◎ 炒焙后的茶叶

◎ 手工挑拣以确保茶叶的品质。

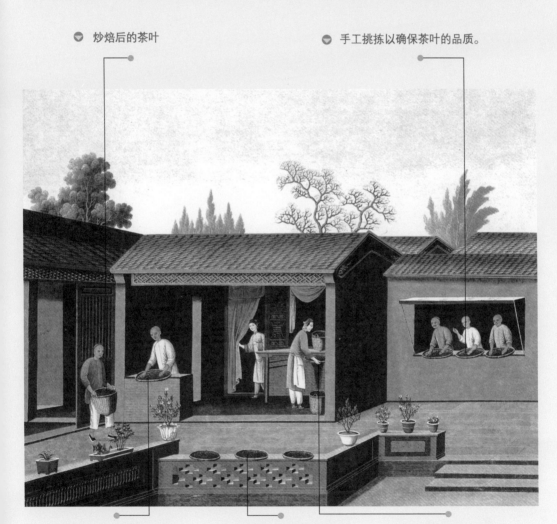

◎ 适度的揉捻可促使茶叶内汁液的挤出，条索收卷紧实。

◎ 炒焙好的细嫩茶叶在揉捻前需摊晾，以利其茶汤保持鲜嫩明亮的色泽。

◎ 以筛子来回往复平行晃动，筛除茶叶中过粗的茶叶或窨制花朵。

古时茶业纵览 之 春茶

人们将筛选出的茶叶按粗老细嫩的不同分类舂压成精细的茶片，以备制成不同需求的独特茶品。捣碎、榨出的茶片和茶汁要运用手工方式捏合制形，然后在日光下晾晒、风干，而干燥完成的茶叶才能准备包装储存。

◔ 将捣碎、榨出的茶片和
茶汁捏合制形。

◔ 制形后的
茶叶需适当晾
晒、风干。

◔ 将筛选出的茶叶按粗老细
嫩分类舂压成精细的茶片，以
备制成某些独特茶品。

◔ 干燥完成的
茶叶则准备进入
包装程序。

古时茶业纵览 之 装桶

箬竹，叶宽而大，清香而性凉，具有一定的隔湿效果，作为储茶之用能够较好地隔绝外部的湿气与异味，保留茶叶自身原有的香气。人们将茶叶灌入编制密实的竹篓中，以外力压实，以挤压空气、释放空间，灌装完毕的茶叶集中存放。

◉ 以斗筲将茶叶灌装入密实的竹篓中。

◉ 灌装完毕的茶叶集中存放，待运输工具到位后运至他处。

◉ 不断用外力将灌入的茶叶压实，以挤压空气、释放空间。

◉ 竹篓编制到收口阶段。

◉ 将众多竹篾彼此串连、编结成紧密的外壁。

◉ 把干净的竹子加工、抛光成精薄、坚韧的竹片。

第二篇
茶的分类及区域分布

第一章
茶叶的分类

传统七大茶系分类法

中国的茶叶种类很多，分类也自然很多，但被大家熟知和广泛认同的就是按照茶的色泽与加工方法分类，即传统七大茶系分类法：红茶、绿茶、黄茶、青茶、白茶、黑茶和花茶七大茶系。

1. 红茶

红茶是我国最大的出口茶，出口量占我国茶叶总产量的 50% 左右，属于全发酵茶类。它因干茶色泽、冲泡后的茶汤和叶底以红色为主调而得名。但红茶开始创制时被称为"乌茶"，因此，英语称其为"Black Tea"，而并非"Red Tea"。

红茶以适宜制作本品的茶树新芽叶为原料，经萎凋、揉捻、发酵、干燥等典型工艺过程精制而成。香气最为浓郁高长，滋味香甜醇和，饮用方式多样，是全世界饮用国家和人数最多的茶类。

红茶中的名茶主要有以下几种：祁门红茶，政和工夫，闽红工夫，坦洋工夫，白琳工夫，滇红工夫，九曲红梅，宁红工夫，宜红工夫，等等。

滇红工夫

九曲红梅

祁门红茶

政和工夫

2. 绿茶

　　绿茶是我国产量最大的茶类，其制作过程并没有经过发酵，成品茶的色泽、冲泡后的茶汤和叶底均以绿色为主调，较多地保留了鲜叶内的天然物质。其中茶多酚咖啡因保留鲜叶的 85% 以上，叶绿素保留 50% 左右，维生素损失也较少，从而形成了绿茶"清汤绿叶，滋味收敛性强"的特点。由于营养物质损失少，绿茶也对人体健康更为有益，对防衰老、防癌、抗癌、杀菌、消炎等均有特殊效果。

　　绿茶是历史最早的茶类，距今至少有三千多年。古代人类采集野生茶树芽叶晒干收藏，可以看作是广义上的绿茶加工的开始。但真正意义上的绿茶加工，是从公元 8 世纪发明蒸青制法开始，到 12 世纪又发明炒青制法，绿茶加工技术已比较成熟，一直沿用至今，并不断完善。

　　绿茶中的名茶主要有以下几种：西湖龙井，洞庭碧螺春，黄山毛峰，信阳毛尖，庐山云雾，六安瓜片，太平猴魁，等等。

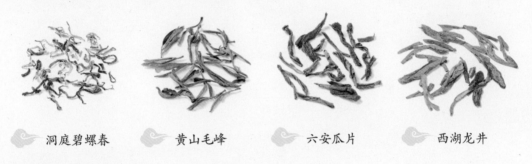

| 洞庭碧螺春 | 黄山毛峰 | 六安瓜片 | 西湖龙井 |

3. 黄茶

　　由于杀青、揉捻后干燥不足或不及时，叶色变为黄色，于是人们发现了茶的新品种——黄茶。黄茶具有绿茶的清香、红茶的香醇、白茶的愉悦以及黑茶的厚重，是各阶层人群都喜爱的茶类。其品质特点是"黄叶黄汤"，这种黄色是制茶过程中进行闷堆渥黄的结果。

　　由于品种的不同，黄茶在茶片选择、加工工艺上有相当大的区别。比如，湖南省岳阳洞庭湖君山的君山银针，采用的全是肥壮的芽头，制茶工艺精细，分杀青、摊放、初烘、复摊、初包、复烘、再摊放、复包、干燥、分级等十道工序。加工后的君山银针外表披毛，色泽金黄光亮。

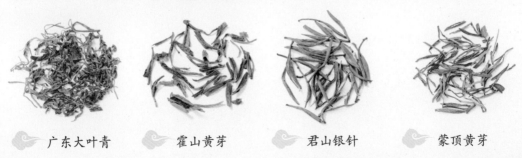

| 广东大叶青 | 霍山黄芽 | 君山银针 | 蒙顶黄芽 |

黄茶中的名茶主要有以下几种：君山银针，蒙顶黄芽，霍山黄芽，海马宫茶，北港毛尖，鹿苑毛尖，广东大叶青，等等。

4. 青茶

青茶，主要指乌龙茶，属于半发酵茶，在中国几大茶类中，具有鲜明的特色。它融合了红茶和绿茶的清新与甘鲜，品尝后齿颊留香，回味无穷。

青茶因其在分解脂肪、减肥健美等方面有着显著功效，又被称为"美容茶"、"健美茶"，受到海内外人士的喜爱和追捧。

青茶中的名茶主要有以下几种：凤凰水仙，武夷肉桂，武夷岩茶，冻顶乌龙，凤凰单枞，黄金桂，安溪铁观音，本山，等等。

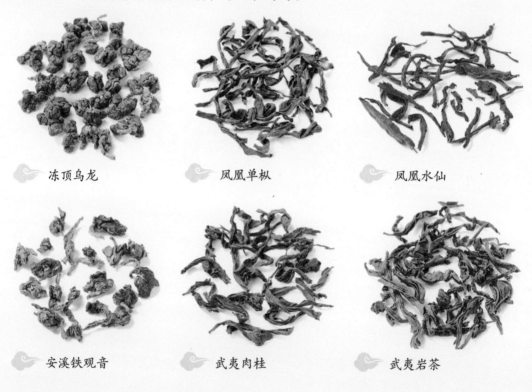

冻顶乌龙　　　　　凤凰单枞　　　　　凤凰水仙

安溪铁观音　　　　武夷肉桂　　　　　武夷岩茶

5. 白茶

白茶是我国的特产，一般地区并不多见。由于人们采摘了细嫩、叶背多白茸毛的芽叶，加工时不炒不揉，晒干或用文火烘干，使白茸毛在茶的外表完整地保留下来，这就是它呈白色的缘故。

优质成品茶毫色银白闪亮，素有"绿妆素裹"之美感，且芽头肥壮，汤色黄亮，滋味鲜醇，叶底嫩匀。冲泡后品尝，滋味鲜醇可口，还能起到药理作用。中医药理证明，白茶性清凉，具有退热降火之功效，海外侨胞往往将白茶视为不可多得的珍品。

白茶中的名茶主要有以下几种：白牡丹，贡眉，白毫银针，寿眉，福鼎白茶，等等。

<table>
<tr><td>白毫银针</td><td>白牡丹</td><td>寿眉</td></tr>
</table>

6. 黑茶

黑茶因其茶色呈黑褐色而得名。由于加工制造过程中一般堆积发酵时间较长，所以叶片多呈现暗褐色。其品质特征是茶叶粗老、色泽细黑、汤色橙黄、香味醇厚，具有扑鼻的松烟香味。黑茶属深度发酵茶，存放的时间越久，其味越醇厚。

黑茶中的名茶主要有以下几种：普洱茶，四川边茶，六堡散茶，湖南黑茶，茯砖茶，老青茶，老茶头，黑砖茶，等等。

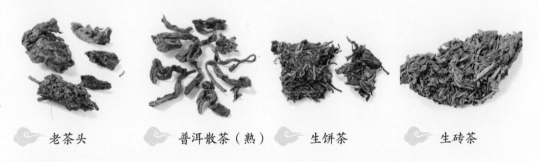

<table>
<tr><td>老茶头</td><td>普洱散茶（熟）</td><td>生饼茶</td><td>生砖茶</td></tr>
</table>

7. 花茶

花茶又称熏花茶、香花茶、香片，属于再加工茶，是中国独特的一个茶叶品种。花茶由精致茶胚和具有香气的鲜花混合，使花香和茶味相得益彰，受到很多人尤其是偏好重口味的北方朋友青睐。

花茶具有清热解毒、美容保健等功效，适合各类人群饮用。随着人们生活水平提高，时尚生活越来越丰富，花茶也增添了许多品种，例如保健茶、工艺茶，花草

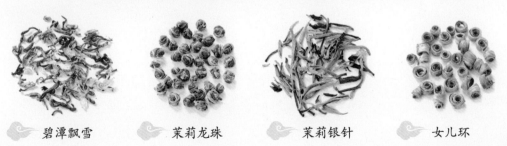

<table>
<tr><td>碧潭飘雪</td><td>茉莉龙珠</td><td>茉莉银针</td><td>女儿环</td></tr>
</table>

茶，等等。

常见的花茶主要有：茉莉花茶，玉兰花茶，珠兰花茶，玫瑰花茶，菊花茶，千日红，女儿环，碧潭飘雪，等等。

按茶树品种分类

茶树是一种多年生的常绿灌木或小乔木的植物，高度在 1 ~ 6 米，而在热带地区生长的茶树有的为乔木型，树高可达 15 ~ 30 米，基部树围可达 1.5 米以上，树龄在数百年甚至上千年。花开在叶子中间，为白色、五瓣，有芳香。茶树叶互生，具有短柄，树叶的形状有披针状、椭圆形、卵形和倒披针形等。

茶树同其他物种一样，需要有一定的生长环境才能存活。茶树由于在某种环境中长期生长，受到特定环境条件的影响，通过新陈代谢，形成了对某些生态因素的特定需要，从而形成了茶树的生存条件。这种生存条件主要包括地形、土壤、阳光、温度、雨水等。

根据自然情况下茶树的高度和分枝习性，茶树可分为乔木型、小乔木型和灌木型。

1. 乔木型

乔木型的茶树是较原始的茶树类型，分布于和茶树原产地自然条件较接近的自然区域，即我国热带或亚热带地区。植株高大，分枝部位高，主干明显，分枝稀疏。叶片大，叶片长度的变异范围为 10 ~ 26 厘米，多数品种叶长在 14 厘米以上。结实率低，抗逆性弱，特别是抗寒性极差。芽头粗大，芽叶中多酚类物质含量高。这类品种分布于温暖湿润的地区，适宜制红茶，品质上具有滋味浓强的特点。

2. 小乔木型

小乔木型茶树属于进化类型，分布于亚热带或热带茶区，抗逆性相比于乔木类型要强。植株较高大，从植株基部至中部主干明显，植株上部主干则不明显。分枝较稀，大多数品种叶片长度在 10 ~ 14 厘米之间，叶片栅栏组织多为两层。

小乔木类型的茶树品种介乎灌木乔木类型之间，区域适应性和茶类适制性亦较广。栽培茶树的目的是采摘其幼嫩新梢，作为制茶原料。因此，茶树的长相、叶和芽的性状、芽的萌发和生长特性，以及新梢的性状，也就成为研究茶树品种的重要经济性状。

3. 灌木型

灌木型茶树也属于进化类型，主要分布于亚热带茶区，我国大多数茶区均有其分布，包括的品种也最多。灌木类型的茶树品种，植株低矮，分枝部位低，从基部分枝，无明显主干，分枝密。叶片小，叶片长度变异范围大。为 2.2 ~ 14 厘米之间。叶片栅栏组织 2 ~ 3 层。结实率高，抗逆性强。芽中氨基氮含量高。地理分布广，茶类适制性亦较广。

茶叶可按茶树品种分为以下类别：根据茶树的繁殖方式分类，可分为有性品种和无性品种两类；根据茶树成熟叶片大小分类，可分为特大叶品种、大叶品种、中叶品种和小叶品种四类。

以下介绍几种我国台湾地区按茶树品种分类的茶叶：

1. 青心乌龙

属于小叶种，适合制造部分发酵的晚生种，由于本品种是一个极有历史并且被广泛种植的品种，因此有种仔，种茶，软枝乌龙等别名。树型较小，属于开张型，枝叶较密，幼芽成紫色，叶片呈狭长椭圆形，叶肉稍厚柔软富弹性，叶色呈浓绿富光泽。本品种所制成的包种茶不但品质优良，且广受消费者喜好，故成为本省栽植面积最广的品种，可惜树势较弱，易患枯枝病且产量低。

2. 硬枝红心

别名大广红心，是从福建引进的本省四大名种之一。属于早生种，适合制造包种茶之品种，树型大且直立，枝叶稍疏，幼芽肥大且密生洱毛，呈紫红色，叶片锯齿较锐利，树势强健，产量中等。制造铁观音茶泽外观优异且滋味良好，品质与市场需求有直追铁观音种茶树所制造产品的趋势。本品种大部分分布在新北市淡水茶区，目前以石门乡居多，所制成的条型或半球型包种茶，具有特殊香味，但因成茶色泽较差而售价较低。

3. 大叶乌龙

我国台湾地区四大名种之一。属于早生种，适合制造绿茶及包种茶品种，树型高大直立，枝叶较疏，芽肥大洱毛多呈淡红色，叶片大且呈椭圆形，叶色暗绿，叶

茶园

肉厚树势强,但收成量中等。本品种目前零星散布于新北市汐止、深坑、石门等地区,面积逐年减少中。

按产地取名分类

我国的许多省份都出产茶叶,但主要集中在南部各省,基本分布在东经94 ~ 122度、北纬18 ~ 37度的广阔范围内,有浙、苏、闽、湘、鄂、皖、川、渝、贵、滇、藏、粤、桂、赣、琼、台、陕、豫、鲁、甘等省、自治区、直辖市的上千个县市。

由于茶树是热带、亚热带多年生常绿树种,要求温暖多雨的气候环境,酸性土壤的土地条件。南方地区多山云雾大,散射光多,日照短,昼夜温差大,气候阴凉,对形成茶叶优良品种非常有利,因而可以高产。

茶树最高种植在海拔2600米高地上,而最低仅距海平面几十米。在不同地区,生长着不同类型和不同品种的茶树,从而决定着茶叶的品质及其适制性和适应性,形成了一定的、颇为丰富的茶类结构。

根据产地取名的茶叶品种很多,以下列举几种精品茶叶:

1. 西湖龙井

中国十大名茶之一,因产于中国杭州西湖的龙井茶区而得名。龙井既是地名,又是泉名和茶名。"欲把西湖比西子,从来佳茗似佳人。"这优美的句子如诗如画,泡一杯龙井茶,喝出的却是世所罕见的独特而骄人的龙井茶文化。

西湖龙井

2. 洞庭碧螺春

中国十大名茶之一,因产于江苏省苏州市太湖洞庭山而得名。太湖地区水气升腾,雾气悠悠,空气湿润,极宜于茶树生长。碧螺春茶叶早在隋唐时期即负盛名,有千余年历史。喝一杯碧螺春,仿如品赏传说中的江南美女。

3. 安溪铁观音

1725 ~ 1735年间,由福建安溪人发明,是中国十大名茶之一。铁观音独具"观音韵",清香雅韵,"七泡余香溪月露,满心喜乐岭云涛。"以其独特的韵味和超群的品质备受人们青睐。

4. 祁门红茶

因产于安徽省祁门一带而得名。"祁红特绝群芳最,清誉高香不二门。"祁门红茶是红茶中的极品,享有盛誉,高香美誉,香名远播,素有"群芳最"、"红茶皇后"等美称,

祁门红茶

深受不同国家人群的喜爱。

5. 黄山毛峰

产于安徽省黄山，是我国历史名茶之一。特级黄山毛峰的主要特征：形似雀嘴，芽壮多毫，色如象牙、清香高长、汤色清澈，滋味鲜醇，叶底黄嫩。由于新制茶叶白毫披身，且鲜叶采自黄山高峰，于是将该茶取名为黄山毛峰。

黄山毛峰

6. 冻顶乌龙

冻顶乌龙产自我国台湾地区鹿谷附近冻顶山，山中多雾，山路又陡又滑，上山采茶都要将脚尖"冻"起来，避免滑下去。山顶被称为冻顶、山脚被称为冻脚。冻顶乌龙茶因此得名。

冻顶乌龙

7. 庐山云雾

因产自中国江西的庐山而得名。素来以"味醇、色秀、香馨、汤清"享有盛名。茶汤清淡，宛若碧玉，味似龙井而更为醇香。

8. 阿里山乌龙茶

阿里山实际上并不是一座山，只是特定范围的统称，正确说法应是"阿里山区"。这里不仅是著名的旅游风景区，也是著名的茶叶产区，阿里山乌龙茶可以算得上是我国台湾地区高山茶代表。

君山银针

9. 君山银针

君山银针产于湖南岳阳洞庭湖中的君山，故称君山银针。茶芽外形很像一根根银针，雅称"金镶玉"。据说文成公主出嫁时就选带了君山银针。

10. 广东大叶青

大叶青是广东的特产，是黄茶的代表品种之一。

11. 花果山云雾茶

因产于江苏省连云港市花果山而得名。花果山云雾茶生于高山云雾之中，纤维素较少，茶内氨基酸、儿茶多酚类和咖啡因含量都比较高。

广东大叶青

12. 南京雨花茶

雨花茶因产自南京雨花台而得名，此茶以其优良的品质备受各类人群喜爱。

13. 婺源绿茶

江西婺源县地势高峻，土壤肥沃，气候温和，雨量充沛，极其适宜茶树生长。"绿丛遍山野，户户有香茶"，是中国著名的绿茶产区，婺源绿茶因此得名。

14. 安吉白茶

安吉县位于浙江省北部，山川隽秀，绿水长流。安吉白茶是用绿茶加工工艺制成，属绿茶类，白色是因为它的加工原料为一种嫩叶全为白色的茶树。

安吉白茶

15. 普陀佛茶

普陀佛茶又称为普陀山云雾茶，是中国绿茶类古茶品种之一。普陀山是中国四大佛教名山之一，属于温带海洋性气候，冬暖夏凉，四季湿润，土壤肥沃，为茶树的生长提供了十分优越的自然环境，普陀佛茶也因此而闻名。

16. 安化黑茶

中国古代名茶之一，因产自中国湖南安化县而得名。20世纪50年代曾一度绝产，直到2010年，湖南黑茶进入中国世博会，安化黑茶才再一次走进茶人的视野，成为茶人的新宠。

安化黑茶

17. 桐城小花茶

因盛产于安徽桐城而得名，是徽茶中的名品。桐城小花茶除了具备花茶的各种特征，另有如兰花一样的美好香氛，因茶叶尖头细小，故为小花茶。

18. 广西六堡茶

六堡茶生产已有二百多年的历史，因产于广西苍梧县六堡乡而得名。其汤色红浓，香气醇厚，备受海内外人士赏识。

除以上这些种类之外，还有许多以产地取名的茶叶，例如福鼎白茶、正安白茶、湖北老青茶、黄山贡菊等等。

按采收季节分类

茶叶的生长和采制是有季节性的，随着自然条件的变化也会有差异。如水分过多，茶质自然较淡；孕育时间较长，接受天地赐予自然丰腴。因而，按照不同的季节，可以将茶叶划分为春、夏、秋、冬四季茶。

1. 春茶

春茶

　　春茶俗称春仔茶或头水茶，为3月上旬～5月上旬之间采制的茶，采茶时间在每年春天，惊蛰、春分、清明、谷雨4个节气。依时日又可分早春、晚春、（清）明前、（清）明后、（谷）雨前、（谷）雨后等茶（孕育与采摘期：冬茶采摘结束后至5月上旬，所占总产量比例为35%），采摘期为20～40天，随各地气候而异。

　　由于春季温度适中，雨量充沛，无病虫危害，加上茶树经半年冬季的休养生息，使得春梢芽叶肥硕，色泽翠绿，叶质柔软鲜嫩，特别是氨基酸及相应的全氮量和多种维生素，使春茶滋味鲜活，香气馥郁，品质极佳。

2. 夏茶

夏茶

　　夏茶的采摘时间在每年夏天，一般为5月中下旬～6月，是春茶采摘一段时间后所新发的茶叶，集中在立夏、小满、芒种、夏至、小暑、大暑等6个节气之间。其中又分为第一次夏茶和第二次夏茶。

　　第一次夏茶为头水夏仔或二水茶（孕育与采摘期：5月中下旬～6月下旬，所占总产量为17%）。

　　第二次夏茶俗称六月白、大小暑茶、二水夏仔（孕育与采摘期：7月上旬～8月中旬，所占总产量为18%）。

　　由于夏季天气炎热，茶树新梢芽叶生长迅速，使得能溶解茶汤的水浸出物含量相对减少，特别是氨基酸及全氮量的减少。由于受高温影响，夏茶很容易老化，使得茶汤滋味比较苦涩，香气多不如春茶强烈。

3. 秋茶

秋茶

　　秋茶为秋分之后所采制之茶，采摘时间在每年立秋、处暑、白露、秋分4个节气之间。其中又分为第一次秋茶与第二次秋茶。

　　第一次秋茶称为秋茶（孕育与采摘期：8月下旬～9月中旬，所占总产量为15%）。

　　第二次秋茶称为白露笋（孕育与采摘期：9月下旬～10月下旬，所占总产量为10%）。

　　由于秋季气候条件介于春夏之间，秋高气爽，有利于茶叶芳香物质的合成与积累。茶树经春夏二季生长、采摘，新梢芽内含物质相对减少，叶片大小不一，叶底发脆，叶色发黄，滋味、香气显得比较平和。

4. 冬茶

冬茶的采摘时间在每年冬天，集中在寒露、霜降、立冬、小雪4个节气之间（孕育与采摘期：11月下旬至12月上旬，所占总产量为5%）。

由于气候逐渐转凉，冬茶新梢芽生长缓慢，内含物质逐渐堆积，滋味醇厚，香气比较浓烈。

人们多喜爱春茶，但并不是每种茶中都是春茶最佳。例如乌龙茶就以夏茶为优。因为夏季气温较高，茶芽生长得比较肥大，白毫浓厚，茶叶中所含的儿茶素等也较多。总之，不同的季节，茶叶有着不同的特质，要因茶而异。

按茶叶的形态分类

我国不但拥有齐全的茶类，还拥有众多的精品茶叶。茶叶除了具有各种优雅别致的名称，还有不同的外形，可谓千姿百态。茶叶按其形态可分为以下类别：

1. 长条形茶

外形为长条状的茶叶，这种外形的茶叶比较多，例如：红茶中的金骏眉、条形红毛茶、工夫红茶、小种红茶及红碎茶中的叶茶等；绿茶中的炒青、烘青、特珍、珍眉、特针、雨茶、信阳毛尖、庐山云雾等；黑茶中的黑毛茶、湘尖茶、六堡茶等；青茶中的水仙、岩茶等。

2. 螺钉形茶

茶条顶端扭转成螺丝钉形的茶叶，例如青茶中的铁观音、色种、乌龙等。

3. 卷曲条形茶

外形为条索紧细卷曲的茶叶，如绿茶中的洞庭碧螺春、都匀毛尖、高桥银峰等。

4. 针形茶

外形类似针状的茶叶，如黄茶中的君山银针；白茶中的白毫银针；绿茶中的南京雨花茶、安化松针等。

条形茶 金骏眉　　螺钉形茶 毛蟹（一种铁观音）　　卷曲条形茶 洞庭碧螺春　　针形茶 白毫银针

5. 扁形茶

外形扁平挺直的茶叶，如绿茶中的西湖龙井、旗枪、大方等。

6. 尖形茶

外形两端略尖的茶叶，如绿茶中的太平猴魁等。

扁形茶　西湖龙井　　　尖形茶　太平猴魁

7. 团块形茶

毛茶复制后经蒸压造型呈团块状的茶，其中又可分为砖形、枕形、碗形、饼形等。砖形茶形如砖块，如红茶中的米砖茶等；黑茶中的黑砖茶、花砖茶、茯砖茶、青砖茶等。枕形茶形如枕头，如黑茶中的金尖茶。碗形茶形如碗臼，如绿茶中的沱茶。饼形茶形如圆饼，如黑茶中的七子饼茶等。

团块形茶　茯砖　　　　　束形茶

8. 束形茶

束形茶是用结实的消毒细线把理顺的茶叶捆扎成的茶，如绿茶中的绿牡丹等。

花朵形茶　　　　　　　颗粒形茶

9. 花朵形茶

即芽叶相连似花朵的茶叶，如绿茶中的舒城小兰花；白茶中的白牡丹等等。

圆形茶　茉莉龙珠　　　片形茶　六安瓜片

10. 颗粒形茶

形状似小颗粒的茶叶，如红茶中的碎茶；用冷冻方法制成的速溶茶等。

11. 圆形茶

外形像圆珠形的茶叶，亦称珠茶，如绿茶中的平水珠茶；花茶中的茉莉龙珠等。

12. 片形茶

有整片形和碎片形两种。整片形茶如绿茶中的六安瓜片；碎片形茶如绿茶中的秀眉等。

"中华茶苑多奇葩，色香味形惊天下"，不同形态的茶叶构成了多姿多彩的茶文化，为这个悠久文明的古国带来旖旎的风姿与风情。

按萎凋程度分

所谓萎凋就是茶叶在杀青之前消散水分的过程。新鲜的茶青丧失一部分水分，水分丧失的过程中，叶孔充分地打开，空气中的氧趁机进入到叶孔之中；在一定的温度条件下，氧与叶子细胞中的成分发生化学反应，也就是发酵。萎凋是发酵的必要前提条件。

刚采摘下来的鲜叶水分含量高达75%~80%，当新鲜叶片采摘后，应立即摊开晾置，避免堆置。有些云南普洱茶制作，时常可见叶底红变的现象，这与不当堆置有关。如果想要避免类似情况发生，可以让新鲜的叶片保持适当温湿度，根据当时当地气候调整，静置萎凋时间最好在8~10小时之间。

萎凋时间与方式依采摘时间、季节、气候、鲜叶嫩度、厂家设施与观念来决定。根据方法和先后的顺序，传统的萎凋方法有日光萎凋（日晒）、室内自然萎凋（摊晾）以及兼用上述两种方法的复式萎凋，现在也采用人工控制的半机械化萎凋设备——萎凋槽。

日光萎凋是以太阳的热能加速生叶水分的消散，而室内萎凋不仅在室内静置萎凋，使生叶水分缓慢持续消散，还配以搅拌促使茶叶进行发酵，因此萎凋前期主要目的是使茶青的水分迅速消散具有引发茶叶发酵的作用，萎凋后期的主要目的是借搅拌作用调节茶叶发酵程度，发挥茶叶的香气与滋味。

因此，茶叶可按萎凋与不萎凋分类，可分为萎凋茶和不萎凋茶。一般地，绿茶不萎凋、不发酵；黄茶不萎凋、不发酵，但杀青后渥黄再补足发酵；黑茶不萎凋、后发酵；白茶为重萎凋、不发酵；青茶为萎凋部分发酵。

萎凋后的茶

萎凋主要目的在于减少鲜叶与枝梗的含水量，促进酵素产生复杂的化学变化。萎凋及发酵过程所产生的化学作用牵涉范围甚广，与茶叶香气、滋味、汤色有绝对关系。正常而有效的萎凋，可以使鲜叶的青草气消退并产生清香的气味，同时还具有水果香或花香，成茶滋味香醇却不苦涩。萎凋需要适宜的温度、湿度和空气流通等条件。我国白茶、红茶、青茶等茶类制作中的第一道工序都是萎凋，但程度各不相同。青茶萎凋程度最轻，要求含水量在 68% ~ 70% 之间；红茶萎凋程度次重，含水量降至 60% 左右；白茶萎凋程度最重，鲜叶含水量要求降至 40% 以下。

按发酵程度分类

茶叶的发酵，就是将茶叶破坏，使茶叶中的化学物质与空气产生氧化作用，产生一定的颜色、滋味与香味的过程，只要将茶青放在空气中即可。就茶青的每个细胞而言，要先萎凋才能引起发酵，但就整片叶子而言，是随萎凋而逐步进行的，只是在萎凋的后段，加强搅拌与堆厚后才快速地进行。

根据制茶过程中是否有发酵以及不同工艺划分，可将茶叶分为不发酵茶、半发酵茶、全发酵茶和后发酵茶四大类别。

1. 不发酵茶

不发酵茶又名绿茶，它是指茶树芽叶经过杀青，揉捻，干燥等典型工艺过程制成的茶。例如龙井、碧螺春、珠茶、明前虾目、眉茶等。

2. 半发酵茶

（1）轻发酵茶，是指不经过发酵过程的茶。因为制作过程不经过发酵，所以气味天然、清香爽口、茶色翠绿。例如白茶、武夷、水仙、文山包种茶、冻顶茶、松柏长青茶、铁观音、宜兰包种、南港包种、明德茶、香片、茉莉花茶等。

（2）重发酵茶，指乌龙茶。真正的"乌龙茶"是东方美人茶，即白毫乌龙茶，然而俗称的乌龙茶已经混淆。

3. 全发酵茶

全发酵茶是指 100% 发酵的茶叶，因冲泡后茶色呈现出鲜明的红色或深红色。其中可按品种和形状分为下列两类：

（1）按品种分：小叶种红茶、阿萨姆红茶。

（2）按形状分：条状红茶、碎形红茶和一般红茶。

4. 后发酵茶

后发酵茶中，最有名最被人熟知的就是黑茶。以黑茶中的普洱茶为例，它的前加工是属于不发酵茶类的做法，再经渥堆后发酵而制成。

茶叶中发酵程度会有小幅度的误差，其高低并不是绝对的，按照发酵程度，大致上红茶为 95% 发酵，制作时萎凋的程度最高、最完全，鲜茶内原有的一些多酚类化合物氧化聚合生成茶黄质和茶红质等有色物质，其干茶色泽和冲泡的茶汤以红黄色为主调；黄茶为 85% 发酵，为半发酵茶；黑茶为 80% 发酵，为后发酵茶；青茶为 60% ~ 70% 发酵，为半发酵茶，制造时较之绿茶多了萎凋和发酵的步骤，鲜

根据发酵程度不同，由轻到重依次为绿茶、白茶、黄茶、青茶、黑茶、红茶。

按照汤色不同，由浅到深依次为绿茶、白茶、黄茶、青茶、黑茶、红茶。

叶中一部分天然成分会因酵素作用而发生变化，产生特殊的香气及滋味，冲泡后的茶汤色泽呈金黄色或琥珀色；白茶为5%~10%发酵，为轻发酵茶；绿茶是完全不发酵的，在制作过程中没有发酵工序，茶树的鲜叶采摘后经过高温杀青，去除其中的氧化酶，然后经过揉捻、干燥制成。成品干茶保持了鲜叶内的天然物质成分，茶汤青翠碧绿。

按烘焙温度分类

香气不足的茶，或存储一段时间之后茶味走样的茶，人们经常会借用火的力量改变茶的色、香、味、形，以便于迎合市场的需要和客户的口味，这种过程就是烘焙。

我们如果想让制成的茶有股火香味，可以用火来烘焙。焙火是决定茶汤品质的关键步骤，也会造成茶叶不同的风味。焙火轻的茶叶喝起来感觉比较生，在口感上像是吃口味清淡的菜一样；焙火重的茶叶喝起来感觉比较熟，在口感上犹如吃红烧的菜一样。

而焙火的程度不同，茶叶也不同，对人体的效应也有所不同。茶本是性寒的食物，焙火可以让它温度升高，不再那么寒，但也不至于产生热的效果。喝不焙火的茶比较寒，喝焙火的茶比较温。

我们可以通过外观看出焙火的轻重程度：焙火轻的茶，颜色较为明亮，焙火越轻，明度越高；焙火重的茶，颜色较为暗沉，焙火越重，明度越低。焙火影响的是茶颜色的深浅，这颜色包括干茶的颜色与冲泡后茶汤的颜色。因此，人们根据焙火的程度将茶分为生茶、半熟茶和熟茶三种：

生茶：轻焙火，只将水分焙干到 5% 以下的茶。

半熟茶：焙火程度较高，时间较长。

熟茶：高温长时间焙火的茶。

所谓的生茶与熟茶，主要都是指焙火的程度。但茶青采得越嫩，揉捻得越轻，发酵越少，茶就会越加偏生；反之，茶青采得越成熟，揉捻得越重，发酵得越多，茶就会越加偏熟。

茶叶焙火的目的主要有 4 个：

（1）蒸发水分，降低茶叶中的含水量，延长保质期。茶叶由于本身结构疏松，并且许多内含成分多带有羟基等亲水基团，因而茶叶具有较强的吸湿性。茶叶水分达到一定程度后，霉菌开始出现，茶叶会逐渐发霉变质，进而失去饮用价值。焙火可以减缓茶叶品质变低的速度，确保存放期间的质量。

生茶饼（左）、熟茶饼（右）

（2）改变品质，改善或调整茶叶的香气滋味以及茶汤水色。初制茶中常常伴有臭青味、苦味以及储藏不当带来的异杂味和陈味，通过一定温度的焙火，能使茶叶滋味变得纯正，增加新鲜感，恢复火香。

（3）增进香色和熟感，用来弥补制作过程中的缺陷，满足不同口味，制成迎合市场需求的品质。

（4）杀菌。茶叶中存有微生物包括霉菌、蘑菇菌和酵母菌等。霉菌是茶叶霉变的标志。一般在 160℃ 以上可杀灭霉菌，因此，用焙火的方式可以清除细菌。除此之外，含有农药残留的茶叶，也可通过高温促使其降解和挥发，减少残留。

其实，并不是所有茶类都需要焙火，例如红茶。因为红茶的脂肪酸在发酵过程中已经被转换掉，已没有脂肪酸可以酸化，所以不需要焙火。

按窨花种类分

茶叶按是否窨花，可分为花茶与素茶两种。所有茶叶中，仅绿茶、红茶和包种茶有窨花品种，其余各种茶叶，很少有窨茶。这种茶除茶名外，都冠以花的名称，以下为几种花茶：

1. 茉莉花茶

又称茉莉香片。它是将茶叶和茉莉鲜花进行拼合，用茉莉花窨制而成的品种。

茉莉花茶

茶叶充分吸收了茉莉花的香气，使得茶香与花香交互融合。茉莉花茶使用的茶叶以绿茶为多，少数也有红茶和乌龙茶。

茶胚吸收花香的过程被称为窨制，茉莉花茶的窨制是很讲究的。有"三窨一提，五窨一提，七窨一提"之说，意思是说制作花茶时需要窨制 3 ~ 7 遍才能让毛茶充分吸收茉莉花的香味。每次毛茶吸收完鲜花的香气之后，都需要筛出废花，接着再窨花，再筛废花，再窨花，如此进行数次。因此，只要是按照正常步骤加工并无偷工减料的花茶，无论档次高低，冲泡数次之后仍应香气犹存。

2. 桂花茶

桂花茶是由精制茶胚与鲜桂花窨制而成的一种名贵花茶，香味馥郁持久，茶色绿而明亮。茶叶用鲜桂花窨制后，既不失茶原有的香，又带有浓郁的桂花香气。饮用之后有通气和胃的作用，桂花茶是普遍适合各类人群饮用的佳品。

桂花茶盛产于四川成都、广西桂林、湖北咸宁、重庆等地。西湖龙井与代表杭州城市形象的桂花窨制而成的桂花龙井、福建安溪的桂花乌龙等，均以桂花的馥郁芬芳衬托茶的醇厚滋味而别具一格，成为茶中之珍品。另外，桂花烘青还远销日本、东南亚，深受各类人群以及国内外消费者的喜爱。

桂花龙井茶

玫瑰红茶

3. 玫瑰红茶

玫瑰红茶是玫瑰茶的一种，是由上等的红茶与玫瑰花混合窨制而成的。它口感醇和，除了具有一般红茶的甜香味，还散发着浓郁的玫瑰花香。除此之外，玫瑰红茶还可以帮助人们美容养颜，补充人体水分。也正因为如此，玫瑰红茶成为深受广大女性喜爱的佳品。

按制造程序分

茶按照制造程序分类，可分为毛茶与精茶两类。

1. 毛茶

毛茶又称为粗制茶或初制茶，是茶叶经过初制后含有黄片、茶梗的成品。其外形比较粗糙，大小不一。

毛茶的加工过程就是筛、切、选、拣、炒的反复操作过程。筛选时可以分出茶叶的轻重，区别品质的优次；接着经过复火，可以使头子茶紧缩干脆，便于切断，提高工效。因为茶胚身骨软硬不同，不仅很难分出茶叶品质的好坏，且容易走料，减少经济收入。所以必须在茶胚含水量一致的情况下，再经筛分、取料、风选、定级，才能达到精选茶胚、分清品质优次、取料定级的目的；拣剔是毛茶加工过程中最费工的作业。为了提高机器拣剔的效率，尽量减轻拣剔任务，达到纯净品质的目的，这样才能充分发挥机器拣剔的效率，减少手工拣剔的工作量，达到拣剔质量的要求。

毛茶

从毛茶到精茶，经过整个生产流水作业线的过程，被称为毛茶加工工艺程序。我国目前有的茶厂采用先抖后圆的做法，也有先圆后抖的做法。

由于毛茶的产地、鲜叶老嫩、采制的季节、初制技术等的不同，品质往往差异很大，但却不妨碍人们饮用。

2. 精茶

精茶又称为精制茶、再制茶、成品茶，是毛茶经分筛、拣剔等精制的手续，使其成为形状整齐与品质划一的成品。

精茶

 ## 按制茶的原材料分

按照制茶所需的原材料，茶叶又可分为叶茶和芽茶两类。不同的茶对原材料的要求各不相同，有的需要新鲜叶片制作，因而要等到枝叶成熟后才可摘取；有的则需要采摘其嫩芽，需要芽越嫩越好。

1. 叶茶

顾名思义，以叶为制造原料的茶类称为"叶茶"。叶茶类以采摘叶为原则，如果外观上有明显的芽尖，则可能是品质较差的夏茶。以下列举两种叶茶：

（1）酸枣叶茶

酸枣产于我国北方地区，属于落叶灌木或小乔木。酸枣全身都是宝，不仅其果实可以食用，根茎叶皆有药用价值，种子也具有镇静、安神的作用。

菩提叶茶

　　除此之外，采摘野生酸枣 4～5 月份的嫩叶，可以制成酸枣叶茶。酸枣叶茶具有镇定、安神、降温、提高免疫力等作用，它对调节神经衰弱、心神不安、失眠多梦都具有良好的作用，对高血压人群的降压效果也很显著。

　　（2）菩提叶茶

　　菩提树的花朵为米黄色，因其含有特殊的挥发性油，香味十分清远。在德国，菩提叶茶又称为"母亲茶"，因为它们的香气犹如母亲般的慰藉。

　　菩提叶中含有丰富的维生素 C，对人体的神经系统、呼吸系统以及新陈代谢作用极大。菩提叶可以让人镇定心情，有助于排出体内的废弃物，降低血压以及清除血脂，防止动脉硬化，消除疲劳，还有助于消除黑斑、皱纹等等。

2. 芽茶

　　用芽制作而成的茶类叫作"芽茶"。芽茶以白毫多为特色，茸毛的多少与品种有关，这些茸毛在成茶上体现出来的就是白毫。例如白毫、毛峰或龙井茶等。

　　市场上，只要看见标有"白毫"或"毛峰"的产品，例如白毫乌龙、白毫银针或黄山毛峰等，这些品种的茶都十分注重白毫，原材料也必须挑选茸毛多的品种。当然，并不是所有的芽茶都注重白毫，有的芽茶在制作过程中就将茸毛压实，俗称"毫隐"。

白毫银针

按茶的生长环境分类

　　根据茶树生长的地理条件，茶叶可分为高山茶、平地茶和有机茶几个类型，品质也有所不同。

1. 高山茶

　　我国历代贡茶、传统名茶以及当代新创的名茶，往往多产自高山。因而，相比平地茶，高山茶可谓得天独厚，也就是人们平常所说的"高山出好茶"。

　　明代陈襄诗曰："雾芽吸尽香龙脂"，意思是说高山茶的品质之所以好，是因为在云雾中吸收了"龙脂"的缘故。我国名茶以山名加云雾命名的特别多。例如花果山云雾茶、庐山云雾茶，高峰云雾茶，华顶云雾茶，南岳云雾茶，熊洞云雾茶，等等。其实，高山之所以出好茶，是优越的茶树生态环境造就的。

　　茶树一向喜温湿、喜阴，而海拔比较高的山地正好满足了这样的条件，温润的气温，丰沛的降水量，浓郁的湿度，以及略带酸性的土壤，促使高山茶芽肥叶壮，色绿茸多。制成之后的茶叶条索紧结，白毫显露，香气浓郁，耐于冲泡。

　　而所谓高山出好茶，是与平地相比而言，并非是山越高，茶越好。那些名茶产地的高山，海拔都集中在200～600米之间。一旦海拔超过800米以上，气温就会偏低，这样往往影响了茶树的生长，且茶树容易受白星病危害，用这种茶树新梢制出来的茶叶，饮起来涩口，味感较差。另外，只要气候温和，云雾较多，雨量充沛，以及土壤肥沃，土质良好，即使不是高山，普通的地域也同样可以产出好茶来。

冻顶乌龙（高山茶）

2. 平地茶

平地茶的茶树生长比较迅速，但是茶叶较小，叶片单薄，相比起来比较普通；加工之后的茶叶条索轻细，香味比较淡，回味短。

平地茶与高山茶相比，由于生态环境有别，不仅茶叶形态不一，而且茶叶内质也不相同：平地茶的新梢短小，叶色黄绿少光，叶底硬薄，叶张平展。由此加工而成的茶叶，香气稍低，滋味较淡，身骨较轻，条索细瘦。

西湖龙井（平地茶）

3. 有机茶

有机茶就是在完全无污染的产地种植生长出来的茶芽，在严格的清洁的生产体系里面生产加工，并遵循着无污染的包装、储存和运输要求，且要经过食品认证机构的审查和认可而成的制品。有机茶是近期出现的一个茶叶新品类，也可以说是一个茶叶的新的鉴定标准。

从外观上来看，有机茶和常规茶很难区分，但就其产品质量的认定来说，两者存在着如下区别：

有机茶

（1）常规茶在种植过程中通常使用化肥、农药等农用化学品；而有机茶在种植和加工过程中禁止使用任何人工合成的助剂和农用化学品。

（2）常规茶通常只对终端产品进行质量审定，往往很少考虑生产和加工过程；而有机茶在种植、加工、贮藏和运输过程中，都会进行必要的检测，为保证全过程无污染。因此，消费者在从市场上购买有机茶之后，如果发现有质量问题，完全可以通过有机产品的质量跟踪记录追查到生产过程中的任何一个环节，这也是购买常规茶难以实现的。

茶叶的其他分类方法

除了以上的分类方法，茶叶还有其他的分类：

1. 老茶与熟茶

老茶是指陈放多年的茶。它的特点是茶汤色红。例如安溪铁观音和云南普洱茶等。

熟茶是指高温烘焙的茶，不限老茶或新茶，茶汤也是红褐色，但味道较新，虽然茶汤颜色与老茶很相似，但口味差别却相差很大。

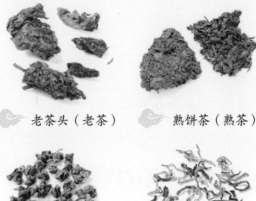

老茶头（老茶）　　　熟饼茶（熟茶）

2. 青茶与清茶

青茶是指半发酵的乌龙茶等。

清茶专指轻发酵、直条形的龙井茶、碧螺春、包种茶、毛峰之类。

冻顶乌龙（青茶）　　　碧螺春（清茶）

3. 团茶与散茶

团茶是指挤压成块的茶，如古代的龙团、凤饼，现代的饼茶、砖茶、沱茶等。

散茶是指一叶一叶散开的茶，一般常饮的绿茶、红茶、乌龙茶等，皆属散茶。

生沱茶（团茶）　　　金骏眉（散茶）

4. 依消费市场分类

中国茶依消费市场分类，可分为内销、外销、侨销、边销等几种。其中侨销指销售到华侨居住的地区，边销指销售到边疆少数民族地区。

此外，茶叶还可以分为露天茶及覆下茶。除日本玉露茶及碾茶外，其余均为露天茶。因覆下茶仅日本有，此种分类方法在日本以外的地区，并无价值可言。

中国是茶叶的兴起之地，拥有的茶叶众多，因而茶叶的分类方法也有许多种。但无论哪一种分法都使每种茶叶更具特点，同时也构成了多姿多彩的茶文化。

第二章
代表性绿茶

绿茶在所有茶类中形状最多，且多呈细条状，茶形较美；绿茶是茶多酚氧化程度最轻的茶，冲泡后茶汤较多地保存了鲜茶叶的绿色主调，因此绿茶的茶汤色泽翠绿、黄绿明亮，香气鲜嫩、清雅，滋味鲜、嫩、爽。

营养成分

绿茶含有丰富的营养物质，其中包含叶绿素、维生素 C、胡萝卜素、儿茶素等。

选购窍门

一观外形：以外形明亮，茶叶大小、粗细均匀的新茶为佳。

二看色泽：以颜色翠碧、油润的绿茶为好。

三闻香气：新茶一般都有新茶香。好的新茶，茶香格外明显。

四品茶味：汤色碧绿明澄，茶叶先苦涩、后浓香甘醇者质优。

五捏干湿：新茶要耐贮存，必须要足干。用手指捏一捏茶叶，若捏不成粉末状，说明茶叶已受潮，含水量较高，不宜购买。

保存方法

密封、干燥、低温、避光保存。

泡茶器具与水温

绿茶味道清淡，适合用瓷壶或瓷盖杯来冲泡，这样能使香味更容易挥发出来；适合冲泡的水温为 70℃~85℃。

【浙·江·绿·茶】

西湖龙井

● Xihu Longjing

● 茶叶介绍

西湖龙井是我国十大名茶之一。西湖龙井因产于浙江省杭州西湖山区的龙井茶区而得名。龙井茶区分布于"春夏秋冬皆好景，雨雪晴阴各显奇"的杭州西湖风景区，龙井既是地名，又是泉名和茶名，而龙井茶又有"形美、色绿、香郁、味甘"四绝之誉，因此又有"三名巧合，四绝俱佳"之喻。

茶汤 碧绿明亮

叶底成朵匀齐

● 最佳产地

浙江省杭州市西湖。

产地分布

陕西 河南 江苏 上海 湖北 安徽 浙江 重庆 湖南 江西 贵州 福建

● 茶叶特点

1 外形：光滑平直
2 色泽：色翠略黄
3 汤色：碧绿明亮
4 香气：清香幽雅
5 叶底：成朵匀齐
6 滋味：香郁味醇

● 选购要点

选购西湖龙井时，要特别注意外观、香气、汤色、叶底。正宗龙井茶味道清香，假冒龙井茶则多是青草味，夹蒂较多，手感不光滑。因此最好选择购买正规、有品牌、有知名度的西湖龙井。

● 贮藏提示

密封、干燥、低温冷藏最佳。

● 保健功效

1 提神健脑：龙井茶中的咖啡因能使人的中枢神经系统兴奋起来。

2 排毒瘦身：龙井茶中的茶多酚和维生素 C 可以有效降低人体胆固醇和血脂，而且咖啡因、叶酸和芳香类物质等多种化合物可以很好地调节人体脂肪代谢，因此可以有效地排毒瘦身。

3 防癌抗癌：龙井茶中的茶多酚、儿茶素等成分具有非常好的杀菌作用，能抑制血管老化。

制作工序

西湖龙井一般都要经过多重繁复的工艺流程，只有这样才能够保证品尝西湖龙井时的那份原汁原味。西湖龙井对茶叶的采摘有一定的要求，一般遵循早、嫩和勤的原则。即早采，以清明前采制的"明前茶"最好；强调细嫩和完整，这是指嫩芽采摘标准是鲜嫩的一芽一叶。采回的鲜叶需在室内进行薄摊，目的是散发青草气，增进茶香，减少苦涩味，增加氨基酸含量，提高鲜爽度，还要滤掉黄色茶叶叶片，筛去茶叶碎末，使成型茶叶能够大小均匀，不会参差不齐。炒制时，分"青锅""焊锅"两个工序，炒制手法很复杂，一般有抖、带、甩、挺、拓、扣、抓、压、磨、挤等十大手法。炒制时，依鲜叶质量高低和锅中茶坯的成型程度，不时地改换手法，因势利炒而成。最后还要根据不同重量需求，分包装置。

冲泡品饮

备具 透明玻璃杯1个，西湖龙井3克。

▼

温杯 将开水倒入玻璃杯中进行温杯，弃水不用，然后投入85℃左右的水，七分满即可。

▼

投茶 将西湖龙井轻轻拨入玻璃杯中。

▼

赏茶 可以欣赏茶叶在水中慢慢飘落、浮沉的整个过程。

▼

出汤 赏茶片刻后即可品饮。

▼

品茶 茶汤鲜爽甘醇，品饮后有一种清新之感，令人回味无穷。

特别提醒

1 特级龙井可以不洗茶。

2 龙井不宜用沸水冲泡，否则会将茶叶烫熟，影响茶叶的色泽、口味等。

3 西湖龙井最好用玻璃杯冲泡，这样就能看清茶在水中翻落沉浮的过程。

【浙·江·绿·茶】

浙江碧螺春

Zhejiang Biluochun

茶叶介绍

浙江碧螺春为新创名茶，是碧螺春诸多品种中的一种，创制于 20 世纪 80 年代。浙江碧螺春是选取清明前采摘的一芽一叶嫩芽为原料，经过杀青、揉捻、搓团显毫、烘干等一系列工序制作而成的。从采摘到制作一整套工序要在一天内完成，而所制成的茶品更具有"清而且纯"的品质特征。

最佳产地

浙江省丽水市。

选购要点

纯天然无添加色素的浙江碧螺春，挑选时以色泽柔和自然，茶汤清澈柔和、青黄明亮者为佳，其绒毛是满皮白毫，有白色的小绒毛者为真。

贮藏提示

用保鲜纸分层紧扎，隔绝

茶汤 嫩绿清澈

叶底 嫩绿明亮

空气，置于阴凉干燥通风处。

保健功效

1 减肥作用：茶中含有多种维生素，对人体能起到调节脂肪代谢的作用，常饮还能帮助减肥。

2 降压作用：茶叶中含有的茶多酚和维生素 C，能起到防止动脉硬化的作用。

茶叶特点

1 外形：条索细长
2 色泽：银白隐翠
3 汤色：嫩绿清澈
4 香气：清香淡雅
5 叶底：嫩绿明亮
6 滋味：鲜醇甘厚

冲泡品饮

备具
茶壶一个，浙江碧螺春茶 6 克。

冲泡
投入茶叶到茶壶中，以冷却至 70℃以下的开水浸泡茶叶 40 秒后，继续冲水至七分满即止。

品茶
一尝二酌三回味：初尝香幽鲜雅；二酌鲜醇甘厚，舌根回味甘甜；三回味，令身心都超脱自然。

【浙·江·绿·茶】
鸠坑毛尖
Jiukeng Maojian

茶叶介绍

　　鸠坑毛尖产于浙江省淳安县鸠坑源。该县隋代为新安县，属睦州（今建德），故又称睦州鸠坑茶。茶树多分布于地势高峻的山地或山谷间缓坡地，称"高山茶"。历史上为贡茶，其气味芳香，饮之生津止渴，齿颊留香。鸠坑毛尖茶于 1985 年被农牧渔业部评为全国优质茶；1986 年在浙江省优质名茶评比中获"优质名茶"称号。鸠坑毛尖除制绿茶外，亦为窨制花茶的上等原料，窨成的"鸠坑茉莉毛尖""茉莉雨前"均为茶中珍品。

最佳产地

　　浙江省淳安县鸠坑源。

选购要点

　　外形硕壮挺直，色泽嫩绿，白毫显露，香气清高，隽永持久，汤色嫩黄，清澈明亮，叶底

茶汤 清澈明亮

叶底 黄绿嫩匀

黄绿，滋味浓厚，鲜爽耐泡者为最佳品。

贮藏提示

　　密封、干燥、低温冷藏最佳。

保健功效

鸠坑毛尖所含的抗氧化剂有助于抵抗老化。SOD（超氧化物歧化酶）是自由基清除剂。

茶叶特点

1 外形：硕壮挺直
2 色泽：色泽嫩绿
3 汤色：清澈明亮
4 香气：隽永清高
5 叶底：黄绿嫩匀
6 滋味：浓厚鲜爽

冲泡品饮

备具
透明玻璃杯 1 个，鸠坑毛尖 3 克。

冲泡
将茶叶拨入玻璃杯中。在杯中冲入 85℃左右的水，七分满即可。

品茶
入口后，茶味芬芳而带有熟栗子香，滋味鲜浓，一般五泡还有极佳的茶香味。

【浙·江·绿·茶】

雁荡毛峰

Yandang Maofeng

茶叶介绍

雁荡毛峰,又称"雁荡云雾",旧称"雁茗",雁山五珍之一,产于浙江省乐清市境内的雁荡山,这里山水奇秀,天开图画,是中国名山之一。此饮品有一饮加"三闻"之说。即一闻浓香扑鼻,再闻香气芬芳,三闻茶香犹存;滋味头泡浓郁,二泡醇爽,三泡仍有感人茶韵。雁荡毛峰为雁荡地区著名的高山云雾茶,明代即列为贡茶,佳茗之声名闻遐迩。著名产茶区有龙渊背、斗蟀(室)洞及雁湖岗。

茶汤 浅绿明净

叶底 嫩匀成朵

最佳产地

浙江省乐清市雁荡山。

选购要点

选购时应该以色翠、香郁、味甘、形美为最佳,外形紧细卷曲,色泽绿润,汤色浅绿清莹,香气滋味清高浓醇。

贮藏提示

密封、干燥、低温冷藏最佳。

保健功效

1 益思健脑:雁荡毛峰所含的咖啡因会让你活力十足,工作起来头脑清醒、思维活跃。

2 抗衰老:茶多酚具有很强的生理活性。

茶叶特点

1 外形:秀长紧结　　4 香气:香气高雅

2 色泽:色泽翠绿　　5 叶底:嫩匀成朵

3 汤色:浅绿明净　　6 滋味:滋味甘醇

冲泡品饮

备具	冲泡	品茶
泡茶茶碗 1 个,雁荡毛峰 5 克。	将茶叶拨入备好的茶碗中。在碗中冲入 80℃左右的水,七分满即可。	片刻后即可品饮。滋味甘醇,有一种清新之感,令人回味无穷。

【浙·江·绿·茶】

普陀佛茶

Putuo Focha

茶叶介绍

普陀山冬暖夏凉，四季湿润，土地肥沃，茶树大都分布在山峰向阳面和山坳避风的地方，为茶树的生长提供了十分优越的自然环境。普陀佛茶外形"似螺非螺，似眉非眉"，色泽翠绿披毫，香气馥郁芬芳，汤色嫩绿明亮，味道清醇爽口，又因其似圆非圆的外形略像蝌蚪，故亦称"凤尾茶"。

最佳产地

浙江省普陀山。

选购要点

外形紧细，卷曲呈螺状，色泽翠绿微黄，茶汤明净，香气清馥，滋味隽永，爽口宜人者为最佳品。

贮藏提示

密封、干燥、低温、避光保存。

茶汤黄绿明亮

叶底芽叶成朵

保健功效

1 提神醒脑、防辐射：普陀佛茶具有生津解渴、清心明目、提神醒脑、抑制动脉粥样硬化等功能。

2 消食去腻、净化胃肠道：普陀佛茶有净化人体消化器官的作用，茶叶中的黄烷醇可使人体消化道松弛，净化消化道，消食去腻。

茶叶特点

1 外形：紧细卷曲
2 色泽：绿润显毫
3 汤色：黄绿明亮
4 香气：清香高雅
5 叶底：芽叶成朵
6 滋味：鲜美浓郁

冲泡品饮

备具	冲泡	品茶
泡茶砂壶1个，普陀佛茶4克。	将茶叶拨入砂壶中。然后冲入85℃左右的水，七分满即可。	片刻后即可品饮。滋味鲜美浓郁，气味清香高雅，品饮后令人神清气爽，回味无穷。

【 江·苏·绿·茶 】

洞庭碧螺春

Dongting Biluochun

🟢 茶叶介绍

　　碧螺春茶是中国十大名茶之一，属于绿茶。洞庭碧螺春产于江苏省苏州市洞庭山（今苏州吴中区），所以又称"洞庭碧螺春"。据记载，碧螺春茶叶早在隋唐时期即负盛名，有千余年历史。传说清康熙皇帝南巡苏州时赐名为"碧螺春"。洞庭碧螺春条索紧结，蜷曲似螺，边沿上有一层均匀的细白绒毛。"碧螺飞翠太湖美，新雨吟香云水闲"，喝一杯碧螺春，仿如品赏传说中的江南美女。

茶汤 碧绿清澈

叶底 嫩绿明亮

🟢 最佳产地

　　江苏省苏州市洞庭山。

🟢 选购要点

　　以条索纤细，卷曲成螺，满身披毫，银白隐翠，清香淡雅，鲜醇甘厚，回味绵长，汤色碧绿清澈，叶底嫩绿明亮者为佳。

🟢 贮藏提示

　　最好用铝箔袋密封，放于10℃冰箱里保存。

🟢 保健功效

1 利尿作用：碧螺春茶中的咖啡因和茶碱具有利尿作用，可用于辅助治疗水肿、水潴留。

2 减肥作用：咖啡因能调节脂肪代谢，从而起消脂减肥作用。

🟢 茶叶特点

1 外形：卷曲成螺　　**4** 香气：清香淡雅

2 色泽：翠绿油润　　**5** 叶底：嫩绿明亮

3 汤色：碧绿清澈　　**6** 滋味：鲜醇甘厚

🟢 冲泡品饮

备具	冲泡	品茶
玻璃杯1个，碧螺春茶4克。	用茶匙将茶叶从茶荷中拨入玻璃杯中，冲入80~85℃左右的水至玻璃杯，七分满即可。	只见茶叶徐徐伸展，汤色碧绿清澈，清香甘淡，茶汤入口后香浓甘厚。

[江·苏·绿·茶]

南京雨花茶

Nanjing Yuhuacha

茶叶介绍

雨花茶是全国名茶之一，茶叶外形圆绿，如松针，带白毫，紧直。雨花茶因产南京雨花台而得名。雨花茶必须在谷雨前采摘，采摘下来的嫩叶要长有一芽一叶，经过杀青、揉捻、整形、烘炒四道工序，且全工序皆用手工完成。紧、直、绿、匀是雨花茶的品质特色。雨花茶冲泡后茶色碧绿、清澈，香气清幽，滋味醇厚，回味甘甜。

最佳产地

江苏省南京市雨花台。

茶汤绿而清澈

叶底嫩匀明亮

产地分布

茶叶特点

1 外形：形似松针

2 色泽：色呈墨绿

3 汤色：绿而清澈

4 香气：浓郁高雅

5 叶底：嫩匀明亮

6 滋味：鲜醇宜人

选购要点

以形似松针，条索紧直、浑圆，两端略尖，锋苗挺秀，茸毫隐露，色呈墨绿，香气浓郁高雅，滋味鲜醇，汤色绿而清澈，叶底嫩匀明亮者为佳。

雨花茶共分为特级一等雨花茶、特级二等雨花茶、一级雨花茶、二级雨花茶四个等级。雨花茶采摘的鲜叶应大小匀称、整齐。不带单片叶、对夹叶、鱼叶、虫伤叶、紫叶、红芽、空心芽等。

雨花茶应具有正常商品的外形及固有的色、香、味，无异味、无劣变。

贮藏提示

密封、干燥、低温、避光保存，不可挤压。

保健功效

1 预防疾病：雨花茶中的儿茶素能降低血液中

的胆固醇，可以减少动脉硬化发生率，对抑制血小板凝集有一定效果。

2 通便、助消化：雨花茶中的茶多酚可以促进胃肠蠕动，帮助消化，同时又可以通便，预防便秘。

◎ 制作工序

雨花茶的采摘精细，要求嫩度均匀，长度一致，采回的鲜叶在室温 20℃左右的条件下进行摊放。通过摊放，散发部分水分，促使茶多酚等生化成分发生轻微的变化，从而消除成品茶的青涩味，增加鲜醇度。手工炒制雨花茶工序为杀青、揉捻、整形干燥、筛分四道。当茶叶达到细紧、浑圆、光滑，干度达九成以上时起锅。最后通过圆、抖、飘、筛，分清大小、长短、粗细、轻重。

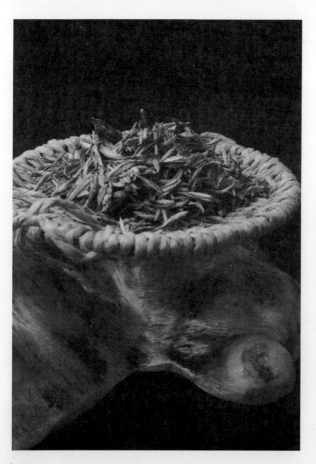

◎ 冲泡品饮

备具 玻璃杯1个，雨花茶6克。

▼

温杯 将热水倒入玻璃杯中进行温杯，而后弃水不用。

▼

投茶 用茶匙将茶叶从茶荷中拨入玻璃杯中。

▼

冲泡、赏茶 放入茶叶后，用开水冲泡，只见茶叶徐徐伸展，汤色绿而清澈，香气浓郁，叶底嫩匀明亮。

▼

出汤 片刻后即可品饮。

▼

品茶 入口后鲜醇回甜。

◎ 特别提醒

1 水温 80 ～ 90℃为宜，因为水温太烫会把雨花茶烫熟，破坏茶叶中的活性成分，叶片冲泡过后太过发黄就是泡熟的表现。

2 高等的雨花茶不用洗茶，可以直接冲泡饮用。

3 南京雨花茶性寒，体寒者不宜过多饮用。

【 江·苏·绿·茶 】

金坛雀舌

 Jintan Queshe

茶叶介绍

金坛雀舌产于江苏省金坛市方麓茶场，为江苏省新创制的名茶之一。属扁形炒青绿茶，以其形如雀舌而得名。且以其精巧的造型、翠绿的色泽和鲜爽的嫩香屡获好评。内含成分丰富，水浸出物、茶多酚、氨基酸、咖啡因含量较高。

最佳产地

江苏省常州金坛市。

选购要点

选购时以条索匀整，状如雀舌，干茶色泽绿润，扁平挺直；冲泡后香气清高，色泽绿润，滋味鲜爽，汤色明亮，叶底嫩匀成朵明亮者为佳。

贮藏提示

干燥、低温、避光保存，存储于冰箱内更佳，且要远离异味，防止挤压。

茶汤 碧绿明亮

叶底 嫩匀成朵

保健功效

1 有助于抑制和抵抗病菌：茶多酚有较强的收敛作用，对病原菌、病毒有明显的抑制和杀灭作用，对消炎止泻有明显效果。

2 有助于美容护肤：用它能清除面部的油腻。

茶叶特点

1 外形：扁平挺直

2 色泽：翠绿圆润

3 汤色：碧绿明亮

4 香气：嫩香清高

5 叶底：嫩匀成朵

6 滋味：鲜醇爽口

冲泡品饮

备具	冲泡	品茶
玻璃杯或盖碗1个，金坛雀舌3克。	放入茶叶后，冲入80℃左右的水至七分满即可。	片刻后即可品饮。入口后滋味鲜醇爽口。

【安·徽·绿·茶】

六安瓜片

Liǔan Guapian

茶叶介绍

六安瓜片，是中国历史名茶，也是中国十大历史名茶之一，简称瓜片，具有悠久的历史底蕴和丰厚的文化内涵，唐称"庐州六安茶"，明始称"六安瓜片"，为上品、极品茶。清为朝廷贡茶。六安瓜片（又称片茶），为绿茶特种茶类。采自当地特有品种，是经扳片、剔去嫩芽及茶梗，通过独特的传统加工工艺制成的形似瓜子的片形茶叶。

茶汤翠绿明亮

叶底绿嫩明亮

最佳产地

安徽省六安市。

选购要点

以叶缘向背面翻卷，呈瓜子形，翠绿有光，汤色翠绿明亮，香气清高，味甘鲜醇，叶底绿嫩明亮者为佳。

贮藏提示

储藏时不可挤压，要密封、干燥、低温、避光保存。

保健功效

1 抗菌： 六安瓜片中的儿茶素对细菌有抑制作用，因此具有抗菌的功效。

2 防龋齿、清口臭： 六安瓜片含有氟，其中儿茶素可以抑制生龋菌作用，有助于减少牙菌斑及牙周炎的发生。

茶叶特点

1 外形： 呈瓜子形

2 色泽： 翠绿有光

3 汤色： 翠绿明亮

4 香气： 清香高爽

5 叶底： 绿嫩明亮

6 滋味： 味甘鲜醇

冲泡品饮

备具	冲泡	品茶
盖碗1个，六安瓜片茶4克。	用茶匙将茶叶拨入盖碗中，冲入80℃左右的水至七分满。	片刻后即可品饮。入口后幽香扑鼻，滋味鲜醇。

【安·徽·绿·茶】

黄山毛峰

Huangshan Maofeng

茶叶介绍

黄山毛峰,为中国历史名茶之一,中国十大名茶之一,1986年被外交部评为外事活动礼品茶。该茶属于徽茶,产于安徽省黄山,由清代光绪年间谢裕泰茶庄所创制。由于新制茶叶白毫披身,芽尖如锋芒,且鲜叶采自黄山高峰,遂将该茶取名为黄山毛峰。每年清明谷雨,选摘初展肥壮嫩芽,经手工炒制而成。

茶汤 清碧微黄

叶底 嫩匀成朵

最佳产地

安徽省黄山。

选购要点

以外形微卷,状似雀舌,绿中泛黄,银毫显露,且带有金黄色鱼叶(俗称黄金片),入杯冲泡雾气结顶,汤色清碧微黄,叶底黄绿有活力,滋味醇甘者为佳。

保健功效

黄山毛峰茶中的茶多酚和鞣酸作用于细菌,能凝固细菌的蛋白质,将细菌杀死。

茶叶特点

1 外形:状似雀舌
2 色泽:绿中泛黄
3 汤色:清碧微黄
4 香气:馥郁如兰
5 叶底:嫩匀成朵
6 滋味:浓郁醇和

贮藏提示

密封、干燥、低温、避光保存。

冲泡品饮

备具	冲泡	品茶
玻璃杯1个,黄山毛峰茶6克。	用茶匙将茶叶从茶荷中,拨入玻璃杯中,冲入90℃左右的水至玻璃杯,七分满即可。	只见茶叶徐徐伸展,汤色清碧微黄,香气如兰,叶底嫩匀成朵,入口后味道鲜浓醇和,回味甘甜。

【 安·徽·绿·茶 】

黄山银毫

Huangshan Yinhao

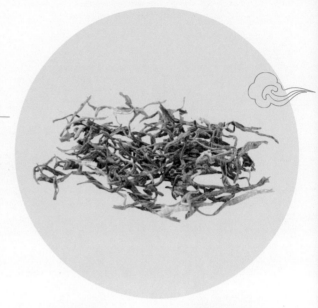

茶叶介绍

黄山银毫是创新名茶，产自安徽黄山，采摘清明前后一芽一叶嫩芽，要求做到三个一致，即："大小一致，老嫩一致，长短一致"，每500克鲜叶，嫩芽数在3000个以上。其精制包括手工拣剔、杀青、揉捻、整形与提毫、烘焙干燥、拣剔与包装等工序。

最佳产地

安徽黄山。

选购要点

以外形条索紧直、匀整，香气清高持久，滋味醇厚鲜爽者为佳。

贮藏提示

将茶叶置于通风、干燥的地方，并密封保存起来。

保健功效

1 抗衰老作用：茶叶中含有的抗氧化剂，能起到抵抗老化作用，对保护皮肤、抚平细纹等都有很

茶汤 明净透亮

叶底 明净柔软

好的功效，因此常饮有益。

2 减肥作用：茶叶中含有茶多酚类化合物、氨基酸等多种成分，可以搜刮体内油脂，帮助减轻体重，起到减肥的功效，非常适合肥胖人士。

3 降压作用：茶叶中含有的茶多酚和维生素C，能起到防止动脉硬化的作用。

茶叶特点

1 外形：外形成条
2 色泽：墨绿油润
3 汤色：明净透亮
4 香气：馥郁持久
5 叶底：明净柔软
6 滋味：回味甘甜

冲泡品饮

备具
盖碗1个，黄山银毫3克。

冲泡
冲入80℃左右的水至七分满即可。将准备好的茶叶快速放进，加盖摇动茶碗。

品茶
只见茶叶徐徐伸展，汤色明净透亮，香气馥郁，叶底明净柔软，入口后回味无穷。

【安·徽·绿·茶】

休宁松萝

Xiuning Songluo

茶叶介绍

休宁松萝属绿茶类，为历史名茶，创于明代隆庆年间（1567 - 1572），产于休宁县松萝山。明清时，松萝山为佛教圣地，早在明洪武年间松萝山盈福寺已名扬江南，香火鼎盛。松萝茶区别于其他名茶的显著特点是"三重"，即色重、香重、味重。饮后令人神驰心怡，古人有"松萝香气盖龙井"之赞辞。

最佳产地

安徽省休宁县。

选购要点

以条索紧卷匀壮，色泽绿润，香气高爽，滋味浓厚，带有橄榄香味，汤色绿明，叶底绿嫩者为佳。

贮藏提示

储藏时应该干燥、低温、避光保存，且不可挤压。

茶汤 汤色绿明

叶底 绿嫩柔软

保健功效

降脂、降胆固醇：休宁松萝含有的儿茶酸能促进维生素 C 的吸收。维生素 C 可使胆固醇从动脉移至肝脏，降低血液中的胆固醇，同时可增强血管的弹性和渗透能力，降低血脂。

茶叶特点

1 外形：紧卷匀壮
2 色泽：色泽绿润
3 汤色：汤色绿明
4 香气：幽香高长
5 叶底：绿嫩柔软
6 滋味：甘甜醇和

冲泡品饮

备具	冲泡	品茶
玻璃杯1个，休宁松萝茶5克。	放入茶叶后，冲入90℃左右的水至玻璃杯，七分满即可。	片刻后即可品饮。入口后滋味浓厚，回味无穷。

【江·西·绿·茶】

婺源茗眉

Wuyuan Mingmei

茶叶介绍

婺源茗眉茶，属绿茶类珍品之一，因其条索纤细如仕女之秀眉而得名，主要产于浙江、安徽、江西等地。眉茶中的品种主要有特珍、珍眉、凤眉、雨茶、贡熙、秀眉和茶片等。婺眉的采摘标准为一芽一叶初展，要求大小一致，嫩度一致。其外形弯曲似眉，翠绿紧结，银毫披露，外形虽花色各异，但内质为清汤绿叶，香味鲜醇，浓而不苦，回味甘甜。眉茶为长炒青绿茶精制产品的统称。

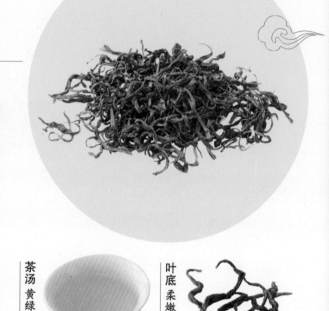

茶汤 黄绿清澈

叶底 柔嫩明亮

最佳产地

江西省婺源县。

选购要点

选购时以弯曲似眉，呈翠绿色，有清香味，汤色黄绿清澈者为佳。

贮藏提示

密封、干燥、低温冷藏最佳。

保健功效

1 护齿健齿：茶对预防龋齿、护齿、坚齿，都是有益的。

2 护眼明目：茶中的维生素 C 等成分，能降低眼睛晶体混浊度，经常饮茶，对减少眼疾、护眼明目均有积极的作用。

茶叶特点

1 外形：弯曲似眉

2 色泽：翠绿光润

3 汤色：黄绿清澈

4 香气：清高持久

5 叶底：柔嫩明亮

6 滋味：鲜爽甘醇

冲泡品饮

备具	冲泡	品茶
玻璃杯1个，婺源茗眉茶6克。	放入茶叶后，冲入80℃左右的水至玻璃杯，七分满即可。	片刻后即可品饮。入口后鲜爽回甘，回味悠长。

【江·西·绿·茶】

双井绿

Shuangjinglü

茶叶介绍

双井绿产于江西省修水县杭口乡"十里秀水"的双井村。这里依山傍水，土质肥厚，温暖湿润，时有云雾，茶树芽叶肥壮，柔嫩多毫。欧阳修的《归田录》中还将它推崇为全国"草茶第一"。双井绿分为特级和一级两个品级。特级以一芽一叶初展，芽叶长度为2.5厘米左右的鲜叶制成；一级以一芽二叶初展的鲜叶制成。

茶汤 清澈明亮

叶底 嫩绿匀净

最佳产地

江西省修水县杭口乡"十里秀水"的双井村。

选购要点

选购时以外形圆紧略曲，形如凤爪，锋苗润秀，银毫显露，内质香气清高持久，滋味鲜醇爽厚，汤色清澈明亮，叶底嫩绿匀净者为佳。

贮藏提示

干燥、低温、避光保存，存储于冰箱内更佳，且要远离异味，防止挤压。

保健功效

茶叶内含的咖啡因和儿茶素能促使人体血管壁松弛，并能增大血管有效直径，使血管壁保持弹性。

茶叶特点

1 外形：圆紧略曲
2 色泽：银毫显露
3 汤色：清澈明亮
4 香气：清高持久
5 叶底：嫩绿匀净
6 滋味：鲜醇爽厚

冲泡品饮

备具	冲泡	品茶
玻璃杯1个，双井绿4克。	冲入80℃左右的水至玻璃杯，七分满即可，用茶匙将茶叶从茶荷中拨入玻璃杯中浸润。	汤色清澈明亮，香高持久，叶底绿嫩匀整，入口后滋味鲜醇爽厚，回甘无穷。

【 江·西·绿·茶 】

得雨活茶

Deyu Huocha

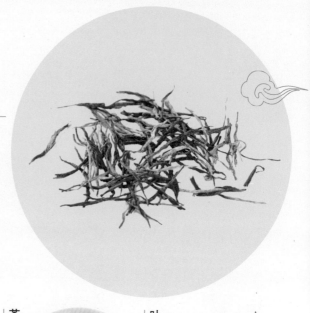

☺ 茶叶介绍

　　得雨活茶是采用了独特的生物菌膜保鲜技术，使茶叶能长期保存而色、香、味如新，故名"活茶"。此茶是国家指定的绿色产品，被称为是国宴茶，同时也是具有兰花香的国宴珍品茶。在春天来临茶树发新枝的时候，登岩采集，一芽二叶，再用小窝香柴精心烘焙制作。清香持久，常饮此茶对健康有益。

茶汤 黄绿明亮

叶底 卷曲青绿

☺ 最佳产地

　　江西婺源。

☺ 选购要点

　　真正的得雨活茶具有入水即沉的特点，这是由于高山茶微量元素较高的原因。茶水通常呈现雾气状，这也是得雨活茶名副其实的云雾特色。

☺ 贮藏提示

　　置于阴凉干燥处，不受阳光的直射。

☺ 保健功效

1 抗菌抗毒：得雨活茶的生产基地在海拔 400 米以上的高山上，没有污染，常饮得雨活茶，有助于抗菌抗病毒，对人的身体有保健作用。

2 清心醒脑：咖啡因能促使人体中枢神经兴奋，增强大脑皮质的兴奋过程，起到提神益思、清心的效果。

☺ 茶叶特点

1 外形：条索壮实

2 色泽：灰绿光润

3 汤色：黄绿明亮

4 香气：清香持久

5 叶底：卷曲青绿

6 滋味：味醇浓甘

☺ 冲泡品饮

备具	冲泡	品茶
茶壶或者玻璃壶 1 个，得雨活茶 4 克。	将得雨活茶放入壶内。第一次冲泡不宜用太多的水，稍微等一阵子再加水。	待茶水味道更浓一些时再细细品茗，味道甘甜。

第三章
代表性红茶

红茶干茶经过完全发酵，茶叶内含的物质完全氧化，因此干茶色泽乌黑润泽。红茶干茶条索匀整或颗粒均匀，茶汤汤色红亮，滋味浓厚鲜爽、甘醇厚甜、口感柔嫩滑顺，叶底整齐，呈褐色。

营养成分

红茶富含胡萝卜素、维生素 A、钙、磷、镁、钾、咖啡因、异亮氨酸、亮氨酸、赖氨酸、谷氨酸、丙氨酸、天门冬氨酸等多种营养元素。

营养功效

1. 提神消疲：红茶中的咖啡因借由刺激大脑皮质来兴奋神经中枢，促成提神、思考力集中，进而使思维反应更敏锐，记忆力增强，达到消除疲劳的效果。

2. 生津清热：夏天饮红茶能止渴消暑，是因为茶中的多酚类、糖类、氨基酸、果胶等与口涎产生化学反应，且刺激唾液分泌，导致口腔滋润，并且产生清凉感。

选购窍门

挑选品牌：消费者在市面上买到的产地茶，大多数是厂商已经调配过的口味，而非纯种茶。在百货公司专柜或茶叶专卖店可试闻试喝，奔着品牌去买。

有效期限：购买红茶时更需注意制造日期和有效期限，以免买到过期的红茶。

选择包装方式：我们看到的包装形式大都为茶包或铁罐装茶叶。如果你要喝产地茶或特色茶，最好买罐装红茶。

泡茶器具与水温

宜选用精美的细花瓷壶和细瓷杯配以瓷茶盘为组合，这样比较温馨并富有情趣；红茶冲泡的水温为 90~95℃，这样可以"以高温冲出茶香"。

【浙·江·红·茶】

九曲红梅

Jiuqu Hongmei

茶叶介绍

　　九曲红梅简称"九曲红"，九曲红梅因其色红香清如红梅，故称九曲红梅，是杭州西湖区另一大传统拳头产品，是红茶中的珍品。九曲红梅茶产于西湖区周浦乡的湖埠、上堡、大岭、张余、冯家、灵山、社井、仁桥、上阳、下阳一带，尤以湖埠大坞山所产品质最佳。九曲红梅采摘标准要求一芽二叶初展；经杀青、发酵、烘焙而成，关键在发酵、烘焙。

茶汤 红艳明亮

叶底 红艳成朵

最佳产地

　　浙江省西湖区周浦乡。

产地分布

茶叶特点

1 外形：弯曲如钩
2 色泽：乌黑油润
3 汤色：红艳明亮
4 香气：香气芬馥
5 叶底：红艳成朵
6 滋味：浓郁回甘

选购要点

　　以外形条索细若发丝，弯曲细紧如银钩，抓起来互相勾挂呈环状，披满金色的绒毛；色泽乌润；滋味浓郁；香气芬馥；汤色鲜亮；叶底红艳成朵者为佳。

贮藏提示

　　密封、干燥、常温长期储存，亦可低温存储。

保健功效

1 提神消疲：经由医学实验发现，九曲红梅茶中的咖啡因借由刺激大脑皮质来兴奋神经中枢，促成提神、思考力集中，进而使思维反应更加敏锐，记忆力增强；它也对血管系统和心脏具兴奋作用，强化心搏，从而加快血液循环以利新陈代谢，同时又促进发汗和利尿，由此双管齐下，加速排泄乳酸（使肌肉感觉疲劳的物质）及其他体内老废物质，达到消除疲劳的效果。

2 生津清热： 夏天饮九曲红梅茶能止渴消暑，是因为茶中的多酚类、糖类等与口涎产生化学反应，且刺激唾液分泌，导致口腔滋润，能产生清凉感。

3 利尿： 在九曲红梅茶中的咖啡因和芳香物质联合作用下，能增加肾脏的血流量，提高肾小球过滤率，扩张肾微血管，并抑制肾小管对水的再吸收，于是促成尿量增加。如此有利于排除体内的乳酸、尿酸（与痛风有关）、过多的盐分（与高血压有关）、有害物等，以及缓和心脏病或肾炎造成的水肿。

◎ 制作工序

　　九曲红梅以湖埠大坞山所产品质居上。九曲红梅是由采摘后的嫩芽叶经过萎凋、揉捻、发酵、烘焙、干燥等多道工序制成。近两年又出现了创新制法，即重萎凋及日光萎凋跟轻发酵之间的配合，这令九曲红梅的滋味更加特别。

◎ 冲泡品饮

备具　盖碗1个，九曲红梅茶3克及其他的茶具或装饰茶具。

▼

洗杯　将热水倒入壶中进行温杯，弃水不用。

▼

投茶　用茶匙将茶叶从茶荷中拨入茶壶中。

▼

冲泡、赏茶　放入茶叶后，用开水冲泡，只见茶叶徐徐伸展，汤色鲜亮，香气芬馥，叶底红艳成朵。

▼

出汤　3分钟之后即可出汤品饮。

▼

品茶　入口后滋味浓郁。

◎ 特别提醒

1 结石病人和肿瘤患者不可饮九曲红梅。

2 正在服药的人，九曲红梅红茶会破坏药效。

3 哺乳期女性不适宜饮九曲红梅，因为红茶中的鞣酸影响乳腺的血液循环，会抑制乳汁的分泌，影响哺乳质量。

【浙·江·红·茶】

越红工夫

Yuehong Gongfu

茶汤 汤色红亮

叶底 叶底稍暗

茶叶介绍

越红工夫系浙江省出产的工夫红茶，以条索紧结挺直，重实匀齐，锋苗显，净度高的优美外形称著。越红毫色呈银白或灰白。浦江一带所产红茶，茶索紧结壮实，香气较高，滋味亦较浓，镇海红茶较细嫩。总的来说，越红条索虽美观，但叶张较薄，香味较次。

最佳产地

浙江绍兴。

湖北 安徽 江西 浙江 湖南 福建

选购要点

以条索紧细挺直，色泽乌润，外形优美，内质香味纯正，汤色红亮较浅，叶底稍暗者为佳。

贮藏提示

密封、干燥、常温长期储存。

保健功效

1 养胃护胃：越红工夫是全发酵性茶叶，茶多酚在氧化酶的作用下发生酶促氧化反应，含量减少，对胃部的刺激性就随之减小了。红茶不仅不会伤胃，反而能够养胃，经常饮用加糖、加牛奶的红茶，能消炎、保护胃黏膜，对治疗溃疡也有一定效果。

2 抑制动脉硬化：越红工夫茶叶中的茶多酚和维生素 C 都有活血化瘀、防止动脉硬化的作用。

茶叶特点

1 外形：紧细挺直
2 色泽：乌黑油润
3 汤色：汤色红亮
4 香气：香味纯正
5 叶底：叶底稍暗
6 滋味：醇和浓爽

冲泡品饮

备具	冲泡	品茶
盖碗1个，越红工夫茶3克。	将热水倒入盖碗中进行温杯，而后弃水不用，投茶后，再冲入95℃左右的水冲泡即可。	片刻后即可品饮。入口后滋味浓爽，香气纯正，有淡香草味。

【江·苏·红·茶】

宜兴红茶

Yixing Hongcha

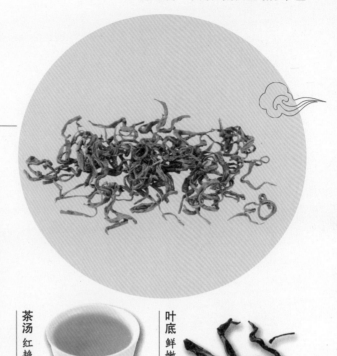

茶汤 红艳鲜亮

叶底 鲜嫩红匀

茶叶介绍

宜兴红茶，又称阳羡红茶，又因其兴盛于江南一带，故享有"国山茶"的美誉。在品种上，人们了解较多的一般都是祁红以及滇红，再细分则有宜昌的宜红和小种红茶。在制作上则有手工茶和机制茶之分。宜兴红茶源远流长，唐朝时已誉满天下，尤其是唐朝年间有"茶仙"之称的卢仝也曾有诗句云"天子未尝阳羡茶，百草不敢先开花"。

最佳产地

江苏省宜兴市。

选购要点

选购时，以外形紧细匀齐，色泽乌润，闻上去清鲜纯正，隐显玉兰花香，冲泡后汤色红艳鲜亮，尝起来鲜爽醇甜者为佳。

贮藏提示

避开阳光、高温及有异味的物品。首选的储藏器具为铁器，因能保证其新鲜感。无须冰箱冷藏。

保健功效

1 预防疾病：用红茶漱口一定程度上能预防由于病毒引起的感冒。

2 增强抵抗力：红茶中的多酚类有抑制破坏骨细胞物质的活力。

茶叶特点

1 外形：紧结秀丽

2 色泽：乌润显毫

3 汤色：红艳鲜亮

4 香气：清鲜纯正

5 叶底：鲜嫩红匀

6 滋味：鲜爽醇甜

冲泡品饮

备具	冲泡	品茶
紫砂壶1个，宜兴红茶3克，茶杯3个。	将热水倒入壶中进行温杯，冲入95℃左右的水至七分满。将茶叶快速放进，加盖摇动。	倒入茶杯中，每次出汤都要倒尽，之后每次冲泡加5～10秒钟。入口后浓厚甜润。

【江·苏·红·茶】
苏红工夫
🜲 Suhong Gongfu

🜲 茶叶介绍

苏红工夫属红茶，因此也被称为"宜兴红茶"或"阳羡红茶"。宜兴产茶历史悠久，古代宜兴被称为"阳羡"，作为贡茶，陆羽首推给唐朝宫廷的就是"阳羡茶"。苏红以楮叶和鸠坑两种茶树品种的鲜叶为原料，只加工成红条茶。

🜲 最佳产地

江苏宜兴。

🜲 选购要点

选购时，以色泽乌润有光泽，闻起来鲜甜有果香，冲泡后的汤色淡红明亮，尝起来滋味甜醇者为佳。

🜲 贮藏提示

将茶叶贮藏在干燥、避光、低温、密封的环境下，且避免接触异味。

茶汤 淡红明亮

叶底 厚软红亮

🜲 保健功效

1 利尿：苏红功夫中的咖啡因和芳香物质联合作用，能增加肾脏的血流量，提高肾小球过滤率，扩张肾微血管，促成尿量增加。

2 生津清热：茶中的多酚类、糖类等与口涎产生化学反应，能刺激唾液分泌，使口腔觉得滋润，并且能产生清凉感。

🜲 茶叶特点

1 外形：条索紧细
2 色泽：乌润光泽
3 汤色：淡红明亮
4 香气：鲜甜果香
5 叶底：厚软红亮
6 滋味：深厚甘醇

🜲 冲泡品饮

备具	冲泡	品茶
盖碗1个，苏红工夫3克。	将热水倒入盖碗中进行温杯，而后弃水不用，投茶后，再冲入95℃左右的水至七分满即可。	每次出汤都要倒尽，之后每次冲泡加5~10秒钟。入口后滋味甜醇。

[江·西·红·茶]

宁红工夫

Ninghong Gongfu

茶叶介绍

修水古称定州，所产红茶取名宁红工夫茶，简称宁红。宁红工夫茶，属于红茶类，是我国最早的工夫红茶之一。远在唐代时，修水县就已盛产茶叶，生产红茶则始于清朝道光年间，到19世纪中叶，宁州工夫红茶已成为当时著名的红茶之一。1914年，宁红工夫茶参加上海赛会，荣获"茶誉中华，价甲天下"的大匾。

茶汤 红艳清亮

叶底 红亮匀整

最佳产地

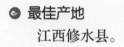

江西修水县。

选购要点

以条索紧结秀丽，金毫显露，锋苗挺拔，色泽乌润，香味持久，叶底红亮，滋味浓醇者为佳。

贮藏提示

密封、干燥、常温长期储存。

保健功效

1 提神消疲：宁红工夫茶中的咖啡因借由刺激大脑皮质来兴奋神经中枢，促成提神、思考力集中，进而使思维反应更加敏锐，记忆力增强。

2 消炎杀菌：宁红工夫茶中的儿茶素类能与单细胞的细菌结合，借此抑制和消灭病原菌。

茶叶特点

1 外形：紧结秀丽
2 色泽：乌黑油润
3 汤色：红艳清亮
4 香气：香味持久
5 叶底：红亮匀整
6 滋味：浓醇回甘

冲泡品饮

备具	冲泡	品茶
盖碗1个，宁红工夫茶3克。	将热水倒入茶壶进行温杯，而后弃水不用，投茶后，再冲入95℃左右的热水即可。	片刻后即可品饮。入口后滋味浓醇。

【安·徽·红·茶】

祁门工夫

Qimen Gongfu

茶叶介绍

工夫红茶，是中国特有的红茶。祁门工夫是中国传统工夫红茶的珍品，主产于安徽省祁门县，与其毗邻的石台、东至、黟县及贵池等县也有少量生产。祁门工夫以外形苗秀，色有"宝光"和香气浓郁而著称，享有盛誉，有百余年的生产历史，也是中国传统出口商品。与印度的大吉岭红茶、斯里兰卡的乌瓦红茶并称"世界三大高香茶"。

茶汤 红艳透明

叶底 鲜红明亮

最佳产地

安徽省祁门县。

产地分布

茶叶特点

1 外形：条索紧细
2 色泽：乌黑油润
3 汤色：红艳透明
4 香气：清香持久
5 叶底：鲜红明亮
6 滋味：醇厚回甘

选购要点

以外形条索紧细，苗秀显毫，色泽乌润；茶叶香气清香持久，似果香又似兰花香，汤色红艳透明，叶底鲜红明亮，滋味醇厚，回味隽永者为佳。

贮藏提示

选用干燥、无异味、密闭的陶瓷坛一个，用牛皮纸把茶叶包好，分置于坛的四周，中间嵌放石灰袋一个，上面再放茶叶包，装满坛后，用棉花包盖紧。石灰隔1~2个月更换一次。这种方法是利用生石灰的吸湿性能，使茶叶不受潮，效果较好，能在较长时间内保持茶叶品质。

保健功效

1 消炎杀菌：祁门工夫红茶中的儿茶素类能与单细胞的细菌结合，使蛋白质凝固沉淀，借此抑制和消灭病原菌。

2 养胃护胃：红茶是经过发酵烘制而成的，不仅不会伤胃，反而能够养胃。经常饮用加糖、加牛奶的祁门工夫红茶，能消炎、保护胃黏膜，对治疗溃疡也有一定效果。

◎ 制作工序

　　祁门红茶的采摘季节是在春夏两季。茶农们只采鲜嫩茶芽的一芽二叶，然后经过初制、揉捻、发酵等多道工序加工而成。红茶的加工与绿茶相比，最重要的是增加了发酵的过程。揉捻细碎的嫩芽发酵后，由绿色变成了深褐色，还要经过人们细心挑选，将茶梗剔除。祁红现采现制，以保持鲜叶的有效成分，分为初制和精制两大过程。初制包括萎凋、揉捻、发酵、烘干等工序；精制则将长短粗细、轻重曲直不一的毛茶，经过筛分、整形、审评提选，分级归堆。

◎ 冲泡品饮

备具 陶瓷茶壶1个，祁门工夫红茶3克。

▼

温杯 将热水倒入茶壶中进行温杯，而后弃水不用。

▼

投茶 用茶匙将茶叶从茶荷中拨入茶壶中。

▼

冲泡、赏茶 放入茶叶后，用开水冲泡，只见茶叶徐徐伸展，汤色红艳透明，香气清香持久，叶底鲜红明亮。

▼

出汤 倒入茶杯中之后，片刻后即可品饮。

▼

品茶 入口后滋味醇厚。

◎ 特别提醒

1 祁门工夫以8月份茶最鲜，味道最佳，可加糖饮用。

2 祁门工夫十分细紧挺秀，冲泡时不用洗茶，可直接冲泡饮用。

3 有贫血、精神衰弱、失眠的人不适合喝红茶，祁门工夫红茶的提神醒脑功效会使失眠症状加重。

【湖·北·红·茶】

宜红工夫

Yihong Gongfu

茶叶介绍

宜红工夫茶，属于红茶类，产于鄂西山区的鹤峰、长阳、恩施、宜昌等县，是湖北省宜昌、恩施两地区的主要土特产品之一。宜红问世于19世纪中叶，至今已有百余年历史，早在茶圣陆羽的《茶经》之中便有相关的记载。因其加工颇费工夫，故又称"宜红工夫茶"。宜红工夫茶条索紧细有毫，色泽乌润，香气甜纯，汤色红艳，滋味鲜醇，叶底红亮。高档茶的茶汤还会出现"冷后浑"的现象。

茶汤 黄绿明亮

叶底 红亮匀整

最佳产地

湖北省宜昌市。

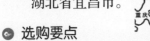

选购要点

以条索紧结重实，色泽乌润，香气甜纯，汤色明亮，滋味鲜醇，叶底红亮者为佳。

贮藏提示

密封、干燥、常温长期储存。

保健功效

强壮骨骼：红茶中的多酚类能抑制破坏骨细胞物质的活力。

茶叶特点

1 外形：紧细有毫	4 香气：栗香悠远
2 色泽：色泽乌润	5 叶底：红亮匀整
3 汤色：黄绿明亮	6 滋味：滋味鲜醇

冲泡品饮

备具	冲泡	品茶
盖碗1个，宜红工夫茶3克。	将热水倒入茶壶中进行温杯，而后弃水不用，投茶后，冲入95℃左右的水即可。	片刻后即可品饮。入口后滋味鲜醇。

【湖·南·红·茶】

湖红工夫

Huhong Gongfu

茶叶介绍

　　湖红工夫是中国历史悠久的工夫红茶之一，对中国工夫茶的发展起到十分重要的作用。湖红工夫茶主产于湖南省安化、桃源、涟源、邵阳、平江、浏阳、长沙等县市，湖红工夫以安化工夫为代表，外形条索紧结，尚肥实，香气高，滋味醇厚，汤色浓，叶底红稍暗。

最佳产地

　　湖南省益阳市安化县。

选购要点

　　以外形条索紧细，锋苗挺秀，茸毛多，香气高久，滋味醇厚爽口，汤色红浓，叶底红亮稍暗者为佳。

贮藏提示

　　密封、干燥、常温长期储存或者存放于冰箱内。

茶汤 红浓尚亮

叶底 嫩匀红亮

保健功效

1 提神消疲：红茶中的咖啡可兴奋神经中枢，使思维反应更加敏锐，记忆力增强。

2 生津清热：茶中的多酚类、糖类等与口涎产生化学反应，使口腔滋润，并且产生清凉感。

茶叶特点

1 外形：条索紧结

2 色泽：色泽乌润

3 汤色：红浓尚亮

4 香气：香高持久

5 叶底：嫩匀红亮

6 滋味：醇厚爽口

冲泡品饮

备具	冲泡	品茶
紫砂壶1个，湖红工夫茶3克。	将热水倒入壶中进行温杯，而后弃水不用，投茶后，再冲入95℃左右的水冲泡即可。	片刻后即可品饮。入口后醇厚爽口，回味悠长。

【福·建·红·茶】

金骏眉

Jinjunmei

茶叶介绍

金骏眉，于2005年由福建武夷山正山茶业首创研发，是在正山小种红茶传统工艺基础上，采用创新工艺研发的高端红茶。该茶茶青为野生茶芽尖，摘于武夷山国家级自然保护区内海拔1200～1800米高山的原生态野茶树，用6万-8万颗芽尖方制成500克金骏眉，是可遇不可求的茶中珍品。其外形黑黄相间，乌黑之中透着金黄，显毫香高。

茶汤 金黄清澈

叶底呈金针状

最佳产地

福建省武夷山市。

产地分布

茶叶特点

1 外形：圆而挺直
2 色泽：金黄油润
3 汤色：金黄清澈
4 香气：清香悠长
5 叶底：呈金针状
6 滋味：甘甜爽滑

选购要点

以条索紧结纤细，圆而挺直，有锋苗，身骨重，匀整，香气特别，干茶有清香，热汤香气清爽纯正，温汤熟香细腻，冷汤清和幽雅，清高持久者为佳。

贮藏提示

用铁罐或锡罐、瓷罐、玻璃瓶装好茶叶密封，可存放于冰箱。

保健功效

1 抑制动脉硬化：金骏眉茶叶中的茶多酚和维生素C都有活血化瘀、防止动脉硬化的作用。

2 减肥作用：金骏眉茶中的咖啡因、肌醇、叶酸、泛酸和芳香类物质等多种化合物，能调节脂肪代谢，特别是对蛋白质和脂肪有很好的分解作用。茶多酚和维生素C能降低胆固醇和血脂，所以饮茶能减肥。

3 利尿：金骏眉中的咖啡因和芳香物质联合作用，能增加肾脏的血流量，提高肾小球过滤率，扩张肾微血管，并抑制肾小管对水的再吸收，于是促成尿量增加。

◎ 制作工序

金骏眉的制作工艺传承正山小种的传统工艺，全程由制茶师傅手工制作，是难得的茶中珍品。金骏眉的采摘时间一般是在清明后到5月底，必须选择生长于千米以上高山，竹林边缘处林下的老茶树春季单芽。采摘时，还要等太阳出来，茶芽上的露水全干之后方可开采。其全程由手工精制而成，为世界顶级红茶。

◎ 冲泡品饮

备具 陶瓷茶壶1个，金骏眉红茶3克。

▼

温杯 将热水倒入茶壶进行温杯，而后弃水不用。

▼

投茶 用茶匙将茶叶从茶荷中拨入茶壶中。

▼

冲泡、赏茶 放入茶叶后，用开水冲泡，只见茶叶徐徐伸展，汤色金黄清澈，香气清高，叶底呈金针状。

▼

出汤 片刻后即可品饮。

▼

品茶 入口后甘甜爽滑。

◎ 特别提醒

1 金骏眉为纯手工红茶，一般不用洗茶，在冲泡前用少量温水进行温润后，再注水冲泡，口味更佳。

2 建议选用红茶专用杯组或者高脚透明玻璃杯，这样在冲泡时既可以享受金骏眉茶冲泡时清香飘逸的茶香，又可以欣赏金骏眉芽尖在水中舒展的优美姿态。

【福·建·红·茶】

坦洋工夫

Tanyang Gongfu

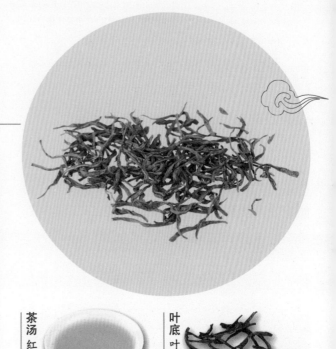

茶叶介绍

　　坦洋工夫为历史名茶，是福建三大工夫红茶之首。坦洋工夫是选取了每年4月上旬一芽二叶或一芽三叶的嫩叶为原料，经过萎凋、揉捻、发酵、干燥等一系列工序制作而成的。随着时代的变迁，坦洋工夫的制作工艺手法也与时俱进，不断寻求创新，但仍旧注重保留其"坦洋工夫"红茶的品质特征。

茶汤 红艳明亮

叶底 叶亮红明

最佳产地

　　福建省福安市坦洋村。

选购要点

　　选购时，以外观颜色纯而泽，茶叶汤色明亮清晰的为佳品，质量好的茶叶应是均匀一致的，所掺杂的杂质较少。

贮藏提示

　　将茶叶贮藏在干燥、避光、低温、密封的环境下，且避免接触异味。

茶叶特点

1 外形：紧细匀直
2 色泽：乌润有光
3 汤色：红艳明亮
4 香气：高锐持久
5 叶底：叶亮红明
6 滋味：醇厚甘甜

冲泡品饮

备具	冲泡	品茶
红泥壶或盖碗1个，坦洋工夫茶3克。	将热水倒入壶中进行温杯，将茶叶从茶荷中拨入壶中。冲入90℃的水至七分满即可。	静待片刻，即可将茶汤倒入茶杯中。入口后醇厚甘甜。

【广·东·红·茶】
英德红茶
Yingde Hongcha

茶叶介绍

英德红茶，简称"英红"，始创于1959年，由广东英德茶厂创制。英德红茶以云南大叶种和凤凰水仙茶为基础，选取一芽二叶、一芽三叶为原料，经过萎凋、揉切、发酵、烘干等多道工序制成，具有香高味浓的品质特色。英德红茶共分为叶、碎、片、末四种花色，以金毫茶为红茶之最。

最佳产地

广东省英德市。

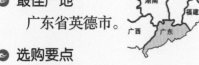

选购要点

质优的英德红茶，闻起来有茶叶固有的香气，而不夹带青腥气或其他异味，观察其茶叶，叶片的锯齿以上部密而深、下部稀而浅为佳。

贮藏提示

将茶叶贮藏在干燥、低温、密封的环境下，且避免接触异味。

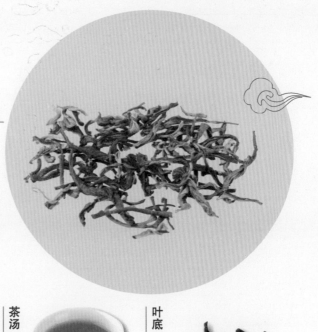

茶汤 红艳明亮

叶底 柔软红亮

保健功效

1 抗衰老作用：茶叶中含有的抗氧化剂，能起到抵抗老化的作用。

2 减肥作用：茶叶中含有的茶碱和咖啡因，能够活化蛋白质激酶和三酸甘油酯解脂酶，进而减少脂肪细胞堆积，达到减肥效果。

茶叶特点

1 外形：细嫩匀整
2 色泽：乌黑油润
3 汤色：红艳明亮
4 香气：鲜纯浓郁
5 叶底：柔软红亮
6 滋味：浓厚甜润

冲泡品饮

备具	冲泡	品茶
盖碗1个，英德红茶3克。	将热水倒入盖碗中进行温杯，而后弃水不用，投茶后，再冲入95℃左右的水至七分满即可。	每次出汤都要倒尽，之后每次冲泡加5～10秒钟。入口后浓厚甜润。

【广·东·红·茶】

荔枝红茶

 Lizhi Hongcha

茶叶介绍

荔枝红茶是广东名茶，是在将新鲜荔枝烘成干果过程中，以工夫红茶（指贡茶，即高等红茶）为材料，低温长时间合并熏制而成。其外形普通，茶汤美味可口，冷热皆宜。荔枝味道鲜美甘甜，口感软韧，是人们心目中的高级果品。荔枝红茶采用有机生态园种植的荔枝与工夫红茶干燥而成。唐朝时候，将荔枝和工夫红茶合并熏制而成的荔枝红茶，深受皇帝及杨贵妃的喜爱，因而渐渐流传开来。

最佳产地

广东。

选购要点

外形紧细纤秀，色泽乌褐油润，汤色浓红清澈，香高持久，叶底肥软，口味甘醇者最佳。

贮藏提示

密封、干燥、低温、避光

茶汤 浓红清澈

叶底 肥软红亮

贮藏。

保健功效

1 兴奋作用：荔枝红茶中的咖啡因能兴奋中枢神经系统，帮助人们消除疲劳，提高工作效率。

2 利尿作用：荔枝红茶中的咖啡因和茶碱具有利尿作用。

茶叶特点

1 外形：紧细纤秀
2 色泽：乌褐油润
3 汤色：浓红清澈
4 香气：香高持久
5 叶底：肥软红亮
6 滋味：口味甘醇

冲泡品饮

备具	冲泡	品茶
陶瓷茶壶1个，荔枝红茶3克。	用茶匙将茶叶从茶荷中拨入茶壶中，而后冲入100℃左右的水即可。	只见茶叶徐徐伸展，汤色浓红清澈，有一股淡淡的荔枝香味，入口后甘甜爽滑，香气怡人。

第四章
代表性黄茶

黄茶的制作工艺与绿茶相似，只是多了一道"闷黄"的工序。黄茶的"闷黄"工序是经过湿热作用使茶叶内含成分发生了变化，因此形成了黄茶干茶色泽金黄或黄绿、嫩黄，汤色黄绿明亮，叶底嫩黄匀齐，滋味鲜醇、甘爽、醇厚的特点。

营养成分

黄茶中富含茶多酚、氨基酸、可溶性糖、维生素等营养物质。

选购窍门

外形：叶肥厚成条，梗长壮，梗叶相连为好；叶片壮，梗细短，梗叶分离或梗断叶破为差。

色泽：以金黄鲜润为优，色枯暗为差。

香气：以火功足有锅巴香为好，火功不足为次，有青闷气或粗青气为差。

汤色：以黄汤明亮为优，黄暗或黄浊为次。

滋味：以醇和鲜爽、回甘、收敛性弱为好，苦、涩、淡、闷为次。

叶底：以芽叶肥壮、匀整、黄色鲜亮的为好，芽叶瘦薄黄暗的为次。

保存方法

密封、干燥、常温长期储存。

泡茶器具与水温

用玻璃杯或盖碗，尤以玻璃杯泡黄茶为最佳，可欣赏茶叶似群笋破土，缓缓升降，有"三起三落"的妙趣奇观；适合冲泡的水温为85℃。

【浙·江·黄·茶】

莫干黄芽

Mogan Huangya

茶叶介绍

莫干黄芽茶，又名横岭1号。产于浙江省德清县的莫干山，为浙江省第一批省级名茶之一。这里常年云雾笼罩，空气湿润；土质多酸性灰、黄壤，腐殖质丰富，为茶叶的生长提供了优越的环境。莫干黄芽条紧纤秀，细似莲心，含嫩黄白毫芽尖，故名。此茶属莫干云雾茶的上品，其品质特点是"黄叶黄汤"，这种黄色是制茶过程中进行闷堆渥黄的结果。

茶汤 橙黄明亮 | 叶底 细嫩成朵

最佳产地

浙江省德清县。

产地分布

湖北　安徽　浙江　湖南　江西　福建

茶叶特点

1 外形：细如雀舌

2 色泽：黄嫩油润

3 汤色：橙黄明亮

4 香气：清鲜幽雅

5 叶底：细嫩成朵

6 滋味：鲜美醇爽

选购要点

从外形上看，品质优的莫干黄芽干茶芽叶肥壮显毫，细如雀舌，色泽油润、黄嫩。

贮藏提示

密封、干燥、常温长期储存。

保健功效

1 祛除胃热：黄茶性微寒，适合于胃热者饮用。莫干黄芽茶中的消化酶，有助于缓解消化不良、食欲不振。

2 消炎杀菌：莫干黄芽茶鲜叶中天然物质保留有85%以上，这些物质对杀菌、消炎均有特殊效果。

3 消脂减肥：多喝莫干黄芽茶在一定程度上能化除脂肪，是减肥佳品。

制作工序

莫干黄芽的采摘标准为一芽一叶展开至一

芽二叶初展的鲜叶。加工工艺主要包括摊放、杀青、揉捻、焖黄初烘、锅炒、足烘等，堆积焖黄是形成其黄叶黄汤这一特点的主要工序。

莫干黄芽的制作工序和绿茶的制作工序有相似之处，不同的一点是，莫干黄芽在制作过程中会加入焖黄，这能够使制成后的茶汤呈现出黄汤和黄叶的特色，十分好看。堆积焖黄可分为揉前堆积焖黄、揉后堆积焖黄、久摊焖黄，甚至有一些还会分初烘后堆积焖黄以及再烘时堆积焖黄，十分细致。

从所制成品外形上看，莫干黄芽的芽叶完整、净度良好，外形紧细成条似莲心，芽叶肥壮，冲泡后汤色橙黄明亮，香气清鲜，滋味醇爽。

冲泡品饮

备具 白瓷盖碗一个，莫干黄茶3克及其他茶具或装饰茶具。

▼

温杯 将热水倒入盖碗进行温杯，而后弃水不用。

▼

投茶 用茶匙将茶叶从茶荷中拨入茶盖碗中。

▼

冲泡、赏茶 放入茶叶后，用开水冲泡，只见茶叶徐徐伸展，汤色橙黄明亮，香气清鲜，叶底细嫩成朵。

▼

出汤 片刻后即可品饮。

▼

品茶 入口后滋味醇爽。

特别提醒

1 建议水温75℃～80℃，水温太高会把茶烫熟。

2 建议采用纯净水来冲泡黄茶，而自来水或含钙或镁离子高的矿泉水不适宜泡茶。

3 莫干黄芽茶在发酵过程中会产生大量的酶，对人体有益，此茶可直接冲泡。

【安·徽·黄·茶】

霍山黄芽

Huoshan Huangya

茶叶介绍

霍山黄芽主要产于安徽省霍山县大花坪金子山、漫水河金竹坪、上土市九宫山、单龙寺、磨子谭、胡家河等地。霍山黄芽源于唐朝之前。唐李肇《国史补》曾把寿州霍山黄芽列为十四品目贡品名茶之一。霍山黄芽为不发酵自然茶，保留了鲜叶中的天然物质，富含氨基酸、茶多酚，维生素、脂肪酸等多种有益成分。

最佳产地

安徽省霍山县。

选购要点

以外形条直微展、匀齐成朵、形似雀舌、嫩绿披毫，叶底嫩黄明亮者为佳。

贮藏提示

密封、干燥、常温长期储存。

保健功效

1 降脂减肥：黄芽茶中的茶多酚

茶汤 黄绿清澈

叶底 嫩黄明亮

可以清除血管壁上胆固醇的蓄积，同时抑制细胞对低密度脂蛋白胆固醇的摄取，从而达到降低血脂的作用。

2 增强免疫力：此茶可以提高人体中的白细胞和淋巴细胞的数量和活性以及促进脾脏细胞中白细胞间素的形成，从而增强人体免疫力。

茶叶特点

1 外形：形似雀舌	4 香气：清香持久
2 色泽：嫩绿披毫	5 叶底：嫩黄明亮
3 汤色：黄绿清澈	6 滋味：鲜醇浓厚

冲泡品饮

备具	冲泡	品茶
玻璃杯1个，霍山黄芽茶4克。	将茶叶拨入玻璃杯中，冲入80℃左右的水冲泡即可。	只见茶叶徐徐伸展，汤色黄绿清澈，香气清香持久，叶底嫩黄明亮，片刻后即可品饮。

【 湖 · 南 · 黄 · 茶 】

北港毛尖

Beigang Maojian

茶叶介绍

北港毛尖是条形黄茶的一种，在唐代就有记载，清代乾隆年间已有名气。茶区气候温和，雨量充沛，湖面蒸气冉冉上升，形成了北港茶园得天独厚的自然环境。北港毛尖鲜叶一般在清明后五六天开园采摘，要求一号毛尖原料为一芽一叶，二、三号毛尖为一芽二、三叶。于1964年被评为湖南省优质名茶。

最佳产地

湖南省岳阳市北港。

选购要点

以外形芽壮叶肥，毫尖显露，呈金黄色，内质香气清高，汤色橙黄，滋味醇厚，叶底嫩黄似朵者为佳。

贮藏提示

将买回的茶叶，立即分成若干小包，装于茶叶罐或筒里。

茶汤 汤色橙黄

叶底 嫩黄似朵

保健功效

1 抗辐射：北港毛尖含有防辐射的有效成分，包括茶多酚类化合物、脂多糖、维生素等，能够达到抗辐射效果。

2 抗衰老：北港毛尖茶中含有维生素C和类黄酮，能有效抗氧化和抗衰老。

茶叶特点

1 外形：芽壮叶肥
2 色泽：呈金黄色
3 汤色：汤色橙黄
4 香气：香气清高
5 叶底：嫩黄似朵
6 滋味：甘甜醇厚

冲泡品饮

备具	冲泡	品茶
玻璃杯1个，北港毛尖5克。	用茶匙将茶叶从茶荷中拨入玻璃杯中，而后冲入85℃左右的水冲泡即可。	汤色橙黄，香气清高，叶底嫩黄似朵，入口后滋味醇厚。

【湖·南·黄·茶】

沩山毛尖

Weishan Maojian

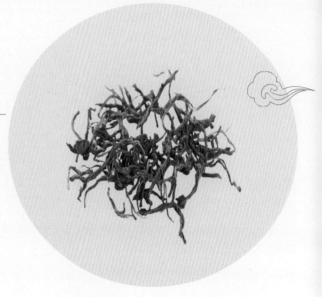

茶叶介绍

沩山白毛尖产于湖南省宁乡县，历史悠久，传说远在唐朝就已称著于世。1941 年《宁乡县志》载："沩山茶雨前采制，香嫩清醇，不让武夷、龙井。商品销甘肃、新疆等省，久获厚利，密印寺院内数株味尤佳。"沩山白毛尖制造分杀青、焖黄、轻揉、烘焙、拣剔、熏烟六道工序。烟气为一般茶叶所忌，更不必说是名优茶。而悦鼻的烟香，却是沩山白毛尖的特点。

最佳产地

湖南省宁乡县。

选购要点

以外形叶缘微卷成块状，色泽黄亮油润，白毫显露，汤色橙黄明亮，松烟香芬芳浓厚，滋味醇甜爽口，叶底黄亮嫩匀者为佳。

茶汤橙黄明亮

叶底黄亮嫩匀

贮藏提示

密封、干燥、常温长期储存。

保健功效

1 抗辐射：沩山白毛尖含有茶多酚类化合物和脂多糖，能够起到抗氧化作用。

2 护齿明目：此茶含氟量较高，可护齿明目。

茶叶特点

1 外形：叶缘微卷　　4 香气：芬芳浓厚

2 色泽：黄亮油润　　5 叶底：黄亮嫩匀

3 汤色：橙黄明亮　　6 滋味：醇甜爽口

冲泡品饮

备具	冲泡	品茶
茶壶1个，沩山白毛尖3克。	用茶匙将茶叶从茶荷中拨入茶壶中，倒入开水冲泡。	冲泡后茶香芬芳，入口后醇甜爽口，令人回味无穷。

【湖·南·黄·茶】

君山银针

Junshan Yinzhen

茶叶介绍

　　君山茶旧时曾经用过黄翎毛、白毛尖等名，后来，因为它的茶芽挺直，布满白毫，形似银针而得名"君山银针"。君山银针的制作工艺非常精湛，需经过杀青、摊凉、复包、足火等八道工序，历时三四天之久。优质的君山银针茶在制作时特别注意杀青、包黄与烘焙的过程。

最佳产地

　　湖南省洞庭湖。

选购要点

　　以外形芽头茁壮、坚实挺直、白毫如羽，芽身金黄发亮，内质毫香鲜嫩，汤色杏黄明净，叶底肥厚匀亮，滋味甘醇甜爽者为佳。

贮藏提示

　　密封、干燥、常温长期储存。

茶汤 杏黄明净  叶底 肥厚匀亮

保健功效

消炎杀菌：君山银针鲜叶中天然物质保留有85%以上，这些物质对杀菌、消炎有特殊效果。

茶叶特点

1 外形：芽头茁壮
2 色泽：金黄发亮
3 汤色：杏黄明净
4 香气：毫香鲜嫩
5 叶底：肥厚匀亮
6 滋味：甘醇甜爽

冲泡品饮

备具	冲泡	品茶
盖碗1个，君山银针茶5克。	将茶叶拨入盖碗中，冲入90℃左右的水冲泡。	茶汤杏黄明净，香气毫香鲜嫩，叶底肥厚匀亮。片刻后即可品饮，入口后甘醇甜爽。

【 广·东·黄·茶 】

广东大叶青

Guangdong Dayeqing

茶叶介绍

　　大叶青茶是广东的特产，是黄大茶的代表品种之一。制法是先萎凋后杀青，再揉捻闷堆，这与其他黄茶不同。杀青前的萎凋和揉捻后焖黄的主要目的是消除青气涩味，促进香味醇和纯正。大叶青以云南大叶种茶树的鲜叶为原料，采摘标准为一芽二三叶。大叶青制造分萎凋、杀青、揉捻、焖黄、干燥五道工序。

最佳产地

　　广东韶关。

选购要点

　　以外形条索肥壮、紧结重实，老嫩均匀，叶张完整、显毫，色泽青润显黄，香气纯正，滋味浓醇回甘，汤色橙黄明亮，叶底淡黄者为佳。

贮藏提示

　　密封、干燥、常温长期储存。

茶汤橙黄明亮

叶底叶底淡黄

保健功效

提高免疫力：常饮大叶青可以提高人体中的白细胞和淋巴细胞的数量，促进脾脏细胞中白细胞间素的形成，从而提高人体的免疫功能。

茶叶特点

1 外形：条索肥壮　　**4** 香气：纯正浓郁

2 色泽：青润显黄　　**5** 叶底：叶底淡黄

3 汤色：橙黄明亮　　**6** 滋味：浓醇回甘

冲泡品饮

备具	冲泡	品茶
透明玻璃杯1个，茶匙1个，大叶青茶3克。	用茶匙将茶叶拨入玻璃杯中，再冲入85℃左右的水冲泡即可。	3分钟后，只见茶叶徐徐伸展，汤色橙黄明亮，香气纯正，入口后浓醇回甘。

第五章
代表性白茶

白茶因没有揉捻工序，所以茶汤冲泡出来的速度比其他茶类要慢一些，因此白茶的冲泡时间比较长。白茶的色泽灰绿、银毫披身，汤色黄绿清澈，滋味清醇甘爽。夏天适合喝白茶，因为白茶性寒味甘，具有清热、降暑、祛火的功效。

营养成分

白茶中富含茶多酚、氨基酸、可溶性糖、活性酶、维生素等营养物质。

选购窍门

外形：以条索粗松带卷，色泽褐绿为上，无芽，色泽棕褐为次。

色泽：色泽以鲜亮为好，花杂、暗红、焦红边为差。

香气：香气以毫香浓郁、清鲜纯正为上，淡薄、生青气、发霉失鲜、有红茶发酵气为次。

汤色：汤色以橙黄明亮或浅杏黄色为好，红、暗、浊为劣。

滋味：以鲜美、醇爽、清甜为上，粗涩、淡薄为差。

叶底：叶底嫩度以匀整、毫芽多为上，带硬梗、叶张破碎、粗老为次。

保存方法

将茶叶用袋子或者茶叶罐密封好，将其放在冰箱内储藏，温度最好为5℃。

泡茶器具与水温

冲泡白茶宜选用透明玻璃杯或透明玻璃盖碗。玻璃杯可以尽情展现白茶的形态，更好地品其味、闻其香，形成白茶独特的韵味；水温要求在95℃以上。

【福·建·白·茶】

白毫银针

Baihao Yinzhen

茶叶介绍

白毫银针，简称银针，又叫白毫，产于福建省福鼎市政和县。素有茶中"美女""茶王"之美称。由于鲜叶原料全部是茶芽，白毫银针制成成品茶后，形状似针，白毫密被，色白如银，因此命名为白毫银针。冲泡后，香气清鲜，滋味醇和，杯中的景观也使人情趣横生。茶在杯中冲泡，即出现"白云凝光闪，满盏浮花乳"的景象，芽芽挺立，蔚为奇观。

茶汤 清澈晶亮

叶底 肥嫩全芽

最佳产地

福建省福鼎市。

产地分布

茶叶特点

1 外形：茶芽肥壮
2 色泽：鲜白如银
3 汤色：清澈晶亮
4 香气：毫香浓郁
5 叶底：肥嫩全芽
6 滋味：甘醇清鲜

选购要点

以茶芽肥壮，满披白色茸毛，色泽鲜白，闪烁如银，条长挺直，如棱如针，汤色清澈晶亮，呈浅杏黄色，入口毫香显露，甘醇清鲜者为佳。

贮藏提示

将茶叶用袋子或者茶叶罐密封好，将其放在冰箱内储藏，温度最好为5℃。

保健功效

1 促进血糖平衡：白毫银针茶除了含有其他茶叶固有的营养成分外，还含有人体所必需的活性酶，国内外医学研究证明长期饮用白茶可以显著提高体内脂酶活性，促进脂肪分解代谢，有效控制胰岛素分泌量，延缓葡萄糖的小肠吸收，分解体内血液多余的糖分，促进血糖平衡。

2 明目：白毫银针中含有丰富的维生素A原，

它被人体吸收后，能迅速转化为维生素 A，维生素 A 能合成视紫红质，能使眼睛在暗光下看东西更清楚。

◎ 制作工序

白毫银针的原料采摘标准为春茶嫩梢萌发一芽一叶时即将其采下，然后用手指将真叶、鱼叶轻轻地予以剥离。剥出的茶芽均匀地薄摊于水筛上（一种竹筛），勿使重叠，置微弱日光下或通风荫凉处，晒晾至八九成干，再用焙笼以 30℃～40℃文火焙至足干即成，也有用烈日代替焙笼晒至全干的，称为毛针。毛针筛取肥长茶芽，再用手工摘去梗子（俗称银针脚），并筛簸拣除叶片、碎片、杂质等，最后再用文火焙干，趁热装箱。

【福·建·白·茶】

白牡丹

Baimudan

茶叶介绍

　　白茶主要品种有白牡丹、白毫银针。白牡丹，产于福建政和、松溪等县，是中国福建历史名茶，采用福鼎大白茶、福鼎大毫茶为原料，经传统工艺加工而成。因其绿叶夹银白色毫心，形似花朵，冲泡后绿叶托着嫩芽，宛如蓓蕾初放，故得美名白牡丹茶。

最佳产地

　　福建省政和、松溪等县。

产地分布

茶叶特点

1 外形：叶张肥嫩
2 色泽：灰绿显毫
3 汤色：杏黄明净
4 香气：毫香浓显
5 叶底：浅灰成朵
6 滋味：鲜爽清甜

茶汤 杏黄明净

叶底 浅灰成朵

选购要点

　　以其叶张肥嫩，叶态伸展，毫心肥壮，色泽灰绿，毫色银白，毫香浓显，清鲜纯正，滋味醇厚清甜，汤色杏黄明净者为佳。

贮藏提示

　　将茶叶用袋子或者茶叶罐密封好，将其放在冰箱内储藏，温度最好为5℃。

保健功效

1 防辐射：白牡丹茶中有防辐射物质，对人体的造血机能能起到显著的保护作用，还能减少辐射的危害。

2 保肝护肝：白牡丹茶富含的二氢杨梅素等黄酮类天然物质能起到保护肝脏的作用，因为它能加速乙醇代谢产物乙醛迅速分解，变成无毒物质，从而降低对肝细胞的损害。

3 明目：白牡丹茶中还含有丰富的维生素A原，

维生素 A 原在被人体吸收后,能迅速转化为维生素 A,维生素 A 能合成视紫红质,能使眼睛在暗光下看东西更清楚。

⊙ 制作工序

　　白牡丹的制造不炒揉,只有萎凋及焙干两道工序,但工艺不易掌握。精制工艺比较简单,用手工拣出梗、片、蜡叶、红张、暗张后低温焙干,趁热拼和装箱。烘焙火候要适当,过高香味欠鲜爽,不足则香味平。白牡丹两叶抱一芽,叶态自然,色泽呈深灰绿或暗青苔色,叶张肥嫩,呈波纹隆起,叶背遍布洁白茸毛,叶缘向叶背微卷,芽叶连枝。汤色杏黄或橙黄,叶底浅灰,叶脉微红,汤味鲜醇。

⊙ 冲泡品饮

备具　透明玻璃杯1个,白牡丹茶3克及其他茶具或装饰茶具。

▼

温杯　将热水倒入玻璃杯中进行温杯,而后弃水不用。

▼

投茶　用茶匙将茶叶从茶荷中拨入玻璃杯中。

▼

冲泡、赏茶　放入茶叶后,用开水冲泡,只见茶叶徐徐伸展,汤色杏黄明净,香气毫香浓显,叶底浅灰。

▼

出汤　片刻后即可品饮。

▼

品茶　入口后醇厚清甜。

⊙ 特别提醒

1 白牡丹中富含多种营养成分,冲泡时不用洗茶。
2 以玻璃杯为最佳冲泡器具。
3 白牡丹耐冲泡,可冲泡6～8次,香味依然在。
4 白牡丹茶宜常饮,不宜间断,否则,难以起到功效。

【福·建·白·茶】

贡眉（寿眉）

Gongmei

茶叶介绍

贡眉，有时称作寿眉，产于福建建阳市。用茶芽叶制成的毛茶称为"小白"，以区别于福鼎大白茶、政和大白茶茶树芽叶制成的"大白"毛茶。茶芽曾用以制造白毫银针，其后改用大白制白毫银针和白牡丹，而小白则用以制造贡眉。一般以贡眉表示上品，质量优于寿眉，近年则一般只称贡眉，而不再有寿眉的商品出口。

最佳产地

福建建阳市。

选购要点

以紧圆略扁、匀整，形似扁眉，披毫，色泽翠绿，香高清鲜，滋味醇厚爽口，汤色绿而清澈，叶底嫩匀明亮者为佳。

贮藏提示

将茶叶用袋子或者茶叶罐密

茶汤 绿而清澈

叶底 嫩匀明亮

封好，将其放在冰箱内储藏，温度最好为5℃。

保健功效

1 明目：贡眉茶中的维生素A原能转化为维生素A。

2 防辐射：贡眉茶不仅能帮助人体抵抗辐射，还能减少电视及电脑辐射的危害。

茶叶特点

1 外形：形似扁眉	4 香气：香高清鲜
2 色泽：色泽翠绿	5 叶底：嫩匀明亮
3 汤色：绿而清澈	6 滋味：醇厚爽口

冲泡品饮

备具	冲泡	品茶
透明玻璃杯一个，贡眉茶3克及其他茶具或装饰茶具。	投茶后，冲入90℃左右的水冲泡即可。	只见茶叶徐徐伸展，汤色绿而清澈，香气香高清鲜，叶底嫩匀明亮，片刻后即可品饮。

[福·建·白·茶]

福鼎白茶

Fuding Baicha

茶叶介绍

福建是白茶之乡,以福鼎白茶品质最佳、最优。福鼎白茶是通过采摘最优质的茶芽,再经过萎凋和干燥、烘焙等一系列精制工艺而制成的。福鼎白茶有一特殊功效,在于可以缓解或解决部分人群因为饮用红酒上火的难题,由此,福鼎白茶也成了成功人士社交应酬的忠实伴侣。

茶汤 杏黄清透

叶底 浅灰薄嫩

最佳产地

福建福鼎市。

选购要点

整体感觉黑褐暗淡;注意闻茶香,一般福鼎白茶都是幽香阵阵,香气清而纯的。

贮藏提示

适宜在低温下贮藏。

保健功效

1 清热降火作用:白茶性凉,能够有效消暑解热,降火祛火。

2 美容养颜功效:白茶中的自由基含量较低,多饮此茶或者与此茶相关的提取物,可以起到美容养颜的作用。俗称福鼎白茶为"女人茶"。

3 抑制细菌作用:福鼎白茶对葡萄球菌感染、肺部感染、肺炎、链球菌感染具有一定的预防作用。

茶叶特点

1 外形:分支浓密
2 色泽:叶色黄绿
3 汤色:杏黄清透
4 香气:香味醇正
5 叶底:浅灰薄嫩
6 滋味:回味甘甜

冲泡品饮

备具	冲泡	品茶
准备200毫升透明玻璃杯1个,福鼎白茶5克。	投茶后,在玻璃杯内倒入沸水,等候5分钟。	白茶每一口都让人有清新的口感,适合小口品饮,夏季可选择冰镇后饮用。

【云·南·白·茶】

月光白

Yueguangbai

茶叶介绍

月光白，又名月光美人，它的形状奇异，一芽一叶，一面白，一面黑，表面绒白，底面黝黑，叶芽显毫白亮，看上去犹如一轮弯弯的月亮，就像月光照在茶芽上，故此得名。月光白采用普洱古茶树的芽叶制作，是普洱茶中的特色茶，因其采摘手法独特，且制作的工艺流程秘而不宣，因此更增添了几分神秘色彩。

最佳产地

云南省普洱市。

选购要点

用古树制作的月光白，以一芽一叶为主，夹杂黄叶较少，且持久耐泡（可泡二十泡左右），稳定性强，品尝起来醇厚饱满，香醇温润，闻起来有强烈的花果香。

贮藏提示

贮藏在阴凉、透风的遮光处。

茶汤 金黄透亮

叶底 红褐匀整

保健功效

1 护肤作用：茶叶中的醇酸能去除死皮，促使新细胞更快到达皮肤表层，帮助对抗皱纹。

2 降固醇作用：茶叶中含有咖啡因、氨基酸、茶多酚类化合物等，能促使体内胆固醇和三酸甘油脂的减少。

茶叶特点

1 外形：茶绒纤纤
2 色泽：面白底黑
3 汤色：金黄透亮
4 香气：馥郁缠绵
5 叶底：红褐匀整
6 滋味：醇厚饱满

冲泡品饮

备具	冲泡	品茶
紫砂壶或盖碗一个，月光白茶3克及其他茶具或装饰茶具。	投茶后，往壶中快速倒入90℃左右的水至七分满即可。	只见茶叶徐徐伸展，汤色金黄透亮，香气馥郁缠绵，叶底红褐匀整，入口醇厚饱满。

第六章
代表性黑茶

黑茶是后发酵茶，茶汤一般为深红、暗红或者亮红色，不同种类的黑茶有一定的差别。普洱生茶茶汤浅黄，普洱熟茶茶汤深红明亮。优质黑茶茶汤顺滑，入口后茶汤与口腔、喉咙接触不会有刺激、干涩的感觉。茶汤滋味醇厚，有回甘。

营养成分

黑茶中含有丰富的营养物质，其中包括维生素、矿物质、蛋白质、氨基酸、糖类等。

选购窍门

观外形：看干茶色泽、条索、含梗量，闻干茶香。黑茶有发酵香，老茶有陈香；紧压茶砖面完整，模纹清晰，棱角分明，侧面无裂缝；散茶条索匀齐、油润则品质佳。

看汤色：橙黄明亮，陈茶汤色红亮如琥珀。

闻香气：带甜酒香或松烟香，陈茶有陈香。

品茶味：醇厚，陈茶润滑、回甘。

看叶底：黑褐色。

保存方法

黑茶保存需要在通风、干燥、无异味的环境中。

泡茶器具与水温

黑茶有吸味的特点，适合用紫砂陶、傣族竹制器具、景德镇瓷器，能提升黑茶的香气，滋味更醇厚；适合冲泡的水温为95℃~100℃。不宜长时间浸泡，否则苦涩味重。

【 湖 · 南 · 黑 · 茶 】

花砖茶

Huazhuancha

茶叶介绍

花砖茶，历史上又叫"花卷"，又有别名"千两茶"，因一卷茶净重合老秤1000两。一般规格均为35厘米×18厘米×3.5厘米。做工精细、品质优良。因为砖面的四边都有花纹，为区别于其他砖茶，取名"花砖"。砖面色泽黑褐，内质香气醇正。

最佳产地

湖南安化高家溪和马家溪。

茶汤 红黄明亮

叶底 老嫩匀称

选购要点

正品花砖茶砖身压制紧实，砖面乌润光滑，斜纹图案清晰，棱角分明。

贮藏提示

由于花砖茶越陈久其口感越醇和，所以应该将花砖茶堆放在通风、避光、干燥、无异味的地方进行保存。

保健功效

1 止咳止泻：花砖茶除能帮助消化外，还有治咳嗽和腹泻的作用，且腹胀时亦可饮用，疗效显著。

2 消暑降温：夏季时，将泡好的金砖茶冷却后放入冰箱冷藏，饮用起来非常舒爽，还能起到消暑降温的特效。

茶叶特点

1 外形：砖面平整
2 色泽：色泽黑褐
3 汤色：红黄明亮
4 香气：香气纯正
5 叶底：老嫩匀称
6 滋味：浓厚微涩

冲泡品饮

备具	冲泡	品茶
温壶或碗状器具1只，花砖茶适量。	用100℃的水倒入壶中冲泡，20分钟后倒出。	气味微香，尝起来微涩，先抿一口，将茶水置于舌根底部停留约3秒，令人神清气爽。

[湖·南·黑·茶]

黑毛茶

🔗 Heimaocha

🔗 茶叶介绍

　　黑毛茶，是指没有经过压制的黑茶，一般经过杀青、初揉、渥堆、复揉、干燥这五道制作工序制作而成，而作为原料的嫩芽则依据不同等级而有所不同，通常等级越高采摘嫩芽的时间越早，一级茶品要求以一芽二叶或一芽三叶为原料。如今，湖南著名的紧压茶，如黑砖茶、花砖茶、湘尖茶等都是以黑毛茶为原料制成的。

🔗 最佳产地

　　湖南省安化县。

🔗 选购要点

　　选购时，以外形粗卷，叶片阔大，色泽黑褐油润，闻上去有火候香、松烟香，冲泡后汤色红褐，尝起来滋味醇厚者为佳。

🔗 贮藏提示

　　密封保存在干燥避光、低温处。

茶汤 红褐明亮

叶底 乌褐叶大

🔗 保健功效

1 抗菌作用：茶汤中的茶黄素能够起到清除自由基的作用，还能对肉毒芽杆菌、肠类杆菌、金黄色葡萄球菌、荚膜杆菌等起到明显的抗菌作用。

2 降压作用：茶叶中特有的茶氨酸能通过活化多巴胺能神经元，起到抑制血压升高的作用。

🔗 茶叶特点

1 外形：条粗叶阔
2 色泽：黑褐油润
3 汤色：红褐明亮
4 香气：带松烟香
5 叶底：乌褐叶大
6 滋味：醇厚鲜爽

🔗 冲泡品饮

备具	冲泡	品茶
玻璃杯或盖碗1个，黑毛茶3克及其他茶具或装饰茶具若干。	用茶匙将茶叶从茶荷中拨入玻璃杯中，冲入100℃左右的水至七分满即可。	静待片刻，只见茶叶徐徐伸展，汤色红褐明亮，香气带松烟香，入口后醇厚鲜爽。

【湖·南·黑·茶】

黑砖茶

Heizhuancha

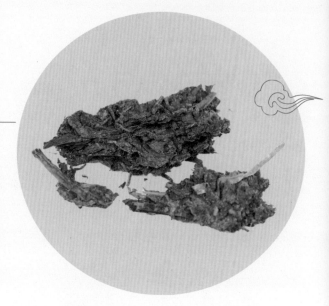

茶叶介绍

黑砖茶，是以黑毛茶作为原料制成的半发酵茶，创制于1939年，多半选用三级、四级的黑毛茶搭配其他茶种进行混合，再经过筛分、风选、拼堆、蒸压、烘焙、包装等一系列工序制成。黑砖茶的外形通常为长方砖形，规格为35厘米×18厘米×3.5厘米，因砖面压有"湖南省砖茶厂压制"八个字，因此又称"八字砖"。

茶汤 黄红稍褐

叶底 黑褐均匀

最佳产地

湖南省安化县。

选购要点

选购时，以外形匀整光滑，色泽黑褐，闻上去香气纯正，冲泡后的汤色黄红稍褐，尝起来浓醇微涩的为佳品。

贮藏提示

将茶叶贮藏在通风、阴凉、干燥、无异味的避光处。

保健功效

1 抗菌作用：黑砖茶茶汤中的茶黄素能清除自由基，还能起到明显的抗菌作用。

2 消食作用：黑砖茶茶叶中含有的咖啡因具有刺激作用，能帮助提高胃液的分泌量，从而增进食欲，进而促进消化。

茶叶特点

1 外形：平整光滑
2 色泽：黑褐油润
3 汤色：黄红稍褐
4 香气：清香纯正
5 叶底：黑褐均匀
6 滋味：浓醇微涩

冲泡品饮

备具	冲泡	品茶
紫砂壶或盖碗1个，黑砖茶3克及其他茶具或装饰茶具若干。	投茶后，冲入100℃左右的水至七分满即可。	待茶汤稍凉，先抿一口，入口后浓醇微涩，回味无穷。

【湖·南·黑·茶】

黄金砖

Huangjinzhuan

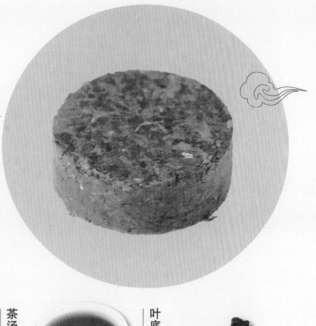

🍃 茶叶介绍

黄金砖，因具有黄叶黄汤的特点而且外形似砖，故得其名，属于湖南君山黄茶系列的新品之一，推出以后丰富了君山黄茶的发展空间。湖南君山黄茶是盛唐时期名茶，后有宋人形容它——"色满、香韵、味绝、形佳"。

🍃 最佳产地

湖南省岳阳市。

🍃 选购要点

金黄色的包装锡纸内，若是乌黑油润的茶砖，浓郁的香气沁人心脾，便是优质的黄金砖茶。冲泡后色泽明亮，显琥珀光，清香纯正者质优。

🍃 贮藏提示

密封贮藏在避光、阴凉、干燥处。

茶汤橙红明亮

叶底黄褐柔软

🍃 保健功效

1 养肝养胃作用：黄金砖中含有茶黄素，有养肝养胃之效。

2 消食解腻作用：黑茶中所包含的维生素、咖啡因和氨基酸等都有助于促进人的消化，调节脂肪的代谢，促进食欲。

🍃 茶叶特点

1 外形：棱角分明
2 色泽：色泽黄明
3 汤色：橙红明亮
4 香气：高爽纯正
5 叶底：黄褐柔软
6 滋味：甘爽香醇

🍃 冲泡品饮

备具	冲泡	品茶
盖碗1个，黄金砖茶3克以及其他茶具或装饰茶具若干。	投茶后，冲入100℃左右的水至七分满即可。	只见茶叶徐徐伸展，汤色红艳明亮，香气鲜纯浓郁，叶底柔软红亮。入口后浓厚甜润。

【湖·北·黑·茶】

青砖茶

Qingzhuancha

茶叶介绍

　　青砖茶属黑茶种类，是以老青茶做原料，经压制而成的。其产地主要在湖北省咸宁市，已有200多年的历史。青砖茶的外形为长方形，色泽青褐，香气纯正，汤色红黄，滋味香浓。饮用青砖茶，除生津解渴外，还具有清新提神、帮助消化、杀菌止泻等功效。主要销往内蒙古等西北地区。

茶汤 红黄尚明

叶底 暗黑粗老

最佳产地

　　湖北省咸宁市。

产地分布

陕西　河南　江苏
川　湖北　安徽
重庆　　　浙江
　湖南　江西
贵州　　福建

茶叶特点

1 外形：长方砖形
2 色泽：青褐油润
3 汤色：红黄尚明
4 香气：纯正馥郁
5 叶底：暗黑粗老
6 滋味：味浓可口

选购要点

　　选购青砖茶时，要根据外包装进行简单的辨别，其中包括纸张的材质、标签字样、商标等，选择包装完整者为佳。以外形呈长方砖形，色泽青褐油润，闻上去纯正馥郁，冲泡后的汤色红黄尚明，尝起来味浓可口的为佳品。

贮藏提示

　　储藏青砖茶时需保持干燥、通风、避光的环境，常温保存。

保健功效

1 安神宁心作用：饮用青砖茶，除能生津解渴外，还具有清新提神、杀菌止泻的功效，适当饮用，效果甚好。

2 杀菌、助消化作用：青砖茶富含膳食纤维，具有调理肠胃的功能，且有益生菌参与，能改善肠道微生物环境，助消化。

3 暖身御寒、去脂减肥作用：青砖茶中含有多种营养成分，可以有效抑制体内脂肪细胞的聚集和肥大，表明青砖茶有很好的减肥、去脂功效。

制作工序

　　青砖茶的压制分洒面、二面和里茶三个部分。青砖茶面上的一层叫洒面，质量最好；底面的一层叫二面，质量次之；洒面和二面中间夹的一层叫包心茶，又叫里茶，质量较差。

　　青砖茶质量的高低取决于鲜叶的质量和制茶的技术。鲜叶采割后先加工成毛茶。面茶分杀青、初揉、初晒、复炒、复揉、渥堆、晒干等七道工序。里茶则相对简单一些，分杀青、揉捻、渥堆、晒干等四道工序，经过这四道工序后则制成毛茶。毛茶通常要求再经过筛分、压制、干燥的程序，然后包装，就成了我们所见的青砖茶。

冲泡品饮

备具　紫砂壶、公道杯、品茗杯等各1个，青砖茶5克左右。

温杯　将热水倒入紫砂壶中温壶、温杯，而后弃水。

投茶、冲泡　用茶匙将茶叶从茶荷中拨入紫砂壶中，冲入100℃左右的沸水，泡10分钟左右。

赏茶　沏泡后，茶香隽永纯浓，香气纯正，茶汤红黄明亮，十分可爱。

出汤　冲泡结束后，将茶汤从紫砂壶倒入公道杯中，充分均匀茶汤后，倒入品茗杯中。

品茶　茶香纯正、柔和，待茶汤稍凉，先抿一口，入口后浓香可口，有回甘。

特别提醒

1 青砖茶在冲泡前可适当洗茶数秒，以让茶香在正式冲泡时可以充分地释放出来。

2 青砖茶冲泡时间至少应保证以沸水冲泡10分钟左右；冲泡时应加盖，以让茶香、茶味充分释放。青砖茶煮饮效果更佳。

【广·西·黑·茶】

六堡散茶

Liubaosancha

茶叶介绍

六堡散茶已有200多年的生产历史，因原产于广西苍梧县大堡乡而得名。现在六堡散茶产区相对扩大，分布在浔江、郁江、贺江、柳江和红水河两岸，主产区是梧州地区。六堡茶素以"红、浓、陈、醇"四绝著称，品质优异，风味独特，尤其是在海外侨胞中享有较高的声誉，被视为养生保健的珍品。民间流传有耐于久藏、越陈越香的说法。

茶汤 红浓明亮

叶底呈铜褐色

最佳产地

广西苍梧县大堡乡。

产地分布

茶叶特点

1 外形：条索长整
2 色泽：黑褐光润
3 汤色：红浓明亮
4 香气：纯正醇厚
5 叶底：呈铜褐色
6 滋味：甘醇爽口

选购要点

选购时，以外形条索长整，色泽黑褐光润，闻上去纯正醇厚，冲泡后的汤色红浓明亮，尝起来甘醇爽口者为佳。

贮藏提示

储藏六堡散茶时需保持干燥、通风、避光的环境，常温保存。

保健功效

1 降血压、防止动脉硬化作用：六堡散茶中含有其特有的氨基酸——茶氨酸，茶氨酸能通过活化多巴胺能神经元，起到抑制血压升高的作用。此外，六堡散茶的茶叶中含有的咖啡因和儿茶素类，能使血管壁松弛，增加血管的有效直径，通过血管舒张而使血压下降。
2 减肥作用：长期饮用六堡散茶能使体内的胆固醇及甘油酯减少。

3 延年益寿：六堡散茶中含有的维生素 C、维生素 E、茶多酚、氨基酸和微量元素等多种有效成分，能帮助起到延缓衰老、益寿延年的作用，老年人饮用，对滋补身体有很好的效果。

◉ 制作工序

六堡散茶采用当地的大叶种茶树的鲜叶为原料。该茶茶叶的采摘标准是成熟新稍的一芽四、五叶，可分原料加工和蒸压两个过程。鲜叶捎经晒晾，再经过特殊的渥堆工序，经干燥后成为毛茶，再经精制，然后会按成品级别进行拼配，使之成为原料后再用蒸汽蒸软了投入特别的容器中压紧。紧压是一道重要的工序，经过压制成的六堡茶为圆柱形，方底圆身，高 57 厘米，直径 53 厘米。而且压制后的六堡散茶通常要放入仓库中晾贮半年之久，才可以最终形成六堡散茶"红、浓、醇、陈"的品质特点。

◉ 冲泡品饮

备具　盖碗、茶荷、茶匙、品茗杯等各 1 个，六堡散茶 3 ~ 4 克。

▼

温杯　将热水倒入盖碗中进行温杯，而后弃水不用。

▼

投茶、冲泡　用茶匙将茶叶从茶荷中拨入盖碗中，冲入 90 ~ 100℃的沸水，泡 1 ~ 3 分钟。

▼

赏茶　沏泡后，茶色红亮通透。

▼

出汤　冲泡结束后，将茶汤从盖碗中倒入公道杯中，充分均匀茶汤后，倒入品茗杯中。

▼

品茶　入口后香气高扬浓郁，带来强烈的回甘，滋味甘醇爽口。

◉ 特别提醒

1 储存六堡散茶时，应远离有异味的物品。
2 处在生理期间的女性不宜饮用茶水。
3 泡茶的水温应尽量保证为 90℃ ~ 100℃，冲泡时间不宜过长。

【 四 · 川 · 黑 · 茶 】

金尖茶

Jinjiancha

茶叶介绍

金尖茶产于四川雅安,原料选自海拔1200米以上云雾山中有性繁殖的成熟茶叶和红苔,经过32道工序精制而成。藏族谚语说"宁可三日无粮,不可一日无茶",表达了对金尖茶的依赖之情。金尖茶常见规格为每块净重2.5千克,圆角枕形。

最佳产地

四川省雅安市。

产地分布

陕西

四川

重庆

贵州

茶叶特点

1 外形:圆角枕形
2 色泽:棕褐油润
3 汤色:红黄明亮
4 香气:清香平和
5 叶底:暗褐粗老
6 滋味:醇香浓郁

茶汤 红黄明亮

叶底 暗褐粗老

选购要点

正宗金尖茶色泽青褐,干茶包装呈圆角枕形,平整而紧实,无脱层,色泽棕褐,香气纯正、平和。此外,选购时还可根据金尖茶的外包装进行简单辨别,包括纸张的材质、标签字样、商标等,选择包装完整者为佳。

贮藏提示

储藏时保持干燥、通风、避光的环境,常温储藏即可。

保健功效

1 降胆固醇:金尖茶经过陈放,可生成多糖、茶红素、茶黄素等物质,其中茶黄素有降血脂的独特功能,不但能与胆固醇结合,减少食物中胆固醇的吸收,还能抑制人体自身胆固醇的合成。

2 降脂:金尖茶含有多酚类及其氧化产物,能溶解脂肪，促进脂类物质排出，还可活化蛋白质激酶，加速脂肪分解，降低体内脂肪的含量。

3 抗衰老：金尖茶中含有维生素 C、维生素 E、茶多酚、氨基酸和微量元素等，长饮可有效抗衰、益寿延年。

☙ 制作工序

金尖是经过蒸压而成的砖形茶。筑制金尖的原料来源广泛，类别也很多，有做庄茶、有晒青茶、条茶、茶梗、茶果等。所以毛茶原料必须预先过细整理，再经过筛分、切铡整形、风选、拣剔等繁复的工序，务求做到沙石、草木除净，梗长适度，还要制成形状匀整的洒面和里茶，金尖茶对这一系列的制作工序要求都特别细致。在这之后再按国家规定的质量标准进行合理配料，经过称茶、蒸茶和筑压等制造工序，就制成了金尖茶。

【云·南·黑·茶】

普洱茶砖

 Puer Chazhuan

茶叶介绍

　　普洱茶砖产于云南省普洱市,精选云南乔木型古茶树的鲜嫩芽叶为原料,以传统工艺制作而成。所有的砖茶都是经蒸压成型的,但成型方式有所不同。如黑砖、花砖、茯砖、青砖是用机压成型;康砖茶则是用棍锤筑造成型。汽蒸沤堆是茯砖压制中的特有工序,同时它还有一个特殊的过程,即让黄霉菌在其上面生长,俗称"发金花"。

最佳产地

　　云南省普洱市。

产地分布

重庆　湖南　江西　贵州　云南　广西　广东

茶叶特点

1 外形: 端正均匀

2 色泽: 黑褐油润

3 汤色: 红浓清澈

4 香气: 陈香浓郁

5 叶底: 肥软红褐

6 滋味: 醇厚浓香

茶汤 红浓清澈

叶底 肥软红褐

选购要点

　　选购普洱茶时,应注意外包装一定要尽量完整,无残损,闻起来陈香浓郁,轻轻摇晃包装,以无散茶者为佳。

贮藏提示

　　存放时应避免阳光直射,保持阴凉通风,远离气味浓厚的物品即可长期保存。

保健功效

1 降压降脂: 普洱茶叶中含有的茶碱等物质,能起到降低血压、防治动脉硬化的作用,对老年人调理身体有益。

2 健牙护齿、消炎灭菌: 普洱茶砖中含有许多生理活性成分,具有杀菌消毒的作用,因此能祛除口腔异味,保护牙齿。

3 延年益寿、抗衰老: 普洱茶砖中含有维生素C、维生素E、茶多酚、氨基酸和微量元素等多种营养成分，能起到有效抗衰、益寿延年的作用，常饮有益。

制作工序

普洱茶是用优良品种云南大叶种精制而成。首先第一步就是采摘其鲜叶，然后以经过杀青后揉捻晒干的晒青茶（滇青）作为原料，再经过泼水堆积发酵（沤堆）的特殊工艺加工制成。其中要注意的是发酵工序，因为发酵期间的温度控制很重要——温度低的话发酵会发不起来，温度高的话发酵会烧堆，因此在这道工序中必须视温度变化并及时翻堆调节温度。以普洱散茶为原料，蒸压加工成的紧压茶有普洱沱茶、七子饼茶（圆茶）、普洱茶砖等。

冲泡品饮

备具　盖碗，茶荷、茶匙、品茗杯等各1个，普洱茶砖3克左右。

▼

温杯　将热水倒入盖碗中进行温杯，而后弃水不用。

▼

投茶、冲泡　用茶匙将茶叶从茶荷中拨入盖碗中，冲入90～100℃的沸水，泡1分钟。

▼

赏茶　普洱茶沏泡后，茶色红浓清澈。

▼

出汤　冲泡结束后，将茶汤从盖碗中倒入公道杯中，充分均匀茶汤后，倒入品茗杯中。

▼

品茶　入口后滋味醇厚，回甘十分明显。

特别提醒

1 冲泡时，用90～100℃沸水冲泡1分钟即可。
2 要将普洱茶存放在能避免阳光直射的地方，且远离气味浓厚的物品。
3 女性在生理期间最好不要饮用普洱茶。

【云·南·黑·茶】

金瓜贡茶

 Jingua Gongcha

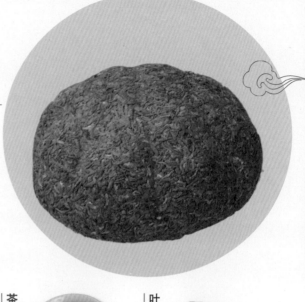

茶叶介绍

　　金瓜贡茶也称团茶、人头贡茶，是普洱茶独有的一种特殊紧压茶形式，因其形似南瓜，茶芽长年陈放后色泽金黄，得名金瓜，早年的金瓜茶是专为上贡朝廷而制，故名"金瓜贡茶"。此茶茶香浓郁，隐隐有竹香、兰香、檀香和陶土的香气，清新自然，润如三秋皓月，香于九畹之兰，是普洱茶家族中，当之无愧的茶王。

茶汤 黑褐明亮

叶底 肥软匀亮

最佳产地

　　云南布朗山。

选购要点

　　选购时应首选形状匀整端正，棱角整齐，不缺边少角且厚薄一致，松紧适度的金瓜贡茶。

贮藏提示

　　储藏时应保存在通风干燥、避光的环境。

保健功效

1 降脂消炎：金瓜贡茶有降血脂、减肥、预防糖尿病及前列腺肥大、抗菌消炎等健康功效。

2 抗菌作用：金瓜贡茶中含有黄酮醇类、儿茶素、茶多酚等，具有很强的抗菌、抗氧化能力，常饮能起到一定的预防糖尿病及前列腺肥大的作用。

茶叶特点

1 外形：匀整端正

2 色泽：黑褐光润

3 汤色：黑褐明亮

4 香气：纯正浓郁

5 叶底：肥软匀亮

6 滋味：醇香浓郁

冲泡品饮

备具	冲泡	品茶
盖碗、茶荷、茶匙、公道杯、品茗杯各1个，金瓜贡茶3克左右。	用茶匙将茶叶从茶荷中拨入盖碗中，冲入90℃左右的热水，泡1分钟。	茶水丝滑柔顺，醇香浓郁，色泽金黄润泽，其香沁心脾，入口后口感醇和，不苦不涩。

第七章
代表性乌龙茶

乌龙茶是介于绿茶（不发酵茶）与红茶（全发酵茶）之间的半发酵茶，因发酵程度不同，不同的乌龙茶滋味和香气有所不同，但都具有浓郁花香、香气高长的显著特点。乌龙茶因产地和品种不同，茶汤或浅黄明亮，或橙黄、橙红。入口后香气高长，回味悠长，它既有红茶的浓鲜，又有绿茶的清香。

营养成分

乌龙茶中含有机化学成分达 450 多种，无机矿物元素达 40 多种。茶叶中的有机化学成分主要有：茶多酚类、植物碱、蛋白质、氨基酸、维生素、果胶素、有机酸、脂多糖、糖类、酶类、色素等。无机矿物元素主要有：钾、钙、镁、钴、铁、锰、铝、钠、锌、铜、氮、磷、氟等。

选购窍门

外形：宜选择条索结实、肥厚卷曲的优质乌龙茶。
色泽：宜选择色泽油亮、砂绿、鲜亮的优质乌龙茶。
茶汤：优质乌龙茶茶汤金黄清澈，劣质乌龙茶茶汤呈暗红色。
茶香：宜选购有花香的优质乌龙茶，不宜选购有烟味或者其他异味的乌龙茶。

保存方法

需放在干燥、避光、密封、不通风、没有异味的容器（如瓷罐、铁罐、竹盒、木盒、瓦坛子）等中，加盖密封后置于电冰箱内冷藏。

泡茶器具与水温

乌龙茶适宜用有吸香性和透气性的紫砂壶来冲泡；宜用 100℃ 滚开的水加满茶器。以矿泉水来冲泡乌龙茶效果更佳。

【 福·建·乌·龙·茶 】

安溪铁观音

Anxi Tieguanyin

茶叶介绍

铁观音，又称红心观音、红样观音，主产地是福建安溪。安溪铁观音闻名海内外，被视为乌龙茶中的极品，且跻身于中国十大名茶和世界十大名茶之列，以其香高韵长、醇厚甘鲜而驰名中外。安溪铁观音天性娇弱，抗逆性较差，产量较低，萌芽期在春分前后，停止生长期在霜降前后，"红芽歪尾桃"是纯种铁观音的特征之一，是制作乌龙茶的特优品种。

最佳产地

福建省安溪县。

茶汤 金黄浓艳

叶底 沉重匀整

产地分布

湖北 安徽
重庆 浙江
江西
湖南 福建
贵州
广西 广东 台湾

茶叶特点

1 外形：肥壮圆结
2 色泽：色泽砂绿
3 汤色：金黄浓艳
4 香气：香高持久
5 叶底：沉重匀整
6 滋味：醇厚甘鲜

选购要点

茶条卷曲，肥壮圆结，沉重匀整，色泽砂绿，冲泡后汤色金黄浓艳似琥珀，有天然馥郁的兰花香，滋味醇厚甘鲜，回甘悠久者为最佳品。

贮藏提示

用铝箔袋包装好存放在密封的铁盒或者木盒中，冷藏在冰箱内，避光、干燥。

保健功效

1 解毒、消食、去油腻：茶叶中有一种叫黄酮的混合物，具杀菌解毒作用。

2 美容、减肥、抗衰老：医学研究表明，铁观音的儿茶素，具较强抗氧化活性，可消除细胞中的活性氧分子，从而使人体少受衰老疾病侵害。

制作工序

铁观音一年分四季采制,以春茶品质最好,秋茶次之,夏、冬茶品质较次。采摘标准为嫩梢顶叶刚开展呈小开面时,采摘二三叶。要求做到不折断叶片,不折叠叶张,不碰碎叶尖,不带单片,不带鱼叶和老梗。铁观音制作严谨,技艺精巧。首先要经过晒青、凉青,晒青时间以午后4时阳光柔和时为宜,叶子宜薄摊。然后做青、炒青,炒青的进行要求及时,当做青时叶青味消失,香气初露即应抓紧进行。接着揉捻,铁观音的揉捻是多次反复进行的。初揉约3~4分钟,解块后即行初焙。初焙后茶叶成品香气敛藏,滋味醇厚,外表色泽油亮。再经由复焙、复包揉、文火慢烤、拣颠等多道工序,最后才形成品质优异的铁观音茶。

冲泡品饮

备具 盖碗、茶匙、茶荷、品茗杯各1个,铁观音3~4克。

洗杯、投茶 将开水倒入盖碗中进行冲洗,弃水不用,将茶叶拨入盖碗中。

冲泡 冲入100℃左右的水,加盖泡1~3分钟。

赏茶 冲泡后,闻茶香则香高持久,观茶汤则金黄浓艳,看叶底则沉重匀整。

出汤 冲泡结束后,即可将茶汤从盖碗倒入品茗杯中进行品饮。

品茶 入口后,滋味醇厚甘鲜,醇爽回甘,微带蜂蜜味。

特别提醒

品饮铁观音不仅对人体健康有益,还可增添无穷乐趣。但有三忌:
1 空腹不饮,否则会感到饥肠辘辘,头晕欲吐。
2 睡前不饮,否则难以入睡。
3 冷茶不饮,对胃不利。

【福·建·乌·龙·茶】

武夷大红袍

Wuyi Dahongpao

茶叶介绍

武夷大红袍，因早春茶芽萌发时，远望通树艳红似火，若红袍披树，故名。大红袍素有"茶中状元"之美誉，乃岩茶之王，堪称国宝。此茶产于福建省武夷山市，各道工序全部由手工操作，以精湛的工艺特制而成。成品茶香气浓郁，滋味醇厚，有明显"岩韵"特征，饮后齿颊留香，经久不退，冲泡九次犹存原茶的桂花香真味，被誉为"武夷茶王"。

茶汤 橙黄明亮

叶底 沉重匀整

最佳产地

福建武夷山。

产地分布

茶叶特点

1 外形：条索紧结

2 色泽：绿褐鲜润

3 汤色：橙黄明亮

4 香气：香高持久

5 叶底：沉重匀整

6 滋味：醇厚甘鲜

选购要点

外形条索紧结，色泽绿褐鲜润，冲泡后汤色橙黄明亮，叶片红绿相间，典型的叶片有绿叶红镶边者为最佳品。

贮藏提示

铝箔袋包装好存放在密封的铁盒或者木盒中，冷藏在冰箱内，要求避光、干燥。

保健功效

1 抗衰老：饮用武夷大红袍可以使血中维生素C含量持较高水平，尿中维生素C排出量减少，而维生素C的抗衰老作用早已被研究证明。因此，饮用武夷大红袍可以从多方面增强人体抗衰老能力。

2 提神益思，消除疲劳：武夷大红袍所含的咖啡因较多，咖啡因能促使人体中枢神经兴奋，增强大脑皮质的兴奋过程，起到提神益思、清心的效果。

3 预防疾病：茶中的儿茶素能降低血液中的胆固醇，抑制血小板凝集，可以减少动脉硬化发生率。

制作工序

　　武夷大红袍的加工工艺十分精细，主要包括晒青、凉青、做青、炒青、初揉、复炒、复揉、走水焙、簸拣、摊凉、拣剔、复焙、再簸拣、补火等多道工序。首先，一开始的茶叶采摘标准是茶青新鲜，无表面水，无破损，中、小开面三叶，均匀一致。新梢芽叶伸育较成熟，小开面采三叶为最佳。大红袍茶叶烘干工艺能起到稳定茶叶品质，补充杀青效果的作用，使茶叶在较长时间的贮藏下不变质。大红袍茶叶制作工序繁复，工艺细致，对不同原料的鲜叶，根据不同情况灵活运用技术。其根据包括鲜叶含水量多少和茶叶的品种特性等。

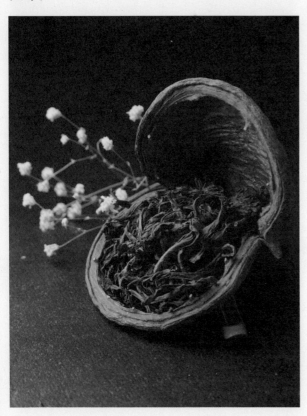

冲泡品饮

备具　紫砂壶、茶匙、茶荷、品茗杯各1个，武夷大红袍5克左右。

▼

洗杯、投茶　将开水倒入紫砂壶中进行冲洗，弃水不用，将茶叶拨入壶中。

▼

冲泡　冲入100℃左右的水，加盖泡2～3分钟。

▼

赏茶　冲泡后，香高持久并有兰花香，"岩韵"明显，茶汤橙黄明亮，叶底红绿相间。

▼

出汤　冲泡结束后即可将茶汤从紫砂壶倒入品茗杯中。

▼

品茶　入口后，滋味醇厚甘鲜，冲泡7～8次后，仍然有原茶的真味。

特别提醒

1 忌喝新茶：因为新茶中含有未经氧化的多酚类、醛类及醇类等，对人的胃肠黏膜有较强的刺激作用，所以忌喝新茶。

2 品茶时可以把茶叶咀嚼后咽下去，因为茶叶中含有胡萝卜素和粗纤维，对人体有益。

【福·建·乌·龙·茶】

铁罗汉

Tieluohan

茶叶介绍

铁罗汉茶，属乌龙茶类，产于闽北"秀甲东南"的名山武夷。铁罗汉树生长在岩缝之中，主要分布在武夷山内山（岩山），20世纪80年代以来，武夷山市已扩大栽培，国内一些科研、教学单位有引种。武夷岩铁罗汉具有绿铁罗汉之清香、红铁罗汉之甘醇，是中国乌龙铁罗汉中之极品。铁罗汉属半发酵，制作方法介于绿铁罗汉与红铁罗汉之间。

茶汤深橙黄色

叶底软亮匀齐

最佳产地

福建武夷山。

产地分布

川 / 湖北 / 安徽 / 浙江 / 重庆 / 江西 / 湖南 / 贵州 / 福建 / 广西 / 广东 / 台湾

茶叶特点

1 外形：壮结匀整

2 色泽：绿褐鲜润

3 汤色：深橙黄色

4 香气：香高持久

5 叶底：软亮匀齐

6 滋味：醇厚甘鲜

选购要点

条形壮结、匀整，色泽绿褐鲜润，冲泡后铁罗汉汤呈深橙黄色，清澈艳丽；叶底软亮，叶缘朱红，叶心淡绿带黄者为最佳品。

贮藏提示

铝箔袋包装好存放在密封的铁盒或者木盒中，冷藏在冰箱内，避光、干燥。

保健功效

1 有助于延缓衰老：铁罗汉中的多酚类化合物具有很强的抗氧化性和生理活性，是人体自由基的清除剂，能阻断脂质过氧化反应，清除活性酶。

2 有助于抑制心血管疾病：铁罗汉中的多酚类化合物有助于斑状增生受到抑制，使形成血凝黏度增强的纤维蛋白原降低，凝血变清，从而抑制动脉粥样硬化。

制作工序

铁罗汉采摘时间一般是每年的5月初开始，标准是以驻芽二叶或驻芽三四叶为主。加工铁罗汉的各道工艺均是由手工操作，技艺精湛，制作出来的成茶经饮耐泡，冲泡9次仍有余香。最佳的夏茶茶叶采摘时间是在夏季之前，秋茶则是立秋之后。然后做青，这是为了让茶叶的苦水走失，达到突出香气、滋味的目的（也有把做青叫作萎凋的，包含有走水、摇青、等青、发酵等工序，这些程序交替进行，多次繁复）。接着是炒青，这是茶叶的一个揉碾过程，目的是让茶叶剩余茶汁被挤压出来。然后是将茶叶烘干，铁罗汉通常都用复焙方式使茶叶的更具耐力。挂杯香、杯底香、汤底香通透，这些都是复火焙茶的功效，所以在初焙时用多少火功是比较讲究的。

冲泡品饮

备具 盖碗、茶匙、茶荷、品茗杯各1个，铁罗汉3~4克。

▼

洗杯、投茶 将开水倒入盖碗中进行冲洗，弃水不用，将茶叶拨入盖碗中。

▼

冲泡 冲入100℃左右的水，加盖泡1~3分钟。

▼

赏茶 冲泡后，茶香四溢，茶汤清澈，叶底均匀齐整。

▼

出汤 冲泡结束后，即可将茶汤从盖碗倒入品茗杯中进行品饮。

▼

品茶 入口后，滋味醇厚甘鲜，令人怀想。

特别提醒

1 铁罗汉很耐冲泡，建议用小壶小杯的方式，才能品尝铁罗汉之巅的韵味。

2 喝浓茶要小心"茶醉"：即心慌、头晕、四肢无力等症状。如发生"茶醉"应马上吃些饭菜或糖果以解"醉"。

[福·建·乌·龙·茶]

白鸡冠

Baijiguan

茶叶介绍

白鸡冠是武夷山四大名丛之一。生长在慧苑岩火焰峰下外鬼洞和武夷山公祠后山的茶树，叶色淡绿，绿中带白，芽儿弯弯又毛茸茸的，形态就像白锦鸡头上的鸡冠，故名白鸡冠。白鸡冠多次冲泡仍有余香，适制武夷岩茶（乌龙茶），抗性中等，适宜在武夷乌龙茶区种植，用该鲜叶制成的乌龙茶，是武夷岩茶中的精品。其采制特点与大红袍相似。

最佳产地

福建武夷山。

产地分布

茶叶特点

1 外形：条索紧结
2 色泽：米黄带白
3 汤色：橙黄明亮
4 香气：香高持久
5 叶底：沉重匀整
6 滋味：醇厚甘鲜

茶汤橙黄明亮

叶底沉重匀整

选购要点

色泽米黄呈乳白，汤色橙黄明亮，入口齿颊留香者为最佳品。

贮藏提示

铝箔袋包装好存放在密封的铁盒或者木盒中，冷藏在冰箱内，避光、干燥。

保健功效

1 有助于抑制和抵抗病毒菌：茶多酚有较强的收敛作用，对病原菌、病毒有明显的抑制和杀灭作用，对消炎止泻有明显效果。

2 消除危害美容与健康的活性氧：白鸡冠对皮肤具有一定的保健作用。

3 行气通脉：白鸡冠能发汗解表；咖啡因还能刺激肾脏，促使尿液加速排出体外，提高肾脏的滤出率，减少有害物质的滞留时间。

制作工序

白鸡冠的采摘时间一般是在5月中旬，标

准是以驻芽二三叶，驻芽三四叶为主。茶叶采摘要求是 15:00 以后的嫩叶，采摘标准为小开面至中开面，且匀整、新鲜。其制作时还要经过驻青，具体做法是把茶青及时、均匀摊在竹席或水筛上，鲜叶摊放厚度小于 15 厘米，并使鲜叶保持疏松。每间隔 1 ~ 2 小时翻动一次。接下来是晒青，注意晒青应避免强阳光曝晒，严格控制在 17:00 ~ 19:00 之间。凉青的时候则要防止风吹、日光直接照射。紧接着是做青。做青完成以后就是杀青，杀青时以"高温杀青，先高后低"为原则。揉捻是要使杀青叶扭曲成条。再经过初烘、初包揉、复烘、复包揉、烘干等工序，该茶的制作就完成了。制作出的优质的白鸡冠毛茶应当是色泽墨绿中带米黄色，香气幽长，滋味醇厚较甘爽。

冲泡品饮

备具 紫砂壶、茶匙、茶荷、品茗杯各 1 个，白鸡冠 3 ~ 5 克左右。

▼

洗杯、投茶 将开水倒入紫砂壶中冲洗，将茶叶拨入壶中。

▼

冲泡 冲入 100℃ 左右的水，加盖冲泡 2 ~ 3 分钟。

▼

赏茶 冲泡后，茶香清鲜浓长，有百合花的香味。茶汤橙黄明亮。

▼

出汤 冲泡结束后，即可将茶汤倒入杯中进行品饮。

▼

品茶 入口后，滋味醇厚甘鲜，唇齿留香，具有活、甘、清、香的特色，让人神清目朗，回味无穷。

特别提醒

1 胃寒的人过多饮用会引起肠胃不适。神经衰弱者、失眠者临睡前不宜饮茶，正在哺乳的妇女也要少饮茶。
2 忌用茶水服药，因为茶中的鞣酸会与药物结合产生沉淀，阻碍吸收，影响药效。

第三篇
泡茶的学问和技巧

第一章
选茶贮茶

好茶的五要素

市场上的茶叶品种繁多，可谓五花八门，因此，如何选购茶叶成了人们首先要做的。一般说来，选茶主要从视觉、嗅觉、味觉和触觉等方面来鉴别甄选。好茶在这几方面比普通茶叶要突出许多。总体来看，选购茶叶可从以下 5 个要素入手：

1. 外形

选购茶叶，首先要看其外形如何。外形匀整的茶往往较好，而那些断碎的茶则差一些。可以将茶叶放在盘中，使茶叶在旋转力的作用下，依形状大小、轻重、粗细、整碎形成有次序的分层。其中粗壮的在最上层，紧细重实的集中于中层，断碎细小的沉积在最下层。各茶类都以中层茶多为好。上层一般是粗老叶子多，滋味较淡，水色较浅；下层碎茶多，冲泡后往往滋味过浓，汤色较深。

除了外形的整碎，还需要注意茶叶的条索如何，一般长条形茶，看松紧、弯直、壮瘦、圆扁、轻重；圆形茶看颗粒的松紧、匀正、轻重、空实；扁形茶看平整光滑程度等。一般来说，条索紧、身骨重，说明原料嫩，做工精良，品质也好；如果条索松散，颗粒松泡，叶表粗糙，身骨轻飘，就算不上是好茶了，这样的茶也尽量不要选购。

各种茶叶都有特定的外形特征，有的像银针，有的像瓜子片，有的像圆珠，有的像雀舌，有的叶片松泡，有的叶片紧结。名优茶有各自独特的形状，如午子仙毫的外形特点是微扁、条直。

除了这两种方法，还可以通过净度判断茶的好次。净度好的茶，不含任何夹杂物，例如茶片、茶梗、茶末、茶籽和制作过程中混入的竹屑、木片、石灰、泥沙等物。

根据外形判断茶叶不是很难，只要取适量的干茶叶置于手掌中，通过肉眼观察以及感受就可以判断其好坏了。另外，抓取茶叶的时候也不要忘了看里面是否含有杂质。

2. 香气

香气是茶叶的灵魂，无论哪类茶叶，都有其各自独特的香味。例如绿茶清香，红茶略带焦糖香，乌龙茶独有熟果香，花茶则有花香和茶香混合的强烈香气。

我们选购茶叶时，可以根据干茶的香气强弱、是否纯正以及持久程度判断。例如，手捧茶叶，靠近鼻子轻轻嗅一嗅，一般来说，以那些浓烈、鲜爽、纯正、持久并且无异味的茶叶为佳；如果茶叶有霉气、烟焦味和熟闷味均为品质低劣的茶。

除了闻一闻干茶的香气，如果商家允许，购茶之前最好冲泡尝试一下。冲泡好的茶，香气更佳馥郁，带着各类茶独特的香味，更易于鉴别。

3. 颜色

各种茶都有着不同的色泽，但无论如何，好茶均有着光泽明亮、油润鲜活的特点，因此，我们可以根据颜色识别茶的品质。总体来说，绿茶翠绿鲜活，红茶乌黑油润，乌龙茶呈现青褐色，黑茶黑油色等等，呈现这种色泽的各类茶往往都是优品。而那些色泽不一、深浅不同或暗而无光的茶，说明原料老嫩不一、做工粗糙，品质低劣。

茶叶的色泽与许多方面有关，例如原料嫩度、茶树品种、采摘的茶园条件、加工技术等等。如高山绿茶，色泽绿而略带黄，鲜活明亮；低山茶或平地茶色泽深绿有光；如果杀青不匀，也会造成茶叶光泽不匀、不整齐；而制作工艺粗劣，即使鲜嫩的茶芽也会变得粗老枯暗。

除了干茶的色泽之外，我们还可以根据汤色的不同辨别茶叶好坏。好茶的茶汤一定是鲜亮清澈的，并带有一定的亮度，而劣茶的茶汤常有沉淀物，汤色也浑浊。只要我们谨记不同类好茶的色泽特点，相信选好优质茶叶也不是难事。

4. 味道

茶叶种类不同，其各自的口感也不同，因而甄别的标准也往往不同。不过各类茶中的好茶口感大体却是相同的，例如：绿茶茶汤鲜爽醇厚，初尝略涩，后转为甘

每种茶的外形、香气、颜色、味道和韵味都不同。

甜；红茶茶汤甜味更浓，回味无穷；花茶茶汤滋味清爽甘甜，鲜花香气明显。茶的种类虽然较多，但均以少苦涩、带甘滑醇厚、能口齿留香的为好茶，以苦涩味重、陈旧味或火味重者为次品。

轻啜一口茶，闭目凝神，细品茶中的味道，让茶香融化在唇齿之间。或香醇，或甘甜，或润滑，或细腻，相信每一类好茶的共同特点，都是令人回味无穷才对。

5. 韵味

所谓韵味，不仅仅是茶叶的味道这么简单，而是一种丰富的内涵以及含蓄的情趣。从古至今，名人墨客，王侯百姓，无一不对茶的韵味大加赞美。无论是雅致的茶诗茶话，还是通俗的茶联茶俗，都包含着人们对茶的浓浓深情。品一口茶；顿时舌根香甜，再尝一口，觉得心旷神怡。直到饮尽杯中茶之后，其中韵味却如余音绕梁一般，久久不去，令人飘然若仙，仿佛人生皆化为馥郁清香的茶汁，苦尽甘来，实在美哉美哉。

无论是哪类茶，都可以用以上 5 种方法甄别出优劣。只要常常与茶打交道，在外形、香气、颜色、味道、韵味上多下功夫，相信大家一定会选出好茶来。

新茶和陈茶的甄别

所谓新茶，是指当年从茶树上采摘的头几批新鲜叶片加工制成的茶；所谓陈茶，是指上了年份的茶，一般超过 5 年的都算陈茶。市场上，有些不法商家常常以陈茶代替新茶，欺骗消费者。而人们购买到这类茶叶之后，往往懊悔不已。在此，我们提供一些判断新茶和陈茶的方法，以供大家参考，这样也可以确保今后可以正确地选购到需要的茶叶。

1. 根据茶叶的外形甄别新茶和陈茶

一般来说，新茶条索明亮，大小、粗细、长短均匀者为新；条索枯暗、外形不整、甚至有茶梗、茶籽者为陈。细实、芽头多、锋苗锐利的嫩度高；粗松、老叶多、叶脉隆起的嫩度低。扁形茶以平扁光滑者为新，粗、枯、短者为陈；条形茶以条索紧细、圆直、匀齐者为新，粗糙、扭曲、短碎者为陈；颗粒茶以圆满结实者为新，松散块者为陈。

2. 根据茶叶的色泽甄别新茶和陈茶

茶叶在贮存过程中，由于受空气中氧气和光的作用，使构成茶叶色泽的一些色素物质发生缓慢的自动分解，因此，我们可以从色泽上甄别出新茶和陈茶。一般情况下，新茶色泽都清新悦目，绿意分明，呈嫩绿或墨绿色，冲泡后色泽碧绿，而后慢慢转微黄，汤色明净，叶底亮泽。而陈茶由于不饱和成分已被氧化，通常色泽发暗，无润泽感，呈暗绿或者暗褐色，茶梗断处截面呈暗黑色，汤色也变深变暗，茶黄素被进一步氧化聚合，偏枯黄，透明度低。

　新茶

　陈茶

　　绿茶中，色泽枯灰无光，茶汤色变得黄褐不清等都是陈茶的表现；红茶中，色泽变得灰暗，汤色变得混浊不清，失去红茶的鲜活感，这些也是贮存时间过长的表现；花茶中，颜色重，甚至发红的往往都是陈茶。

3. 根据茶叶的香气甄别新茶和陈茶

　　茶叶中含有带香气成分的物质有几百种，而这些物质经过长时间贮藏，往往会不断挥发出来，也会缓慢氧化。因而，时间久了，陈茶中的芳香物质渐渐挥发掉，类脂成分发生水解和氧化，香气开始转淡转浅，香型也会由新茶时的清香馥郁而变得低闷混浊。

　　陈茶会产生一种令人不快的老化味，即人们常说的"陈味"，甚至有粗老气或焦涩气。有的陈茶会经过人工熏香之后出售，但这种茶香味道极为不纯。因此，我们可以通过香气对新茶与陈茶进行甄别判断。

4. 根据茶叶的味道甄别新茶和陈茶

　　再好的茶叶，只有细细品尝、对比之后才能判断出品质的好坏。因此，我们可以在购买茶叶之前，让卖家泡一壶茶，自己坐下来仔细品饮，通过茶叶的味道来甄别。茶叶在贮藏过程中，其中的酚类化合物、氨基酸、维生素等构成滋味的物质，有的分解挥发，有的缩合成不溶于水的物质，从而使可溶于茶汤中的滋味物质减少。可以说，不管哪种茶类，新茶的滋味往往都醇厚鲜爽，而陈茶却显得味道寡淡，鲜爽味也自然减弱。

　　有很多人认为，"茶叶越新越好"，其实这种观点是对茶叶的一种误解。多数茶是新比陈好，但也有许多茶叶是越陈越好，例如普洱茶。因此，大部分人买回了这些新茶之后都会存储起来，放置五六年或更长时间，等到再开封的时候，这些茶泡完之后香气更加浓郁香醇，可称得上优品；就连那些追求新鲜的绿茶，也并非需要新鲜到现采现喝。例如一些新炒制的名茶如西湖龙井、洞庭碧螺春、黄山毛峰等等，在经过高温烘炒后，立即饮用容易上火。如果能贮存 1 ~ 2 个月，那么，不仅汤色清澈晶莹，而且滋味鲜醇可口，叶底青翠润绿，而未经贮存的闻起来略带青草气，经短期贮放的却有清香纯洁之感。又如盛产于福建的武夷岩茶，隔年陈茶反而香气馥郁滋味醇厚。

总之，新茶和陈茶之间有许多不同点，如果我们掌握了这些，在购买茶叶时再用心地品味一番，相信一定能对新茶和陈茶做出准确的判断，选择自己喜欢的种类。

春茶、夏茶和秋茶的甄别

许多茶友购买到茶之后总会觉得，自己每次买完相同茶叶，其味道总是不同的。这并不完全是指买到了陈年的茶或劣质茶，有时候，也可能是由于我们买到了不同季节的茶。

根据采摘季节的不同，一般茶叶可分为春茶、夏茶和秋茶三种，但季节茶的划分标准是不一致的。有的以节气分：例如清明至小满采摘的茶为春茶，小满至小暑采摘的茶为夏茶，小暑至寒露采摘的茶为秋茶；有的以时间分：在5月底以前采制的为春茶，6月初~7月上旬采制的为夏茶；7月中旬以后采制的为秋茶。不同季节的茶叶因光照时间不同，生长期长短的不同，气温的高低以及降水量多寡的差异，品质和口感差异也非常之大。那么，如何判断春茶、夏茶和秋茶呢？下面就简单介绍一下几种茶的甄别方法：

1. 观看干茶

我们可以从茶叶的外形、色泽等方面大体判断该茶是在哪个季节采摘的。

由外形上看，春茶的特点往往是叶片肥厚，条索紧结。春茶中的绿茶色泽绿润，红茶色泽乌润，珠茶则颗粒圆紧；夏茶的特点是叶片轻飘松宽，梗茎瘦长，色泽发暗，绿茶与红茶均条索松散，珠茶颗粒饱满；秋茶的特点是叶轻薄瘦小，茶叶大小不一，绿茶色泽黄绿，红茶色泽较为暗红。

由干茶的香气来看，春茶香气馥郁；夏茶香气稍带粗老；秋茶香气较为平和。三季茶中，夏茶的品质与口感都是最差的。

除了这两种方法辨别三类茶，有时还可根据夹杂在茶叶中的茶花、茶果来判断是哪种季节的茶。由于从7月下旬~8月为茶的花蕾期，而9~11月为茶树开花期，因此，若发现茶叶中包含花蕾或花朵，那么就可以判断该茶为秋茶；我们也可根据其中的果实进行判别。例如，茶叶中夹杂的茶树幼果大小如绿豆一样大时，可以判断此茶为春茶；如果幼果较大，如豌豆那么大时，可判断此茶为夏茶；

春茶

夏茶

秋茶

如果茶果更大时，则可以判断此茶为秋茶了。不过，一般茶叶加工时都会进行筛选和拣除，很少会有茶花、茶果夹杂在其中，在此只是为了方便大家多一种鉴别方法而已。

2. 品饮闻香

判断茶最好的方法还是坐下来品尝一番。春茶、夏茶、秋茶因采摘的季节不同，其冲泡后的颜色与口感也大为不同。

（1）春茶

冲泡春茶时，我们会发现叶片下沉较快，香气浓烈且持久，滋味也较其他茶更醇厚。绿茶茶汤往往绿中略显黄色；红茶茶汤红艳显金圈。且茶叶叶底柔软厚实，叶张脉络细密，正常芽叶较多，叶片边缘锯齿不明显。

（2）夏茶

冲泡夏茶时，我们会发现叶片下沉较慢，香气略低一些。绿茶茶汤汤色青绿，滋味苦涩，叶底中夹杂着铜绿色的茶芽；而红茶茶汤较为红亮，略带涩感，滋味欠厚，叶底也较为红亮。夏茶的叶底较薄而略硬，夹叶较多，叶脉较粗，叶边缘锯齿明显。

（3）秋茶

冲泡秋茶时，我们能感觉到其香气不高，滋味也平淡，如果是铁观音或红茶，味道中还夹杂着一点酸。秋茶的叶底夹杂着铜绿色的茶芽，夹叶较多，叶边缘锯齿明显。

通常来说，春茶的品质与口感较其他两种茶好，比如购买龙井时一定要买春茶，尤其是清明前的龙井，不仅颜色鲜艳，香气也馥郁鲜爽，且能够存储较长的时间。但茶叶有时候因采摘季节不同而呈现出不同的特色与口感，不一定都以春茶为最佳。例如，秋季的铁观音和乌龙茶的滋味比较厚，回甘也较好，因而，喜欢味道醇厚的茶友们可以选择购买这两种茶的秋茶。

通过简单的对比，我们可以看出几种茶还是有很大差别的，如果下次再选购茶叶的时候，一定要根据自己的爱好以及茶叶的品质购买才好。

绿茶的甄别

绿茶是指采摘茶树的新叶之后，未经过发酵，经杀青、揉捻、干燥等工序制成的茶类。其茶汤较多地保存了鲜茶叶的绿色主调，色泽也多为翠绿色。我们甄别绿茶的好坏可以从以下几个方面入手：

1. 外形

绿茶种类有很多，外形自然也相差很多。一般来说，优质眉茶呈绿色且带银灰

光泽，条索均匀，重实有峰苗，整洁光滑；珠茶深绿而带乌黑光泽，颗粒紧结，以滚圆如珠的为上品；烘青呈绿带嫩黄色，瓜片翠绿；毛峰茶条索紧结、白毫多为上品；炒青碧绿青翠；而蒸青绿茶中外形

绿茶中的极品——黄山毛尖的干茶及冲泡之后的成品茶

紧缩重实，大小匀整，芽尖完整，色泽调匀，浓绿发青有光彩者为上品。

假如绿茶是低劣产品，例如次品眉茶，它的条索常常松扁、弯曲、轻飘、色泽发黄或是很暗淡；如果毛峰茶条索粗松，质地松散，毫少，也属于次品。

2. 香气

高级绿茶都有嫩香持久的特点。例如，珠茶芳香持久；蒸青绿茶香气清鲜，又带有特殊的紫菜香；屯绿有持久的板栗香；舒绿有浓烈的花香；湿绿有高锐的嫩香，不同的绿茶都有其不同的特点。

而那些带有烟味、酸味、发酵气味、青草味或其他异味的茶则属于次品。

3. 汤色

高级绿茶的汤色较为清澈明亮，例如眉茶、珠茶的汤色清澈黄绿、透明；蒸青绿茶淡黄泛绿、清澈明亮。

而那些汤色呈现出深黄色，或是浑浊、泛红的绿茶，往往都是次品。

4. 滋味

高级绿茶经过冲泡之后，其滋味都浓厚鲜爽。例如眉茶浓纯鲜爽；珠茶浓厚，回味中带着甘甜；蒸青绿茶的滋味也新鲜爽口。

那些滋味淡薄、粗涩，甚至有老青味和其他杂味的绿茶，皆为次品。

5. 叶底

高级绿茶的叶底往往都是明亮、细嫩的，且质地厚软，叶背也有白色茸毛。

那些叶底粗老、薄硬，或呈现出暗青色的茶叶，往往都是次品。

绿茶对人体有很大的益处。常饮绿茶还可以减轻吸烟者体内的尼古丁含量，可称得上是人体内的"清洁剂"。绿茶的价值如此高，选购的人也不在少数，因而有许多不法商家经常会为了牟取暴利而作假。只有我们掌握了甄别绿茶的方法，才会选择出品质最好，最适合自己的绿茶。

红茶的甄别

红茶属于全发酵茶，是以茶树的芽叶作为原料，经过萎凋、揉捻、发酵、干燥等工序精制而成的茶叶。红茶一直深受人们的欢迎，但也有许多人不了解该如何选购优质的红茶，以下就为大家提供几种甄别红茶的方法。

红茶因其制作方法不同，可分为工夫红茶，小种红茶和红碎茶三种。不同类型的红茶有着不同的甄别方法。

1. 工夫红茶

工夫红茶条索紧细圆直，匀齐；色泽乌润，富有光泽；香气馥郁，鲜浓纯正；滋味醇厚，汤色红艳；叶底明亮、呈现红色的为优品。

反之，那些条索粗松、匀齐度差，色泽枯暗不一致，香气不纯，茶汤颜色欠明，汤色浑浊，滋味粗淡，叶底深暗的为次品。

工夫红茶中以安徽祁门红茶品质为名贵，其他的如政和工夫，坦洋工夫和白琳工夫等在国内外也都久负盛名，皆为优质红茶。

2. 红碎茶

优质红碎茶的外形匀齐一致，碎茶颗粒卷紧，叶茶条索紧直，片茶皱褶而厚实，末茶成砂粒状，体质重实；碎茶中不含片末茶，片茶中不含末茶，末茶中不含灰末；碎、片、叶、末的规格要分清；香高，具有果香、花香和类似

优质红茶政和工夫的干茶及成品茶

茉莉花的甜香，要求尝味时，还能闻到茶香；茶汤的浓度浓厚、强烈、鲜爽；叶底红艳明亮，嫩度相当。凡有着这些特点的红碎茶，往往都是优品。

反之，那些颜色灰枯或泛黄，茶汤浅淡，香气较低，颜色暗浊的红碎茶品质较次。

3. 小种红茶

优质的小种红茶，其条索较壮，匀净整齐，色泽乌润，具有松烟的特殊香气，滋味醇和、汤色红艳明亮，叶底呈古铜色。

反之，如果香气有异味，汤色浑浊，叶底颜色暗沉，这样的小种红茶往往都是次品。

小种红茶中，较为著名的有正山小种、政和小种和坦洋小种等几种。

相信大家已经掌握了红茶的甄别方法，这样在选购红茶时，就不会买到不如意的红茶了。

黄茶的甄别

人们从炒青绿茶中发现，由于杀青、揉捻后干燥不足或不及时，茶叶的颜色发生了变化，于是将这类茶命名为黄茶。黄茶的特点是黄叶黄汤，制法比绿茶制法多了一个闷堆的工序。

黄茶分为黄芽茶、黄大茶和黄小茶三类。下面以黄芽茶中的珍品——君山银针为例，简单介绍一下如何甄别黄茶的真假。

君山银针上品茶茶叶芽头茁壮，芽身金黄，紧实挺直，茸毛长短大小均匀，密盖在表面。由于色泽金黄，而被誉称"金镶玉"。冲泡后，香气清新，汤色呈现浅黄色，品尝起来甘甜爽口、滋味甘醇，叶底比较透明。

君山银针是一种较为特殊的黄茶，它有幽香、有醇味，具有茶的所有特性，但它更注重观赏性。君山银针的采制要求很高：例如采摘茶叶的时间只能在清明节前后 7～10 天内，另外，雨天、风霜天不可采摘；茶叶本身空心、细瘦、弯曲、茶芽开口、茶芽发紫、不合尺寸、被虫咬的情况下都不能采摘。

以上是从外形甄别的方法，这种茶最佳甄别方法是看其冲泡时的形态。刚开始冲泡君山银针时，我们可以看到真品的茶叶芽尖朝上、蒂头下垂而悬浮于水面，随后缓缓降落，竖立于杯底，升升降降，忽升忽降，特别壮观，有"三起三落"之称，最后竖直着沉到杯子底部，像一柄柄刀枪一样站立，十分壮观。看起来又特别像破土而出的竹笋，绿莹莹的实在耐看。而假的君山银针则不能站立，从这一点很好判断出来。

茶叶之所以会站立的原因很简单，是因为"轻者浮，重者沉"。由于茶芽吸水膨胀和重量增加不同步，因此，芽头比重瞬间产生变化。最外一层芽肉吸水，比重增大即下沉，随后芽头体积膨胀，比重变小则上升，继续吸水又下降，如此往复，浮浮沉沉，这才有了"三起三落"的现象。

除了君山银针之外，这种浮沉的现象在许多芽头肥壮的茶中也有出现。我们可以利用这点来区分

优质黄茶君山银针的干茶及成品茶

真假茶，以免被干茶的形态所蒙骗。

黑茶的甄别

现在茶市场上有许多以次充好的黑茶，价钱卖得也很贵，初识茶叶的茶友们很容易被欺骗，因此，辨别黑茶的真假也成了我们首要认识的问题。

市场上的假冒伪劣黑茶不过是从以下4个方面入手：

1. 假冒品牌和年份

有些不法商贩会冒用优质或认证标志，冒用许可证标志来欺瞒消费者；或是将时间较短的黑茶经过重新包装，冒充年份久远的陈年老茶。大家都知道，黑茶年份越久口感越好，这些不法商贩这样做，无疑是在投机取巧。

优质黑茶生沱茶的干茶及成品茶

2. 以次充好

茶叶根据不同类型也会分几个等级，但那些不法商贩往往将低等级的黑茶重新包装，或是掺杂到高等级的黑茶中，定一个较高的价钱，以次充好，低质高价出售，以牟取暴利。

3. "三无"产品

"三无"产品是指无标准、无检验合格证或未按规定标明茶叶的产地、生产企业等详细信息。这样的"三无"茶叶，大家一定要谨慎辨别，千万不要贪图便宜而买到假货。

4. 掺假

掺假并不仅仅是掺杂次等黑茶，有些商贩往往在优品黑茶中掺杂价格便宜的红茶、绿茶碎末等。其本质与以次充好一样，都是为了投机取巧，以低质的茶叶赚取高额的利润。

那么，如何从茶叶本身甄别真假呢？首先，我们要了解黑茶的特点，这样才会真正做到"知己知彼，百战百胜"。

黑茶的特点是："叶色油黑或褐绿色，汤色橙黄或棕红色"。因此，我们可以从外形、香气、颜色、滋味4个方面甄别。

1. 外形

如果黑茶是紧压茶，那么上品茶往往都会具有这样几个特点：砖面完整，模纹清晰，棱角分明，侧面无裂，无老梗，没有太多细碎的茶叶末掺杂。黑茶中，这种砖茶有许多种类。由于生产的时间不同，砖茶的外形规格都具有当时的特点：例如前期生产的砖茶，砖片的紧压程度和光洁度都比现时的要紧，要光滑。这是由当时采用的机械式螺旋手摇压机，压紧后无反弹现象。后来采用摩擦轮压机后，茶叶紧压后，有反弹松弛现象，砖面较为松泡。

如果要甄别的是散茶，那么条索匀齐、油润则是好茶；以优质茯砖茶和千两茶为例，"金花"鲜艳、颗粒大且茂盛的，则是优品茶的重要特征。

2. 香气

上品黑茶具有菌花香，闻起来仿佛有甜酒味或松烟味，老茶则带有陈香。以茯砖茶和千两茶为例，两者都具有特殊的菌花香；而野生的黑茶则有淡淡的清香味，闻一闻就会令人心旷神怡。

3. 颜色

这里提到的颜色分两种。优品黑茶的颜色多为褐绿色或油黑色，茶叶表面看起来极有光泽。冲泡之后，优品黑茶的汤色橙色明亮。陈茶汤色红亮，如同琥珀一样晶莹透亮，十分好看；而上好野生的新茶汤色可以红得像葡萄酒一样，极具美感。

4. 滋味

上品黑茶的口感甘醇或微微发涩，而陈茶则极其润滑，令人尝过之后唇齿仍带有其甘甜的味道。

只要我们掌握了这几种辨别黑茶的方法，就可以在今后挑选黑茶的时候，能够做到有效判断，不会被假货蒙蔽了双眼。

白茶的甄别

由于茶的外观呈现白色，人们便将这类茶称为白茶。传统的白茶不揉不捻，形态自然，茸毛不脱，白毫满身，如银似雪。

与其他类茶叶相同，白茶也可以从外形、香气、颜色和滋味 4 部分鉴别，我们现在来看一下具体的方法：

1. 外形

由外形区分白茶可以包含 4 个部分。

（1）观察叶片的形态。品质好的白茶叶片平伏舒展，叶面有隆起的波纹，叶片的边缘重卷。芽叶连枝并且稍稍有些并拢，叶片的尖部微微上翘，且不是断裂破碎的。而那些品质差的茶叶则正好相反，它们的叶片往往是人为地强加摊开、折叠与弯曲的，而不是自然的平伏舒展，仔细辨别即可看出。

（2）观察叶片的净度。品质好的白茶中只有干净的嫩叶，而不含其他的杂质；那些品质不好的茶叶，里面常

优质白茶白毫银针的干茶及成品茶

常含有碎屑、老叶、老梗或是其他的杂质。我们挑选时，只要用手捧出一些，手指拨弄几下就可以看出茶叶的好坏。

（3）观察叶片的嫩度。白茶中，嫩度高的为上品。如果我们要买的茶叶毫芽较多，而且毫芽肥硕壮实，这样的茶可以称得上优品；反之，毫芽较少且瘦小纤细，或是叶片老嫩不均匀，嫩叶中夹杂着老叶的茶，则表示这种茶的品质较差。

（4）观察叶底。如果叶色呈现明亮的颜色，叶底肥软且匀整，毫芽较多而且壮实，这样的茶算得上是优品；反之，如果叶色暗沉，叶底硬挺，毫芽较少且破碎，这样的白茶品质往往很差。

2. 香气

拿起一些白茶，仔细嗅一嗅，通过其散发出的香味也可辨别茶叶好坏。那些香味浓烈显著，且有清鲜纯正气味的茶叶可称得上是优品；反之，如果香气较淡，或其中夹杂着青草味，或是其他怪异的味道，这样的白茶往往品质较差。

3. 颜色

通过颜色辨别也包含两个方面。首先是叶片、芽叶的色泽。上品白茶的毫芽的颜色往往是银白色，且具有光泽；反之，如果叶面的颜色呈现草绿色、红色或黑色，毫芽的颜色毫无光泽，或是呈现蜡质光泽的茶叶，品质一般很差。

冲泡白茶之后，我们还可以根据汤色判断其品质好坏。上品茶冲泡之后，汤色呈现杏黄、杏绿色，且汤汁明亮；而质量差的白茶冲泡之后，汤色浑浊暗沉，且颜色泛红。

4. 滋味

好茶自有好味道，这个道理一点也不假。冲泡白茶之后，我们可以细品茶的滋味，甄别茶叶的好坏。那些茶味鲜爽、味道醇厚甘甜的茶，都算得上优品；如果茶味较淡且比较粗涩，这样的茶往往都是次品。

无论是什么类型的白茶，都可以从以上4个方面来甄别，相信时间久了，大家一定会又快又准确地判断出白茶的好坏与真假。

青茶的甄别

青茶又被称为乌龙茶，属于半发酵茶。其制法经过萎凋、做青、炒青、揉捻、干燥五道工序。青茶的特点是"汤色金黄"，它是中国几大茶类中，具有鲜明特色的茶叶品类。

辨别青茶的方法也可以分为观外形、闻香气、看汤色和品滋味4种。

1. 观外形

我们可以观看茶叶的条索，细看条索形状，紧结程度，那些条索紧结、叶片肥硕壮实的茶叶品质往往较好。反之，如果条索粗松、轻飘，叶片细瘦的茶叶品质往往不佳；上好的青茶色泽沙绿乌润或青绿油润，反之，那些颜色暗沉的茶叶往往品质不佳。

而不同青茶的外形特点也有些许不同，例如铁观音茶条索壮结重实，略呈圆曲；水仙茶条索肥壮、紧结，带扭曲条形。

2. 闻香气

茶叶冲泡后1分钟，即可开始闻香气，1.5～2分钟香气最浓鲜，闻香每次一般为3～5秒，长闻有香气转淡的感觉。好的青茶香味兼有绿茶的鲜浓和红茶的甘醇，具有浅淡的花香味。而劣质的青茶不仅没有香气，反而有一种青草味、烟焦味或是其他异味。

3. 看汤色

冲泡青茶之后我们可以看出，上品青茶的汤色呈现金黄或橙黄色，且汤汁清澈明亮，特别好看；而劣质的青茶冲泡之后，其汤色往往都是浑浊的，且汤色泛青、红暗。由于乌龙茶兼具绿茶和红茶的品质特征，其叶底为绿叶红镶边，颜色极其艳丽，边缘颜色以鲜红色为佳。

4. 品滋味

上品青茶品尝一口之后，顿时觉得茶汤醇厚鲜爽，味道甘美灵活；而劣质青茶冲泡之后，茶汤不仅味道淡薄，甚至还伴有苦涩的味道，令人难以下咽。

说到青茶，不得不说一说青茶中的名品——武夷大红袍。大红袍有三个等级，即特级、一级、二级。三种级别的大红袍有着各自不同的特点，分别如下所述：

特级大红袍外形上条索匀整、洁净、带宝色或油润，香气浓长清

优质青茶冻顶乌龙的干茶及成品茶

远，滋味岩韵明显、味道醇厚甘爽，汤色清澈、艳丽、呈深橙黄色，叶底软亮匀齐、红边或带朱砂色，且杯底留有香气。

一级大红袍外形上也会呈现出紧结、壮实、稍扭曲的特点，叶片色泽稍带宝色或油润，整体较为匀整。香气上浓长清远，滋味岩韵明显，味道醇厚，回甘快。但是，这些特点却不如特级大红袍明显。一级大红袍汤色则较为清澈、艳丽、呈深橙黄色，叶底较软亮匀齐、红边或带朱砂色，且杯底有余香。

二级大红袍无论在外形、色泽、香气等方面都远不如前两者。但味道品尝起来，却仍带有岩韵，滋味也比较醇厚，回甘快。

总体来说，青茶的辨别方法不难，只要我们牢记青茶的特点，就不会在下一次购买时弄错了。

花茶的甄别

自古以来，茶人就提到"茶饮花香，以益茶味"的说法，由此看来，饮花茶不仅可以起到解渴享受的作用，更带给人一种两全其美、沁人心脾的美感。

我们选购花茶时，可以从以下 4 方面入手：

1. 外形

品质好的花茶，其条索往往是紧细圆直的；如果花茶的条索粗松扭曲，这样的茶品质往往较差。并且，好茶中并无花片、梗子和碎末等；而次茶中常含有这些杂质。

2. 颜色

好花茶色泽均匀，以有光亮的为佳；反之，如果色泽暗沉，往往品质较差，或者是陈茶。

3. 重量

我们在购买花茶时，可以随便抓起一把茶叶，在手中掂掂重量。品质较好的花茶较重，较沉；而那些重量较轻的，较虚浮的则是次品。

4. 味道

由于花茶极易吸附周围的异味，因此，我们可以按照这一特点甄别茶叶好坏。抓一把花茶深嗅一下，辨别花香是否纯正，其中是否含有异味。品质较高的花茶茶香扑鼻，香气浓郁；而那些香气不浓或是其中夹杂异味的茶叶往往都是次品。

花茶也划分了 5 个等级：一级的花茶条索紧细圆直匀整，有锋苗和白毫，略有嫩茎，色泽绿润，香气鲜灵浓厚清雅；二级花茶条索圆紧均匀，稍有锋苗和白毫，有嫩茎，色泽绿润，香气清雅；三级花茶条索较圆紧，略有筋梗，色泽绿匀，香气

优质花茶碧潭飘雪的干茶及成品茶

纯正；四级花茶条索尚紧，稍露筋梗、色泽尚绿匀，香气纯正；五级花茶条索粗松有梗，色泽露黄，香气稍粗。这些特点可以让我们在购买花茶时不易选购次品。

花茶中，菊花茶是众多茶友们喜爱的种类之一。它不仅可以去火，还可以治疗眼睛疲劳，对电脑一族有着特别大的好处。在此，我们介绍一下菊花茶的选购标准，以便于今后选择较为优质的菊花茶。

（1）由外形上看，优品菊花茶花朵大小整齐，没有碎花，没有杂质，没有粉尘，没有小虫子。而品质差的正好相反，花朵有大有小，其中常常伴有碎花和杂质、粉尘等，有的还会带些小虫子。

（2）冲泡菊花茶之后，可以看到茶水颜色清澈晶莹；而那些茶汤浑浊，还常伴有杂质的菊花茶往往是次品。

（3）冲泡之后，优品菊花茶花朵舒展开来，好像活的一样，带着活力与生机。而差的菊花茶泡开之后令人觉得死气沉沉，没有半点活力。

花茶中，类似菊花茶这种带花朵的都可以按照这几种方法甄别。闲暇时候，泡上一杯泛着浓浓香气的花茶，感觉一定惬意无比！

贮茶的注意事项

茶叶是一种比较娇贵的消费品，温度、湿度、光线等诸多因素都会影响其品质。如果保存不当，就会造成其颜色发暗，香气散失，味道不佳，甚至发霉，使茶叶提前过期，影响到其作为商品的经济价值和饮用口感，甚至还会影响到饮茶者的健康。

以下是贮茶时的4个注意事项：

1. 低温

温度能加快茶叶的自动氧化，使得茶叶的香气、汤色、滋味等发生很大的变化；温度太高会加速茶叶的氧化或陈化变质，使茶叶中一些原可溶于水的物质变得难溶或不溶于水，芳香物质也遭到破坏。而且温度越高，变质越快，茶叶外观色泽越容易变深变暗。尤其是在南方，一到夏季，气温便会升到40℃以上，即使茶叶已经放在阴凉干燥处保存了，也会很快变质，使得绿茶不绿，红茶不鲜，花茶不香。因此要维持或延长茶叶的保质期，茶叶需要低温保存。

低温保存可降低茶叶中各种成分的氧化过程，有效减缓茶叶变褐及陈化。储藏茶叶的适宜温度为5℃以下。当然，低温保存茶叶并不是说温度越低越好。一般来讲，茶叶保存的适宜冷藏温度在0℃～5℃之间。

2. 避光

光线照射也会对茶叶产生不良的影响，光照会加速茶叶中各种化学反应的进行。茶叶中含有叶绿素等物，经光线照射后易褪色，与光接触会发生光合作用，引起茶叶氧化变质，使茶叶的色泽变暗沉。另外，茶叶中还含有少量的类胡萝卜素，是光合作用的辅助成分，具有吸收光能的性质，在强烈光线的作用下很容易被氧化。氧化后的类胡萝卜素储藏后产生的气味，使茶汤味道变质。因此，茶叶必须遮光保存，以防止叶绿素和其他成分发生光合作用，日常包装材料也要选用能遮光者。

3. 干燥

茶能够轻易地吸收空气中的水分，具有很强的吸湿性。在温度较高、微生物活动频繁的月份，一旦茶叶含水量超过10%，茶叶便会发霉，色香味俱失，不再适宜饮用，此时饮用对人体有一定的伤害。如果把干燥的茶叶放在室内，且直接接触空气，很短的时间其含水量就会增加许多；如果在阴雨潮湿的天气里，每露置一小时，其含水量就可增加1%。如果茶叶不慎吸水受潮，轻者失去香味，重者发生霉变。这时不可以将受潮茶叶放在阳光下直接曝晒，而应该把受潮的茶叶放在干净的铁锅或烘箱中用微火低温烘烤，同时要不停地翻动茶叶，直至茶叶干燥散发出香味。

由此茶叶从一开始必须在干燥的环境下保存，不能受水分侵袭。干燥有两层含义，一是贮存的环境要相对干燥，二是茶叶贮存前含水量要控制在一定程度。精品茶叶的含水量一般都不会超过3%～5%，如果茶叶的含水量较高，就需要进行干燥处理后再贮藏。同样地，干燥后的茶叶也要放在干燥通风处，以减缓茶叶陈化、劣变的速度。家庭买回的小包装茶，无论是复合薄膜袋装茶或是听罐包装茶，都必须放在干燥的地方。如果是散装茶，可用干净白纸包好，置于有干燥剂的罐、坛中，口盖密封。

🍃 储存茶叶的各种各样的坛坛罐罐

4. 隔绝空气

茶叶不仅容易吸水，空气中的氧气也很容易和茶叶进行氧化反应，使茶叶在短时间内发生陈化。除此之外，茶叶具有很强的吸附性，因此，保存茶叶还要做到隔绝空气。

茶叶极易吸附外界的异味，使茶叶的香味受到沾染。因此，保存茶叶最好有专门的冷藏库，如果必须和其他物品放在一起，也应该注意完全密封，严禁茶叶周围放有化妆品、药品、樟脑球等类似的具有强烈气味的物品，以免茶叶吸附异味，影响茶质。

无论茶叶以哪种方式存储，都需要注意以上四个事项。这样才可以有效地保证茶叶质量，减缓茶叶的变质速度，使人们更安心地体会品茶乐趣。

茶叶罐贮存法

因茶叶极易吸收空气中的湿气或是异味，如密封不严，香气又极易挥发。所以，存储茶叶时用什么容器，用什么方法便成了古往今来人们一直特别注意的事，于是，各种茶叶罐应运而生。

用茶叶罐存储茶叶，是最常用的贮茶方法，也是最简单可行的方法。即便如此，茶叶在其中存放的时间也不宜太长，茶叶罐也不易太大，因为它不能做到完全密闭。一般家庭中少量用茶，用锡罐、铁罐、有色玻璃瓶等贮存都可以。保存的方法很简单，把买回的茶叶立即分成若干小包，装于事先准备好的茶叶罐或筒里。注意不要装半盒，尽量一次装满盖上盖。而且不用茶叶的时候不要打开盖子，用完要马上把盖子盖严。

装有茶叶的茶叶罐必须放置在干燥阴凉处，不要放在阳光直射、有异味、潮湿、有热源的地方，以免加速茶叶氧化、劣变或陈化，而且这样保存铁罐才不容易生锈。有条件也可以在器皿筒内适当放些用布袋装好的生石灰，以起到吸潮和保鲜作用。

下面介绍两种市场上常见的茶叶罐类型和储存方法：

1. 铁罐

购买前，先检查罐身与罐盖密闭性能是否良好。储存时，将干燥的茶叶装罐，罐要装得很严实，还可以轻轻摇晃一下试试里面是否装满。用这种方法储存茶叶，取用方便，但不宜长期储存。

铁质茶叶罐

有的人也喜欢购买哪种有双层盖的铁罐，更有助于较长时间保存茶叶。可以装好茶叶后，盖上双层盖，盖口缝要用胶带纸封紧，还可套上两层塑料袋，扎紧袋口。

2. 锡罐

从古时开始，人们就喜欢用锡来净化水质使味道更加清甜。清人刘献庭在《广阳杂记》中记载："惠山泉清甘于二浙者，以有锡也。余谓水与茶之性最相宜，锡瓶贮茶叶，香气不散。"周亮工《闽小纪》中也提到："闽人以粗瓷胆瓶贮茶，近鼓山支提新茗出，一时学新安，制为方圆锡具，遂觉神采奕奕。"可见明代后期已采用锡具贮茶。

锡质茶叶罐

锡是一种金属元素，对人体无毒无害。一般来说，很多金属都会带有自身的金属味，而锡却没有任何味道。正因为如此，现代人才会利用它的这个特点保存茶叶。

除了没有异味这个特点，用锡制成的茶叶罐因为自身的材质，密封性相对其他来说也更强。因为锡罐本身比较厚实，罐颈高，温度恒定，保鲜的功能也就更胜一筹。

目前市场上的锡罐多杂入铅锌等金属，久用是否有碍健康，尚未见有关论述。新近流行的不锈钢大口双盖茶罐，洁净轻巧，又有各种不同规格，使用方便。但是不管用什么茶叶罐存储茶叶，我们都需要了解以下两个注意事项：

（1）好茶叶需要用好的茶叶罐来储存，尤其是娇嫩的绿茶，对保鲜的要求更高。若是用不好的茶叶罐，营养和味道都会流失，也容易变质，对于好茶，不得不说是个浪费，这也是爱茶之人所不能容忍的事情。因此，有条件一定要选择一款好的茶叶罐，这也是一个较为明智的投资。

（2）对于留有其他味道的罐子，不可以直接用来盛放茶叶。我们可先用少许茶末置于罐内，盖上盖子，上下左右摇晃轻擦罐壁后倒掉，这样做可以去除罐子中的异味。市面上有贩售两层盖子的不锈钢茶罐，简便而实用。我们可以配合清洁无味的塑料袋装茶后，再放入罐内盖上盖子，用胶带黏封盖口，这样保存茶叶也不失为一个好办法。

总之，茶叶罐多种多样，只要注意温度、湿度、光线和异味等几个问题，茶叶自然能够长期保存妥当。

🌀 冰箱贮存法

由于茶叶在温度较高的地方容易加快其氧化或陈化变质的速度，因此，茶叶适宜存放在通风阴凉处，这样的保存方法可以减缓其自动氧化的速度。经研究发现，

冰箱贮存茶叶

如果温度控制在5℃以下，保存茶叶质量的效果较好。因此，冰箱贮存就成为普通家庭常用的贮存茶方法之一。

冰箱具有优良的隔热性，可以保持恒定低温的状态，因此满足了茶叶贮存需要低温的这一特点，所以将茶叶放置其中不失为一个很好的选择。首先我们可以将茶叶采用小包装形式，装入铁质、锡质容器或冰瓶内密封好，然后套上一个塑料袋防潮，再放入冰箱内贮存。如果将温度控制在5℃以下，茶叶保存一年以上也不会变质。如果春天存放，到冬天取出时，茶的色、香、味同存放时基本不变，此方法简便易行。注意贮茶用专用的冷藏库最好，避免与其他食物一起，以免茶叶吸附异味。

冰箱贮存法简单可行，但也有需要注意的情况：

（1）由于茶叶容易吸附潮气和异味，且冰箱内部潮湿，其中放置的各种食品都会影响到茶的味道，为防止茶叶变成冰箱的"除臭剂"，在茶叶放入冰箱前一定做好密封工作，并在包装袋内装入足量的专用保鲜剂。

（2）从冰箱中取出茶叶后，不能立即将包装打开，而是要让茶叶慢慢升温，待温度升到常温后打开包装袋，然后进行冲泡饮用。并且从冰箱中取出之后，最好能在半个月内喝完。

（3）在所有茶类中，绿茶最好放在冰箱里储存。而其他茶类，例如红茶、乌龙茶、普洱茶、花茶均不必放在冰箱内保存。因为红茶和乌龙茶中多酚类物质的含量比较低，陈化变质的速度较慢，容易贮藏；普洱茶是发酵茶，里面含有益菌种和酶，这些酶能让普洱的口味更好，越陈越香。而酶要发挥作用，就需要通风、阴凉、干燥的环境，但放在冰箱里满足不了酶的需要，因此只需普通的存储方法就好；花茶具有馥郁的香气，如果低温存储，往往其中的香气会被抑制，降低茶叶本身的鲜灵度和浓度。所以这些类茶只要放在避光、干燥、密封、没有异味的容器中保存就好。

由于科技越来越发达，现在市场上出现了专门存储茶叶的冰箱和冷柜，有的还包含0℃冰温区，这对茶友们来说无疑是最好的消息。

暖水瓶贮存法

暖水瓶是我们生活中常见的用品，由于其瓶胆由双层玻璃制成，夹层中的两面又镀上银等金属，中间抽成真空，瓶口有塞子，密闭性比较好。因此，保温性能良好的暖水瓶、保温瓶均可用来贮存茶叶，其效果良好，一般可保持茶叶的色香味长达 1 年。

储存时的方法很简单。首先，选择一个保温性能良好的暖水瓶，为了节省，也可以用瓶胆隔层无破损的废弃暖水瓶，即使内壁有垢迹或断了底部的真空气孔的热水器也可用；接着，将热水倒干净，擦干，一定要彻底消除里面的水分，保持干燥的环境；将干燥的茶叶装入瓶内，要切记将茶叶压得紧实一些，而且要装足，可以适当晃一晃，减小茶叶之间的空隙，这样才能避免里面存有太多氧气与茶叶发生氧化反应；暖水瓶被茶叶装满了之后，瓶口需要用软木塞盖紧，并用白蜡封口，外面用透明胶带或保鲜膜缠紧，这样可以有效地阻止外面空气进入。

暖水瓶贮存也需要注意以下两点：

（1）暖水瓶虽然可以用旧的，但为了避免空气流入，隔层一定不能破损。这样的环境对于茶叶来说才相对密闭，才能减缓茶叶的氧化质变速度。

（2）暖水瓶中的水分一定要彻底去除之后才可装入茶叶，并且装茶叶的时候一定要装足装实，软木塞一定要盖紧瓶口，减少瓶中空气的残留。

由于暖水瓶中空气少，温度稳定，且外面的空气不容易进来，这种方法可以使茶叶储存得长久一些，保质效果也比较好。而且对于普通家庭来说，材料方便省钱，操作方法也简单易行。因此，它是许多家庭常采用的方法之一。

暖水瓶贮存茶叶

干燥剂贮存法

干燥剂也叫吸附剂，可以用在防潮、防霉等方面，起干燥作用。正因为它的这个特点满足了茶叶的存储条件，因此人们常常利用干燥剂作为存茶的方法之一。使用干燥剂，可使茶叶的贮存时间延长到一年左右。

可以用来储存茶叶的干燥剂有以下几类：

1. 木炭干燥剂

利用木炭储藏茶叶的方法很简单，主要是利用其良好的吸湿、吸味的特性。首先，将木炭烧燃，随后用火盆或铁锅覆盖，等到木炭熄灭冷却后再用干净的布将木炭包裹起来，放在盛放茶叶的容器中，例如瓦缸等。需要注意的是，里面的木炭要根据吸潮情况，及时更换，以便于缸内时刻保持干燥的环境。

2. 生石灰干燥剂

用生石灰保存茶叶，需要先将散装茶用薄质牛皮纸包严实，放在干燥密封的坛子或铁桶里面，沿着内边缘放好，中间的位置放袋装未风化的生石灰。装满了之后，上面用棉花垫塞封口处，再盖严盖子。将整个容器放到干燥处储藏，另外要根据容器内的潮湿情况，经常更换石灰，大概 1～2 个月换一次即可。

3. 变色硅胶干燥剂

变色硅胶干燥剂的贮藏方法与木炭法、生石灰法相似，但这种方法对茶叶的保存效果更好。一般贮存半年后，茶叶仍然保持其新鲜度。变色硅胶未吸潮前是蓝色的，当干燥剂颗粒由蓝色变成半透明粉红色时，表示吸收的水分已达到饱和状态，这时需要将它取出来，放在火上烘焙或放在阳光下晒，直到恢复原来的颜色时，就可以继续放入使用。变色硅胶可以循环使用，性价比比较高。

🍃 干燥剂

不同的茶需要选用不同类型的干燥剂，例如贮存红茶和花茶，可用干燥的木炭；贮存绿茶可用块状未潮解的石灰。若有条件者，也可用变色硅胶。总之，要按照贮茶的注意事项保存茶叶。

🍃 食品袋贮存法

食品袋储藏茶叶利用的材料就是常见的塑料袋，这种保存茶叶的方法是目前家庭贮茶最简易、最经济实用的方法之一。

贮存方法很简单。首先，选择两个全新的，无毒无味无空隙的塑料食品袋，这样的袋子不会进入空气，也能有效隔开其他物质的味道，避免茶叶吸附异味。将干燥的茶叶用防潮纸或软白纸包好后装入其中一个塑料袋中，轻轻挤压，将里面残留的空气尽量都排出来，然后用一根细绳扎紧袋子口。

接下来，将另一个塑料袋反方向套在先前的包装袋上，同样挤出里面的空气，并用绳子扎紧。如果有条件，还可以在袋子中装入茶叶专用保鲜剂，然后密闭封口。最后将两层除去空气的塑料

🍃 食品袋贮存茶叶

袋装入干燥、阴凉、密闭、无异味的锡罐或铁罐中即可。

用食品袋贮存茶叶需要注意以下两点：

（1）食品袋虽然随处可见，但选择上也有一点要求。一定要选用包装食品用的食品袋或是密度高的低压材料，要求手感厚实、耐磨耐用，这样才会使用长久。另外，袋子不能有孔洞、异味，否则茶叶很容易受潮或吸收周围的异味。

（2）将茶叶装入食品袋中后，一定不要忘了挤压出里面的空气，这样才会避免茶叶与氧气发生反应，影响质量。

食品袋储藏法可以减少茶叶香气散失，减慢茶叶氧化速度，因而长久地保持茶叶质量。与其他方式相比，用食品袋保存茶叶的方法既简单又实用，其保鲜效果十分显著，与真空保存或冰箱冷藏不相上下，而且持续时间也会很长。

其他贮存茶叶的方法

除了以上几种方法，人们还发现了其他几种贮藏茶叶的方法，其中比较常用的就是真空包装法与抽气充氮法。这两种方法都可以避免茶香味低淡、色泽枯暗、品质下降，从而降低商品的经济价值和使用价值。

真空贮存茶叶

1. 真空包装法

为了让茶叶与氧气彻底地隔离，人们常常采用真空包装法贮存茶叶。真空包装贮藏是采用真空包装机，将茶叶袋内空气抽出后立即封口，使包装袋内形成真空状态，从而阻滞茶叶氧化变质，达到保鲜的目的。真空包装时，选用的包装袋必须是阻气性能好的铝箔或其他多层的复合膜材料，此外复合袋也可以选用。铁质、锡质拉罐等作为容器。

2. 充氮储藏

充氮保存即是利用气泵把容器内的空气吸出来，然后充入稀有气体、二氧化碳或者氮气。经测试，如果绿茶采用铝箔包装袋充氮包装的形式，5个月后，其维生素 C 的含量可保持在 96% 以上。因此，用这种方法可以转换茶叶包装袋内的活性很强的氧气等气体，阻滞茶叶化学成分与氧的反应，达到防止茶叶陈化和劣变的过程。

惰性气体本身也具有抑制微生物生长繁殖的作用，而充入惰性气体之后，茶袋呈气囊型膨胀，除了防止茶叶变质，还可以保护茶叶不被压碎。

这两种方法采用的都是隔绝空气，减少茶叶与氧气反应的方法。类似的方法还有很多，只要能保证茶叶存储的几个注意事项即可。

不同类型茶叶的贮存方式

不同类型的茶叶有着不同的贮存方式，要想了解如何存储茶叶，首先要了解茶叶的特性。只有了解了不同茶叶的特性，才能因茶的不同而选择不同的存放方式。

根据茶叶的不同种类，可分为全发酵类，半发酵类和不发酵类三种茶类。这三种茶类的素质有些许差异，详细情况如下：

1. 全发酵类

全发酵类的茶包括红茶和黑茶。这类茶经过完整的发酵过程，其味道正是发酵之后的特有味道，而且越久越醇，价值越高。因而，这类茶不需要防潮、防晒，也不需要放入冷库、冰箱中存储，只需密封起来，免得吸收周围异味，放在室温状态下即可。

以黑茶中的普洱茶为例，可以这样存储：

如果保存得当，普洱茶会越陈越香。目前广为采用的是"陶缸堆陈法"。方法

不同类型茶叶应选用不同的贮存方式。

为：取一个广口陶缸，将老茶与新茶掺杂置入缸内，以利于两者陈化。对于即将饮用的茶饼，可将其整片拆为散茶，放入透气的陶罐中，静置半个月后即可取用。这是因为一般的茶饼往往外围松透，中央气强。经过上述"茶气调和法"处置后，即可让内外互补，享受到较高品质的茶汤。

2. 半发酵类

半发酵类茶主要是指青茶，即乌龙茶。它既包含全发酵茶的特性，又有不发酵茶的特性，因此，储存这类茶需要做到：防潮、防晒、防异味。但由于青茶介于两类茶之间，所以在一般情况下，青茶的存储时间要比不发酵类的绿茶多一些。假如不用冰箱储存，绿茶大约能保存一年，而青茶大约能保存 2 ~ 3 年。

青茶有轻焙、重焙；轻发酵、重发酵之分。一般说来，轻焙、轻发酵的茶，其特性与绿茶较为相似。如果想要持久收藏，需要放在冰箱等低温的地方。例如高山乌龙茶就属于轻焙、轻发酵，其特性与绿茶很像，因而贮存方法也极为相似。

3. 不发酵类

不发酵类的茶包含绿茶、白茶和黄茶类。这些茶中含有较多的维生素及活性营养素，很容易受到光晒、潮气以及气味的影响，因而极容易变质，所以相比其他两类茶来说，它的贮存要求特别高。

贮存这类茶必须做到防晒、防潮、防异味。由于茶叶极为敏感，切不可随便乱放，否则必然会加快其变质速度，茶叶还会吸收周围的气味，破坏自身的味道。

如果茶叶数量不多，会在几个月内用完，只需将其置于荫凉通风之处便可。当然，储存容器必须密封，以免受异味熏染。储存容器最好是锡罐，以免受日晒。市面上出售高档茶叶时附带的纸皮质茶罐、茶盒也可用，但是茶罐里面包茶叶的锡纸包必须保留，这样茶叶才会更经得起收藏。

根据茶的以上三种类型，我们可以得到不同的存储方式。这样就能有效地将它们区分开来，做到不同茶叶不同对待。

第二章
好器沏好茶

入门必备的茶具

对于一个初入茶领域的茶友来说，对一切都会觉得陌生，尤其是走进茶具店，看着琳琅满目的茶具，一定会感到迷茫。下面我们就介绍几种新手入门必备的茶具，以供初学者参考。

1. 茶壶

茶壶是一种供泡茶和斟茶用的带嘴器具，它也是新手入门必备的茶具之一。其作用主要用来泡茶，也有直接用小茶壶泡茶独自饮用的。茶壶的基本形态有几百种，可谓五花八门，形状样式千奇百怪。茶壶的质地也较多，而多以紫砂陶壶或瓷器茶壶为主。

茶壶

2. 茶杯

茶泡好后，需要盛放在茶杯中准备饮用。不同的茶可以用不同的茶杯盛放，其材质有玻璃、瓷等几种。茶杯的种类、大小应有尽有。需要注意的是，茶杯的内壁最好是白色或浅色的，如果选用玻璃制成的品茗杯也可。

茶杯

3. 盖碗

盖碗又称"三才杯"，它由杯托、杯身、杯盖构成，蕴含着"天盖之、地载之、人育之"的意思。盖碗有许多

盖碗

种类，例如玻璃盖碗、白瓷盖碗和陶制盖碗等，其中以白瓷盖碗最常见。而近些年来，玻璃盖碗又开始在茶市场中流行起来，人们主要用它来冲泡绿茶。

4. 茶荷

茶荷又名赏茶荷，是一种置茶用具，用来盛装要沏泡的干茶。茶荷按质地分，有竹、木、瓷、陶等。一般以白瓷为多见，可以更加清晰地观察到茶叶的外形和色泽。也有竹制的，比较美观、大方。按外形分，有各种各样的形状，如圆形、半圆形、弧形、多角度形等。正因如此，茶荷才显得既实用又美观。

茶荷

5. 公道杯

公道杯又称为茶海，蕴含着"观音普度，众生平等"的意思。它的主要功能是使每位客人杯中的茶汤浓度相同，做到好不偏颇，名字想必也是因此得来。公道杯按材质分，有玻璃、白瓷、紫砂等。玻璃和白瓷最常使用，最大的优点是可以观察茶汤的色泽和品质。使用时，只需将茶汤慢慢倒入公道杯中，保持茶汤的浓淡，这样有助于随时为客人分饮。

公道杯

6. 随手泡

随手泡又称为煮水器。煮水是泡茶过程中重要的程序之一，掌握煮水的技巧、水的温度对泡出一杯成功的茶汤起到关键作用。因此，随手泡对新手而言也是必备的重要茶具之一。随手泡有铝、铁、玻璃等材质，由于现今科技日益发达，市场上多了许多类型，例如：电热铝制电磁炉煮水器、酒精玻璃壶煮水器、电磁炉煮水器、铁壶煮水器等。

随手泡

7. 杯托

杯托主要在奉茶时用来盛放茶杯或是垫在杯底防止茶杯烫伤桌面的器具。杯垫按各种形状分，有长方形、圆形等几种；按材质分，主要有竹、木、瓷、布艺等几种。并且，不同质地的杯垫用于放置不同的玻璃杯。例如竹、木、瓷制杯垫主要用于放置瓷杯或陶杯；布艺杯垫多用于放置玻璃杯。

杯托

茶道具

茶巾

茶叶罐

茶盘

8. 茶道具

茶道具被人们称为茶艺六君子，它们分别是茶匙、茶针、茶漏、茶夹、茶则、茶桶，每个道具都有各自不同的用处。茶道具长用黑紫檀、铁梨木、竹等材质制成，其中以紫檀木制成的道具最佳。

9. 茶巾

用来擦拭壶壁、杯壁的水渍或是茶渍的茶具。市场上常见的茶巾通常由棉布和麻布制作，吸水性比较强。茶巾完全依照个人的喜好以及茶桌颜色来决定，并没有太多要求。另外，使用茶巾之后应及时用清水清洗，避免细菌滋生。

10. 茶叶罐

用来存放茶叶的器具，又称茶仓。按材质分，茶叶罐多由紫砂、瓷、锡、纸、玻璃等材质所作。不同茶叶应选用不同质地的茶叶罐，例如普洱茶最好选用紫砂茶罐；绿茶最好选用锡罐存储；而花草茶外形美观，可选用观赏性较强的玻璃罐存储。

11. 茶盘

茶盘主要用于放置茶具，或盛接凉了的茶汤或废水使用，常见的茶盘主要是由竹和木质材料制成。一般选择茶盘大小主要由喝茶人数及茶具决定，如果喝茶的人数少或是茶具较少，可选用小一点的茶盘；如果喝茶人数多或是茶具较多，则可选用大一点的茶盘。

以上几种为入门必备的茶具，有了这几样，不管我们是不是第一次泡茶，都不需要再为五花八门的茶具而迷茫苦恼了。

如何选购茶具

一个爱茶之人，不仅要会选购品质好的茶叶，更要会挑选好茶具才可。选用好茶具，除了讲究茶具的外形美观和使用价值外，还要力求最大限度地发挥茶具的特性。因此，选好茶具就显得尤为重要了。

选购茶具首先要根据所冲泡茶的种类、茶的老嫩程度、色泽以及品茶人群 4 个方面考虑，这样才能做到物有所值，不会让茶的味道欠缺。

1. 根据茶的种类

　　茶叶种类不同，所用的茶具也有讲究。冲泡花茶时通常使用瓷壶，饮用时使用瓷杯，茶壶的大小根据人数的多少来确定；南方人喜爱炒青或烘青绿茶，冲泡时大多使用带盖的瓷壶；冲泡乌龙茶时，适宜使用紫砂茶具；冲泡工夫红茶及红碎茶时，通常使用瓷壶或紫砂壶；冲泡西湖龙井、洞庭碧螺春、君山银针等名茶时，为了增加美感，通常使用无色透明的玻璃杯。

2. 根据茶的老嫩程度

　　我国民间有"老茶壶泡，嫩茶杯冲"这一说法，也就是说，用茶壶冲泡老茶，而用杯子冲泡嫩茶。这是因为较粗老的茶叶，用壶冲泡，可保持热量，有利于茶叶中的水浸出物溶解于茶汤，提高茶汤中的可利用部分；另外，较粗老茶叶没有艺术观赏价值，用来敬客，有失雅观。用茶壶泡则可避免失礼之嫌。而细嫩的茶叶，用杯冲泡，一目了然，可同时收到物质享受和精神欣赏的双重效果。

3. 根据色泽

　　根据色泽选购主要是茶具间外观颜色要相称，另外茶具要与茶叶的色泽相配。饮具的内壁通常以白色为宜，这样可以真切地反映茶汤的色泽与纯净度。在观赏茶艺、品鉴茶叶时，还应该多加留意，同一套茶具里的茶壶、茶盅、茶杯等的颜色应该相配，茶船、茶托、茶盖等器具的色调也应该协调，这样才能使整套茶具如同一个不可分割的整体。如果将主茶具的色调作为基准，然后用同一色系的辅助用品与之相搭配，则更是天衣无缝。

4. 根据不同人群

　　不同人有着不同性格，而不同性格的人各有其偏好的茶具类型。例如，性格开朗的人比较喜欢大方且有气度、简洁而明亮的造型；温柔内向的人，偏爱做工精巧、雕琢细致繁复而多变的茶具。除此之外，由于年龄、职业的不同，人们对茶具也有着不同的需求。例如年轻人常常以茶会友，自然会拿出精致美观的茶具以及上好的茶叶来待客，因此，他们常常用茶杯冲泡茶；而老年人喝茶重在精神享受，他们更喜欢在喝茶的时候品味茶韵，因此，他们适合用茶壶泡茶，慢慢品饮，实在是一种人生享受。职业不同，人们对茶具的选择也不相同，例如文化人喜欢在壶中加入茶文化的内涵，其中也包括诗词铭文、书画的镌刻；做官赚钱更适合福寿壶、元宝壶以及金钱壶等。

茶具的分区使用

　　茶具按照功能划分，可分为主茶具和辅助茶具以及相关器具3大类，并分区使用，操作起来比较方便。

1. 主茶具

　　主茶具包括茶壶、茶船、茶杯、茶盅、盖碗、杯托等几种。

（1）茶壶

　　仅有好茶而没有好茶壶是不行的，否则无法使茶的精华展现出来。茶壶的种类繁多，样式也是五花八门，但一个好茶壶所需要的不仅要有精致的外观、匀滑的质地，相对来说还要更实用一点才好。因此，挑选茶壶有以下几个讲究：

　　首先，茶壶一定不要有泥味和杂味，否则冲泡之后的茶汁也会沾染异味，影响茶汤品质；其次，保温效果一定要好，可以减少热量流失；再次，茶壶的壶盖与壶身要密合，壶口与出水的嘴要在同一水平面上。壶身宜浅不宜深，壶盖宜紧不宜松，壶嘴的出水也要流畅；最后，茶壶的质地一定要与所冲泡的茶叶相称，这样才能将茶叶的特性发挥得淋漓尽致。

茶壶

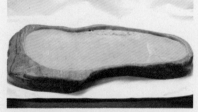
茶船

（2）茶船

　　用来放置茶壶的容器，有了它既可以增加茶具的美观，同时又能防止茶壶因过热而烫伤桌面。有的时候，茶船还有"湿壶"、"淋壶"之用：在茶壶中加入茶叶，冲入沸开水，倒入茶船后，再由茶壶上方淋沸水以温壶，淋浇的沸水也可以用来洗茶杯。

（3）茶杯

茶杯是用于盛放泡好的茶汤并在饮用时使用的器具，其种类、大小应有尽有。大体上分为以下6种：敞口杯、翻口杯、直口杯、收口杯、把杯和盖杯。喝不同的茶用不同的茶杯，或根据茶壶的形状、色泽，选择适当的茶杯，搭配起来也颇具美感。

茶杯

（4）茶盅

茶盅有壶形盅、无把盅、简式盅三种，其作用主要用于分茶。当茶汤的浓度适宜后，将茶汤倒入茶盅内，再分别倒入几个茶杯之中，以求茶汤浓度均衡。

茶盅

（5）盖碗

盖碗也被称为盖杯，它是由茶碗、碗盖和茶托3部分组成。可以单个使用，也可以泡饮时合用，因情况而决定。

盖碗

（6）杯托

杯托可以分为盘形、碗形、圈形和高脚形4种。杯托垫在茶杯底部，虽是不起眼的小物件，却起着很大的作用。不仅美观，还可以起到隔热的作用。

杯托

2. 辅助茶具

（1）茶盘

用来放茶杯或其他茶具的盘子，以盛接泡茶过程中流出或倒掉的水，也可以用作摆放茶杯的盘子，茶盘有塑料制品、不锈钢制品，形状有圆形、长方形等多种。

茶盘

（2）茶荷

茶荷是将茶叶由茶罐移至茶壶的用具，除了置茶的功用，还具有赏茶功能。茶荷多数为竹制品，既实用又可当艺术品，一举两得。如果没有茶荷时，我们也可以采用质地较硬的厚纸板折成茶荷形状即可。

（3）茶则

在茶道中，把茶从茶罐中取出置于茶荷或茶壶时，需要用茶则来置取。茶则现在多用铜、铁、竹做材料

茶荷

茶匙

茶针

茶巾

茶漏

茶叶罐

茶夹

加工。

（4）茶匙

茶匙的形状像汤匙，也因此而得名，其主要用途是挖取茶壶内泡过的茶叶。由于茶叶冲泡过后会紧紧塞满茶壶，加上一般茶壶的口都不大，用手挖出茶叶既不方便也不卫生，所以人们常使用茶匙。

（5）茶针

茶针的功用是疏通茶壶的内网，以便于水流畅通。

（6）茶巾

茶巾的主要功用是干壶，在酌茶之前将茶壶或茶海底部的水擦干，也可擦拭滴落桌面之茶水。

（7）茶叶罐

储存茶叶的罐子，最好密闭不透光，且没有异味，常见的茶叶罐材质有马口铁、不锈钢、锡合金及陶瓷等等，因不同茶叶类型而酌情选用。

（8）茶漏

在置茶时放在壶口上，以导茶入壶，防止茶叶掉落壶外。

（9）茶夹

可将茶渣从壶中夹出，人们还用它来夹着茶杯清洗，既防烫伤又干净卫生。

（10）煮水器

煮水的器具，品种样式较多，可根据具体情况购买。

（11）茶筒

盛装茶道具的器具，里面放置茶匙、茶针、茶漏、茶夹、茶则。

（12）茶导

用来拨取茶叶的器具。

煮水器

茶筒

茶导

（13）养壶笔

外形像又短又粗的毛笔，笔把的造型多种多样，多为竹木雕刻制成，可以用来刷养壶与茶宠。

（14）茶宠

茶宠，亦是茶玩，多数使用紫砂泥制作，造型各异，增加泡茶的情趣。

养壶笔

茶宠

以上为几种常见的茶具，随着茶文化的发展，泡茶品茶时的器具也花样繁多。当我们了解了茶具的方法以及特性时，在今后泡茶品茶的过程中，一定也会用得得心应手。

精致茶具添茶趣

随着茶文化的不断发展创新，人们对茶具的要求也越来越高，不仅对其应有的功能存在需求，对其审美价值的要求也越来越高。可以说，茶具越精致，带给人的品茶感受也越惬意，因此，精致的茶具往往会增添许多品茗乐趣。

茶具由于制作材质不同，可分为陶土茶具、瓷质茶具、金属茶具、玻璃茶具、竹木茶具5类，每一类茶具都有其别具一格的魅力，品茶时也会给人带来不同的享受：

1. 陶土茶具

陶土茶具是我国最早的茶具种类。早在北宋初期，陶土茶具就已经初具规模。由于成陶火温高，烧结密致，因此既不渗漏，又有肉眼看不见的气孔，传热不快也不容易烫手。另外，陶土茶具的造型往往简单大方，外形各异，色泽淳朴古雅。

陶土茶具中的佼佼者可谓紫砂莫属了。紫砂茶具最初开始于宋代，到明清两代时达到鼎盛，时至今日仍备受茶友们的喜爱。紫砂茶具的材质多为紫砂，偶尔也有

陶土茶具

红砂、白砂。由于它源自天然的陶土色彩，古朴雅致，所以使用紫砂茶具时，必然会给饮茶人带来视觉上的享受。

2. 瓷质茶具

瓷质茶具可分为青瓷茶具、白瓷茶具、黑瓷茶具、搪瓷茶具和彩瓷茶具5种。

（1）青瓷茶具

由晋代开始，青瓷茶具才逐渐发展起来，当时浙江是著名的青瓷产地。那里生

青瓷茶具

白瓷茶具

黑瓷茶具

彩瓷茶具

产各类青瓷器，包括茶壶、茶碗、茶盏、茶杯、茶盘等。到了明代之后，青瓷茶具已经在国内外小有名气，著名的龙泉青瓷曾作为稀世珍品出口法国。

（2）白瓷茶具

白瓷茶具色泽洁白，颜色极为高贵脱俗。不仅如此，其造型也被设计得十分精巧，茶具外壁常绘有山川河流、花鸟鱼虫、四季美景，或是印有名人书法，颇具欣赏价值。现在人们常常使用白瓷茶具待客，既带来视觉上的享受，又能展现自身的高雅气质。

（3）黑瓷茶具

黑瓷茶具从晚唐开始流行，到宋朝时达到鼎盛，后又流传至今，一直经久不衰。以黑瓷茶具作为盛放茶的器具，不仅古朴雅致、风格独特，而且黑瓷本身材质较其他类茶更厚重，因而具有良好的保温作用，真可谓既美观又实用。

（4）搪瓷茶具

我国的搪瓷工艺大约是在元代开始出现，因此搪瓷茶具较其他几类瓷质茶具兴起得较晚。除了仿瓷茶具洁白、光亮的特点，加彩搪瓷的茶具也备受茶友喜爱，它们不仅与其他同类茶具有着相同的作用，还颇具欣赏价值。

（5）彩瓷茶具

彩瓷茶具由于品种花色繁多而被许多人购买使用。彩瓷茶具中，最著名的要数青花瓷了。其色泽淡雅幽长，华而不艳；彩料涂釉，显得滋润明亮，平添了茶具的美感与魅力。由于青花瓷茶具绘画工艺水平高，特别是将中国传统绘画技法运用在瓷器上，因此由古代一直流传至今，经久不衰。

3. 金属茶具

金属茶具是我国最古老的日用器具之一，它由金、银、铜、铁、锡等金属材料制作而成。人们一直认为用金属茶具来煮水泡茶会使"茶味走样"，以致很少有人使用。但用金属制成贮茶器具，如锡瓶、锡罐等，却屡见不鲜。虽然人们对金属茶具褒贬不一，但只要利用它的特长，也可以成为贮藏茶叶的最好器具。

金属茶具

4. 玻璃茶具

由于玻璃质地透明，光泽夺目，因此，用玻璃器具泡茶品茶，可以让人看清楚茶叶的本身形态以及鲜艳的色泽，对品茶者来说，无疑带来视觉上最美的享受。冲一壶翠绿的龙井，看杯中轻雾缥缈，澄清碧绿，芽叶朵朵，亭亭玉立，观之赏心悦目，一定别有一番情趣。

玻璃茶具

5. 竹木茶具

竹木茶具来源广，制作方便，对茶无污染，对人体又无害，因此，自古至今，一直受到茶人的欢迎。而且，竹木的色泽翠绿，与茶叶相互辉映，不仅色调和谐，而且美观大方，带给人们如入山林般的宁静感受。

以上根据不同材质制成的茶具都带有其各自的美感，我们可根据不同情境，不同心境来选择适合的茶具，一定会为品茶增添独特的情调与味道。

竹木茶具

不同产地的瓷质茶具

我国有着悠久的茶具制造历史，从秦汉时期的宜兴窑开始，各朝各代均有特定的地点制造茶具。越窑的青瓷、邢窑的白瓷在海内外都久负盛名，另外，建窑、钧窑等地出产的瓷质茶具也各具特色，被越来越多的人所熟知。

1. 宜兴窑

宜兴窑位于江苏宜兴，以生产紫砂壶而享誉世界。宜兴窑的制瓷历史十分久远，长达两千余年。早在秦汉时期，宜兴当地就出现了陶窑。直到今天，宜兴窑仍然是我国陶瓷产区之一，其中生产的陶瓷器皿品质一直较高。

宜兴窑茶具

2. 景德镇窑

提到瓷器产地，不得不提到景德镇。景德镇瓷器，这个名字不仅在古代备受人们青睐，在现代也令许多人闻之点头称赞。

景德镇窑坐落于江西省景德镇，也因此而得名。早在东晋末年，景德镇窑就开始进行瓷器的烧制，而到了宋代，景德镇的瓷业习俗开始初具规模。"村村窑火，户户陶埏"用这句话形容景德镇的制瓷业十分贴切。

景德镇茶具

自元代之后，景德镇窑已经成为我国最大的瓷器产地。青花瑞兽纹盘、世称"甜白"的永乐白瓷、宣德年间的青花瓷、成化年间的斗彩以及明代晚期空前绝后的青花五彩都是由景德镇烧制而成。众多的瓷器中，茶具产量也不可小觑，直到今天，我们在茶具市场上仍然可以看到大批产自景德镇的器具，不仅样式美观，还经久耐用，堪称精品。

邢窑品茗杯

3. 邢窑

邢窑位于河北邢台，主要以出产白瓷为主。其中生产的白瓷釉质细腻，洁白无瑕，在古代经常被作为御用瓷器。诗人皮日休曾专门作了一首诗来称赞邢窑："邢窑与越人，皆能造瓷器。圆似月魂坠，轻如云魄起。"从诗中可以看出，邢窑生产的白瓷极为精致美观。

4. 越窑

越窑茶具

越窑位于浙江绍兴，早在唐代时就开始了烧瓷历史。越窑以烧制青瓷著称，色泽晶莹温润，明澈似水，青中带绿，十分美观。茶具制成之后，工艺师还会在器具上绘制山水、花卉以及虫鱼走兽等，既实用又美观。

5. 建窑

建窑茶具

建窑位于福建省建阳市，因此而得名。早在唐代时期，建窑就已经建成，那时，建窑主要烧制一些青瓷茶具。直到北宋开始，建窑又凭借所生产的黑釉茶盏而闻名遐迩。宋代著名茶学家蔡襄在《茶录》中这样评价道："茶色白，宜黑盏，建安所造者绀黑，纹如兔毫，其坯微厚，埚之，久热难冷，最为要用。出他处者，或薄或色紫，皆不及也。其青白盏，斗试家白不用。"由此我们可以看出，建窑所产的茶具的确品质上乘，制作精良。

6. 钧窑

钧窑茶具

钧窑位于河南禹州，这里主要烧制铜红釉，同时也烧制其他类别的釉瓷器。到了今天，钧窑仍然生产各种艺术瓷器，其中茶具也堪称精品。

7. 汝窑

汝窑茶具

汝窑从北宋年间开始烧制瓷器。由于烧制的土质比较特殊，烧成的瓷器上常常带有一种特殊的光泽。而且这里的瓷器色彩多种多样，十分难得。其中生产的茶具也极为漂亮，直到今日人们仍争相购买。

千百年来，每一个制瓷产地都为人们贡献出无数精品茶具。这些茶具各具特色，形态美观，让人们不仅在品啜美茶时赏心悦目，同时也体现了人们对艺术的追求。

茶具的清洗

长期喝茶的人一定会面临一个烦恼，那就是茶具的清洗问题。如果我们每次喝完茶之后，都把茶叶倒掉，并用清水冲洗干净茶具，那么完全不需要清洗，茶具依然会保持明亮干净的样子，但有些人并不知道这些。

茶具使用时间一长，其表面很容易沾上一层茶垢。有些茶友以茶垢为"荣"，证明自己很爱茶，甚至干净的茶具不用，反而用那些茶垢很厚的茶具，这种想法与做法都是错误的。相关资料表明，没有喝完或存放较长时间的茶水，暴露在空气中，茶叶中的茶多酚与茶锈中的金属物质在空气中发生氧化作用，便会生成茶垢，并附在茶具内壁，而且越积越厚。有人曾对茶垢进行抽样化验，发现茶垢中含有致癌物，如亚硝酸盐等。当人们使用带有茶垢的茶具时，部分茶垢会逐渐进入人体。与人体中的蛋白质、脂肪酸、维生素等物质结合，变成许多有毒物质，从而危及健康。

因此，去除茶垢，及时清洗茶具成了人们必须解决的问题。那么，究竟该如何清洗呢？有许多人习惯用硬质的刷子或是粗糙的工具来清洗，认为这样会洗得干净，可这样清洗之后，茶具的情况往往会更糟糕。茶具表面都有一层釉质，如果经常这样刷洗，只能让釉质变得越来越薄，最终茶汤渗入茶具中，时间久了就变成茶垢，也就越来越难清洗了。

正确的方法其实不难。我们除了要保持喝完茶就冲洗茶具的习惯，还可以采取以下的小方法去除茶垢。挤少量牙膏涂抹在茶具表面，过几分钟之后再用清水冲洗，这样茶垢就很容易被清除干净了。

除了牙膏去除茶垢的方法，还可以用水煮法清洗茶具。有些人会发现，刚买的茶具有泥土味，上面还有蜡质，这个时候就需要用水煮法去除。水煮法很简单，首先取一干净无杂味的锅，把壶盖与壶身分开置

清洗茶具

于锅底，向锅中倒入清水，没过壶身，再用文火慢慢加热至沸腾。等到水沸腾之后，拿一些较为耐煮的茶叶投入继续熬煮，几分钟之后捞出茶渣，里面的茶具仍继续小火慢炖。30分钟左右，将茶具从锅中取出，任其自然转凉，切忌用冷水冲洗。等到茶具转为正常温度时，再用清水冲洗即可。

以上简单介绍了茶具的清洗方法，大家可以尝试一下。

茶具的保养

人们常说，"玉不琢不成器，壶不养不出神"。其实不仅茶壶，每一个茶具都应该认真保养，这样才可以延长其使用寿命。

保养茶具之前首先要将表面的油污、茶垢等清除干净，一旦沾油必须马上清洗，否则泥胎吸收油污后会留下难以清除的痕迹。有些人不拘小节，常常在不用茶具的时候用它们来盛放其他东西，例如汤、油等液体，这样简直等于毁了茶具。因此，茶具中切忌盛装其他液体，如果已经存放过，应及时清除。

保养茶具主要在于"养"，我们可以选择采用绿茶养茶具。选择的茶叶以当年产新茶为佳，茶叶的等级要高，而且越是精品的茶具，越要选择上等的茶叶，这样才能使茶具充分吸收茶香。

选择好茶叶之后，我们需要经常泡茶保养茶具。因为，泡茶次数越多，茶具吸收的茶汁就越多。吸收到某一程度，就会透到茶具表面，使之发出润泽如玉的光芒；泡茶结束之后，要将茶渣清除干净，以免产生异味。需要注意的是，这里所提到的勤泡茶并不是指连续不断地泡茶，当泡一段时间之后，需要让茶具休息，这样才能在再次使用时进一步吸收茶香。

在饮茶的过程中也可以保养茶具，我们可以准备一块干净的茶巾和棉布，来回擦拭壶体，使茶汁均匀地渗入壶体。也有人先冲出一泡较浓的茶汤当"墨汁"，再以养壶笔蘸此茶汤，反复均匀涂抹于壶身，借以提高其接触茶汤的时间与频率。泡茶冲至无味后，应将茶渣去净，用热水将壶内壶外刷洗一次，置于干燥通风处，并将壶盖取下，以利风干。

我们对茶具经常养护，自然会换来茶具表面越来越温润的光泽以及越加香醇的茶味，这无疑是一种人与茶具之间的情感互动。如此天长日久，每个人都可以与茶具倍加亲近，真正地在泡茶品茶中怡情养性，体悟点点滴滴的生活之美。

历史上的制壶名人与名器

我国有着悠久的制壶历史，制壶艺人也不在少数。他们呕心沥血地制作出精美绝伦的茶具，并将自己的感情融入进去，展示出中华民族的灵性与才情。历史上的

紫砂提梁壶

三足圆壶

六方紫砂壶

制壶名人很多，包括时大彬、黄玉麟、邵大亨、项圣思等等，他们每个人都有各自独特的茶壶作品。

1. 时大彬

时大彬是明万历至清顺治年间人，其父时朋是著名的紫砂"四大家"之一。正因为受其父亲影响，时大彬从小就对制作紫砂壶产生了浓厚的兴趣。据说时大彬的创作态度极其严肃，每遇不满意的作品，立即自行毁弃。因此，但凡有大彬壶出世，必定是精品。由于他对紫砂陶的泥料配制、成型技法、造型设计与铭刻都极有研究，因此，即便他流传存世的作品极少，也依然被无数茶人名家推崇。据后世统计，大彬壶的存世作品不过数十件，但历代仿品却非常之多，可见大彬壶的受欢迎程度。

时大彬的代表作品很多，例如紫砂提梁壶、三足圆壶、六方紫砂壶等等，每一种茶壶都有其独特的风格及特点，可谓精品。

（1）紫砂提梁壶

紫砂提梁壶形体厚重敦实，外观素雅秀丽，由于采用栗色的粗砂土泥和黄色钢砂土制作，因此，整个壶表面呈现出金色的光芒，极其美观。提梁壶有着提梁式的壶把，其剖面是菱方形，壶盖口沿上刻有"大彬"款署字样，左侧刻有篆体"天香阁"字样。

（2）三足圆壶

三足圆壶因其壶身的形状而得名。其壶身看起来像是一个球形，壶底面有三个小足，小足既曲润有变，又和壶身浑然一体。整个壶面朴实无华，毫无装饰，只有壶盖上的壶钮周围用四瓣柿蒂纹装饰着。并且，在壶把下面的腹面上刻有"大彬"字样，字体规整又不失洒脱。

（3）六方紫砂壶

六方是一种历史较为悠久的造型样式，但时大彬敢于进行创新改革，在这种样式上稍加改变，带来了六方紫砂壶全新的特点。他将六方壶的壶盖设计成圆形，壶钮设计成圆锥形，又在制作过程中增强了壶的整体平稳感，可以看出时大彬本人的独特风格。

2. 黄玉麟

黄玉麟是清末著名制壶名家。有人评价他"每制一壶，必精心构选，积日月而成，非其重价弗予，虽屡空而不改其度"。由此可以看出他本人对制壶的态度及热爱之情。黄玉麟因为在选泥时非常讲究，因此他做成的茶壶都精巧圆润，浑然天成。

（1）弧菱壶

弧菱壶可以说是黄玉麟制作的壶中最具代表性的。弧菱壶四角圆润，下大上小，底部有足，整个壶体是方形的，因而更加显得坚定稳重；壶身线条柔和，具有和谐之美的同时又具藏锋不露之妙，犹如一位妙龄少女，含蓄而又文静，娉婷袅娜之中又不乏底蕴。

（2）方斗壶

方斗壶用紫红泥铺砂作为材质，因此整个壶身都布满金黄色的"桂花砂"，特别漂亮。壶身下大上小，壶身四面由四个梯形组成，壶盖呈正方形，顶上有一个立方体壶钮，把手磨出四棱形状，整体方斗壶给人一种坚硬挺拔之感，方中见秀又不失素雅清新。

3. 邵大亨

邵大亨是清代制壶名家。他制成的壶形体简练，朴实中却处处透着不凡气势，因此他所做的茶壶一直以庄重质朴而闻名。曾有人对他的壶这样评价，"一壶千金，几不可得"，由此看来，邵大亨在当时一定享有较高的声誉。

八卦束竹紫砂壶

邵大亨的代表壶具是八卦束竹紫砂壶。这种壶壶底四周有四足，每只足都是由壶身腹部延伸而出的 8 根竹子做成，将整个壶上下连成一体，显得十分谐调，同时也增强了壶身的牢固性与稳定性。壶盖上的伏羲八卦方位图微微凸起，盖钮也做成一个太极八卦图式，并因此得名。

4. 项圣思

项圣思是明末清初的陶艺名家，相传为修道之人，历史上关于他本人的文字记载也并不多见。

他所做的著名茶具为紫砂桃形杯。该杯以连着枝叶而切开的半桃为形而制，桃形的杯口，整个杯面都修整得平整明润，看起来格外洁净。另外，项圣思刻意将作为杯体的桃子做得丰硕肥大，同时又将与桃柄相连的枝干做成盘屈而中空的粗老树干，看起来活灵活现，使整个杯子极具灵性。

不仅古代有着制壶名家，现代制壶名人也不在少数。他们都在一方小小领域中与泥土为伴，将全部的精力与才智融入其中，带给人们无数感动。

瓷质茶具的特点

　　在陶器烧结过程中，含有石英、绢云母、长石等矿物质的瓷土经过高温焙烧后，会在陶器的表面结成薄釉，釉色也会根据烧制温度的变化而呈现出不同的效果，从而诞生出胎质细密、光泽莹润、色彩斑斓的精美瓷器。瓷器食器质地坚硬、不易涸染、便于清洁、经久耐用、成本低廉。

　　瓷器始于商周，成熟于东汉，发展于唐代。瓷脱胎于陶，初期称原始瓷，至东汉才烧制成真正的瓷器。瓷分为硬瓷和软瓷两大类，硬瓷者如景德镇所产白瓷，软瓷如北方窑产的骨灰瓷。瓷茶具有碗、盏、杯、托、壶、匙等，中国南北各瓷窑所产瓷器茶具有青瓷茶具、白瓷茶具、黑瓷茶具和青花瓷茶具等。

可以绘上各色精美的颜色或图案。

质地坚硬致密。

形态各异、精薄温润的瓷器往往兼具一定的艺术价值。

　　青瓷是在坯体上施含有铁成分的釉，烧制后呈青色，发现于浙江上虞一带的东汉瓷窑。白瓷是以含铁量低的瓷坯，施以纯净的透明釉烧制而成，成熟于隋代。唐代民间使用的茶器以越窑青瓷和邢窑白瓷为主，形成了陶瓷史上著名的南青北白对峙格局。

青瓷茶具的特点

　　青瓷茶具胎薄质坚，造型优美，釉层饱满，有玉质感。明代中期传入欧洲，在法国引起轰动，人们找不到恰当的词汇称呼它，便将它比作名剧《牧羊女》中女主角雪拉同穿的青袍，而称之为"雪拉同"，至今世界许多博物馆内都有收藏。

　　在瓷器茶具中，青瓷茶具出现得最早。在东汉时，浙江的上虞已经烧制出青瓷茶具，后经历了唐、宋、元代的兴盛期，至明、清时期略受冷落。

　　青瓷茶具主要产于浙江、四川等地，其中浙江龙泉市的龙泉窑生产的青瓷茶具以造型古朴挺健，釉色翠青如玉著称于世，被世人誉为"瓷器之花"。南宋时，质地优良的龙泉青瓷不但在民间广为流传，也成为皇朝对外贸易交换的主要商品。

胎质圆滑细腻。

龙泉窑瓷碗（元）

线条流畅，造型典雅。

龙泉窑豆青釉盖罐（明）

白瓷茶具的特点

白瓷，以其色白如玉而得名。白居易曾盛赞四川大邑生产的白瓷茶碗："大邑烧瓷轻且坚，扣如哀玉锦城传。君家白碗胜霜雪，急送茅斋也可怜。"

白瓷的主要产地有江西景德镇、湖南醴陵、四川大邑、河北唐山、安徽祁门等，其中以江西景德镇产品最为著名，这里所产的白瓷茶具胎色洁白细密坚致，釉色光莹如玉，被称为"假白玉"。明代以来，人们转而追求茶具的造型、图案，纹饰等，白瓷造型的千姿百态正符合人们的审美需求。

白瓷双螭耳瓶（唐）

白瓷茶具约始于公元 6 世纪的北朝晚期，至唐代已发展成熟，早在唐代就有"假玉器"之称。

黑瓷茶具的特点

黑瓷茶盏古朴雅致，风格独特，瓷质厚重，保温良好，是宋朝斗茶行家的最爱。斗茶者认为黑瓷茶盏用来斗茶最为适宜，因而驰名。据北宋文献《茶录》记载："茶色白（茶汤色），宜黑盏，建安（今福建）所造者绀黑，纹如兔毫，其坯微厚……其青白盏，斗试家自不用。"

黑瓷茶具产于浙江、四川、福建等地，其中四川广元窑的黑瓷茶盏，其造型、瓷质、釉色和兔毫纹与建瓷也不相上下。

茶壶的嘴呈鸡头状。

黑釉盘口鸡首壶

浙江余姚、德清一带也生产过漆黑光亮、美观实用的黑釉瓷具，其中最流行的是这种鸡头壶。

青花瓷茶具的特点

青花瓷茶具蓝白相映，色彩淡雅宜人，华而不艳，令人赏心悦目，是现代中国人心中瓷器的代名词。

青花瓷茶具是在器物的瓷胎上以氧化钴为呈色剂描绘纹饰图案，再涂上透明釉，经高温烧制而成。它始于唐代，盛于元、明、清，曾是那一时期茶具品种的主流。北宋时，景德镇窑生产的瓷器，质薄光润，白里泛青，雅致悦目，并有影青刻花、印花和褐色点彩装饰。元代出现的青花瓷茶具，幽靓典雅，不仅受到国人的珍爱，而且还远销海外。

胎质薄润。

纹饰繁杂、典雅。

宣德款青花缠枝莲纹瓷碗（明）

玻璃茶具的特点

玻璃茶具是指用玻璃制成的茶具，玻璃质地硬脆而透明，玻璃茶具的加工分为两种：价廉物美的普通浇铸玻璃茶具和价昂华丽的水晶玻璃。

玻璃，古人称之为琉璃，我国的琉璃制作技术虽然起步较早，但直到唐代，随着中外文化交流的增多，西方琉璃器的不断传入，我国才开始烧制琉璃茶具。近代，随着玻璃工业的崛起，玻璃茶具很快兴起，这是因为，玻璃质地透明，光泽夺目，可塑性大，因此，用它制成的茶具，形态各异，用途广泛，加之价格低廉，购买方便，而受到茶人好评。在众多的玻璃茶具中，以玻璃茶杯最为常见，也最宜泡绿茶，杯中茶汤的色泽，茶叶的姿色，以及茶叶在冲泡过程中的沉浮移动尽收眼底。但玻璃茶杯质脆，易破碎，比陶瓷烫手，是美中不足。

玻璃茶具可以作为茶水的盛器或贮水器，由于其制品透明，是品饮绿茶时的最佳选择。

搪瓷茶具的特点

搪瓷茶具是指涂有搪瓷的饮茶用具。这种器具制法由国外传来，人们利用石英、长石、硝石、碳酸钠等烧制成的珐琅，然后将珐琅浆涂在铁皮制成的茶具坯上，烧制后即形成搪瓷茶具。

搪瓷茶具安全无毒，有着一定的坚硬、耐磨、耐高温、耐腐蚀的特征，表面光滑洁白，也便于清洗，是家庭日常生活中所常见的器具。搪瓷可烧制不同色彩，更可以拓字或图案，也能刻字。搪瓷茶具种类较少，大多数为杯、碟、盘、壶等。

由于搪瓷茶具导热快，容易烫手，因此真正讲究茶趣的人较少使用它泡茶。

不锈钢茶具的特点

不锈钢茶具是指用不锈钢制成的饮茶用具。不锈钢茶具耐热、耐腐蚀、便于清洁的特性，外表光洁明亮，造型规整，极富有现代元素的外表让其深受年轻人的喜爱。由于不锈钢茶具传热快、不透气，因此大多用来作旅游用品，如带盖茶缸、行军壶以及双层保温杯等。讲究品茶质量的茶人，一般不使用不锈钢茶具。

由于不锈钢茶具相对其他茶具在泡茶过程中优势不明显，加之不透光，因而某些时候可能还不如玻璃茶具。

漆器茶具的特点

漆器茶具是以竹木或他物雕制，并经涂漆的饮茶器具。虽具有实用价值，但人们还是多将其作为工艺品陈设于室内。

漆器的起源甚早，在六七千年前的河姆渡文化遗址中发现有漆碗。唐代瓷业发达，漆器开始向工艺品方向发展。河南偃师杏园李归厚墓出土的漆器中发现有一贮茶漆盒，宋元时将漆器分成两大类：一类以髹黑、酱色为主，光素无纹，造型简朴，制作粗放，多为民众所用；另一类为精雕细作的产品，有雕漆、金漆、犀皮、螺钿镶嵌诸种，工艺奇巧，镶镂精细，还有的以金银作胎，如浙江瑞安仙岩出土的北宋泥金漆器。明朝时期，髹漆有新发展，名匠时大彬的"六方壶"髹以朱漆，名为"紫砂胎剔红山水人物执壶"，为宫廷用茶具，是漆与紫砂合一的绝品。清乾隆年间，福州名匠沈绍安创制脱胎漆工艺，所制茶具乌黑清润轻巧，成为中国"三宝"之一。

漆器茶具表面晶莹光洁，质轻且坚，散热缓慢。

彩绘云凤纹漆盂（西汉）

部分漆器嵌金填银，绘以人物花鸟，具有很高的艺术收藏价值。

镶螺钿漆盒（清）

金银茶具的特点

金银茶具按质地分为金茶具和银茶具，以银为质地者称银茶具，以金为质地者称金茶具，银质而外饰金箔或鎏金称饰金茶具。金银茶具大多以锤成型或浇铸焊接，再以刻饰或镂饰。金银延展性强，耐腐蚀，又有美丽色彩和光泽，故制作极为精致，价值高，多为帝王富贵之家使用，或作供奉之品。

中国自商代始用黄金作饰品，春秋战国时期金银器技术有所进步。据考证，茶

器形圆滑规整，光润如新。

罐形单环柄银杯（唐）

具从金银器皿中分化出来约在中唐前后，陕西扶风县法门寺塔基地宫出土的大量金银茶具可为佐证。从唐代藏身帝王富贵之家，到宋代的崇尚金银风气，时至明清时期的金银茶具使用更为普遍，工艺精美。

锡茶具的特点

锡茶具是用锡制成的饮茶用具，采用高纯精锡，经焙化、下料、车光、绘图、刻字雕花、打磨等多道工序制成。精锡刚中带柔，早在我国古代人们就使用锡与其他金属炼成合金来制作器具。由于密封性能好，所制茶具多为贮茶用的茶叶罐。茶叶罐形式多样，有鼎币形、长方形、圆筒形及其他异形，大多产自中国云南、江西、江苏等地。

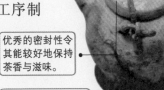

优秀的密封性令其能较好地保持茶香与滋味。

锡对人体安全无害。

锡提梁壶（明）

镶锡茶具的特点

镶锡茶具是清代康熙年间由山东烟台民间艺匠创制，通常作为工艺茶具使用。其装饰图案多为松竹梅花、飞禽走兽，金属光泽的锡浮雕与深色的器坯对比强烈，富有民族工艺特色。镶锡茶具大多为组合型，由一壶四杯和一茶盘组成。壶的镶锡外表装饰考究，流、把的锡饰华丽富贵。

精磨细雕的高纯度熔锡模铸成形。

紫砂陶制茶具。

铜茶具的特点

铜茶具是指铜制成的饮茶用具。以白铜为上品，少锈味，器形以壶为主，少数民族使用较多。

景泰蓝茶具的特点

景泰蓝茶具实际是铜胎掐丝珐琅茶具，是北京著名的特种工艺品，用铜胎制成。其经过制胎、掐丝、点蓝、烧蓝、磨光、镀金等八道工序，因以蓝色珐琅烧制而著名，且流行于明代景泰年间，故得名景泰蓝。此类茶具大多为盖碗、盏托，内壁光洁，具有浓厚的民族特色。

提梁铜盉（战国）

中国在三千年前已有铜器，但因铜器生锈气、损茶味，故很少应用。

玉石茶具的特点

玉石茶具是用玉石雕制的饮茶用具，玉石包括硬玉、软玉、蛇纹石、绿松石、孔雀石、玛瑙、水晶、琥珀、红绿宝石等，这些都可以做玉石茶具的原料。

玉石茶具质地坚韧、光泽晶润、色彩绚丽、细密透明。

中国玉器工艺历史悠久，玉石茶具最早出现于唐朝，河南偃师杏园李归厚墓中出土的玉石杯为证。明神宗御用玉茶具由玉碗、金碗盖和金托盘组成，玉碗底部有一圈玉，玉色青白，洁润透明，壁薄如纸，光素无纹，工艺精致。清代皇室亦用玉杯、玉盏作茶具。当代中国仍生产玉茶具，如河北产黄玉盖碗茶具通身透黄而光润，纹理清晰。

青玉灵芝耳寿字乳丁纹杯（明）

石茶具的特点

石茶具是用石头制成的茶具。石茶具的特点是，石料丰富，富有天然纹理，色泽光润美丽，质地厚实沉重，保温性好，有较高的艺术价值。在制作石茶具时，先选料，选料要符合"安全卫生，易于加工，色泽光彩"的要求，而后经过人工精雕细琢、磨光等多道工序而成。产品多为盏、托、壶和杯，以小型茶具为主。石茶具根据原料命名产品，有大理石茶具、磐石茶具、木鱼石茶具等。

果壳茶具的特点

果壳茶具是用果壳制成的茶具，其工艺以雕琢为主。主要原料是葫芦和椰子壳，将其加工成茶具，大多为水瓢、贮茶盒等用具。水瓢主要产自北方，椰壳茶具主产海南。果壳茶具虽然很少，但唐朝时期已经开始使用，并沿用至今，《茶经》中有用葫芦制瓢的记载。椰壳茶具主要是工艺品，外形黝黑，雕刻山水或字画，内衬锡胆，能贮藏茶叶。

塑料茶具的特点

塑料茶具是用塑料压制成的茶具，其主要成分是树脂等高分子化合物与配料。塑料茶具色彩鲜艳，形式多样，质地轻，耐腐耐摔耐磨，成本低廉，导热性较差，耐热性较差，容易变形。在现实生活中，塑料茶具的种类不多，多数为水壶或水杯，尤其以儿童用具居多。

根据饮茶风俗来选配茶具

　　闽南、潮汕地区饮用工夫茶，其工夫茶茶具变称"烹茶四宝"。在演进过程中，工夫茶具由十件简化到现时实用的四件，由罐、壶、杯、炉四件组成，即孟臣壶、若琛杯、玉书茶碾、汕头风炉。质地主要是陶质和瓷器两种，外观古朴雅致，其形各异。

根据饮茶场合来选配茶具

　　茶具的选配一般有"特别配置""全配""常配"和"简配"四个层次：

　　参与国际性茶艺交流、参与全国性茶艺比赛、应邀进行茶艺表演时，茶具的选配要求是最高的，称为"特别配置"。这种配置讲究茶具的精美、齐全、高品位。根据茶艺的表演需要，必备的茶具件数多、分工细，求完备不求简捷，求高雅不粗俗，文化品位极高。

　　某些场合的茶具配置以齐全、满足各种茶的泡饮需要为目标，只是在器件的精美、质地要求上较"特别配置"略微低些，这种配置通常称为"全配"。如昆明九道茶是云南昆明书香门第接待宾客的饮茶习俗，所用茶具包括一壶、一盘、一罐和四个小杯，这七件套茶具亦称"九道茶茶具"。

　　台湾沏泡工夫茶一般选配紫砂小壶、品茗杯、闻香杯组合、茶池、茶海、茶荷、开水壶、水方、茶则、茶叶罐、茶盘和茶巾，这属于"常配"。如果在家里招待客人或自己饮用，用"简配"就可以。

为了适应不同场合、不同条件、不同目的的茶饮过程，茶具的组合和选配要求是各不相同的。

根据个人爱好来选配茶具

茶具的选配在很大程度上反映了主人或饮茶者的不同地位和身份。大文豪苏东坡曾自己设计了一种提梁紫砂壶，至今仍为茶人推崇。慈禧太后喜欢用白玉作杯、黄金作托的茶杯饮茶。现代人饮茶对茶具的要求虽没有如此严格，但由于每个茶人的学历、经历、环境、兴趣、爱好以及饮茶习惯的不同，对茶具的选配也有各自的要求。

用于冲泡和品饮茶汤的茶具，从材质上主要分为玻璃茶具、瓷质茶具和紫砂茶具。玻璃茶具透光性好，有利于观赏杯中茶叶、茶汤的变化，但导热快，易烫手，易碎，无透气性；瓷质茶具的硬度、透光度低于玻璃但高于紫砂，瓷具质地细腻、光洁，能充分表达茶汤之美，保温性高于玻璃材质；紫砂茶具的硬度、密度低于瓷器，不透光，但具有一定的透气性、吸水性、保温性，这对滋育茶汤大有益处，并能用来冲泡粗老的茶。

紫砂材质的透气性、吸水性、保温性令茶汤更加出色。

壶体精妙的诗词与绘画。

紫砂壶融诗词书画篆刻于一炉，赋予茶品更多的韵味与艺术性，颇受许多茶友的青睐。

第三章
好水泡好茶

好水的标准

从古至今，人们对于好水的标准判定很不一致，但大体说来，它们还是有许多共同之处的。现代茶道认为，"清、轻、甘、洌、活"五项指标俱全的水，才能称得上好水。

1. "清"

"清"是指水的品质，古人择水，重在"山泉之清者"，水质一定要清。"清"是相对于"浊"来说的，我们都知道，用水应当质地洁净，这是生活中的常识，泡茶之水更应如此，以"清"为上。水清则无杂、无色、透明、无沉淀物，最能显出茶的本色。为了获取清洁的水，除注意选择水泉外，爱水之人还创造出很多澄水、养水的方法，比如"移水取石子置瓶中，虽养其味，亦可澄水，令之不淆"。因此，清明不淆的水也被人称为"宜茶灵水"。

2. "轻"

"轻"是指水的品质。关于"轻"字，还有这样一个典故，清室风流天子乾隆也是个资深茶人，对宜茶水品颇有研究。乾隆每次出巡时必带有一只精致银斗，为的就是检测各地的泉水，按水的轻重挨个尝试泡茶，而后得出结论为"水轻者泡茶为佳"。

"轻"是相对"重"而言的，古人说的水之轻重，就是我们今天说的软水硬水。水的比重越大，说明溶解的矿物质越多。硬水中含有较多的钙、镁离子和铁盐等矿物质，能增加水的重量。用硬水泡茶，茶汤发暗，滋味变淡，有明显的苦涩味，重

量如果超过一定标准，水就具有毒性，必然不能被人饮用。因此，择水要以轻为美。

3. "甘"

"甘"是指水的味道要甘。所谓水甘，即水一入口，舌尖顷刻便会有甜滋滋的美妙感觉。咽下去后，喉中也有甜爽的回味，用这样的水泡茶自然会增加茶之美味。

宋代蔡襄在《茶录》中提到"水泉不甘，能损茶味"，说的就是泡茶之水要"甘"，只有水"甘"，才能出"味"。因此，古人要求泡茶之水尤重"甘"，才能泡出上等的好茶。

4. "冽"

"冽"即冷寒之意，是指水温而言。古人云"冽则茶味独全"，明代茶人认为："泉不难于清，而难于寒。"，也就是说，寒冽之水多出于地层深处的泉脉之中，没有被外界所污染，所以泡出的茶汤滋味才会纯正，所以古人才会选择寒冽之水泡茶。

5. "活"

"活"是指水源。"流水不腐，户枢不蠹"，经常流动的水才是好的水，用《茶经》上的原话来讲，就是"其水，用山水上，江水中，井水下。其山水，拣乳泉、石池漫流者上。"除此之外，宋代唐庚《斗茶记》中的"水不问江井，要之贵活"，无独有偶，北宋苏东坡《汲江水煎茶》诗中也提到："活水还须活火烹，自临钓石汲深情。大瓢贮月归春瓮，小勺分江入夜铛。"这些诗词都说明了一个问题：宜茶水品贵在"活"。

不仅是古代，现代人也用科学证明了活水的优点及作用：活水有自然净化作用，在流动的活水中细菌不易大量繁殖，且氧气和二氧化碳等气体的含量较高，泡出的茶汤特别鲜爽可口。因此，无论古人还是今人，都喜欢选用活水来泡茶。

"清、轻、甘、冽、活"，只要我们记住好水的这5个特点，就一定会泡出茶的美味来。

宜茶之水

我们已经知道了好水的标准，那么究竟哪些水算得上是好水，并且可以用来泡茶呢？古人与今人从不同的地点取水，大体上可归纳为天水和地水两大类。

1. 天水

天水即大自然中的雨、露、雪、霜等。古人认为，天水是大自然赐予的宝贵水源，他们一直认为这几类水是泡茶的上乘之水。在古时，空气没受过污染，因此雨、露、雪、霜等都比较干净，也常被人们饮用。

（1）雨水

现代研究认为雨水中含有大量的负离子，有"空气中的维生素"之美称。因此古人曾发出这样的赞叹，"阴阳之和，天地之施，水从云下，辅时生养者。"

但雨水也有讲究，不是任何季节都可以饮用的。《荒政考·余事·择水》中记载："天泉，秋水为上，梅水次之。秋水白而冽，梅水白而甘。甘则茶味稍夺，冽则茶味独全。故秋水较差胜之。春冬二水，春胜于冬，皆以和风甘雨，得天地之正施者为妙。唯夏月暴雨不宜，或因风雷所致。"也就是说，秋天的雨水比较好，而春与冬相比，春雨更好一些，这是因为春雨得自然界春发万物之气，用于煎茶可补脾益气。

（2）雪水

雪水历来被古代茶人所推崇。我国四大名著之一《红楼梦》中就曾不吝笔墨地描述妙玉取用梅花上的雪水来泡茶待客的片段，可见当时人们对雪水的看重。另外，白居易也作诗赞道，"融雪煎香茗，调酥煮乳糜"。

不过现今社会，有些地方空气污染太严重，雪水还需慎重选择。

（3）露水

据说古时候有钱人家常常会派下人采集露水，他们在清晨太阳出来之前带着竹筒等器具，一滴滴地收集草木上的露水，因为古人认为，太阳出来前的水属阴性，冲出来的茶香气扑鼻、入口脆爽柔滑。

如果我们也想用露水泡茶，那么一定要先经过处理才可。我们可以将露水装在容器中静置几天，再取用中上层的露水，这样的露水也不错。

2. 地水

地水是指大自然中的山泉水、江河湖海水以及地下水等。

（1）山泉水

茶圣陆羽认为，用山泉水泡茶最佳，因为山间的溪流大多出自有岩石的山峦，山上植被繁茂，从山岩断层细流汇集而成的山泉，富含各种对人体有益的微量元素。而经过砂石过滤的泉水，水质清净晶莹，含氯、铁等化合物极少，用来

山泉水

泡茶极其有益。因此，山泉水可算得上是水中的上品。

（2）江河湖海水

江、河、湖、海水均为地表水，因常年流动，所以其中所含的矿物质较少，自然较山泉水差些。而且有的地方污染较为严重，通常含杂质较多，浑浊度大，尤其靠近城镇之处，更易受污染。但在远离人口密集的地方，污染物少，且水是常年流动的，这样的江、河、湖水经过澄清之后，也算得上是沏茶的好水。

（3）地下水

深井水和泉水都属于地下水。地下水溶解了岩石和土壤中的钠、钾、钙、镁等元素，具有矿泉水的营养成分。因此，若能过滤得好，也可以称得上是泡茶好水。

3. 经过加工的水

（1）自来水

除了天水类和地水类，现代人还常用自来水泡茶，既方便又价格低廉。自来水一般都是经过人工净化、消毒处理过的江河水或湖水。虽然带有氯气味，但我们可以提前将自来水盛放到容器中静置一昼夜，等氯气慢慢消散了之后，再用来泡茶即可。

（2）矿泉水

一般来说，用山泉水泡茶是最好的选

自来水

矿泉水

择，但如果条件有限，用市场上卖的矿泉水也可。用矿泉水泡出的茶，茶叶颜色偏深一点，说明矿物成分高，对于身体而言，矿泉水里的成分比山泉水更好，更适合人体吸收。

现在市面上流行 4 种水质，即纯净水、矿物质水、山泉水和矿泉水。需要注意的是，就水质而言，国家只对纯净水和矿泉水做了标准，山泉水和矿物质水都没有严格的标准。说得直白一些，纯净水就是由自来水高度过滤得到的；矿物质水就是纯净水添加一些人工矿物；山泉水是地表水；矿泉水是有矿岩层的地下水。我们在购买时一定要注意区分。

总之，泡茶的水多种多样，好的茶叶需要用好水来泡，这样才能显现茶的芳香甘醇来。相信只要我们根据好水标准来判断，一定能泡出一壶好茶来。

名泉寻源

在茶圣陆羽眼中，山泉水是地水类中最适合泡茶的水。

因为山泉水时刻处于流动状态，吸收了大量的新鲜空气，又流经砂岩层，经过多层渗透，相当于多次过滤。因此，山泉水干净、不存在杂质、水质软，而且清澈甘甜。山泉水的水质清澈，它在过滤的时候，经过二氧化碳的作用，溶入岩石和土壤中的矿物元素，其中有许多种对人体有益的微量元素，所以非常适合作为沏茶之水。

不老泉

当代科学试验也证明泉水第一，深井水第二，蒸馏水第三，经人工净化的湖水和江河水，即平常使用的自来水最差。但是山泉水虽有"泉从石出，清宜冽"之说，由于在地层里渗透的过程中融入了较多的矿物质，致使含碱量、含盐量和硬度等就有较大差异。所以，并非所有的山泉水都能泡茶，有些山泉水如果渗有硫磺就不能饮用，只有含有二氧化碳和氧的泉水才最适宜煮茶。

我国较为著名的泉水有杭州虎跑泉、济南趵突泉、苏州观音泉、镇江中冷泉、北京玉泉和无锡惠山泉等。关于名泉还有着这样一段故事，相传清代乾隆皇帝游历南北名山大川之后，按水的比重定京西玉泉为"天下第一泉"。玉泉山水不仅水质好，还因为当时京师多苦水，宫廷用水每年取自玉泉，加之玉泉山景色幽静佳丽，泉水从高处喷出，琼浆倒倾，碧水清澄如玉，故得此殊荣。

由此看来，不仅我们现今的人喜爱用山泉水泡茶，连万岁爷都不例外。古人总结出了"龙井茶，虎跑水"、"扬子江中水，蒙山顶上茶"等茶、水的最佳组合，也同时说明了茶叶与水需要相得益彰，只有这样，才能充分发挥各自的功用，甚至能达到事半功倍的作用。因此，《梅花草堂笔谈》中才这样记载："茶性必发于水，八分之茶遇十分之水，茶亦二十分矣；八分之水，试十分之茶，茶只八分耳。"

茶与水有着极为重要的关系，从名泉中采集泡茶之水，再配以名茶，相信这样的搭配组合一定会让每个爱茶之人赞不绝口。

中国五大名泉

古人认为，泉乃"天赐之物，地藏之源"，自古以来，泉水就一直被认为是适宜泡茶之水。我国泉水资源很丰富，大大小小出名的泉水有百余处，而其中最为著名的就是中国五大名泉，即镇江中冷泉、无锡惠山泉、苏州观音泉、杭州虎跑泉和济南趵突泉。

1. 镇江中冷泉

镇江中冷泉又名南冷泉，早在唐代就已天下闻名。刘伯刍把它推举为全国宜于煮茶的七大水品之首。镇江中冷泉处于长江江中盘涡险处，汲取极难。这里的泉水绿如翡翠，浓似琼浆，清澈甘醇，品这里的泉水可润浸肺腑，沁人心脾，大有一品为快的惬意。更值得称奇的是，把这里的水倒入杯中，可高出杯口二三分而不溢出，故有"盈杯不溢"之说。

自古以来，评价镇江中冷泉的文人墨客不在少数。文天祥有诗写道："扬子江心第一泉，南金来北铸文渊，男儿斩却楼兰首，闲品茶经拜羽仙。"南宋诗人陆游也曾这样描述："铜瓶愁汲中冷水，不见茶山九十翁。"由此看来，镇江中冷泉不愧号称"天下第一泉"。

2. 无锡惠山泉

无锡惠山泉迄今已有1200余年历史，于唐代大历十四年开凿，号称"天下第二泉"。惠山泉分上、中、下三池。上池呈八形，水色透明，甘醇可口，水质最佳；中池为方形，水质次之；下池最大，系长方形，水质又次之。其泉水为山水，即通过岩层裂隙过滤了流淌的地下水，因此其含杂质极微，"味甘"而"质轻"，宜以"煎茶为上"。

历代王公贵族和文人雅士都把惠山泉视为珍品。当时诗人皮日休作诗曰："丞相长思煮茗时，郡侯催发只忧迟。吴园去国三千里，莫笑杨妃爱荔枝。"他借杨贵妃驿递南方荔枝的故事，来讽刺宰相李德裕令地方官吏用坛封装泉水，从镇江运到长安的事。虽然这种做法极尽奢侈，但也从侧面反映出人们对惠山泉水的器重。

3. 苏州观音泉

观音泉，位于苏州虎丘山观音殿后，此泉园门横楣上刻有："第三泉"三字，每年吸引大量游人前来游览。这里井口一丈余见方，四旁石壁，泉水终年不断，清澈甘洌，由于茶圣陆羽与唐代诗人卢仝都评它为"天下第三泉"，因此观音泉又名陆羽井。

宋朝诗人蒋之奇游览观音泉时赋诗一首："水蓄重岩影自空，白云穿破碧玲珑；数回侧路通蛟室，一隙幽光漏紫宫；翡翠寒凝悉向日，银花浪尖怯翻风；从浪出海南天外，为说慈悲此处同。"一首诗中，既看出了观音泉附近的绝美景色，又能体现古人对该泉的喜爱，因而也成为苏州胜景之一。

4. 杭州虎跑泉

虎跑泉被列为全国第四泉，其北面是林木茂密的群山，地下是石英砂岩，时间久了，岩石经过风化作用产生了许多裂缝，地下水通过砂岩的过滤，慢慢从裂缝中涌出，这正是虎跑泉的来源。相关资料表明，虎跑泉中的可溶性矿物质较少，总硬度低，每升水只有0.02毫克的盐离子，故水质极好。

虎跑泉

关于虎跑泉还有个不得不说的传说。相传，有个和尚周游各地时正巧来到虎跑。发现这里环境优美秀丽，就想在这里修建一座寺院，但因为没有水源，就开始犯愁。一日夜里，他梦见了一位神仙，神仙告诉他：南岳衡山有童子泉，当夜遣二虎移来。第二天，和尚果然看见有两只老虎跑来，它们刨地作穴，泉水顿时喷涌出来。和尚尝了尝泉水，水味甘醇清澈，自然大喜，而虎跑泉因此得名。其实这只是个传说罢了，但却表明了人们对虎跑泉的喜爱。

5. 济南趵突泉

趵突泉被列为全国第五泉，也是当地七十二泉之首。该泉自地下岩溶溶洞的裂缝中涌出，三窟并发，浪花四溅，声若隐雷，势如鼎沸。宋代诗人曾经写诗称赞：

"一派遥从玉水分，暗来都洒历山尘，滋荣冬茹温常早，润泽春茶味至真。"

济南素有泉城的美誉，除了趵突泉之外，还有黑虎泉、珍珠泉、五龙潭等七十二处泉源，真可称得上是"家家泉水，望望垂杨"了。试想，坐在趵突泉西南方向的"观澜亭"内，用该泉水冲泡一壶香茗，细细品味的同时，领略一下当地如天上人间般的清幽美景，那种奇妙的意蕴一定会使你觉得自己像飘逸的神仙一般逍遥。

除了这五大名泉，我国著名的泉源还有许多，例如北京玉泉，庐山三叠泉等等，这些各具特色的泉都为我国茶文化增添了瑰丽多彩的韵致。

利用感官判断水质的方法

那些经常饮茶的人只需喝一口茶就能知道泡茶的水究竟好不好，而初学者却常常为之感叹。其实，他们只是利用感官和多年的饮茶经验判断水质的，只要我们掌握了其中方法，也可以轻松判断出水质的好坏。

那么，怎样才能判断出一杯水中是否含有余氯，水的软硬程度呢？

首先，我们可以准备3杯水，第一杯水中尚存在余氯，导电度在50以内；第二杯无色无味无余氯，导电度也在50以内；第三杯无色无味无余氯，但导电度在300左右。需要注意的是，这三杯水温度最好相差不多，这样才能得到较为准确的答案。

选取这3种水的方法也很简单，含有余氯的软水可以从只经过逆渗透，并没有经过活性炭过滤的自来水中获得；低硬度的水可以从过滤后的水中获得；而高硬度的水可以在软水中加入少量食盐即可获得，但添加的量一定要把握好，不能让自己尝到咸味。

接下来，我们需要仔细品饮这3杯水在口腔中的感受了。导电度在50度以内的水质比较软，因此，前两杯水都属于软水，在口腔中可以毫无阻碍地与口腔内壁贴合，感觉十分舒服；而导电度在300左右的水质偏硬，在口腔中会感觉十分不舒服，与前者的感觉相差很大。我们完全可以记住这种感觉，今后便可轻松地判断出水质的软硬程度了。

至于余氯方面，那些有余氯的水与没有余氯的水相差很大。无余氯的水质尝起来比较清爽，而有余氯的正好相反，在口腔中很容易被辩别出来。

用感官判断水质

通过这个小实验，我们就可以轻松掌握水质的软硬及有无余氯，多尝试几次之后，相信即便是初学者也学会利用自己的感官了。

改善水质的方法

虽然泡茶用水有许多是极其适宜的，但我们并不一定能轻松得到。有些时候，我们准备的泡茶用水品质还是一般，那么就需要改善水的品质，这样也就能轻松得到好水了。

改善水质的方法其实就是针对改善其缺点而言，水的缺点主要有杂色杂气、含氧量少、存在细菌以及硬度较重。那么以下的方法则是根据这几个缺点来解决的：

1. 杂色杂气

取用的水中，有时并不是澄澈透明的，有时还常混有杂气，如氯气等等。这时，如果要将余氯等杂味与其他杂色去除，最简便的方法就是装设活性炭滤水器。活性炭滤水器可以有效地去除水中的杂味和杂色，在选购的时候，我们需要注意，滤水器的滤芯不能太小，否则滤不干净。与逆渗透等过滤器同时装设时，应装于滤程的最后阶段，以便余氯等消毒药剂继续抑制滤程中细菌的生长。滤水器有各种各样的型号，我们可根据自己的家庭环境以及各自的需要选择。

2. 氧含量少

在前面我们已经得知，泡茶的水中氧含量需要多一些才好。增加氧含量的方法也不难，我们可以在家装一台臭氧产生机，将臭氧导入水中，臭氧氧化稳定后就会以氧的形态存留水中。臭氧变成氧的过程中，还可以将水中剩余的细菌与杂味分解掉，实在是一举多得。

3. 存在细菌

除了煮沸水杀菌之外，我们还可以使用逆渗透过滤水质，水中细菌也能同时被滤掉。这种水如果不再被污染，是可以生饮的清洁用水，用来泡茶自然也不错。

4. 水硬度较重

如果选用的水质不够软，可以采用逆渗透的方法将水过滤，一般家庭用的逆渗透式滤水器可以将水的导电度调降至 100 以下。这时产生的水较软，也比较适合泡茶。

改善水质的方法有以上 4 种，掌握

初水与好水的比较

了这些方法，我们就不用羡慕古人可以取干净无杂的露水、雨水，也可以在自己家里获得最佳品质的泡茶用水了。

如何煮水

好茶没有好水就不能发挥茶叶的品质，而好水没有好方法来煮也会失去其功效，因此，我们在得到了好茶、好水之后，下一步需要做的就是掌握煮水的方法。

煮水，也叫煎水。水煮得好，茶的色、香、味才能更好地保存和发挥。总体说来，煮水可分为煮水前和煮水时两部分。

1. 煮水前

煮水前需要准备以下材料及器具。

（1）燃料

煮水燃料有煤、炭、煤气、柴、酒精等多种，这些燃料燃烧时多少都有气味产生，后来人们常用电作为燃料，这样就不会有味道产生。所以在煮水的过程中应注意：不用沾染油、腥等异味的燃料；煮水的场所应通风透气，不使异味聚积；使用柴、煤等炉灶，应使烟气及时从烟囱排出，用普通煤炉，屋内应装换气扇；使柴、煤、炭燃着有火焰后，再将水放置到火焰上烧煮；水壶盖应密封，这样既清洁卫生又简单方便，还可以达到急火快煮的要求。

煮水示意图

（2）容器

烧火容器古代用镀，现在一般都用烧水壶，即古书上提到的"铫"和"茶瓶"。选择容器的时候，切记要将容器洗刷干净，以免让水沾染上异味，影响饮茶效果。

煮水的容器多种多样，从古至今也大为不同。陶制壶小巧玲珑，可以准确掌握水沸的程度，保证最佳泡茶质量；石英壶壶壁透明如玻璃，但可以耐高温，因此不仅样式美观还方便使用，饮茶时自然能增添不少情趣；有些茶馆还会使用金属铝壶和不锈钢壶，这些类别的茶壶也是我们平时生活常见的。

2. 煮水时

陆羽在《茶经·五之煮》中提到："其沸如鱼目，微有声，为一沸；缘边如涌泉连珠，为二沸；腾波鼓浪，为三沸。以上水老不可食也。"这正是交代煮水的过程以及各个阶段水的特点，也就是说，过了三沸的水就不能饮用了，更不可以用它来泡茶了。

除此之外，《茶录》中对于如何煮水介绍得更为详细，只要按照书中提到的方法即可将水烧好："汤有三大辨十五小辨。一曰形辨，二曰声辨，三曰气辨。形为内辨，声为外辨，气为捷辨。如虾眼、蟹眼、鱼眼、连珠皆为萌汤，直至涌沸如腾波鼓浪，水汽全消，方是纯熟。如初声、转声、振声、骤声，皆为萌汤，直至无声，方是纯熟。如气浮一缕、二缕、三四缕，及缕乱不分，氤氲乱绕，皆为萌汤，直至所直冲贯，方是纯熟。"

蒸汽辨水温

除了听声音看形态判断水的程度，煮水时对火候也有很大的要求。要急火猛烧，待水煮到纯熟即可，切勿文火慢煮，久沸再用。煮水如使用铁制锅炉，常含铁锈水垢，需经常冲洗炉腔，否则所煮之水长时间难以澄清，泡茶时绿茶汤色泛红，红茶汤色发黑，且影响滋味的鲜醇，不适宜待客或品茶。

由以上几点来看，煮水的学问还真不少，只要我们掌握了这些技巧，就可以轻松地煮出合适的水来了。

水温讲究

煮水的时候，合适的水温也是保证泡好茶的重要因素之一。水温太高会破坏茶叶中的有益菌，还会影响茶叶的鲜嫩口味；水温如果太低，茶叶中的有益成分不能充分溶出，茶叶的香味也不能充分散发出来。由此看来，水温的高低影响着茶叶的口感与香气的挥发程度。而且不同地点、不同茶叶对水温的需求也略有不同。

1. 低温泡茶

低温泡茶的水温在70℃～85℃之间。冲泡带嫩芽的茶类需要用这种温度的水，例如明前龙井或芽叶细嫩的绿茶、白茶和黄茶。因为其芽叶非常细嫩，如果水温太高，茶叶就会被泡熟，味道自然大打折扣，也就失去了茶的独特味道和香气。

2. 中温泡茶

中温泡茶的水温在85℃～95℃之间，这个温度对于一般情况而言，是最合适的水温。因为对大多数茶叶来说，低温冲泡会令茶香茶味无法挥发出来，甚至造成温吞水；而用沸腾的水泡茶又容易将茶叶烫坏，破坏茶叶中的许多营养物质，还会使茶中的鞣酸等物质溶出，使茶带有苦涩的味道，自然影响茶的品质。因而，大多数茶叶都适合用这个温度范围内的水冲泡。

3. 高温泡茶

高温泡茶的水温在95℃～100℃之间。对于用较粗老原料加工而成的茶叶，诸如黑茶、红茶、普洱茶等，适宜用沸水来冲泡。因为如果水温不够，茶叶就会漂浮起来，香味没有充分散发，这是不合格的温吞水。另外，在高原地区，水温往往不到100℃就沸腾了，这时的水根本不能冲泡出好茶来。而高原地区的朋友又常常用饼茶、砖茶等泡茶，因此更适合用沸水煮茶，这样才会更好地溶出茶中的元素。因此，在这里与其说高温泡茶，倒不如说高温煮茶更合适。

以上是不同茶叶及地点对水温的不同需求，我们在泡茶之前可以根据茶叶的老嫩程度，以及自己所在的地区选择合适的水温，这样泡出的茶叶才能充分发挥其特色与香气。

判断水温的方法

我们既然知道了泡茶水温的重要性，那么如何判断水温呢？我们可以通过如下方法判断：

1. 通过蒸汽判断水温

我们都知道，一壶水在加热过程中，不同温度所产生的蒸汽是不同的。不管加热方式是瓦斯炉、电炉还是水中加热的电壶，以及煮水器的不同容量，受热面积的不同等等，蒸汽程度都相差不大。因此，我们完全可以利用蒸汽的程度来判断水的大致温度。

通过蒸汽判断水温的步骤

2. 通过气泡判断水温

茶圣陆羽在《茶经》中描述过水温三沸时的气泡形态，相对于温度的变化，其一沸应为75℃左右，二沸应为85℃左右，三沸应为95℃左右。而这三种温度时的气泡形态大致为：65℃左右时是稀疏的小水泡缓缓上升，水面显现微弱水纹；75℃左右时是繁密的小水泡，表面水纹开始明显波动；85℃左右时，水泡从小泡变成中泡，而且于水面形成跳动的状态；95℃左右时，水泡从中泡变成大泡，且成串猛烈上升，水面形成翻滚现象。打开盖子看水气冒出的状况是较为准确的方法，但也要注意煮水器开口的大小，以及大气压力的变化，如高山上气压低，水汽会冒得较

通过气泡判断水温的步骤

早、较猛。但是，一般煮水的时候都会盖上壶盖，不太适合经常开盖来看，还是观察蒸气的形态比较容易。

3. 通过人体感官判断水温

经常泡茶煮水的人对水温也比较敏感，因此，可以采用人体感官的方法判断水温。例如根据听觉，不同的水温会发出不同的声响，有人依靠听声音就知道水温高低。但这种方法也有弊端，如果是加热体放于水中的加热方式，水声会受到发热体大小、形状与装设位置的影响；有人根据触觉判断水温，用手触摸煮水器的外表，凭手的感觉来判断。虽然这种方式对有些人来说比较适用，可它也会受到煮水器材质与气温的影响，从而影响准确判断。

4. 使用温度计判断水温

如果以上几种方法大家都无法掌握或使用不熟练，那么完全可以使用仪器——温度计来判断水温。备一支足以测量 100℃ 高温的温度计，这样测量出的温度很准确，而且要比估算准确得多。如果使用时间长了，大家可以分别体会一下 80℃、90℃、100℃ 的水的形态，慢慢地就可以凭自己的直觉来判断了。

大家煮水时间久了，自然而然地会总结出许多判断水温的方法，也许还会得到比上面几种更方便实用的，但无论哪一种方法都切忌不可影响水的品质，使其掺杂进其他物质。

温度计

影响水温的因素

人们在煮水的时候可能会发现，明明取出的水是需要的温度，可泡出来的茶却并不好喝，没有冲泡出茶叶独有的香味和特色来。这也许是因为泡茶的过程中，一些因素影响了水温的高低。下面这几种因素都会令水温改变，大家可以在泡茶的过程中尽量避免：

1. 茶叶是否冷藏

有些时候，人们将喝不完的茶叶放入冰箱冷藏，以便延长茶叶的寿命。但下次取出茶叶时，常常将冰冷的茶叶直接投入茶具中，在这种情况下直接冲泡自然会降低水的温度，导致茶汤品质下降。因此，冷藏或冷冻后的茶一定要提前取出，使茶叶恢复至常温时，才可以冲泡。

2. 是否温壶

所谓温壶就是泡茶之前先将壶身温热。将茶叶放到茶壶前，是否温壶会影响泡茶的水温。因为未经温热的茶壶，热水倒进去后，会降低5℃～10℃左右的水温，所以第一次泡茶有没有温壶就变得很重要，会直接影响到所需冲泡的时间。而第二泡以后就变得不重要了，反而是应留意间隔的时间，也就是壶身以及其中茶叶变凉的状况。

温壶的方法很简单，通常是倒入八分满的热水，等30秒后将热水倒掉。另外也可以将空壶放于保温箱或烤箱内烤热，泡茶时直接拿出使用。

不同的茶壶对其保温效果也各不相同。这是因为，壶身吸热的多少往往取决于壶壁的厚薄与密度。厚度愈大、密度愈低，吸热愈多。这与壶的"保温能力"不同，壶壁的厚度愈大、密度愈低，保温能力愈强，也就是散热的速度愈慢，但这必须在不渗水或"吸水率"不是很大的情况下，否则这把壶不堪使用。因此，就泡茶功能而言，厚度薄一些、密度高一些，散热速度快的壶较好。

温壶

3. 温润泡

冲泡茶叶时，第一次向壶中注水随即立刻倒掉的过程称为"温润泡"。这样做可以使茶叶吸收一下水的热度，增加湿度，使揉捻过的茶叶稍微舒展，以便于第一泡茶汤发挥出应有的色、香、味。接下来再冲泡时，茶叶中的可溶物释出的速度也会加快。有些时候，温润泡是可以省略的，尤其对于那些水可溶物溶解速度很快的茶类，温润泡会令茶叶损失许多香气与滋味。

温润泡后的第一泡，水温会降低3℃～5℃左右，茶叶放得多，水温差得也自

温润泡

然多。而当我们进行温润泡时，冲泡的时间一定要缩短一些。

除了以上三种因素，水温还会受到环境的影响。例如夏天的时候水温降低速度很慢，而冬天温度降低的速度就快；地理位置较为寒冷的地区，水温降得也自然快。这时只要提高泡茶的水温或是延长冲泡时间即可。

了解了影响水温的因素，我们便可以在泡茶的过程中找到应对的策略，使泡茶的水温保持在适宜的温度。

水含氧量与泡茶的关系

我们在前面已经了解，可以寻找含有丰富微量元素和含氧量较高的水源，取用其中的水泡茶，这样可以提升水的品质。另外，影响水中含氧量的因素还有一种，就是煮水的程度。

《茶经》中就提到，三沸之后的水不可用，也就是自古就常说的"水不可煮老"。因为一滚再滚的水，泡起茶来没有初煮的那么好喝。这其中大半关系着含氧量的问题。含氧量高的水，喝来爽口，有活性，泡起茶来，茶香较易溶于水。因此，泡茶时一定要使用干净且刚加热到所需温度的水，这样才能减少水中的氧含量挥发。

有些人也许会觉得，煮沸的水会降低硬度，这种说法并不完全是正确的。水中的钙、镁离子若在高温时变成白色"水垢"沉淀，因此，水的硬度自然会降低，这种硬水称为假性硬水或暂时性硬水；而有些水在煮沸后，水中没有生成水垢，这种水就称为永久性硬水，也就无法用煮沸的方法降低硬度。

也有人认为，泡茶的水一定要先煮开，再放凉至所需要的温度，其实不然。因为将水煮沸之后不仅浪费能源，且多少都会损失其中的含氧量，往往得不偿失。我们可以根据取用水的干净程度，是否需要高温杀菌来判断煮水的温度。如果水源干净无菌，只需将水烧到需要的温度即可关火；而如果需要借高温杀菌，或使假性硬水变软，那么就可以将水煮沸，接着再降低到所需要的温度。

煮开的水所需的温度会受到很多方面因素的影响，例如大气压。平地烧水，大约100℃时水会滚动与汽化，但随着大气压力的减弱，例如高山上，烧滚的温度会降低，除非在煮水器上加压，否则继续加热也仍然无法达到100℃的高温。

由此看来，水含氧量与泡茶的关系极为密切，我们要尽量避免各种因素造成的含氧量降低，这样就会得到品质最好的饮茶用水。

水温对茶汤品质的影响

茶叶经过不同温度的水冲泡之后，所呈现出来的茶汤品质是不同的。即便是同一浓度，茶汤的感觉也是不同的。通常来说，以低温冲泡出的茶汤较温和，以高温冲泡出的茶汤较强劲。如果大家觉得泡好的茶味道偏苦，那么可以降低冲泡用水的温度。

不同类别的茶叶所需要的水温也是不同的，可分为冷水冲泡，低温冲泡，中温冲泡和高温冲泡4种，只有针对不同种类的茶叶选择不同的水温冲泡，才能得到品质高的茶汤。

1. 冷水

冷水冲泡的温度一般在20℃左右。用冷水冲泡，可以防止中暑。白茶、生普洱茶、台湾乌龙茶等都适合用这种方法冲泡，尤其是白茶。但是，有些人体质偏寒或在夜间饮茶，则不适合用这种水温，还是尽量热饮。

2. 低温

一般70℃~80℃，这种温度适合冲泡以嫩芽为主的不发酵茶类，例如龙井、碧螺春等茶。另外，黄茶类也属于低温冲泡的茶类，玉露、煎茶，这两种蒸青类茶也需要低温冲泡，这样才会使其茶汤清澈透亮，泡出茶的特色和香气来。

冷水泡茶

低温泡茶

中温泡茶

高温泡茶

3. 中温

一般 80℃ ~ 90℃，这种温度适合较成熟的不发酵茶，例如六安瓜片；或是采嫩芽为主的乌龙茶类，例如白毫乌龙；或重萎凋的白茶类，例如白毫银针等等，这些种类的茶都适合用中温冲泡。利用这种温度的水冲泡之后，茶汤品质要比其他水温下显得更高，茶的特色也能显露无余。

4. 高温

一般 90℃ ~ 100℃，这种温度适合经渥堆的黑茶类，如普洱茶；全发酵的红茶；或采开面叶为主的青茶类，如冻顶乌龙、铁观音、武夷岩茶等等，这些种类的茶需要高温冲泡。由于这些种类的茶味道都很浓郁，因此高温下茶汤的品质也自然最佳，颜色也较其他温度要好一些。

这 4 种分类方式适合大多数的茶叶，也有些茶叶是特别的，例如花茶。如果花茶是以绿茶熏花制成的，则需要用低温冲泡；以采成熟叶片为主的乌龙茶熏花而成的，则需要用高温冲泡；如果是其他的，则视情况而定。因此，选择合适的水温先要认清熏花的原料茶才好。

另外，未经过渥堆的普洱茶，如果陈放多年，因其已经产生足够的氧化反应，最好用中温冲泡；如果以红茶压制而成的红砖茶，则用高温冲泡；另外，焙火的乌龙茶都以采成熟叶片为主，这个时候无论焙火轻或是焙火重，都需要用高温冲泡。

只有根据不同茶叶选择合适的水温冲泡，才能使绿茶的茶汤更加清澈，红茶的茶汤颜色如琥珀般晶莹，黑茶的茶汤香味更加浓郁……使各类茶都能充分发挥其自身的特色，我们也因此得到最佳品质的茶汤。

第四章
茶的一般冲泡流程

初识最佳出茶点

出茶点是指注水泡茶之后，茶叶在壶中受水冲泡，经过一段时间之后，我们开始将茶水倒出来的那一刹那，而最佳出茶点则被认为在这一瞬间倒茶最恰当，得到的茶汤品质最佳。

常泡茶的人也许会发现，在茶叶量相同、水质水温相同、冲泡手法等方面完全相同的情况下，自己每次泡的茶味道也并不是完全相同，有时会感觉特别好，而有时则相对一般。这正是由于每次的出茶点不同，也许有时离这个最佳的点特别近，有时又有偏差导致的。

其实，最佳出茶点只是一种感觉罢了。这就像是形容一件东西，一个人一样，说他哪里最好，哪里最美，每个人的感觉都是不同的，最佳出茶点也是如此。它只是一个模糊的时间段，在这短短的时间段中，如果我们提起茶壶倒茶，那么得到的茶水自然是味道最好的，而一旦错过，味道也会略微逊些。

既然无法做到完全准确地找到最佳出茶点，那么我们只要接近它就好了。我们虽然有时候会偶然间"碰到"这样的一个点，但多数时候，如果技术不佳，感悟能力还未提升到一定层次时，寻找起来仍比较困难。万事万物都需要尝试，只要我们

寻找最佳出茶点

常泡茶、常品茶，在品鉴其他人泡好的茶时多感受一些，相信自己的泡茶技巧也会不断提升。

当我们的泡茶、鉴茶、品茶的水平达到一定层次时，这样再用相同的手法泡茶，又会达到一个全新的高度和领域。也许在某一次我们泡出的茶味道很美，那么就继续这个冲泡水平，稳定自己的技巧，并以这个标准严格要求自己，再接下来的一次次尝试中不断超越自己。久而久之，我们自然会离这个"最佳出茶点"更近，泡出的茶味道也自然会达到最好。

投茶与洗茶

投茶也称为置茶，是泡茶程序之一，即将称好的一定数量的干茶置入茶杯或茶壶，以备冲泡。投茶的关键就是茶叶用量，这也是泡茶技术的第一要素。

投茶

由于茶类及饮茶习惯，个人爱好各不相同，每个人需要的茶叶都略有些不同，我们不可能对每个人都按照统一标准去做。但一般而言，标准置茶量是以1克茶叶搭配50毫升的水。现代评茶师品茶按照3克茶叶对150毫升水这一标准来判断茶叶的口感。当然，如果有人喜欢喝浓茶或淡茶，也可以适当增加或减少茶叶量。

因此，泡茶的朋友需要借助这两样工具：精确到克的小天秤或小电子秤和带刻度的量水容器。有人可能会觉得量茶很麻烦，其实不然，只有茶叶量标准，泡出的茶才会不浓不淡，适合人们饮用。

有的时候，我们选用的茶叶不是散茶，而是像砖茶，茶饼一类的紧压茶，这个时候就需要采取一定的方法处理。我们可以把紧压茶或是茶饼、茶砖拆散成叶片状，除去其中的茶粉、茶屑。还有另一种方法，就是不拆散茶叶，将它们直接投入到茶具中冲泡。两种方法各有其利弊，前者的优势为主动性程度高，弊端是损耗较大；后者的优势是茶叶完整性高，但弊端是无法清除里面夹杂的茶粉与茶屑，这往往需要大家视情况而定。

接下来要做的就是将茶叶放置茶具中。如果所用的茶具为盖杯，那么可以直接用茶则来置茶；如果使用茶壶泡茶，就需要用茶漏置茶，接着用手轻轻拍一拍茶壶，使里面的茶叶摆放得平整。

人们在品茶的时候有时会发现，茶汁的口感有些苦涩，这也许与茶中的茶粉和茶屑有关。那么在投茶的时候，我们就需要将这些杂质排除在外，将茶叶筛选干净，避免带入这些杂质。

当茶叶放入茶具中之后，下一步要做的就是洗茶了。洗茶是一个笼统说法。好茶相对比较干净，要洗的话，也只是洗去一些黏附在茶叶表面的浮尘、杂质，再就是通过洗茶把茶粉、茶屑进一步去除。

注水洗茶之后，干茶叶由于受水开始舒张变软，展开成叶片状，茶叶中的茶元素物质也开始析出。沸水蕴含着巨大的热能注入茶器，茶叶与开水的接触越均匀充分，其展开过程的质量就越高。因此，洗茶这一步骤做得如何，将直接影响到第一道茶汤的质量。

我们在洗茶时应该注意以下几点：

（1）洗茶注水时要尽量避免直冲茶叶，因为好茶都比较细嫩，直接用沸水冲泡会使茶叶受损，直接导致茶叶中含有的元素析出质量下降。

（2）水要尽量高冲，因为冲水时，势能会形成巨大的冲力，茶器里才能形成强大的旋转水流，把茶叶带动起来，随着水平面上升。这一阶段，茶叶中所含的浮尘、杂质、茶粉、茶屑等物质都会浮起来，这样用壶盖就可以轻而易举地刮走这些物质。

（3）洗茶的次数根据茶性决定。茶叶的茶性越活泼，洗茶需要的时间就越短。例如龙井、碧螺春这样的嫩叶绿茶，几乎是不需要洗茶的，因为它们的叶片从跟开

洗茶

水接触的那一刻起，其中所含的茶元素等物质就开始快速析出；而陈年的普洱茶，洗茶一次可能还不够，需要再洗一次，它才慢吞吞地析出茶元素物质。总之，根据茶性不同，我们可以考虑是否洗茶或多加一次洗茶过程。

说了这么多，洗茶究竟有什么好处呢？首先，洗茶可以保持茶的干净。在洗茶的过程中，能够洗去茶中所含的杂质与灰尘；其次，洗茶可以诱导出茶的香气和滋味；第三，洗茶能去掉茶叶中的湿气。所以说，洗茶这个步骤往往是不可缺少的。

第一次冲泡

投茶洗茶之后，我们就可以开始进入第一次冲泡了。

冲泡之前别忘了提前把水煮好，至于温度只需根据所泡茶的品质决定即可。洗过茶之后，要记得冲泡注水前将壶中的残余茶水滴干，这样做对接下来的泡茶极其

第一次冲泡步骤

重要。因为这最后几滴水中往往含有许多苦涩的物质，如果留在壶中，会把这种苦涩的味道带到茶汤中，从而影响茶汤的品质。

接下来，将合适的水注入壶中，接着盖好壶盖，静静地等待茶叶舒展，将茶元素慢慢析出来，释放到水中。这个过程需要我们保持耐心，在等待的过程中，注意一定不要去搅动茶水，应该让茶元素均匀平稳地析出。这个时候我们可以凝神静气，或是与客人闲聊几句，以打发等候的时间。

一般而言，茶的滋味是随着冲泡时间延长而逐渐增浓的。据测定，用沸水冲泡陈茶首先浸出来的是维生素、氨基酸、咖啡因等，大约到3分钟时，茶叶中浸出的物质浓度才最佳。因此，对于那些茶元素析出较慢的茶叶来说，第一次冲泡需要在3分钟左右时饮用为好。因为在这段时间，茶汤品饮起来具有鲜爽醇和之感。也有些茶叶例外，例如冲泡乌龙茶，人们在品饮的时候通常用小型的紫砂壶，用茶量也较大，因此，第一次冲泡的时间大概在1分钟左右就好，这时的滋味算得上最佳。

对于有些初学者来说，在时间的把握上并不十分精准，这个时候最好借助手表来看时间。虽然看时间泡茶并不是个好方法，但对于入门的人来说还是相当有效的，否则时间过了，茶水就会变得苦涩；而时间不够，茶味也没有挥发出来。我们可以先通过手表时间来计算茶叶的冲泡时间，等到经验丰富之后，再凭借自己的感觉把握时间，这样才是最好的办法。

以上就是茶叶的第一次冲泡过程，在这个阶段，需要我们对茶叶的舒展情况，茶汤的质量做出一个大体的评鉴，这对后几次冲泡时的水温和冲泡时间都有很大的作用。

第二次冲泡

在第二次冲泡之前，我们应该回忆一下上一泡茶的各方面特色，例如茶的香气如何，茶叶的舒展情况如何，这些都关系到第二次冲泡时的各方面要求。

回味茶香是必要的，因为有大量信息都蕴藏在香气中。如果茶叶采摘的时间是恰当的，茶叶的加工过程没有问题，茶叶在制成后保存得当，那冲泡出来的茶香必

第二次冲泡步骤

定清新活泼，有植物本身的气息，有加工过程的气息，但没有杂味，没有异味。如果我们闻到的茶香散发出来的是扑鼻而来的香气，那么就说明这种茶中茶元素的物质活性高，析出速度快，因此在第二次冲泡的时候，就不要过分地激发其活性，否则会导致茶汤品质下降；如果茶香味很淡，是一点点散发出来的香气，那么我们就需要在第二次冲泡过程中注意充分激发它的活性，使它的气味以及特色能够充分散发出来。

回味完茶香之后，我们需要检查泡茶用水。观察水温是十分必要的，在每次冲泡之前都需要这样做。如果第二次冲泡与前一次之间的时间间隔很短，那么就不要再给水加温了，这样做可以保持水的活性，也可以使茶叶中的茶元素尽快地析出。需要注意的是，泡茶用水不适宜反复加热，否则会降低水中的含氧量。

当我们对第一次冲泡之后的茶水做出综合评判之后，就可以分析第二次冲泡茶叶的时间以及手法了。由于第一次冲泡时，茶叶的叶片已经舒展开，所以第二次冲泡就不需要冲泡太长时间，大致上与第一次冲泡时间相当即可，或是稍短些也无妨；如果第一次冲泡之后茶叶还处于半展开状态，那么第二次冲泡的时间应该比前一次略长一些。

第二次冲泡的过程，需要我们对前一次的茶叶形态，水温等方面做出判断，这样才会在第二次冲泡掌握好时间。

第三次冲泡

我们在第三次冲泡之前同样需要回忆一下第二次冲泡时的各种情况，例如水温高低，茶香是否挥发出来，综合分析之后才能将第三次冲泡时的各项因素把控好。

在经过前两次冲泡之后，茶叶的活性已经被激发出来。经过第二泡，叶片完全展开，进入全面活跃的状态。此时，茶叶从沉睡中被唤醒，在进入第三次冲泡的时候渐入佳境。

首先，冲泡之前我们还是需要掌握好水温。注意与前一次冲泡的时间间隔，如果间隔较长，此时的水温一定会降低许多，这时就需要让它提高一些，否则会影响

第三次冲泡步骤

冲泡的效果；如果两次间隔较短，就可以直接冲泡了。

此时茶具中的茶叶片应该处于完全舒展的状态了，经过了前两次冲泡，茶叶中的茶元素析出物应该减少了许多。我们按照析出时间的先后顺序，可以将析出物分为速溶性析出物和缓溶性析出物两类。顾名思义，速溶性析出物释放速度较快，最大析出量发生在茶叶半展开状态到完全展开状态的这个区间内；而缓溶性析出物大概发生在茶叶展开状态之后，且需要通过适当时间的冲泡才能慢慢析出。

由几次冲泡时间来看，速溶性析出物大概在第一、二次冲泡时析出；而缓溶性析出物大概在第三次冲泡开始析出。因此，前两次冲泡的时间一定不能太长，否则会导致速溶性析出物由于析出过量，茶汤变得苦涩，而缓溶性析出物的质量也不会很高。

至于第三次冲泡的时间则因情况而定，完全取决于前两次冲泡后茶叶的舒展情况以及茶叶的本身的特点。比第二次冲泡时间略长、略短或与其持平，这三种情况完全有可能，我们可以依照实际情况判断。

只要掌握好各种因素，第三次冲泡也不会太难，而冲泡出来的茶汤品质也是相当高的。

茶的冲泡次数

我们经常看到这样几种喝茶的人：有的投一点茶叶之后，反复冲泡，一壶茶可以喝一天；有的只喝一次就倒掉，过会儿再喝时，还要重新洗茶泡茶。虽然不能说他们的做法一定是错误的，但茶的冲泡次数确实有些讲究，要因茶而异。

据有关专家测定，茶叶中各种有效成分的析出率是不同的。一壶茶冲泡之后，最容易析出的是氨基酸和维生素 C，它们大概在第一次冲泡时就可以析出；其次是咖啡因、茶多酚和可溶性糖等。也就是说，冲泡前两次的时候，这些容易析出的物质就已经融入茶汤之中了。

以绿茶为例，第一次冲泡时，茶中的可溶性物质能析出 50% 左右；冲泡第二次时能析出 30% 左右；冲泡第三次时，能析出约 10%。由此看来，冲泡次数越多，

优质绿茶六安瓜片三次冲泡的茶汤

其可溶性物质的析出率就越低。相信许多人一定有所体会，冲泡绿茶太多次数之后，其茶汤的味道就与白开水相差不多了。

通常，名优绿茶通常只能冲泡2～3次，因为其芽叶比较细嫩，冲泡次数太多会影响茶汤品质；红茶中的袋泡红碎茶，冲泡1次就可以了；白茶和黄茶一般也只能冲泡2～3次；而大宗红、绿茶可连续冲泡5～6次，乌龙茶甚至能冲泡更多次，可连续冲泡5～9次，所以才有"七泡有余香"之美誉；至于陈年的普洱茶，有的能泡到20多次，因为其中所含的析出物释放速度非常慢。

除了冲泡的次数之外，茶叶冲泡时间的长短，对茶叶内含有的有效成分的利用也有很大的关系。任何品种的茶叶都不宜冲泡过久，最好是即泡即饮，否则有益成分被氧化，不但降低营养价值，还会泡出有害物质。此外，茶也不宜太浓，浓茶有损胃气。

由此看来，茶叶的冲泡次数不仅影响着茶汤品质的好坏，更与我们的身体健康有关，实在不能忽视。

生活中的泡茶过程

千百年来，茶一直是中国人生活中的必需品。无论有没有客人，爱茶之人都习惯冲泡一壶好茶，慢慢品饮，自然别有一番风趣。

生活中的泡茶过程很简单，每个人都可以在闲暇时间坐下来，为自己或家人冲泡一壶茶，解渴怡情的同时，也能增加生活趣味。一般来说，生活中的泡茶过程大体可分为7个步骤：

1. 清洁茶具

清洁茶具不仅是清洗那么简单，同时也要进行温壶。首先，用沸水烫洗一下各种茶具，这样可以保证茶具被清洗得彻底，因为茶具的清洁度直接影响着茶汤的成色和质量好坏。在这个过程中，需要注意的是沸水一定要注满茶壶，这样才能使整个茶壶均匀受热，以便在冲泡

1-1

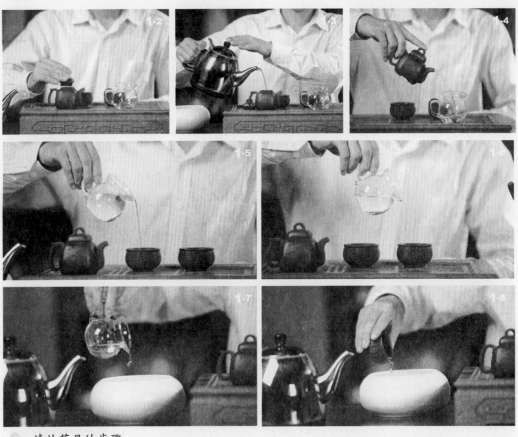

🍵　清洁茶具的步骤

过程中保住茶性不外泄；另外，整个茶壶都受热之后，冲泡用的水也不会因茶壶而温度下降，影响水温。

2. 置茶

　　置茶时需要注意茶叶的用量和冲泡的器具。茶叶量需要统计人数，并且按照每个人的口味喜好决定茶叶的用量。

　　一般来说，在生活中泡茶往往会选择茶壶和茶杯两种容器。当容器是茶壶时，我们可以先从茶叶罐中取出适量茶叶，然后用茶匙将茶叶拨入茶壶中；当容器是茶杯时，我们可以按照一茶杯一匙的标准进行茶叶的放置。

🍵　置茶的步骤

3. 注水

向容器中注水之前一定
要保证水的温度，如果需要
中温泡茶，那么经过前两步
之后，我们需要确保此时水
的温度恰好在中温。注水的
过程中，需要等到泡沫从壶
口处溢出时才能停下。

🍃 注水的步骤

4. 倒茶汤

冲泡一段时间之后，我们就可以将茶汤倒出来了。首先，刮去茶汤表面的泡
沫，接着再将壶中的茶倒进公道杯中，使茶汤均匀。

🍃 倒茶汤的步骤

5. 分茶

将均匀的茶汤分别倒入茶杯中，注意不能将茶倒得太满，以七分满为最佳。

🍃 分茶的步骤

6. 敬茶

分茶之后，我们可以分别将茶杯奉给家人品尝，也可以由每个人自由端起茶
杯。如果我们是自己品饮，这个步骤自然可以忽略。

敬茶的步骤

7. 清理

这个过程包括两部分，清理茶渣和清理茶具。品茶完毕之后，我们需要将冲泡过程中产生的茶渣从茶壶中清理出去，可以用茶匙清理；清理过茶渣之后，我们一定不要忘记清理茶具，要用清水将它们冲洗干净。否则时间久了，茶汤会慢慢变成茶垢，不仅影响茶具美观，其中所含的有害物质还会影响人的身体健康。

简简单单的 7 个过程，让我们领略了生活中泡茶的惬意美感。那么下一次如果有闲暇时间，别忘了为自己和家人泡一壶茶，尽享难得的休闲时光。

清理的步骤

待客中的泡茶过程

客来敬茶一直是我国从古至今的习惯，无论是在家庭待客还是办公室中待客，我们都需要掌握泡茶的过程及礼仪。

泡茶的过程并没有太多的变化，只需要我们注意自己的手法，不能太过敷衍随意，否则会影响客人对我们的印象。待客中的泡茶过程需要注意以下几点：

1. 泡茶器具

待客的茶具虽然不一定要多么精致昂贵，但要尽可能干净整齐一些，若是单位则要配置成套茶具为好。

另外，如果来访的客人人数不多，停留时间不长，我们可以选择使用茶杯，保证一人一杯就可以了。如果人数超过 5 人，泡茶器就是最佳的选择。

下面是对泡茶器的简单介绍：泡茶器一般可以分为壶形和杯形两种。通常情况下，壶形泡茶器中都会有一层专门的滤网。我们可以将茶叶放在滤网之上进行冲泡。这样，茶叶和茶汤是分开的，第一次冲泡完成之后，还可以将滤网连同茶叶取出，以备进行第二次冲泡。

准备茶具

而杯形泡茶器的盖子比较灵活。只需轻轻一按，茶汤就会立刻流入下层，接下来就可以将流入下层的茶汤倒进茶杯，敬献给客人。

2. 选取茶叶

如果家中茶叶种类丰富，那么我们可以在投放茶叶之前询问客人的喜好及口味，为不同的客人选择不同的茶叶。

茶叶量投放多少也要根据客人的喜好及人数决定，有的客人喜欢喝浓茶，我们自然可以多放一些茶叶；如果客人喜欢清淡的，我们就需要减少茶叶量。如果客人较少可以选择用茶包。另外，如果客人人数较多就必须要在茶壶

选取茶叶

或者泡茶器中放入与它们容量相当的茶叶，并注意不要因为客人较多就盲目增加茶叶投入的数量。

3. 泡茶、奉茶时的注意事项

我们的手法不需要多么完美无缺，但一定要注意许多泡茶中的忌讳问题，例如：放置茶壶的时候不能将壶嘴对准他人，否则表示请人赶快离开；茶杯要放在茶垫上面，一是尊重传统泡茶中的礼仪；二是保持桌面的洁净、庄严；进行回旋注

泡茶

奉茶

水、斟茶、温杯、烫壶等动作时用到单手回旋时，右手必须按逆时针方向、左手必须按顺时针方向动作，类似于招呼手势，寓意"来、来、来"表示欢迎；反之则变成暗示"去、去、去"了。斟茶的时候只可斟七分满，暗寓"七分茶三分情"之意；要用托盘将茶端上来，不要用手直接碰触，这样做既表示对客人的尊敬之意，另外也表示隆重。

待客中的泡茶过程虽然与生活中的比较相近，但还是需要注意以上几点，这样才不会让客人觉得我们款待不周。在下一次客人来访的时候，请面带笑容，将一杯杯香茶奉上，表示我们对客人的尊敬与肯定吧。

办公室中的泡茶过程

生活在职场中的人们，常常会感觉到身心疲惫，尤其是午后，更是昏昏欲睡，毫无精神。这时，如果为自己泡一杯鲜爽的清茶或一杯浓浓的奶茶，不仅会提神健脑，解除疲劳，同时又能使办公室的生活更加惬意舒适，重新投入工作时才会更有活力。

那么，现在我们就开始学习在办公室中如何泡茶吧。

1. 选择茶叶及茶具

由于办公室空间有限，并不能像在家中一样方便各种冲泡流程，所以我们可以选择简单的原料及茶具，例如袋泡茶和简单的茶杯。这样做的好处是：我们可以根据自己的爱好和口味选择茶包中的茶品，也可以免去除茶渣的麻烦。原材料虽然简单，但却可以在最短的时间内为自己泡上一杯好茶，其功效往往不会减少。

以奶茶为例，假设我们此时需要泡一杯香浓的奶茶，那么首先要选择的原料有：袋泡茶、牛奶、糖和玻璃杯。一般来说，人们常常将红茶与奶混合，因为红茶的茶性最温和，可以起到暖胃养身的效果。因此，许多上班族都喜欢随身携带红茶包，以便工作之余冲泡饮用。

2. 泡茶

办公室中的泡茶过程较其他几种要简单得多。首先，我们可以向茶杯中冲入沸水，大约占杯子的1/3即可。接下来，将红茶包浸入杯中。过一两分钟之后，提起茶叶包上的棉线上下搅动，这样可以使茶叶充分接触到沸水，可以有效地使茶性散发出来，也就相当于传统泡茶中的"闷香"过程。在棉线上下搅拌的时候，茶性

泡茶

也就更容易扩散了。

需要注意的是，有些人并不喜欢奶茶，而是选择冲泡袋装茶。其实，袋装茶的冲制过程比简易奶茶还要简单，不过必须注意一点：冲泡袋装茶时一定要先将开水注入杯中再放入茶包。如果先放茶包再注水会严重影响茶汤的品质和滋味。

3. 加入牛奶和糖

经过泡茶的过程之后，茶性此时已经得到了充分的散发。接下来，我们可以加入牛奶，牛奶的加入量取决于每个人的口味。但一般来说，加入浓茶的不超过30毫升，加入中度茶的不超过20毫升，加入淡茶的不超过15毫升。

加糖的时候要注意根据个人的喜好，并不一定要加糖才能得到香醇的奶茶，有些人不适宜服用太多的糖，这时就需要我们酌情减少或不添加。

在办公室中泡茶的过程就是这么简单，只需要以上三步即可。工作之余，我们完全可以为自己冲泡一杯香浓的茶，忙碌的同时也不要忘了享受生活才对。

泡茶加入牛奶和糖

商家销售泡茶过程

有些人在茶店买完茶叶，回家冲泡之后忽然发现，自己泡的茶为什么和在茶叶店中不一样呢？不仅茶的香气不如商家卖的浓郁，连茶汤的口感都相差很多。因此，许多人大呼上当，认为是商家将次品茶叶卖给了自己。

其实，这种现象不一定是大家所想象的那样，有时候即使是相同的茶叶、器具和水温，因不同手法冲泡，得到的茶汤品质及香气也是不同的。在茶叶店中，商家往往采用销售冲泡法，其特点是在最短的时间内将茶的优点展示出来，将缺点掩盖一些，起到扬长避短的作用。而这种商家冲泡法并没有多深奥，对每个人来说都是可以学会的。

下面我们以铁观音为例，大致讲一下商家销售的冲泡过程，主要分为6步，且每步过程的名字都特别好听：

白鹤沐浴

观音入宫

悬壶高冲

1. 白鹤沐浴

这个过程也就是我们常说的烫洗茶具、温壶的过程，此时注意烫洗的水需要沸水。

2. 观音入宫

这是指置茶的过程。将适量的铁观音干茶放入茶具中，数量大概占茶具容量的50% 左右。

3. 悬壶高冲

商家在这个过程中往往采用高冲水的方式，将沸水注入茶壶之中，最后可再转动一下茶壶。这样做的目的在于使茶叶充分翻转，使茶性浸出。

4. 春风拂面

这是商家用壶盖刮去浮在茶面上的泡沫的过程。

春风拂面

关公巡城

5. 关公巡城

将刮去泡沫后的茶汤闷上一二分钟之后，为了使每杯茶浓淡一致，商家在分茶时将品茗杯排成"一"字或"品"字，将茶汤按照顺序倒入品茗杯中，巡回分茶，取名关公巡城，形容得十分生动。

另外，还需要注意的是分到最后剩下的茶汤也要均匀分配，一杯一滴，平分到每个茶杯中，这就是点茶，即所谓的韩信点兵。

点茶过后，商家需要将每杯茶奉上，让顾客先观汤色，再闻茶香，最后品尝茶汤，于是，整个商家销售泡茶的过程就结束了。

这只是铁观音的一般冲泡方法，不过，铁观音并非种类单一的茶品。即使是同属铁观音，不同的种类之间在茶叶用量和用水方面也有不小的差异。这是需要特别注意的。不过，无论是何种茶品，一般情况下当水温低于90℃、冲泡时间短的时候，泡出来的茶汤就会显得色泽鲜艳，尝起来甘爽可口；当水温高于95℃、冲泡时间稍长的时候，茶品本身特有的茶香才会在身边萦绕。因此，我们在购买茶叶的时候可以要求商家将茶泡得久一些。这样，茶品的一些弱点或缺点就很容易暴露出来。

当我们挑好一款茶时，最好当时按自己的习惯冲泡一下，商家通常是不会反对的，并且他还会给我们一些好的建议。这样我们不仅容易挑到满意的茶，还可学习一些泡茶方法，也算得上是一举两得了。

掌握了商家销售泡茶的方法之后，相信下次我们再买茶叶的时候，就不会因为味道与购买时不同而苦恼了。

旅行中的泡茶过程

现今社会发展得越来越快，生活节奏也随之加快，人们常常在一天之内往返两个城市，忙忙碌碌地为了生活奔波。其实，不仅是为了工作，有些人也经常去各地旅行，许多时间都是在车上或是在野外度过。如果我们能在旅途中泡一壶茶，看着车窗外的景色，或是坐在郊外的树荫下，感受着徐徐吹来的暖风，相信一定别有一番滋味。

出门在外比不得家中，泡茶的条件自然有限，如果我们能掌握旅行中的泡茶方法，那么就可以在有限的条件内泡出一壶好茶来。

我们首先要解决的问题就是水。毕竟在外面不是随时可以得到开水，这时我们不妨采用冷水泡茶法，既解决了水的问题，冲泡出的茶汤又会与以往不同。如果是夏季，我们还可以将带来的水放入冰箱中冷藏起来，并用这种冷藏的水泡茶，既清凉又消暑。

冷水泡茶法操作非常简单，只需短短的5步即可：

1. 茶具的选择与冲洗

我们可以选择广口玻璃杯、瓷杯或盖碗等，这样

茶具的选择与冲洗过程

可以避免因冲泡时间过长而引起茶汤变质。接下来，只需要用常温水冲洗茶具即可。

2. 置茶

旅行中携带茶叶，可以选择塑封袋、茶荷，也可以选择独立包装的小茶包。茶具清洗干净之后，我们可以将自带的茶叶放入茶具之中，但不同的包装置茶略有区别。此外，茶叶的用量完全依照个人的喜好及人数来决定。

置茶的第一种方法

置茶的第二种方法

置茶的第三种方法

3. 冲水

冲泡的水可以是纯净水、山泉水等等。这个步骤是将事先准备好的冷水冲入茶具之中，并冲泡茶叶半小时左右。

冲水的步骤

4. 过滤茶汤

半小时后，将滤网放在公道杯上，隔着滤网将茶汤倒入公道杯中，使里面的汤汁更加均匀。

过滤茶汤的步骤

5. 分茶品尝

如果独自一人饮用可以省略分茶的步骤，直接品饮即可。如果一同旅行喝茶的人数较多，那么需要泡茶的人将过滤好的茶汤一次倒进面前的茶杯中，端起来邀请同行的人一起品饮。

冷水泡茶法比较适合户外旅行者和夏日出行者运用。总体来说，其泡茶过程比较简单，并没有其他种类的过程那么复杂。只要我们掌握了方法，一定可以在旅行中轻松地享受饮茶乐趣了。

分茶品尝的步骤

第五章
各类茶的冲泡方法

🍃 绿茶的冲泡方法

绿茶一般选用陶瓷茶壶、盖碗、玻璃杯等茶具沏泡，所以，其常用的冲泡方法依次是：茶壶泡法、盖碗泡法和玻璃杯泡法三种。

1. 茶壶泡法

（1）洁净茶具。准备好茶壶、茶杯等茶具，将开水冲入茶壶，摇晃几下，再注入茶杯中，将茶杯中的水旋转倒入废水盂，洁净了茶具又温热了茶具。

（2）将绿茶投入茶壶待泡。茶叶用量按壶大小而定，一般每克茶冲 50 ~ 60 毫升水。

（3）将高温的开水先以逆时针方向旋转高冲入壶，待水没过茶叶后，改为直流冲水，最后用手腕抖动，使水壶有节奏地三起三落将壶注满，用壶盖刮去壶口

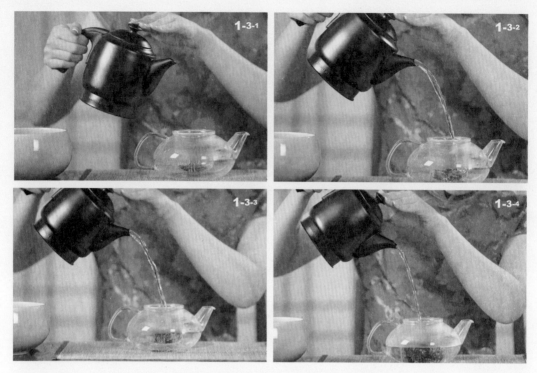

水面的浮沫。茶叶在壶中冲泡 3 分钟左右将茶壶中的茶汤低斟入茶杯，绿茶就冲泡好了。

2. 盖碗泡法

（1）准备盖碗，数量依照具体情况需要而定，随后清洁盖碗。将盖碗一字排开，把盖掀开，斜搁在碗托右侧，依次向碗中注入开水，少量就可以了，用右手把碗盖稍加倾斜盖在盖碗上，双手持碗身，双手拇指按住盖钮，轻轻旋转盖碗三圈，将洗杯水从盖和碗身之间的缝隙中倒出，放回碗托上，右手再次将碗盖掀开斜搁于碗托右侧，其余盖碗同样方法进行洁具，同样达到洁具和温热茶具的目的。

（2）将干茶依次拨入茶碗中待泡。一般来说，一只普通盖碗大概需要放 2 克的干茶。

（3）将开水冲入碗，水注不可直接落在茶叶上，应在碗的内壁上慢慢冲入，冲

水量以七八分满为宜。

（4）冲入水后，将碗盖迅速稍加倾斜，盖在碗上，盖沿与碗沿之间留有一定的空隙，避免将碗中的茶叶焖黄泡熟。

3. 玻璃杯泡法

（1）依然是准备茶具和清洁茶具。一般选择无刻花的透明玻璃杯，根据喝茶的人数准备玻璃杯。依次冲入开水，从左侧开始，左手托杯底，右手捏住杯身，轻轻旋转杯身，将杯中的开水依次倒入废水盂，这样既清洁了玻璃杯又可让玻璃杯预热，避免正式冲泡时炸裂。

（2）投茶。因绿茶干茶细嫩易碎，因此从茶叶罐中取茶时，应轻轻拨取轻轻转动茶叶罐，将茶叶倒入茶杯中待泡，有条件的使用茶则更好。

茶叶投放秩序也有讲究，有三种方法即上投法、中投法和下投法。上投法：先一次性向茶杯中注足热水，待水温适度时再投放茶叶。此法多适用于细嫩炒青、细嫩烘青等细嫩度极好的绿茶，如特级龙井、黄山毛峰等。此法水温要掌握得非常准确，越是嫩度好的茶叶，水温要求越低，有的茶叶可等待至 70℃时再投放。中投法：投放茶叶后，先注入 1/3 热水，等到茶叶吸足水分，舒展开来后，再注满热水。此法适用于虽细嫩但很松展或很紧实的绿茶，如竹叶青等。下投法：先投放茶叶，然后一次性向茶杯注足热水。此法适用于细嫩度较差的一般绿茶。

（3）水烧开后，等到合适的温度就可冲泡了。拿着水壶冲水时用手腕抖动，使水壶有节奏地三起三落，高冲注水将水高冲入杯，一般冲水入杯至七成满为止，冲泡时间掌握在 15 秒以内。同样注意开水不要直接浇在茶叶上，应打在玻璃杯的内壁上，以避免烫坏茶叶。

嫩茶玻璃杯杯泡，茶壶泡中低档的绿茶。玻璃杯因透明度高所以能一目了然地欣赏到佳茗在整个冲泡过程中的变化，所以适宜冲泡名优绿茶；而中低档的绿茶无论是外形内质还是色香味都不如嫩茶，如果玻璃杯冲泡，缺点尽现，所以一般选择使用瓷壶或紫砂壶冲泡。

红茶的冲泡方法

世界各国以饮红茶者居多，红茶饮用广泛，其饮法也各有不同。

从红茶的花色品种、调味方式、使用的茶具不同和茶汤浸出方式的不同，有着不同的饮用方法。

1. 按红茶的花色品种分，有工夫红茶饮法和快速红茶饮法两种———

（1）工夫红茶饮法。

首先，准备茶具。茶壶、盖碗、公道杯、品茗杯等放在茶盘上。其次，烫杯。将开水倒

准备茶具

入盖碗中，把水倒入公道杯，再倒入品茗杯中，最后将水倒掉。再次，放茶。最后，泡茶、饮茶。泡茶的水温在 90℃ ～ 95℃，把茶放入盖碗中。当然冲泡时不要忘记先洗茶。

🍂 烫杯的步骤

🍂 放茶　　　　🍂 泡茶、饮茶

（2）快速红茶饮法。

快速红茶饮法主要对红碎茶、袋泡红茶、速溶红茶和红茶乳晶、奶茶汁等花色来说的。红碎茶是颗粒状的一种红茶，比较小且容易碎，茶叶易溶于水，适合快速泡饮，一般冲泡一次，最多两次，茶汁就很淡了；袋泡红茶一般一杯一袋，饮用更为方便，把开水冲入杯中后，轻轻抖动茶袋，等到茶汁溶出就可以把茶袋扔掉；速溶红茶和红茶乳晶，冲泡比较简单，只需要用开水直接冲就可以，随调随饮，冷热皆宜。

🍂 快速红茶

2. 按红茶茶汤的调味方式，可分调饮法和清饮法

（1）调饮法。

调饮法主要是冲泡袋泡茶，直接将袋茶放入杯中，用开水冲 1 ～ 2 分钟后，拿出茶袋，留茶汤。品茶时可按照自己的喜好加入糖、牛奶、咖啡、柠檬片等，还可加入各种新鲜水果块或果汁。

（2）清饮法。

清饮法就是在冲泡红茶时不加任何调味品，主要

🍂 调饮法

品红茶的滋味。如品工夫红茶，就是采用清饮法。工夫红茶是条形茶，外形紧细纤秀，内质香高、色艳、味醇。冲泡时可在瓷杯内放入 3 ~ 5 克茶叶，用开水冲泡 5 分钟。品饮时，先闻香，再观色，然后慢慢品味，体会茶趣。

清饮法

3. 按使用的茶具不同，可分为红茶杯饮法和红茶壶饮法

（1）杯饮法。

杯饮法适合工夫红茶和小种红茶、袋泡红茶和速溶红茶，可以将茶放入玻璃杯内，用开水冲泡后品饮。工夫红茶和小种红茶可冲 2 ~ 3 次；袋泡红茶和速溶红茶只能冲泡 1 次。

（2）壶饮法。

壶饮法适合红碎茶和片末红茶，低档红茶也可以用壶饮法。可以将茶叶放入壶中，用开水冲泡后，将壶中茶汤倒入小茶杯中饮用。一般冲泡 2 ~ 3 次，适合多人在一起品饮。

杯饮法

壶饮法

4. 按茶汤的浸出方法，可分为红茶冲泡法和红茶煮饮法

（1）冲泡法。

将茶叶放入茶壶中，然后冲入开水，静置几分钟后，等到茶叶内含物溶入水中，就可以品饮了。

（2）煮饮法。

一般是在客人餐前饭后饮红茶时用，将茶放入壶中，加入清水煮沸（传统多用火煮，现代多用电煮），然后冲入预先放好奶、

冲泡法

煮饮法

糖的茶杯中，分给大家。也有的桌上放一盆糖、一壶奶，各人根据自己需要随意在茶中加奶、加糖。

　　红茶红汤红叶，味醇厚。饮用红茶可随各人不同喜好和口味进行调制，喜酸的加柠檬，如果加入牛奶及糖更具有异国风味。

🍵 青茶的冲泡方法

　　青茶既有红茶的甘醇又有绿茶的鲜爽和花茶的芳香，那么，怎样泡饮青茶才能品尝到它纯真独特的香味？青茶的冲泡方法因地方不同冲泡方法又有不同，以安溪、潮州、宜兴等地最为有名。

　　下面，我们以宜兴的春茶冲泡方法为例，为大家进行具体讲解。宜兴泡法是融合各地的方法，此法特别讲究水的温度。

　　（1）将茶荷中的茶叶拨入壶中，加水入壶到满为止，盖上壶盖后立刻将水倒入公道杯中，将公道杯中的水再倒入茶盅中，温热杯子。

　　🍵 洁具温杯的步骤

　　（2）拿起茶壶，如果壶底有水，应先将壶底部在茶巾上沾一下，拭去壶底的水滴，将茶汤倒入公道杯中。将公道杯的茶汤倒入茶杯中，以七分满为宜。

　　（3）将壶中的残茶取出，再冲入水将剩余茶渣清出倒入池中。将茶池中的水倒掉。清洗一切用具，以备再用。

　　🍵 冲泡茶的步骤　　　　　　　　　　　　　　　🍵 清洁茶具

黄茶的冲泡方法

黄茶有黄叶黄汤的品质特点。那么怎么才能冲泡出最优的黄茶呢？冲泡黄茶的具体步骤就特别关键。

1. 摆放茶具

将茶杯依次摆好，盖碗、公道杯和茶盅放在茶盘之上，随手泡放于右手边。

2. 观赏茶叶

主人用茶匙将茶叶轻轻拨入茶荷后，供来宾欣赏。

观赏茶叶

摆放茶具

3. 温热盖碗

用沸水温热盖碗和茶盅，用左手执起随手泡，将沸水注满盖碗，接着右手拿盖碗，将水注入茶盅，最后将茶盅中的水倒入废水盂。

温热盖碗的步骤

4. 投放茶叶

用茶匙将茶荷中的茶叶拨入盖碗，投茶量为盖碗的半成左右。

投放茶叶

5. 清洗茶叶

　　左手拿着随手泡，将沸水高冲入盖碗，盖上碗盖，撇去浮沫。然后立即将茶汤注入公道杯中，最后注入茶盅。

　　🍵　清洗茶叶的步骤

6. 高冲

　　执随手泡高冲沸水注入盖碗中，使茶叶在碗中尽情地翻腾。第一泡时间为 1 分钟，1 分钟后，将茶汤注入公道杯中，最后注入茶盅，然后就可以品饮了。

　　🍵　高冲的步骤

　　除了遵守上述 6 个步骤之外，还需要注意的是第一次冲泡后还可以进行二次冲泡。第二次冲泡的方法与第一次相同，只是冲泡时间要比第一泡增加 15 秒，以此类推，每冲泡一次，冲泡的时间也要相对增加。

黄茶是沤茶，在冲泡的过程中，会产生大量的消化酶，对脾胃最有好处，可以治愈消化不良，食欲不振等。同时还具有减肥的功效，纳米黄茶能穿入脂肪细胞，使脂肪细胞在消化酶的作用下恢复代谢功能，将脂肪化除，达到减肥的效果。

白茶的冲泡方法

白茶是一种极具观赏性的特种茶，其冲泡方法与黄茶相似，为了泡出一壶好茶，首先要做冲泡前的准备。

茶具的选择，为了便于观赏，冲泡白茶一般选用透明玻璃杯。同时，还需要准备玻璃冲水壶，观水瓶、竹帘，茶荷等，以及茶叶。

白茶的冲泡过程是怎样的呢？

1. 准备茶具和水

将冲泡所用到的茶具一一摆放到台子上，后把沸水倒入玻璃壶中备用。

2. 观赏茶叶

双手执盛有茶叶的茶荷，请客人观赏茶叶的颜色与外形。

观赏茶叶

准备茶具和水

3. 温杯

倒入少许开水在茶杯中，双手捧杯，转旋后将水倒掉。如果茶具较多，依次将其他的茶具也都逐个洗净。

温杯的步骤

4. 放茶叶

将放在茶荷中的茶叶，向每杯中投入大概 3 克。

5. 浸润运摇

提起冲水壶将水沿杯壁冲入杯中，水量约为杯子的四成，为的是能浸润茶叶使其初步展开。然后，右手扶杯子，左手也可托着杯底，将茶杯顺时针方向轻轻转动，使茶叶进一步吸收水分，香气充分发挥，摇香约 30 秒。

放茶叶　　　　　　　浸润运摇

6. 冲泡

冲泡时采用回旋注水法，开水温度为 90℃ ~ 95℃，先用回转冲泡法按逆时针顺序冲入每碗中水量的三成到四成，后静置 2 ~ 3 分钟。

7. 品茶

品饮白茶时先闻茶香，再观汤色和杯中上下浮动的玉白透明形似兰花的芽叶，然后小口品饮，茶味鲜爽，回味甘甜。

白茶本身呈白色，经过冲泡，其香气清雅，姿态优美。另外，由于白茶含有丰富的多种氨基酸，其性寒凉，具有退热祛暑解毒之功效，在产区内夏季喝一杯白牡丹茶水，很少会中暑，所以白牡丹是当地茶农夏季必备的饮料之一。

冲泡　　　　　　　　品茶

黑茶的冲泡方法

黑茶具有双向、多方面的调节功能，所以无论长幼、胖瘦都可饮黑茶，而且还能在饮用黑茶中获益。那么如何才能冲泡出一壶好的黑茶呢？

1.选茶

怎样选出品质好的茶叶呢？品质较好的黑茶一般外观条索紧卷、圆直，叶质较嫩，色泽黑润。千万不要饮用劣质茶和受污染的茶叶。

2.选茶具

冲泡黑茶宜一般选择粗犷、大气的茶具，以厚壁紫砂壶或祥陶盖碗为主。

3.选水

一般选用天然水，如山泉水、江河湖水、井水、雨水、雪水等，泉城人自然用泉水泡茶了。同时，冲泡黑茶，因为每次用茶量比其他茶都要多而且茶叶粗老，一般用100℃的开水冲泡。有时候，为了保持住水温，还要在冲泡前用开水烫热茶具，冲泡后在壶外淋开水。

4.投茶

将茶叶从茶荷拨入盖碗中。

5.冲泡

冲泡时最好先倒入少量开水，浸没茶叶，再加满至七八成，便可趁热饮用。冲泡时间以茶汤浓度适合饮用者的口味为标准。一般来说，品饮湖南黑茶，冲泡时间

选茶

选茶具

选水

投茶

冲泡

品茶

适宜短时间，一般大概 2 分钟，冲泡黑茶的次数可达 5 ~ 7 次，随着冲泡次数的增加，冲泡时间应适当延长。

6. 品茶

茶汤入口，稍停片刻，细细感受黑茶的醇度，滚动舌头，使茶汤游过口腔中的每一个部位，浸润所有的味道，体会黑茶的润滑和甘厚，轻咽入喉，领略黑茶的丝丝顺柔，带金花的黑茶还能体会到一股独特的金花的菌香味。

总之，依据不同茶量、泡茶时间和温度，泡出来的茶口感也不同，优质的黑茶经过冲泡，其茶香便随茶汁浸出。

花茶的冲泡方法

品饮花茶，先看茶胚质地，好茶才有适口的茶味，才有好的香气。花茶种类繁多，下面以茉莉花为例，介绍一下花茶的冲泡方法。

准备茶具

1. 准备茶具

一般选用的是白色的盖碗，如果冲泡高级茉莉花茶，为了提高其艺术欣赏价值，可以采用透明玻璃杯。

2. 温热茶具

将盖碗置茶盘上，用沸水高冲茶具、茶托，再将盖浸入盛沸水的茶盏中转动，最后把水倒掉。

温热茶具

3. 放入茶叶

用茶拨将茉莉花轻轻从茶荷中按需拨入盖碗，根据个人的口味按需增减。

放入茶叶

冲泡茶叶

4. 冲泡茶叶

　　冲泡茉莉花茶时，第一泡应该低注，冲泡壶口紧靠茶杯，直接注于茶叶上，使香味缓缓浸出；第二泡采中斟，壶口不必靠紧茶杯，稍微离开杯口注入沸水，使茶水交融；第三泡采用高冲，壶口离茶杯口稍远一些冲入沸水，使茶叶翻滚，茶汤回荡，花香飘溢。一般冲水至八分满为止，冲后立即加盖，以保茶香。

5. 闻茶香

　　茶经过冲泡静置少许片刻，即可提起茶盏，揭开杯盖一侧，用鼻子闻其香气，会顿时觉得芬芳扑鼻而来，也可以凑着香气深呼吸，以充分领略香气对人的愉悦之感。

6. 品饮

　　经闻茶香后，等到茶汤稍微凉一些，小口喝入，并将茶汤在口中稍事停留，以口吸气、鼻呼气相配合的动作，使茶汤在舌面上往返流动几次，充分与味蕾接触，品尝茶叶和香气后再咽下。

　　花茶是我国特有的香型茶，花茶经过冲泡，使其鲜花的纯情馥郁之气慢慢通过茶汁浸出，从而品饮花茶的爽口浓醇的味道。

闻茶香

品饮

第六章
不同茶具的冲泡方法

玻璃杯泡法

　　人们开始用吹制的办法生产玻璃器物，最早可以追溯到公元 1 世纪。玻璃在几千年的人类历史中自稀有之物发展成为日常生活不可或缺的实用品，走过了漫长的道路。19 世纪末，玻璃终于成为可用压、吹、拉等方法成形，用研磨、雕刻、腐蚀等工艺进行大规模生产的普通制品。

　　玻璃杯冲泡法可以冲泡我国所有的绿茶、白茶、黄茶以及花茶等，现在我们以冲泡绿茶为例，介绍玻璃杯的冲泡方法。比较正式的场合，冲泡过程是有主泡和助泡两人共同完成的。

1. 准备茶具

　　双手将茶样罐拿出放在中盘前方，然后把茶巾盘放在盘后面靠右的地方，而茶荷和茶匙取出放在盘后面靠左的地方。

2. 观赏茶叶

　　轻轻开启茶样罐，用茶匙拨出少许茶样在茶荷中，主人端着

准备茶具

观赏茶叶

茶荷给来宾欣赏。

3. 放入茶叶

这时将茶罐打开，用茶匙先将茶叶拨入茶荷中，少许即可，大概每杯 2 克的量，后将茶荷中的茶样拨入茶杯中。

放入茶叶

4. 浸润泡

双手将茶巾盘中的茶巾拿起，放在左手手指部位。右手提随手泡，注意不宜将

浸润泡

沸水直接注入杯中，开水稍微放凉一会儿，开水温度约80℃即可，左手手指垫茶巾处托住壶底，右手手腕回转使壶嘴的水沿杯壁冲入杯中，水量为杯容量的三到四成，使茶叶吸水膨胀，便于内含物析出，大概浸润20～60秒。

5. 冲泡茶叶

提壶注水，用"凤凰三点头"的方法冲水入杯中，不宜太满，至杯子总容量的七成左右即可。经过三次高冲低斟，使杯内茶叶上下翻动，杯中上下茶汤浓度均匀。

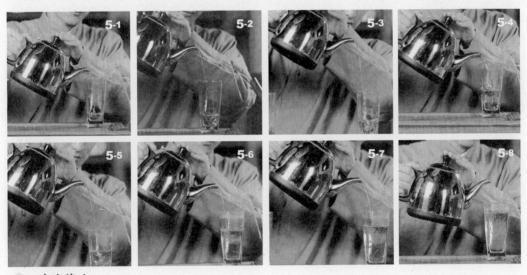

冲泡茶叶

6. 奉茶

通常，主人把茶杯放在茶盘上，用茶盘把刚沏好的茶奉到客人的面前就可以了。

奉茶

7. 闻香气

客人接过茶用鼻闻其香气,还可凑着香气深呼吸,以充分领略香气给人的愉悦之感。

8. 品饮

经闻香后,等到茶汤稍凉适口时,小口喝入,不要立即咽下,让茶汤在口中稍事停留,以口吸气、鼻呼气相配合的动作,使茶汤在舌面上往返数次,充分与味蕾接触,品尝茶叶和香气后再咽下。

闻香气　　　　　　品饮

9. 欣赏茶

通过透明的玻璃杯,在品其香气和滋味的同时可欣赏其在杯中优美的舞姿,或上下沉浮、翩翩起舞;或如春笋出土、银枪林立;或如菊花绽放,令人心旷神怡。

10. 收拾茶具

奉茶完毕,主泡仍领头走上泡茶台,将桌上泡茶用具全收至大盘中,由助泡端盘,共行鞠躬礼,退至后场。

欣赏茶

玻璃杯由于其独特的造型,加之其是透明的,通过透明的玻璃杯,茶经过冲泡的各种优美的姿态,通过玻璃杯便一目了然,客人在品饮茶的同时,又欣赏到茶的优美舞姿,愉悦身心。

紫砂壶泡法

中国的茶文化起始于唐朝,但紫砂壶人们在宋代才开始使用,历史上在明代开始有了关于紫砂壶的记载。紫砂是一种多孔性材质,气孔微细,密度高。用紫砂壶沏茶,不失原味,且香不涣散,得茶之真香真味。那么,紫砂壶泡茶方法是怎么样的呢?

1. 温壶温杯

　　用开水烧烫茶壶内外和茶杯，既可清洁茶壶去紫砂壶的霉味，又可温暖茶壶醒味。

🍃 温壶温杯

2. 投入茶叶

　　观察干茶的外形，闻干茶香，选好茶后用茶匙取出茶叶，根据客人的喜好，大约取茶壶容量的 1/5 ~ 1/2 的茶叶，投入茶壶。

🍃 投入茶叶

3. 温润泡

　　投入茶叶之后，把开水冲入壶中，然后马上将水倒出。如果茶汤上面有泡沫，可注入开水至近乎满泻，然后再用壶盖轻轻刮去浮在茶汤面上的泡沫。清洗了茶叶又温热

🍃 温润泡

了茶壶，茶叶在吸收一定水分后舒展开。

4. 冲泡茶

将沸水再次冲入壶中，倒水过程中，高冲入壶，向客人示敬。水要高出壶口，用壶盖拂去茶末儿。

冲泡茶

5. 封壶

盖上壶盖，用沸水遍浇壶外全身，稍等片刻。

封壶

6. 分杯

用茶夹将闻香杯和品茗杯分开，放在茶托上。将壶中茶汤倒入公道杯，使每个人都能品到色、香、味一致的茶。

7. 分壶

将茶汤分别倒入闻香杯，茶斟七分满即可。

8. 奉茶

主人给客人奉茶。

分杯

分壶

奉茶

闻香

9. 闻香

将茶汤倒入闻香杯，轻嗅闻香杯中的余香。

10. 品茗

取品茗杯，分三口轻啜慢饮。

这是第一泡，一般来说，冲泡不同的茶水温也不一样。用紫砂壶冲泡绿茶时，注入水温在 80℃为宜；泡红茶、乌龙茶和普洱茶时，水温保持在 90℃～100℃为宜。第二泡、第三泡及其后每一泡，冲泡的时间都要依次适当延长。

此外，还需要注意的是泡完茶后一定要将茶叶从壶中清出，再用开水烧烫。最后取出壶盖，壶底朝天，壶口朝地自然风干，主要是让紫砂壶彻底干爽，不至于发

品茗

霉；同时紫砂壶每次用完都要风干，为防止壶口被磨损，也可在其上铺上一层吸水性较好的棉布。

紫砂壶透气性能好，用它泡茶不容易变味。如果长时间不用，只要用时先注满沸水，立刻倒掉，再加入冷水中冲洗，泡茶仍是原来的味道。同时紫砂壶冷热急变性能好，寒冬腊月，壶内注入沸水，绝对不会因温度突变而胀裂。就是因为砂质传热比较慢，泡茶后握持不会炙手。不但如此，紫砂壶还可以放在文火上烹烧加温，也不会因受火而裂。

盖碗泡茶法

盖碗是一种上有盖、下有托、中有碗的茶具，茶碗上大下小，盖可入碗内，茶船作底承托。喝茶时盖不易滑落，有茶船为托又可避免烫到手。下面介绍一下花茶用盖碗泡茶的方法。

1. 准备茶具

根据客人的人数，将几套盖碗摆在茶盘中心位置，盖与碗内壁留出一小隙，盖碗右下方放茶巾盘，茶盘内左上方摆放茶筒，废水盂放在茶盘内右上方，开水壶放在茶盘内右下方。

2. 温壶

注入少许开水入壶中，温热壶。

准备茶具

温壶

将温壶的水倒入废水盂，再注入刚沸腾的开水。

3. 温盖碗

用壶冲水至盖碗总容量的1/3，盖上盖，稍等片刻，打开盖，左手顺时针、右手逆时针回转一圈，将碗盖按抛物线轨迹放在托碟左侧，倒掉盖碗中的水，然后将盖碗放在原来的位置。依此方法一一温热盖碗。

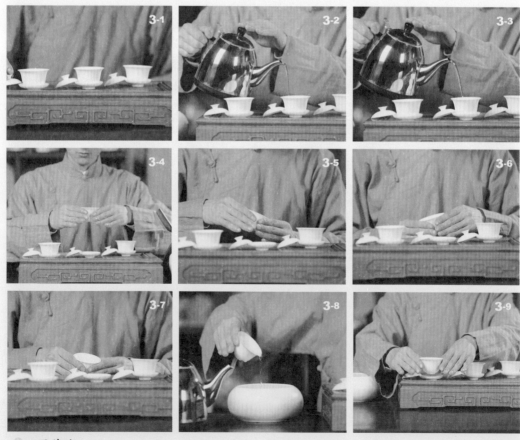

温盖碗

4. 置茶

用茶匙从茶样罐中取茶叶直接投放盖碗中，通常 150 毫升容量的盖碗投茶 2 克。

置茶

5. 冲泡

用单手或双手回旋冲泡法，依次向盖碗内注入约容量 1/4 的开水；再用"凤凰三点头"手法，依次向盖碗内注水至七分满。如果茶叶类似珍珠形状不易展开的，应在回旋冲泡后加盖，用摇香手法令茶叶充分吸水浸润；然后揭盖，再用"凤凰三点头"手法注开水。

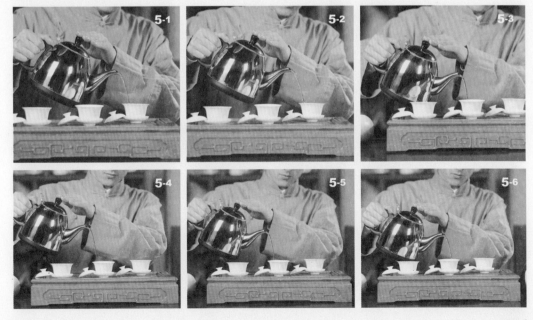

🍵 冲泡

6. 闻香、赏茶 ————————————————————

双手连托端起盖碗，摆放在左手前四指部位，右手腕向内一转搭放在盖碗上，用大拇指、食指及中指拿住盖钮，向右下方轻按，使碗盖左侧盖沿部分浸入茶汤中；再向左下方轻按，令碗盖左侧盖沿部分浸入茶汤中；右手顺势揭开碗盖，将碗盖内侧朝向自己，凑近鼻端左右平移，嗅闻茶香；用盖子撇去茶汤表面浮叶，边撇边观赏汤色；后将碗盖左低右高斜盖在碗上。

🍵 闻香、赏茶

7. 奉茶

双手连托端起盖碗，将泡好的茶依次敬给来宾，请客人喝茶。

奉茶

8. 品饮

轻轻将盖子揭开，小口喝入，细细品，边喝边用茶盖在水面轻轻刮一刮，不至于喝到茶叶。

品饮

9. 续水

盖碗茶一般续水一至两次，泡茶者用左手大拇指、食指、中指拿住碗盖提钮，将碗盖提起并斜挡在盖碗左侧，右手提开水壶高冲低斟向盖碗内注水。

续水

10. 洁具

冲泡完毕，盖碗中逐个注入开水——清洁，清洁后将所有茶具收放原位。

喝盖碗茶的妙处就在于，碗盖使香气凝集，揭开碗盖，茶香四溢并可用

洁具

盖赶浮叶，不使沾唇，便于品饮，经过用茶盖在水面轻轻刮一刮，使整碗茶水上下翻转，轻刮则淡，反之则浓。

飘逸杯泡法

飘逸杯，也称茶道杯，用飘逸杯泡茶不需要水盘、公道杯等，只需要一个杯子即可，自然相比盖碗少了许多品茶的感觉，但它的出水方式和紫砂壶和盖碗都不一样，虽然简单，但其泡茶方法也是有讲究的。

1. 烫杯洗杯

飘逸杯与其他茶具不同，它有内胆、大外杯和盖子，所以烫杯的时候这三者都要用开水好好烫一遍。特别是放着长时间没用过的飘逸杯，在泡茶之前一定要烫洗干净，开水放进去稍等一两分钟，保证没有异味了，还有内胆有没有破洞，控制出水杆的下压键是否灵活好用，各个部件都检查完毕，清洗干净，就可以把烫杯用的水倒掉。将干净的杯子放置在茶帘上。

烫杯洗杯

2. 放茶叶

放茶叶的量根据个人口味来定，想喝浓点的就多放点茶叶，想喝淡点的就少放点。如果着急喝，也可以多放茶叶，这样就可以快速出汤。

放茶叶

3. 洗茶

根据生茶和老茶的不同，洗茶步骤也有不同。喝生茶时洗茶步骤相对简单，开水冲入杯中，让茶叶充分冲泡，然后倒掉水就可以了。如果喝老茶，洗茶的过程要稍微麻烦一些，老茶放置时间比较长，容易有灰尘。洗茶时，注水的力度相对要大、要猛，出水要快，注满沸水，要立即按开出水杆，倒掉洗茶水。飘逸杯出水的过程跟其他茶具不同，它是由上而下，所以出水速度要快，如果速度慢了的话，原来被激起的一些杂质会再次附着在茶叶上，达不到洗茶的目的。

洗茶

4. 冲泡茶

洗茶后闻一下内胆里的茶叶，感觉茶已经完全洗净，就可以进行冲泡茶了。冲泡的时候注水不要太猛，要相对轻柔一点，以保证茶汤的匀净。然后茶叶经过冲泡

冲泡茶

出汤，按下出水杆的按钮，等到茶汤完全漏入杯中即可。用飘逸杯泡茶需要出汤速度快，而且要出尽。

5. 品茶

如果是在办公室自己喝茶，出汤之后，直接拿着杯子喝即可；如果多人喝茶，需要准备几个小杯子，把飘逸杯中的茶汤倒入小杯中就好了。慢慢品尝，闻茶香品茶味。

品茶

用飘逸杯泡茶，由于其步骤相对简单，同一杯组可同时泡茶、饮茶，不必另备茶海、杯子、滤网等。泡茶速度快，适合居家待客，可同时招待十余位朋友，不会有冲泡不及之尴尬，同时还可以办公室自用，可将外杯当饮用杯使用。清杯也比较容易，掏茶渣也很简单，只要打开盖子把内杯向下倾倒，茶渣就掉出来，再倒进清水摇一摇，再倒出来即清洁。

小壶茶泡法

小壶由于也是用紫砂做的，其泡茶方法与普通的紫砂壶有相似的地方，又有不同，下面就介绍小壶详细的泡茶方法。

1. 备具、备茶和备水

　　首先选一把精巧的小壶，茶杯的个数与客人的人数相对应，此外还要准备泡茶的茶杯、茶盅以及所需要的置茶器、理茶器、涤洁器等相关用具。

　　准备茶叶，取出泡茶所需茶叶放入茶荷。准备开水，如果现场烧煮开水，则准备泡茶用水与煮水器；如果开水已经烧好了，倒入保温瓶中备用。

2. 冲泡前的准备

　　（1）温茶壶，用开水烧烫小壶和公道杯，清洗茶具同时提高小壶和公道杯的温度，为温润泡做好准备。

备具、备茶和备水

冲泡前的准备

　　（2）取茶，通过赏茶来观察干茶的外形，欣赏取出茶，根据人数决定取茶的分量。

取茶

（3）放茶，茶叶放进壶中后，盖上壶盖。然后用双手捧着壶，连续轻轻地前后摇晃 3 ~ 5 下，以促进茶香散发，并使开泡后茶的内质易于释放出来。

放茶

（4）温润泡，把开水注入壶中，直到水满溢为止。这时用茶浆拨去水面表层的泡沫，盖上壶盖，茶叶在吸收一定水分后即会呈现舒展状态。将温润泡的茶水倒入茶盅，将茶盅温热。

温润泡

（5）烫杯，将温盅水倒入茶杯中温热，取出放在茶盘中。将小壶放在茶巾上吸取壶底水分。

☞ 烫杯

3. 冲泡

第一泡，将适温的热水冲入小壶，盖上壶盖，大概 1 分钟。将茶汤倒入公道杯中。

☞ 冲泡

4. 奉茶、品茶

主人双手端茶给客人，客人细细品茶，品茶时先闻茶香，再啜饮茶汤，先含在口中品尝味道，然后慢慢咽下感受滋味变化。

☞ 奉茶、品茶

第二泡泡茶时间要多上 15 秒，接着第三泡、第四泡泡茶时间依次增加，一般能泡 2 ~ 4 次。

喝完茶，主人要用茶匙掏去茶味已淡的茶渣，并把茶具一一清洗干净，然后将所有茶具放到原来的位置。

小壶由于体积比较小，根据不同的茶叶外形、松紧度，放茶量也有不同，非常蓬松的茶，如清茶、白毫乌龙等，放七、八分满；较紧结的茶，如揉成球状的安溪铁观音、纤细紧结的绿茶等，放 1/4 壶；非常密实的茶，如片状的龙井、针状的工夫红茶等，放 1/5 壶。

玻璃壶泡法

玻璃茶壶与铝、搪瓷和不锈钢等茶具相比，其本身不含金属氧化物，可免除铝、铅等金属对人体造成的危害。玻璃茶壶制品长期使用不脱片不发乌，具有很强的机械强度和良好的耐热冲击性。其最适宜冲泡红茶，也可以用开水冲泡绿茶和花茶，同时也可冲泡咖啡、牛奶等饮料。

1. 温壶

将沸水冲入壶中，温热壶的同时清洗茶壶，同时清洗壶盖和内胆。

温壶

2. 温杯

用壶中的水温烫品茗杯，在用茶夹夹住品茗杯温烫完毕之后，将温烫品茗杯的水倒入废水盂中。

温杯

3. 欣赏干茶

由茶罐直接将茶倒入茶荷，由主人奉至客人面前，以供其观看茶叶形状，闻取茶香。

4. 放入茶叶

将茶荷中的茶叶投入壶的内胆中，茶量依据客人的人数而定。

欣赏干茶

放入茶叶

5. 冲泡

提壶高冲入壶中，激发茶性，使干茶充分吸收水分，茶的色、香、味都会挥发出来。可以用手轻轻摇动内胆几次，让茶叶充分冲泡，茶汤均匀地出来。

冲泡

分茶

6. 分茶

将玻璃壶的内胆取出来，放在一旁的茶盘中。摆好品茗杯，将壶中的茶汤分别倒入品茗杯中，不宜太满，倒至杯子的七分满为宜。

7. 品饮

先闻茶香，然后小口品饮，停留口中片刻，细饮慢品，充分体会茶的真味。

完成上述步骤之后，最后还需要将内胆中的茶叶倒掉，再用开水把壶及品茗杯清洗干净，放回原位。

玻璃壶相对紫砂壶等茶具，其清洗特别方便，可以直接将内胆取出，茶叶倒掉，手还可直接伸入壶的内部，很容易清洗干净。由于其全透明玻璃材质，晶莹透明，配合细致的手工技术，使得玻璃茶壶流露出动人的光彩，非常吸引人，不但非常实用，还会被很多人作为礼物赠送亲友。

品饮

瓷壶泡法

瓷壶最初没有固定的形状，大约出现在早期的新石器时代，直到两晋时出现的鸡首、羊首壶首开一侧有流，一侧安执手的型制，才为壶这种器物最终定型，并一直沿用到现在。那么，用瓷壶泡茶的方法是怎样的呢?

1. 温烫瓷壶

将沸水冲入壶中，水量三分满即可，温壶的同时也清洗了茶壶。

温烫瓷壶

2. 温烫公道杯和品茗杯

为了做到资源的不浪费，温瓷壶的开水不要倒掉，直接倒入公道杯，温烫公道杯，再将公道杯的水倒到品茗杯中，温烫清洗品茗杯，之后把水倒掉。

温烫公道杯和品茗杯

3. 投入茶叶

将茶荷中备好的茶叶轻轻放入壶中。

投入茶叶　　　　温润泡

4. 温润泡

将沸水冲入壶中，静置几秒钟，干茶经过水分的浸润，叶子慢慢舒展开，温润茶叶。最后，倒掉水。

5. 正式冲泡

将沸水冲入壶中，冲泡茶叶。等到茶汤慢慢浸出，将冲泡好的茶汤倒入公道杯中。

正式冲泡

6. 分茶饮茶

将公道杯中的茶汤均匀地分入品茗杯中，七八分满即可。端起品茗杯轻轻闻其香气，然后小口慢喝，品饮茶的味道。

分茶饮茶　　　　　　　　　　　　　　　　　　清洗瓷壶

7. 清洗瓷壶

　　泡过茶以后，瓷壶的内壁上就会有茶垢，如果不去掉，时间长了，越积越厚，颜色也变黑十分难看，还容易有异味，所以用完瓷壶要立即清洗，取出叶底，最后轻轻松松洗掉内壁的茶垢。

　　瓷壶不但外形好看，好多茶都可以用瓷壶来泡，而且其适应性比较强，不管绿茶、红茶、普洱还是铁观音，泡过一种茶之后，立即擦洗干净就可直接泡其他种类的茶，还不会串味。

陶壶泡法

　　陶壶一般是灰白色泥质做的陶，外表装饰褐色的陶衣，由于其本身就有很多的毛细孔，不是任何茶都适于用陶壶冲泡。陶壶最适宜泡半发酵茶，比如乌龙茶、武夷茶、清茶、铁观音或水仙。经过陶壶冲泡，其特殊的香气自然溢出，泡出来的茶也会更香，而且陶壶体积较小，泡茶的技巧特别关键，特别是温度的保持。

1. 备具

准备好冲泡所需的茶具。

🍃 备具

🍃 温烫陶壶

2. 温烫陶壶

冲沸水入壶，温烫陶壶，洁净壶。

3. 温烫品茗杯

再将陶壶中的水倒入品茗杯，温烫品茗杯。用手转动杯子，使水充分接触杯子，温烫杯子的每一个部位。

🍃 温烫品茗杯

🍃 倒水入废水盂

4. 倒水入废水盂

温烫壶和品茗杯后，将温烫品茗杯的水倒入废水盂。

5. 观赏茶

将准备好的茶叶放入茶荷中，进行赏茶。

🍃 观赏茶

6. 置茶

将选好的茶叶用茶拨从茶荷中轻轻拨入壶中。

7. 冲泡

冲泡前可以先温润壶，即提起开水壶冲水入陶壶中直至溢出，唤醒茶

置茶

冲泡

叶，使茶叶充分冲泡，迅速舒展开，将温润茶的水倒入茶盘。第一泡茶冲水，开水不要直接对准茶叶，沿壶沿慢慢注入。静置 1 ~ 2 分钟，等到茶汤充分冲泡出，将壶中的茶汤倒入公道杯中。

8. 分茶

将公道杯中的茶汤分别分入品茗杯中至杯的七分满。

9. 奉茶

将分好的茶汤奉给客人。

分茶

10. 品茗

观其茶汤颜色，品茶分三口饮。

奉茶

品茗

第四篇

中国茶道与茶艺

第一章
饮茶与人生

源远流长的历代茶馆

茶馆是一个古老而又时尚的行业，始兴于唐代，在宋代开始繁荣，元代明代一度衰落，直到明末清初又开始兴起，到了清末后百年渐趋萧条，到了改革开放30年，古老的茶馆才又迎来了无限的春光，真可谓起起伏伏。可以说，茶馆是茶文化中一道最有韵味的风景，它源远流长，历经数代，让无数人在其中相聚休闲，享受生活的同时也品味着人生。

茶馆的别名很多，最开始被称为茶肆、茶楼、茶园、茶坊、茶邸，还有人称它为茶房、茶亭、茶社、茶轩和茶棚等，直到明清时期才被称为茶馆。

唐代《封氏闻见记》中记载："开元中，泰山灵岩寺有降魔师大兴禅教，学禅务于不寐，又不夕食，皆许其饮茶。人自怀挟，到处煮饮。从此转相仿效，遂成风俗。"唐代时，住持请全寺僧众饮茶的过程被称为"普茶"。一些佛寺专门设有茶堂，茶堂的西北角还有茶鼓，每次敲鼓时，都是在召集僧人饮茶。佛寺中的僧人每日坐禅，听见鼓声就可以出定，饮茶。不仅寺中僧人饮茶，寺院中还设有"茶头"，他们的职务就是专门负责烧水煮茶，招待客人。慢慢地僧人饮茶被传播出去，唐人学禅饮茶也成了一种风尚。

到了宋代，城市中的大街小巷都遍布了茶肆茶坊，还有一类专门提着壶往来叫卖的流动茶担、茶摊，当时的人称其为"茶司"。茶肆中烹茶技术高超的人被称为"茶博士"，听起来就会让人觉得专业，而茶博士的出现也充分证明了当时烹茶向着专业化和职业化的方向发展，同时也反映出茶在宋代已经开始普及到人们的生活之中。

当时的茶肆中常常悬挂名人字画，同时摆设四时花朵，用来招揽顾客。其中所卖的茶品种也开始增加，也有各类吃食。据《梦粱录·茶肆》记载：杭州的茶肆"四时卖奇茶异汤，冬月添卖七宝擂茶、馓子、葱茶，或卖盐豉汤；暑天添卖雪泡梅花酒，或缩脾饮暑药之属"。由此看来，当时茶馆中的小吃还真不少呢。

其实，茶馆里的点心并不是用来填饱肚子，而是悠闲时光的一种点缀罢了。正如周作人在《北京的茶食》里说："我们对于日用必需的东西以外，必须还有一点无用的游戏与享乐，生活才觉得有意思。我们看夕阳，看秋河，看花，听雨，闻香，喝不求解渴的酒，吃不求饱的点心，都是生活中必要的——虽然是无用的装点，而且是愈精炼愈好。"他虽然写的是现代的茶食，但古时也同样如此，精致的点心主要为人们在品茶之余增添情趣。

不仅茶点，戏曲也可以算得上是一种茶余后的消遣。有人曾这样评价戏曲："戏曲是茶汁浇灌起来的一门艺术。"由此看来，有戏曲的地方，必定有人饮茶。据史料记载，宋元时期就已经有戏曲艺人在酒楼、茶肆中做场，到清代才开始在茶馆内专设戏台，那时的戏曲发展繁盛，并逐渐将茶馆和戏园合二为一，这也是我们后来常在电视中看到的边听戏边品茶的画面了。

到了明代，茶馆转换了饮茶方式，不用茶鼎或茶瓶煎茶，而是用沸水直接浇。明代文震亨在《长物志》中说："简单便异常，天趣悉备，可谓尽茶之真矣"。这种饮茶方式一直流传至今，不仅简单方便，同时也很有趣味。明末时，北京的街头巷尾出现了一种简易茶摊：一张桌子，几条板凳，摆起粗瓷碗，专卖大碗茶，这就是极负盛名的北京大碗茶。

清代可算得上是茶馆的鼎盛时期。《清稗类钞》中记载："京师茶馆，列长案，茶叶与水之资，须分计之，有提壶以注者，可自备茶叶，出钱买水而已。汉人少涉足，八旗人士，虽官至三四品，亦厕身其间，并提鸟笼，曳长裙，就广坐作茗憩，与圉人走卒坐谈话，不以为忤也。然亦绝无权要中人之踪迹。"通过这一形象的描述，我们一定会想起这类图片及电视：八旗子弟提着鸟笼，在北京城的各个茶馆听戏品茶，悠闲自在。这幅画面显然成了大清王朝

茶馆是一个文化韵味浓厚的地方。

的一个典型标志。也正是在清朝,茶馆的各种形态与功能已经逐渐发展齐备。

清末时的茶馆大体可分为三类:大茶馆,素茶馆和清茶馆。大茶馆的院落要比其他两种宽敞,柜灶间有一个"大搬壶",壶高五六尺,直径三尺,以红铜制成,两边有壶嘴,中贮沸水,设计得极为特殊,并悬于屋梁之下,以便人们随时取用;素茶馆虽然叫茶馆,但实质上却是经营饭食。虽然茶馆中不卖荤菜,但其中的品种也很多。

这三类中,数量最多的莫过于清茶馆了。它既不像素茶馆那样经营饭食,也不像大茶馆那么有排场,而只是卖茶水,其他一概皆无。茶馆中的摆设也很简单:方桌木凳、茶壶茶碗。偶尔里面会有人演评书等节目,也算得上是其中的最大特色了。

18 世纪来华的英国人曾说过:"在中国,无论在城市街道上,还是在公路旁边,或者运河堤上,到处都有小贩卖茶,好似英国到处都卖啤酒一样。"由此看来,茶馆、茶摊显然成了中国的一道古老风景,真可谓"古今中外,皆在一壶茶中"。

异彩纷呈的当代茶馆

"忽如一夜春风来,千树万树梨花开"用这句话形容改革开放后的茶馆有过之而无不及。由于社会经济发展,来自政府的扶持让许多经营茶叶的人重新创办茶艺馆,茶馆也开始慢慢复兴起来。另一方面,人民的生活水平提高,闲暇时间也开始增多,直接或间接地拉动了茶馆的经济。

总体说来,茶馆经历当代这几十年的发展,大致可分为 4 个阶段,每个阶段都有其不同的成就和突破。

1. 传统老茶馆

晚清至民国期间,一些小茶馆因经济萧条而纷纷倒闭,日渐稀少。只剩下那些大茶馆仍苦苦坚守,只因为与百姓息息相关,即使那时物资匮乏,它们也依旧留存至今。就全国而言,那时的茶馆已然形不成一个行业了,只有在茶叶消费比较多的城市才能寻找到几家"老字号"和强撑着的几个小茶馆。

直到改革开放后,国家实行了一系列方针政策调整茶叶市场,从而大大地促进了茶叶生产。许多茶叶产区的茶农因为卖茶难而困惑,于是人们开始呼吁重建茶馆,扩大茶叶消费事宜。由地域来看,当时南方城市的茶馆经营状况要比北方好些,茶馆的数量也略多,尤其以成都、杭州、上海、广州等大城市独具特色。但即便如此,也只有一些老字号茶馆仍继续维持着生计,其他小茶馆尚未见兴起。

2. 时尚茶馆

1984 ~ 1993 年间,是当代茶馆由传统向时尚转型的时期。在这段时间里,全国各地相继开办了一批极具特色的茶馆与茶楼,不仅在选茶选水选器具时颇为讲

当代茶馆

究，连茶馆中的装饰也别具特色。

可以说，这一阶段是茶馆转型的重要时期之一，从各个方面皆与传统茶馆不同，各地的先行者们为后人留下了探索和实践的足迹，也为茶馆的时尚化、生活化贡献了一份不可忽视的力量。

到了 1990 年，一批彰显"茶艺"的茶馆也开始在全国出现。杭州、浙江、福州等地均有茶馆打出了"茶艺"的招牌，将饮茶文化与生活融为一体。值得一提的是，"成都茶馆"曾远涉重阳，来到巴黎，并在巴黎一个剧院的休息厅内开办了一家，不仅弘扬了茶文化，还将中国的其他传统文化带到了巴黎。

3. 茶艺馆的繁盛

从 20 世纪 90 年代后半期开始，茶艺馆开始大批出现，并开始向北方以及中西部地区快速扩张。据资料记载："截至 1999 年秋，北京城区之中各档次的茶艺社、茶苑、茶园……已有 160 余家。"由此看来，当时的茶馆已经在北方地区广泛盛行。

同时，全国各地还涌现出一批极具特色的茶馆。例如北京的许多茶馆中经常有评书、曲艺等演出进行，这也将北京城的风韵味道展现无余；上海的茶馆中，有的展现出市民独特的生活方式，有的同时兼容了时尚与文化，让人们在品茶的同时也体验了茶的魅力。

4. 茶的多元化时期

近几年来，我国开始向多元化方向发展，不仅在生活品质方面有所体现，茶与茶馆也开始进入一个前所未有的多元化时期。许多极富创意与精神的茶馆相继推出了各式各样的休闲模式，人们在品茶的同时还能享受个性化的服务，实在不枉消费一回。以下列举了几种独特的饮茶模式，简单介绍一下其不同的风格及特点：

（1）西湖茶宴

茶真正成为宴会中心的茶宴，在东晋初年就已有了。随后经过历朝历代文人雅士以及专业茶师的不断完善与发展，茶宴逐步成为承载茶文化的一个重要载体。"西湖茶宴"继承了古今茶宴在品茶、佐以茶食点的传统格调，又突破了其单一的做法，在传统的以茶入菜基础上，把饮茶、尝茶食、品菜肴以及器乐欣赏、诗词书画有机融合于一席之中，顺应形势，将时尚与生活巧妙结合起来，从而呈现了"中国茶都"独特的风情与韵味。

（2）茶文化之旅

许多茶馆召开了文化之旅活动，他们邀请各界人士或学生到茶馆中观赏茶艺表演，在现场互动的过程中将如何识茶、泡茶、品茶的方法与大家交流，通过实际操作和讲解，将我国的茶文化向所有人传播。

（3）茶艺会所

近年来，我国许多大中小城市都建立起这种品茶消遣的时尚之地。将现今社会人们爱喝茶、重享受的特点融合在了一起，为各界爱茶之人提供了一个休闲娱乐、交流情感的平台，让人们在品茶的同时放松身心，获得多方面的享受。

从古至今，茶馆一直是社会经济、文化发展的一个标志。不同的时代造就了不同的茶馆，当代茶馆从另一个角度记录了改革开放三十年的辉煌成就。相信不久之后，当代茶馆将融入更多的时尚元素，把中国博大精深的茶文化延续得更远。

温馨舒悦的家庭茶室

随着生活水平逐渐提高，且工作越来越繁忙，人们已经不满足于去茶馆品茶了。有时候也会在家里冲泡一壶好茶，既省钱又省事，还别具情调。

那么，如何打造一个温馨舒悦的家庭茶室呢？首先要制定想要的格调。一般来说，茶室最好以清新淡雅，宁静悠闲的风格为佳，这样能让我们在品茶的同时舒缓心情，让环境与茶韵相应。

其次，家庭茶室要讲究布局。我们可以选在客厅一角作为饮茶之处，或者用屏风、花架隔出一块小空间稍微布置一下，布局主要以明快简洁为主。如果有条件，我们可以在家里单独隔出一个房间作为茶室，这样也可以在饮茶的时候更有意境，且不被打扰。在茶室中最好能挂一些名人字画，或与茶有关的诗词，这样不仅提升了主人的品位，同时也起到怡情悦性的作用。

总体来说，家庭茶室可以选取以下几个地点：

1. 客厅

一般将客厅作为茶室的家庭，主人通常喜欢与客人一同喝茶，建立茶室的目的在于会客聊天。这时，如果自家的客厅面积较大，不妨截出一部分空间，可以半封闭，也可以与客厅连在一起，建立一个简单的茶室。这样也使客厅更加雅致清新，

温馨舒悦的家庭茶室

直接提升了客厅整体的艺术美感。

2. 书房茶室

如果主人喜欢读书，且喜欢安静地品茶，那不如在书房的一角设立茶室。这样，在看书之余，或是练字之后，泡一壶香茗，仔细品啜其中的韵味，不仅可以达到心神合一的境界，同时也能使自己完全安静下来，以更闲适自如的心态投入书卷与书法之中。

3. 阳台茶室

当我们把阳台作为茶室的时候，就可以在品茶的同时欣赏外面的美景，看着夕阳，看着雁群，一定会将品茶的乐趣大大提升。由于天气原因，我们可以将在阳台用玻璃隔出茶室，这样也能起到防风挡雨的作用。

4. 餐厅茶室

有些家庭人口众多，且家人都喜欢茶余饭后聊天聚会，那么这时，我们完全可以把茶室建立在餐厅之中。将家人聚在一起，冲泡一壶香浓的红茶，看着家人手捧茶杯笑意盈然的模样，相信你一定会觉得十分幸福。

5. 独立茶室

有些家庭如果空间允许，可以专门将一间屋子做成茶室，并在其中稍加布置，将主人独特的品位融入其中。既品啜到了鲜爽的茶叶，又可以待客，同时也提升了品位与格调，真是一举多得。

关于家庭茶室的装修，我们可以记住以下几点：茶室虽然可以按照主人的喜好任意布置，但也要注意茶室与整个房间的协调。尽量采用材质、颜色、风格相近的材料构建，否则，无论茶室制作得多么精美，与整个房间不搭调也只能降低主人的品位。其次，茶室的装修材料尽量以接近茶性的建材为好，例如竹、木、藤、麻等材料，并且不要选择带有异味的材料。因为竹具有清新脱俗之意，木带给人温暖踏实的感觉，藤又使人感受到自然的美感，麻则象征着淳厚。总体来说，所选材料一定要以自然、舒适为前提，切不可太过花哨而影响了品茶的意境。

家庭茶室的出现是时代与经济发展到一定阶段的产物，现在有越来越多的家庭在家中设立茶室。这的确给饮茶环境提供了一个全新的选择，将源远流长的茶文化搬入家中，享受生活的同时也感悟着华夏文明与发展。

茶与修养

品茶是一门综合艺术，人们通过饮茶可以达到明心净性，提高审美情趣，完善人生价值取向的效果，也就是说，茶与个人的修养息息相关。

《茶经》中提到："茶者，南方之嘉木也。"茶之所以被称为嘉木，正是因为茶树的外形以及内质都具有质朴、刚强、幽静和清纯的特点。另外，茶树的生存环境也很特别，常生在山野的烂石间，或是黄土之中，向人们展示着其坚强刚毅的特点，这与人们的某些品质也极其相似。

人们通过接触茶，了解茶，品茶评茶之后，往往能够进入忘我的境界，从而远离尘世的喧嚣，为自己带来身心上的愉悦感受。因为茶洁净淡泊，朴素自然，因而，在感受茶之美的过程中，我们常常借助茶的灵性去感悟生活，不断调适自己，修养身心，自我超越，从而拥有一份美好的情怀。

冲泡沸水之后，茶汤变得清澈明亮，香味扑鼻，高雅却不傲慢，无喧嚣之态，也无矫揉造作之感。茶的这种特性与人类的修养也很相似，表现在人生在世，做人做事的一种态度。而延伸到人们的精神世界中，则成了一种境界，一种品格，一种智慧。因而，我们可以将茶与人的修养联系在一起，从而达到"以茶为媒"，修身养性的作用。

除此之外，茶在操守、雅志、养廉等方面一直被历代茶人所推崇。《茶经》中记载了许多有关饮茶的名人轶事，各朝各代皆有之：齐国的宰相晏婴大家一定不陌生，文中记载，晏婴平日吃糙米饭，除了少量荤菜之外，只有茶而已，以此来要求自己一切从简；恒温也与他很像，平日里宴请宾客只奉上几盘茶和果品招待客人，表明其崇尚简朴，追求廉俭之风。与他们相似的名人还有许多，这些人均以茶崇俭，被后世敬仰。

然而，现代生活节奏加快，人们承受着来自各方面的压力，常常感叹活得太累，太无奈，似乎已经失去了自

我。而茶的一系列特点，例如性俭、自然、中正和纯朴，都与崇尚虚静自然的思想达到了最大程度的契合。所以，生活在现今社会的人们已经将饮茶作为一种清清净净的休闲生活方式，它正如一股涓涓细流滋润着人们浮躁的心灵，平和着人们烦躁的情绪，成为人们最好的心灵抚慰剂。看似无为而又无不为，让心境回复清静平和状态，使生活、工作更有条理，同样也是一种积极的人生观的体现。

烹茶以养德，煮茗以清心，品茶以修身。通过品茶这一活动的确可以表现一定的礼节、意境以及个人的修养等。我们在品茶之余，可以在沁人心脾的茶香中将自己导入冷静、客观的状态，反省自己的对错，反思自己的得失，以追求"心"的最高享受。

吃茶、喝茶、饮茶与品茶

经常与茶打交道的人一定常听到这几个词：吃茶、喝茶、饮茶与品茶。一般而言，人们会觉得这 4 个词都是同样的意思，并没有太大的区别，但是细分之后，彼此之间还是有差别的。

1. 吃茶

吃茶强调的是"吃"的动作。在我国有些地区，我们常常会听到这样的邀请，"明天来我家吃饭吧，虽然只是'粗茶淡饭'……"这里的"粗茶"只是主人的谦辞罢了，并不是指茶叶的好坏。由此看来，"吃茶"一词便有了一点方言的味道。

一般来说，吃茶的说法在农家更为常见，这词听起来既透露出农家特有的淳朴气息，又多了一份狂放与豪迈之情。如果

茶与茶食

是小姑娘说出来，仿佛又折射出其柔美、淳朴、热情好客的品质。我们可以想象得到，吃茶在某些地区俨然成了生活中不可或缺的一部分：一家人围在桌旁，桌上放着香气四溢的茶水，老老少少笑容满面地聊天，看起来其乐融融。

2. 喝茶

喝茶强调的是"喝"的动作，它给人的直观感觉就是：将茶水不断往咽喉引流，突出的是一个过程，仿佛更多的是以达到解渴为目的。为了满足人的生理需要，补充人体水分不足，人们在剧烈运动、体力流失之后，大口大口地急饮快咽，直到解渴为止。而在喝茶的过程中，人们对于茶叶、茶具、茶水的品质都没太多要

求，只要干净卫生就可以了。

喝茶也是大家普遍的说法，可以是口渴时胡乱地灌上一碗，可以随便喝一杯，可以是礼貌的待客之道，可以是自己喝，可以是几个人喝，可以是一群人喝，可以在家里喝，可以在热闹的茶馆喝，可以是懂茶之人喝，也可以是不懂茶之人喝。总之，喝茶拉近了人与人的关系。

3. 品茶

品茶的目的就已经不止于解渴了，它重在品鉴茶水的滋味，品味茶中的内涵，重在精神。品茶要在"品"字上下功夫，品的是茶的质、形、色、香、味、气、韵，仔细体会，徐徐品味。茶叶要优质，茶具要精致，茶水要美泉，泡茶时要讲究周围环境的典雅宁静。品的是过程，品的是时间文化的积淀，品的是茶中

对于茶，喝、品、饮的说法都有，但其中有着微妙的区别。

的优缺点，品的是感悟，并从品茶中获得美感舒畅，达到精神升华。

可以说，品茶与喝茶极其不同，它主要在于意境，而不在于喝多少茶。哪怕随意地抿一小口，只要能感受到茶中的韵味，其他的也就无足轻重了。

4. 饮茶

饮茶包含的是一种含蓄的美，它要求人心绝无杂念，注重的是人与茶感情的融合。同时，它还要求环境静，人静，心静，环境绝对不是热闹的街头茶馆，人也绝对不是三五成群随意聚集，更显得正式一些。

其实，我们现实里常常把喝茶、饮茶与品茶混为一谈，这在某些程度来说，也并没什么太大的影响。无论是吃茶、喝茶、饮茶还是品茶，都说明了我国茶起源久远，茶历史悠久，而茶文化博大精深，同时也使茶的精神和艺术得到弘扬。

品茶如品人

"不慕黄金罍，不慕白玉杯。不慕朝入省，不慕暮入台。唯慕江西水，曾向竟陵城下来。"由这首诗，我们可以品味出一个人的人性与特点。茶圣陆羽不慕黄金宝物，高官荣华，所慕的只是用江西的流水来冲泡一壶好茶。而这些也将品茶和品人联系在一起，使品茶成为评判人品如何的一种方法。

茶有优劣之分。好茶与次茶不仅在色泽、形状、香气以及韵味方面有很大差

异，人们对其品饮之后的感觉也各有不同。喝好茶是一种享受，喝不好的茶简直是受罪。有时去别人家做客，主人热情地泡上一杯茶来。不经意间喝上一口，一股陈味、轻微的霉味、其他东西的串味直扑肺腑，真是难受。含在口里，咽又咽不下，吐又太失礼，实在让人左右为难。

而人也同样如此，一个人的气质、谈吐、爱好和行为都可以体现这个人的水平与档次。茶可以使人保持轻松闲适的心境，而那些整天醉生梦死地生活的人，是不会有这样的心情的；那些整天工于心计，算计别人的人也不能是好的茶客；心浮气躁喝不好茶；盛气凌人也无法体会茶中的真谛；唯有那些心无纷杂，淡泊如水的人，才能体会到那缕萦绕在心头的茶香。

泡好一壶茶，初品一口，觉得有些苦涩，再品其中味道，又觉得多了几分香甜，品饮到最后，竟觉得唇齿留香，实在耐人寻味。这不正如与人交往一样吗？人们开始接触某些人的时候，可能会觉得与其性格格格不入，交往得久了才领略到他的独特魅力，直至最后，两人竟成了推心置腹的好友。

人们常常以茶会客，以茶交友。人们在品茶、评茶的同时，其言谈举止，礼仪修养都被展现无余，我们完全可以根据这些方面评判一个人的人品。也许在品茗之时，我们就对一个人的爱好、性格有所了解。若是两人皆爱饮茶，且脾气相投，那么人生便多了一位知己，总会令人愉悦；而一旦从对方饮茶的习惯等方面看出其人品稍差，礼貌欠缺，还是远远避开为好。

人有万象，茶有千面。茶分许多类，而人也是如此。这由其品质决定，是无法改变的事实。真正的好茶经得起沸腾热水的考验，真正有品质的人同样也要能承受尘世的侵蚀，眼明心清，始终保持着天赋本色。品茶如品人，的确如此。

人生如茶，茶如人生

对一般茶来说，初次泡时，其味道苦涩，继而转为甘爽，最后味道转淡转浅。有人也因此将茶比喻为人生，起初时苦涩艰辛，而后甘美宜人，最后转为平淡。

人生如茶，人一生的经历都仿佛融入一壶茶水之中，随着滚烫的开水冲入，茶叶翻腾，水花滚动，最后归为平静。因此，人们常把少年期的涉世茫然用刚沏泡的头道茶水的浑浊来形容，此时应该去除泡沫，冲洗茶具，而后才能让茶汤清澈见底，韵味有神。这正如少年时期一样，应摒弃浮躁，让心灵沉静下来，这样才会凸显出年轻生命的韵味来。

而二道茶则比喻为人的青壮年时期。二道茶水中所含的茶碱和茶多酚最多，同时还夹有或多或少的其他味，所以喝起来带有较浓的青涩苦味。正如青壮年时期的人们，辛苦打拼，经历了一段艰难困苦的时期，也为人生留下了不可磨灭的记忆。

第三道茶水才是真正的茶叶好坏的韵味体现，这道茶汤最醇，最甘甜，最有

韵味。因而，人们用这道茶来形容中年时期，经历了前两个时期的青涩与艰辛，这个年纪的人都已经有所成就，所以用这道茶来形容人生中年后的成果收获期是最恰当不过的。

第四道茶水虽清淡韵暇，却能让人回味起前几道茶来。就仿佛步入老年时期的人们，往往会怀念年轻时的一幕幕美好时光：少年时的青涩懵懂，青壮年时期的拼搏，中年时期的成就与满足，每一幕都令人感慨万千，最终化为一缕茶香，萦绕在清新恬淡的生活中。因此，用第四道茶汤形容老年时期实在很贴切。

也有人将第一道茶比为生命，第二道茶比喻成爱情，第三道茶则化为人生。生命是苦涩的，正如第一道茶，或浓烈或平淡，功名利禄，起起伏伏，其中还夹杂着苦涩的味道，使生命也变得厚重起来；爱情是甘甜的，即便其中有小矛盾，小分歧，最终也仍会化为甘美，留住余香；人生是平淡的，也应该平平淡淡，当一切化为尘土，一切归于平静之后，看透人生的大起大落，想必此时的人们，一定更懂得人生。

在这个功名利禄的世界中，人人都在为生存而奔波，忙忙碌碌地实现着自己的希望与梦想。与其被生活与工作的压力压得喘不过气来，不如冲泡一杯清茶，享受一份独有的心情，塑造一片淡然的心境。在淡淡的甘美之中细细品尝茶中所独有的韵味，在那蓦然回首之中感悟真正的人生。

茶中的大雅——茶与《红楼梦》

茶是雅物，也是俗物，处在什么样的位置，便会沾染什么样的气息。若是进入官场，便沾染了几分官气；若是流入寻常百姓家，便多了几分亲和气；若是行走于江湖，便带着江湖气；而一旦进入了地位显赫的贾家，便沾染了其中的几分贵气。

据红学专家统计，在 120 回本的《红楼梦》中，如果不算与茶有关的事物，曹雪芹在小说中有 273 处写到了茶。这个数字实在令人叹为观止，相当于每一回要提到两次之多。其中，茶衬托出了贾府的高贵与风雅，而贾府也带给茶别具一格的特色与魅力。《红楼梦》中的茶品种繁多，有暹罗国进贡的"暹罗茶"、怡红院里常备的"普洱茶"、黛玉房中的"龙井茶"、贾母不喜欢吃的"六安茶"、妙玉为老祖宗沏的"老君眉"、茜雪端上的"枫露茶"以及贾府饭后用来漱口的漱口茶等等，种类繁多。曹雪芹通过书中不同人物对茶的不同需求，由此也看出他将《红楼梦》刻画得极为详尽，甚至连小小的茶叶都不忽略。

除了小说中的茶叶名之外,《红楼梦》还多处涉及饮茶器具与冲泡茶叶用水的问题。小说中的茶具极其奢华精致,例如贾母的花厅上摆着洋漆茶盘,里面放着旧窑什锦小茶杯;王夫人的房中,茗碗瓶花具备,不愧为正室所用的茶具;而冰清玉洁的妙玉接待贾母时,捧上的是一个棠花式雕漆填金云龙献寿的小茶盘,里面放一个成窑五彩小盖钟,可见其蕙质兰心以及独到的品位。

好茶离不开好器,也同样离不开好水。《红楼梦》中最爱茶的妙玉,她在为众人煮茶的时候,曾有过这样一段对话。贾母问她煮茶的水是什么水,妙玉说是旧年蠲的雨水。而她单独请宝钗、黛玉喝茶时,冲泡的水是她五年前住在玄墓蟠龙寺时,收的梅花上的雪,用花瓮盛装,埋在地下,5 年后才打开来吃,所以那茶才"轻浮无比"。虽然古人一直有用雨水、雪水煮茶的事例,但经妙玉之手烹茶,自然别有一番超凡脱俗的味道。以雪烹茶,更衬托出妙玉孤高清冷的性情以及逸尘如仙的雅致美感。

除了好茶、好器与好水之外,《红楼梦》中的人物名字也独具特点。说到以茶命名的人物,大家一定会想到贾宝玉身边的小厮茗烟。这个小厮刁钻古怪,起初的名字为"茗烟",后又在第 24 回改为"焙茗",直到第 39 回又改回了"茗烟"。这究竟是作者的疏忽还是版本问题,我们不得而知,但这个小厮的名字却值得我们仔细考虑一番。《红楼梦》中丫鬟的名字以琴棋书画命名,而小厮的名字亦有泉(引泉)、花(扫红)、云(挑云)、鹤(伴鹤),单凭曹雪芹对茶的喜爱,其中必然不能少了"茶"字,那么,"茗烟"也就不意外了。

《红楼梦》可称得上是一部集历史、社会、人文、人生的百科全书,单凭曹雪芹在小说中对茶的极尽描写,就足以证明其审美水平之高与艺术技巧的精湛。品读红楼之余,我们必能在茶香袅袅中领略那段抹不去的风流佳话。

茶与《红楼梦》

茶中的大俗——茶与《金瓶梅》

茶落入了贾府，就多了几分贵气；而流进了西门庆的宅院，便多了几分俗气。与《红楼梦》中极尽大雅之能事的饮茶方式不同的是：《金瓶梅》一书集中展示了市井小人物的世俗生活，在饮茶方式上也主要描述了这个阶层人的饮茶习俗。

▲ 茶与《金瓶梅》

例如其中描写了当时许多与婚礼茶俗有关的段落。如西门庆女儿定亲"下茶"；李衙内一心要娶西门庆遗孀孟玉楼，多次写到与茶礼有关的民俗：从打算"行茶礼"到"买办茶红酒礼"和去西门庆家"下茶"；西门庆的女婿陈敬济去调戏已改嫁的丈母娘孟玉楼，特地请她吃"双人儿"香茶等等，这些"茶礼"真可谓多姿多彩，但由于其中的描写多为市井阶层的茶文化，因此，一直被文人墨客认定的高雅茶事也显得香艳庸俗了。

据有关专家统计，《金瓶梅》中描写到茶的地方多达629处，其中谈到的茶坊也数不胜数，比《红楼梦》要多出两倍还多，这在古典小说作品中真可谓空前绝后了。小说中提到的茶有许多种，除了我们所见的清茶，还有许多特别的茶类。

例如，其中有两种可餐可饮的茶，分别是胡桃夹盐笋泡茶和木樨芝麻薰笋泡茶。它们的味道与特点都不同于普通茶类。其中薰笋是指玉兰片，木樨是指桂花，这些原料对于普通人家来说，价格极其昂贵，非一般人家可以享用。按小说中所描绘，用桂花、芝麻、玉兰、茶叶等材料泡制成的茶必然唇齿留香，即便食用起来也不会感觉到腻。

除了这几类半饮半食的茶，西门庆家中还有"雀舌"、"鹰爪"之类的茶叶。在这些茶中，多是一些嫩绿茶，诸如现在的西湖龙井、庐山云雾、黄山毛峰，还有福建武夷茶、浙江阳羡茶……等等。这些茶在当时都属于贡茶，一般人家如果能饮用这些茶，想必也是非常不一般的了。

与《红楼梦》中相同的是，《金瓶梅》中也提到了以雪烹茶。但妙玉本就是个清高如仙般的妙人，用此方法收集雪煮茶，给人的感觉也带了几分神清气爽，脱俗不凡；但《金瓶梅》中以雪烹茶的人却是西门庆的正室夫人吴月娘，在《吴月娘扫雪烹茶》这段故事中，她与西门庆刚刚言归于好，忽然望见窗外的雪如"寻绵扯絮，乱舞梨花"，于是便有了"吴月娘见雪下在粉壁间太湖石上甚厚，下席来，教小玉拿着茶罐，亲自扫雪，烹江南凤团雀舌与众人吃。正是：白玉壶中翻碧波，紫金杯内喷清香。"这段场景。以雪烹茶，本是文人追求的雅诗，目的在于在幽雅高洁的茶水中寻求精神的超脱，可吴月娘扫雪却无法到达这种境界。试想一下，如果当时两人并未言归于好，而是大打出手，即便那雪下得再美，她又哪会有那种心情？

《金瓶梅》中所用到的茶器也特别精致，如金杏叶茶匙、银杏叶茶匙、紫金壶、金台盏、银厢殿儿、银汤瓶等，多用金银所制，形态各异，质地贵重，不仅显示出西门庆家的奢华富贵，更反映出当时城镇富商官吏阶层的茶文化生活。

小说中描写了许多与茶有关的事物，将市井小民的饮茶习惯刻画得惟妙惟肖。"风流茶说合，酒是色媒人"是作者对明代世俗茶风的现实主义的艺术概括，由此看来，《金瓶梅》不愧为描写明代市井世俗饮茶风俗的奇书，也称得上是我们采掇茶文献史料的一座丰富多彩的宝库。

品茶需要心放平

"我们的力量并非在于武器、金钱或武力，而在于心灵的平静。"这是一行禅师曾说过的一种修行方法。尘世的喧嚣让我们的心灵备受折磨、饱受煎熬。我们的思绪总是被各种外物干扰，从而给心灵增加了许许多多的负累。在这种浮躁的风气中，我们需要寻求一种力量，一种可以约束杂乱思想，让心灵重归安定的力量。这种力量，就叫作平静。

心灵的平静是一股最强大的力量，它可以让我们约束起不需要的思想，从喧嚣的尘世安然抽身，也能让我们安心地活在当下，而品茶时就需要这种平和冷静的心境。

我们可以让自己完完全全地休息 10 分钟，在这段时间里，不要让心灵沾染琐事，心平气和地冲泡一壶好茶，让自己完全沉浸在香醇清爽的茶香里，安安静静地享受这段时光，让思绪随意地在头脑中游动，你会发现，茶香能起到安抚神经的作用，它能让你觉得精神多了，头脑也跟着清醒，心情也慢慢地转为平静。

心灵的平静意味着从稚嫩到成熟的转化，它是一股温柔的力量，让你的心灵归于一种最平稳的状态，让追求平静的人内心能够获得满足与安定。与其同时，轻啜一口茶汤，任那润滑清淡的茶汤在舌尖上滚动，它

饮茶很容易让人找到心灵的平静。

仿佛变成了一股温热的暖流，一直涌入我们的心底。在纷乱的世界中，给自己一段时间，细细品味茶中的香气与浓浓的滋味，回到内心深处细细地体会生命的奥秘，这无疑是一种追求平静的最高境界。

身体的彻底放松可以让我们的思绪变得清晰有条理，不再因各种外界的因素而变得混乱不堪。这也就是为何我们常常绞尽脑汁也记不起来的事情，在我们不去想的时候就自己跳出来的原因。

世间浮躁，人心浮躁，若要平心，唯有香茗，难怪古今圣贤、文人骚客，皆对茶赞之不绝，爱之难舍。当你烦躁时，不妨喝一杯茶，聆听心底最原始的声音；当你愤怒时，不妨喝一杯茶，它会让你躁动的心情慢慢归于平静；当你悲伤时，不妨喝一杯茶，你会发现原来生命中还有那么多美好的事……静静地品茶，你的世界才会多了一处平和的角落。

品茶需要清静

长期生活在纷繁都市的人们，整日与钢筋水泥的建筑打交道，在灰尘喧嚣中行走，心也随之疲惫吵闹。我们很难在城市中寻找到一处清净的角落，忧愁烦闷也自然随之而来。此时，如果我们能离开城市几日，到山野间，看着蓝天碧水，轻饮慢品一杯清茶，一定会使心性变得纯净起来，那些烦恼也自然可以化解。

茶饮具有清新、雅逸的天然特性，自然会有清心净心的作用，它有助于陶冶人们的情操、去除杂念、修炼身心。中国历代社会名流、文人墨客、商贾官吏、佛道人士都以崇茶为荣，在饮茶中获得清静之感。他们特别喜好在品茗中论经议事、轻吟浅唱、对弈作诗，以追求高雅享受的同时，也除却内心的繁冗。

茶的清静之美是一种柔性的美，和谐的美。古代的文人雅士介入茶事活动之后，发现茶叶的这些特性与他们的儒家、道家和禅宗的审美情趣都有相通之处，于是就将日常生活行为的饮茶发展提升为品茗艺术。而这种品茗艺术的性质自然是与茶叶的自然属性一脉相通的，都具有清、静的本质特征。

他们通过饮茶品茶创造了一种宁静的氛围和一个空灵虚静的心境，当茶的清香静静地浸润内心的每一个角落时，心灵便在这种虚静中显得空明，精神便在虚静中升华净化，人们将在虚静中与大自然融为一体，达到"天人合一"的境界。裴汶在《茶述》中写道："其性精清，其味浩洁，其用涤烦，其功致和。"写的就是茶的特性；卢仝在《走笔谢孟谏议寄新茶》中提到："五碗肌骨清，六碗通仙灵，七碗吃不得也，唯觉两腋习习清风生。"这也是茶可以使人清净；北宋赵佶在《大观茶论》中也同样指出茶的功效——"祛襟涤滞，致清导和"；明代朱权在《茶谱》中也提到："或对皓月清风，或坐明窗静牖，乃与客清谈款话，探虚玄而参造化，清心神而出尘表。"

由此看来，古人从喝茶中得出了"茶可清心静心"这一结论，这对我们后人来说，无疑是极有启发的。我们每个人都生活在现实的世界中，人人都在为生存而奔波忙碌，因而，我们常常忽视了那些生活中原本十分美好的东西，甚至一次次地与快乐和幸福错过。人们渴望清净、安宁的心情，渴望不被尘世所困扰烦忧，同样也期盼远离喧嚣，追求向往的东西，于是，茶便成了我们最忠实的朋友。

品茶需要禅定

茶在佛教中占有重要地位，寺院僧人种植、采制、饮用的茶称为禅茶。由于佛教寺院多在名山大川，这些地方一般适于种茶、饮茶，而茶本性又清淡淳雅，具有醒脑宁神的功效。因而，种茶不仅成为僧人们体力劳动、调节日常单调生活的重要内容，也成了培养他们对自然、生命热爱之情的重要手段，而饮茶则成为历代僧侣漫漫青灯下面壁参禅、悟心见性的重要方式。

禅茶是一种境界，也是一次心与茶的相通，它是指僧人在斋戒沐浴、虔心诵佛后，经过一整套严谨而神圣的茶道仪式来泡制茶的全过程，共有18道程序。禅茶属于宗教茶艺，自古有"茶禅一味"之说。禅茶中有禅机，禅茶的每道程序都源自佛典、启迪佛性、昭示佛理。禅茶更多的是品味茶与佛教在思想上的"同味"，在品"苦"味的同时，品味烦苦人生，参破"苦"谛；在品"静"味的同时，品味遇事静坐静虑，保持平淡心态；在品"凡"味的同时，品味从平凡小事中感悟大道。

品茶需要禅定。佛门弟子在静坐参禅之前，必先要品一杯茶，借由茶来进入禅定、修止观。茶能防止昏沉散乱，有类似畅脉通经的效果，特别有助于"制心一处"的修行功夫。饮茶后的身体会特别舒畅，仿佛一股清气已先游遍全身，再加上观想或默持咒语，很容易"坐忘"，较快达到"心气合一"的觉受。体内有茶气，在念经修法时，因散发上品清光茶香，往往能感召较多的天人护法来护持修行人用功。

禅茶有许多好处，在品饮的时候其功效自然体现出来。首先，禅茶可以提神醒脑。出家僧众要打坐用功，因五戒之一就是不准饮酒，二来夜里不能用点心，三者打坐不可打盹，于是祖师们就提倡以喝茶来代替。茶能提神少睡、避免昏沉、除烦益思，有利修行人静坐修法、养身修性。

另外，禅茶还可以帮助平衡人的心态。喜欢喝茶的朋友都知道，茶的

饮茶是历代僧侣漫漫青灯下面壁参禅、悟心见性的重要方式。

味道是平淡中带有幽香，经常品茶就会使人的心境变得和茶一样，平静、洒脱、不带一丝杂念，这样有助于人们保持心态的平衡。心理决定生理，当心态平衡了，身体的各个系统和器官都会处于一种相对平衡的状态，这样的身体必然是健康的。

　　总体来说，禅定是修行之人的一种调心方法，它的目的就是净化心灵，提升大智慧，以进入无为空灵的境界。若以这种佛家之心去品茶，我们一定能在茶香余韵中体会人世间存在的诸多智慧，洞悉万事万物的实相，从而达到一种超脱的境界。

品茶需要风度

　　刘贞亮《茶十德》中明确指出"以茶可雅心"。古往今来，无数名人雅士都将情寄托于茶中，在茶香弥漫之间弹琴作诗，气度翩翩。由此，我们可以看到品茶的另一种心境——风度。

　　风度是一种儒雅之美，它是在清静之美与中和之美基础上形成的一种气质、一种神韵。它来源于茶树的天然特性，反映了茶人的内心世界及道德秉性。茶取天地之精华，禀山川之秀美，得泉水之灵性。在所有饮品中，唯有茶与温文尔雅，心志高洁的人最为相似。

　　所谓儒雅便是一种飘然若仙的风度，通常是指人们气质中蕴含着的较高的文化品位。正如唐代耿讳所说："诗书闻讲诵，文雅接兰荃。"因而，儒雅的风度一直是古今茶人形成的一种具有浓郁文化韵味的美感。

　　从审美对象而言，与茶相关的诸要素都呈现出雅致之美。品茗的器具、品茗的环境、品茗的艺术都可以与风度联系起来。中国茶人受道家"天人合一"的思想影响很深，追求与大自然的和谐相处。他们常把山水景物当作感情的载体，借自然风

茶与温文尔雅、心志高洁的人最为相似。

光来抒发自己的感情，与自然情景交融，因而产生对自然美的爱慕和追求。看着青天碧水，捧着精致的茶具，细细品茶，其中的风雅可见一斑。

艺术作为审美的高级形态，它源于生活又高于生活。因此品茗就具有一定的艺术性与观赏性，因此，它和生活中原生态喝茶动作就有雅俗之别。大口喝茶的人算不得品茶，边喝茶边大声喧哗的人也算不得高雅的茶人，只有那些言谈举止皆有风度的人才能将"品茶"二字诠释得完美。

品茶需要风度，在煮水的时候，在泡茶的时候，在端起茶杯的时候，都可以见到每个人的修养与品行。品茶同时也能提升一个人的风度气韵，若我们想要修炼身心，不妨冲泡一杯香茶，体会那种风雅之美吧。

品茶需要放松

生活压力、职场压力、情感纠纷，无一不是生活在现今社会人们的苦恼。每个人都想要寻求一种轻松的生活，却总是被形形色色的压力"捉弄"得苦不堪言。每每此时，我们可以为自己冲泡一杯茶，放松心情，舒缓一下紧张的神经。

所谓"茶者心之水，饮之畅灵"。喝茶跟所有的感官都紧密相连，尤其是心。有心喝茶就可

品一口茶，人们的眼睛、耳朵、鼻子、舌头、身体、意念等都会受到茶的影响，渐渐地放松起来。

以清净身心，达到心、气、脉、身、境五者的融合，心若放松，那么整个人也会随之畅快无比。品一口茶，人们的眼睛、耳朵、鼻子、舌头、身体、意念等都会受到茶的影响，渐渐地放松起来。主人与客人之间连结的纽带就是茶，彼此之间怀着对茶、对水、对茶具的喜爱与感激之情品饮，让整个人开始放松，仔细体会茶水流经喉咙的感觉以及它们流入你心的过程。

眼睛放松，便能看清整个泡茶的过程，看清楚茶叶在清澈的水杯中上下沉浮，茶汤色泽如何，茶叶品质如何，茶具是否美观，品茶的环境是否雅致等等。

耳朵放松，便能听到茶水倾入杯中的声响，听清主人边泡茶边细心的讲解，听到品茶者呷饮时的愉快之声以及对茶的赞美之情。

鼻子放松，就能对茶的清香之气更为敏感，使香气更完整地进入我们体内，闻到比平常更细微的味道。

舌头放松，品尝到的茶汤美感自不必说。口腔中的津液自然分泌，或香醇或清

冽的茶水顺着舌根流入身体里，就像沿着心脉在体内循环，将每一个器官都抚平了一样。

身体放松，我们就不会觉得与世间万物有距离。茶具不是独立的，茶水不是独立的，茶香也不是独立的，都与我们融为一体。此时天地之间的万物都是一个整体，都随着柔滑的茶水，扑鼻的香气成为我们身体的一部分，"物"与"我"完全合一。

意念放松，内心则不再有执着，内心才会得到自由和解脱。一个彻底放下执着与意识最深层惯性的人，才会具备享受人生的洒脱之情。当我们每一个念头都是自由自在，不受其他念头的制约时，就有了所谓般若的智慧，也就是大师们所说的"无念"。

品茶可以使人放松，而放松之后才能更好地品茶。若有闲暇时间，请将执着心放下，让六根放松，沉浸在茶的芬芳与韵味之中吧。

品茶需要乐观的心态

中国著名作家钱钟书曾经说过："发现了快乐由精神来决定，这是人类文化又一进步。"快乐由精神决定，以良好的心态和乐观的精神品茶，也就能使茶的品饮与内心情感融为一体，交互共鸣，体会到品茶的真正快乐。

乐观是甘霖，是一次拯救，是因为卓识和对事物的深入了解才会展现出的洒脱。当乌云布满天空之时，悲观的人看到的是"黑云压城城欲摧"，乐观的人看到的是"甲光向日金鳞开"。欢乐时不要过分炫耀欢乐，悲伤时也不要过分夸大悲伤，现实往往并不像想象中的那么好或那么糟。当"山穷水尽"的时候，乐观还是一笔巨大的财富，我们完全可以依靠这笔财富重整旗鼓。但如果连这笔财富都没有了，那可真是彻头彻尾的"一无所有"了。

品茶与吟咏一样，都需要有一种闲适的心态。这种"闲"并非仅仅是空闲，而是一种摈弃了俗虑，超然于世的悠闲心态。这样从容乐观的啜品，才能悟得出茶的真色、真香与真味，正如洪应明在《菜根谭》中说："从静中观物动，向闲处看人忙，才得超尘脱俗的趣味；遇忙处会偷闲，处闹中能取静，便是安身立命的功夫。"由此便能看出他乐观开朗的本性了。

带着这种乐观的心态去品茶，就可以得到同样乐观的享受。无论茶叶是不是名茶，水质是不是上好的山泉水，茶具是不是精致昂贵的名品，饮茶环境是不是布局精美，这些在乐观人的眼中，往往都不重要。他们只在乎一种品茶的心境，是不是从心底感觉到快乐，他们以这种乐观的心情品茶，那么无论外部条件如何，他们都能得到快乐，这便是乐观最大的好处。

第二章
修身养性悟茶道

🍵 何谓茶道？

"茶道"一词从使用以来，历代茶人都没有给它做过一个准确的定义，直到近年来，爱茶之人才开始讨论起这个悠久的词语来。有人认为，茶道是把饮茶作为一种精神上的享受，是一种艺术与修身养性的手段；有人也说，茶道是一种对人进行礼法教育、道德修养的仪式；还有人认为，茶道是通过茶引导出个体在美的享受过程中实现全人类和谐安乐之道。真可谓仁者见仁智者见智，一时间茶道这个词被茶人越来越多地探讨起来。

其实，每个人对茶道的理解都是正确的，茶道本就没有固定的定义，只需要人们细心体会。如果硬要为茶道下一个准确僵硬的定义，那么茶道反而会失去其神秘的美感，同时也限制了爱茶之人的想象力。

一般认为，茶道兴起于中国唐代，诗僧皎然第一次以诗歌的形式提出了茶道的概念，解释了什么是茶道。他将佛家的禅定般若的顿悟、道家的羽化修炼、儒家的礼法、淡泊等有机结合融入了"茶道"，开启了中华茶道的先河。

茶道在宋明时期达到了鼎盛。在宋朝，上至皇帝贵族，下至黎民百姓，无一不将饮茶作为生活中的大事。当时，茶道还形成了独特的品茶法则，即三点三不点。三

茶道本身没有固定的定义，需要人们细心体会。

点其一是指新茶、甘泉、洁器；其二是指天气好；其三是指风流儒雅、气味相投的佳客，反之就是"三不点"。到了明朝，由于散茶兴起，茶道也开辟了另一番辉煌的图景，其中爱茶之人也逐渐涌现出来，为悠久的茶文化留下浓墨重彩的一笔。

清代之后，茶道开始渐渐衰败。但过了不久，随着改革开放的发展，茶道又开始全面复兴起来，时至今日，茶道已经被越来越多人推崇。

我国茶道中，饮茶之道是基础，饮茶修道是目的，也就是说，饮茶是中国茶道的根本。饮茶往往分4个层次，一是以茶解渴，为"喝茶"；二是注重茶、水、茶具的品质，细细品尝，这便是第二个层次"品茶"；品茶的同时，我们还要鉴赏周围的环境与气氛，感受音乐，欣赏主人的冲泡技巧及手法，这个过程便是"茶艺"；第四个层次，通过"品茶"和"茶艺"之后，由茶引入人生等问题，陶冶情操、修身养性，从而达到精神上的愉悦与性情上的升华，这便是饮茶的最高境界——"茶道"。

真正懂得茶道的人，一定懂得人生。著名作家周作人曾这样说："茶道的意思，用平凡的话来说，可以称作忙里偷闲，苦中作乐，在不完全现实中享受一点美与和谐，在刹那间体会永久。"由此看来，他一定真正地懂得人生。

茶道不仅是一种关于泡茶、品茶、鉴茶、悟茶的艺术，同时也算得上是大隐于世、修身养性的一种方式。它不但讲求表现形式，更重要的是注重精神内涵，从而将茶文化的精髓在一缕茶香中传遍世界各地。

茶道的核心灵魂

茶道的核心灵魂是"和"。它源于《周易》中的"保合大和"，其含义是：世界万物都是由阴阳组成，只有阴阳协调，才能保全普利万物。

我国的佛、道、儒各家都有其自己的茶道流派，从表面上看，他们各自的价值取向皆有差别。佛教重视明心见性；道家讲求无为而治，避世超生，空灵虚静；儒家提倡中庸之道，积极入世，以茶励志，认为无过亦无及的"和"才能恰到好处。由此来看，三家表面上追求的各有不同，其本质却都以"和"为贵。

世界虽大，可人与人之间的距离却越来越短，矛盾也因此而生。解决这些矛盾的办法，并不能像有些人想的那样，"不是你死便是我活"，而是应该以和处之。中国人主张有秩序，相携相依，多些友谊与理解。在与自然的关系中，主张天人合一，五行协调，向大自然索取，但不能无休无尽，破坏平衡。水火本来是对立的，但在一定条件下却可相容相济。

这种"和"的思想同时也体现在茶道之中。采茶的时候，雨天不可采摘，阴天不可采摘，晴天方可采摘；制茶过程中，焙火不能过高，也不能过低，而一定要恰到好处；泡茶时，投茶量要适中，投多则茶苦，投少则茶淡；分茶时，要用公道杯给每位客人分茶，这样茶汤才会均匀，不能有所偏袒……这些都体现了一个"和"

字，可以说，"和"是茶道的核心灵魂。

除了现代茶道中"和"的体现，古时的茶人也讲求一个"和"字。茶圣陆羽无论从形式、器物方面都体现出"和"的特点。他制作的煮茶风炉，形状像古鼎一样，整个以《周易》思想为指导。而《周易》被儒家称为"五经之首"。除用易学象数原理严格定其尺寸、外形，风炉主要运用了《易经》中三个卦象：坎、离、巽，以此说明煮茶包含的自然和谐的原理。坎在八卦中代表了水；巽在八卦中代表着

茶道的核心灵魂——和

风；离在八卦中寓意着火。因而，陆羽曾这样解释道，"风能兴火，火能煮水"。水与火看似对立，实际却相辅相成，最终达到和谐统一的状态。

人们品茶的过程，也讲求一个"和"字。饮茶可以更多地自省、清醒地看自己，也清醒地对待别人，各自内省的结果，是加强彼此理解，减少许多不必要的纷争。因而，当儒家把这种"以和为贵"的思想引入中国茶道时，他们主张在饮茶中沟通思想，创造和谐气氛，增进彼此的友情。这也是越来越多的人喜欢以开茶宴聚会的原因所在：过年过节，各单位举行"茶话会"，用来表示团结；客来敬茶可表示主人的友好与尊重。我们经常见到酗酒斗殴的，却极少见到茶人喝茶之后打架的，看起来，茶道中的"和"字的确已经深入人心了。据说，英国议员开会的时候，怕彼此吵起来，特意准备茶作为饮品，以改善气氛，这大概也是中国茶道精神的延伸。

此时的世界充满了喧嚣与吵闹，无论对我们每个人来说，还是对整个世界而言，还是清醒、平和一些比较好。于是，茶便成为了安定气氛，稳定情绪的一剂良药。中国的茶道也许会唤起更多人类善良的本性，也许会让世间的纷纭更少一些，由此可见，茶道的核心灵魂的确非"和"字莫属。

茶道修习的法则

茶道不但讲求表现形式，更重要的是注重精神内涵。如今的茶道主要包括两个方面的内容，一是备茶品饮之道，二是思想内涵。当品茶至一定境界，从生理感受上升到心理感受，再上升到精神感受之后，我们便可以进入茶道修行的境界。就中国的茶道而言，就是要求"和、静、怡、真"这4个字，而其中的"静"，就是中国茶道修习的不二法则。

老子曾说："至虚极，守静笃，万物并作，吾以观其复。"另外，庄子也说过：

茶道修习的法则——静

"圣人之心，静，天地之鉴也，万物主镜。"由此看来，老庄学派的"虚静观复法"是人们修身养性、体悟人生的无上妙法，而中国的茶道也正是通过这一法则达到一种至高无上的境界。

静与美相得益彰。古往今来，无论是高僧、羽士还是儒生，都把"静"作为茶道修习的必经大道。因为静则明，静则虚，静可内敛含藏，静可虚怀若谷，静可洞察明澈，静可体道入微，因而可以说，"欲达茶道通玄境，除却静字无妙法"。古往今来的人在茶道中获得了愉悦之感，也自然体悟到了茶的美感。

中华茶道不仅是要修习者获得身心的愉悦，提升自我的境界，还是修习者寻回迷失自我的必由之路。无论是煮水，还是泡茶、分茶、品茶，都给人们营造出一个无比温馨祥和的氛围，没有纷争，没有喧嚣，一切皆化为静谧之光，让品茶者的心灵在这种静中显得空明澄澈，精神得以净化并升华，从而达到"天人合一"的"虚静"状态。

"圣人之心，静乎，天地之鉴也，万物之镜也。"在茶道中，只有将守静进行到纯笃的程度，我们才能发现世间万物的本来面目。而在修习茶道的过程中保持心静，修习者就可以放下心中的私心杂念，就可以变得襟怀宽广。茶道正是通过茶事创造一种宁静的氛围和一个空灵虚静的心境，当茶的清香静静地浸润你的心田和肺腑的每一个角落的时候，你的心灵便在这种虚静中显得空明，你的精神便在虚静中升华净化，你将在虚静中与大自然融涵玄会，达到"天人合一"的"天乐"境界。

得一静字，便可洞察万物、思如风云、心中常乐，道家主静，儒家主静，佛家同样主静。由此看来，"静"的确称得上是中国茶道修习的重要法则，在寂静的环境中煮水，听山泉水被煮沸发出的声响；将沸水冲入杯中，看茶叶起起伏伏，无声地翻腾；细品茶汤，感受茶汁滑过喉咙的柔滑感觉；观香气袅袅，琴声悠悠，体悟茶道带给人们深邃的内涵。也便是"静"的妙处，心静，神静，万事万物的细微声音才更加凸显，我们的头脑才会变得更为清明。

茶道中的身心享受

茶道中的身心享受可称为"怡"。中国的茶道中，可抚琴歌舞，可吟诗作画，可观月赏花，亦可论经对弈，可独对山水，亦可邀三五友人，共赏美景。儒生可"怡情悦性"，羽士可"怡情养生"，僧人可"怡然自得"。中国茶道的这种怡悦性，使得它有极广泛的群众基础。

但从古代开始，不同地位、不同信仰、不同阶级的人对茶道却有着不同的目的：古代的王公贵族讲茶道，意在炫耀富贵、附庸风雅，他们重视的往往是一种区别于"凡夫俗子"的独特；文人墨客讲究茶道，意在托物寄怀、激扬文思、交朋结友，他们真正地体会着茶之韵味；佛家讲茶道意在去困提神、参禅悟道，更重视茶德与茶效；普通百姓讲茶道，更多地是想去除油腻，一家人围坐在一起闲话家常……由此看来，上至皇帝，下至黎民，都可以修习茶道。而每位茶人都有自己的茶道，但殊途同归，品茶都给予他们精神上的满足和愉悦。

也可以说，只有身心都获得圆满，那么便领悟了茶道的终极追求，这也就是茶道中所说的身心享受——怡。

茶道中的"怡"，并不是指普通的感受，它包含3个层次：首先是五官的直观享受。茶道的修习首先是从茶艺开始的。优美的品茶环境，精致的茶具，幽幽的茶香，都会对修习者造成强烈的视觉冲击，并将最直观的感受传递给修习者；接下来是愉悦的审美享受，即在闻茶香，观汤色，品茶味的同时，修习者的情丝也会在不知不觉间变得敏感起来。再加上此时泡茶者通常会对茶道讲出一番自己的理解，修习者就会感到身心舒泰，心旷神怡；最后是一种精神上的升华。提升自己的精神境界是中华茶道的最高层次，同时也是众多茶人追求的最高境界。当修习者悟出茶的物外之意时，他们便可以达到提升自我境界的目的了。

中国茶道是一种雅俗共赏的文化，它不仅存在于上流社会中，在百姓间也广为流行。正是因为"怡"这个特点，才让不同阶层的茶人都沉浸在茶的乐趣之中。

茶道中的身心感受——怡

茶道的终极追求

"真"是中国茶道的起点，也是中国茶道的终极追求。真，乃真理之真，真知之真，它最初源自道家观念，有返璞归真之意。

中国茶道在从事茶事活动时所讲究的"真"，包括茶应是真茶、真香、真味；泡茶的器具最好是真竹、真木、真陶、真瓷制成的；泡茶要"不夺真香，不损真味"；品茗的环境最好是真山真水，墙壁上挂的字画最好是名家名人真迹……

以上皆属于茶道中求真的"物之真"，除此之外，中国的茶道所追求的"真"还有另外三重含义：

首先，追求道之真。即通过茶事活动追求对"道"的真切体悟，达到修身养性，品味人生之目的。

其次，追求情之真。即通过品茗述怀，使茶友之间的真情得以发展，在邀请友人品茶的时候，敬客要真情，说话要真诚，从而达到茶人之间互见真心的境界。

第三，追求性之真。即在品茗过程中，真正放松自己，在无我的境界中去放飞自己的心灵，放牧自己的天性，让自己飞翔在一片无拘无束的天空中。

以真我的灵魂与茗共品，以真实的心境寄情山水，以真挚的情怀融入自然造化之中，在茶香茶色茶味中陶醉、品味、顿悟、修行、升华人格、锤炼意志。让自己的身心都更健康，更畅适，让自己的一生过得更真实，做到"日日是好日"，这是中国茶道的终极追求。

中国人不轻易言"道"，而一旦论道，则执着于"道"，追求于"真"。饮茶的真谛就在于启发人们的智慧与良知，使人在日常生活中俭德行事，淡泊明志，步入真、善、美的境界。当我们以真心来品真茶，以真意来待真情时，想必就理解茶道的终极追求了。

中国的茶道流派

中国的茶道已经流传了千年，沉浸在其中的人们也越来越多。由于品茶人文化背景的不同，中国的茶道流派可分为 4 大类，即贵族茶道、雅士茶道、世俗茶道和禅宗茶道。

1. 贵族茶道

贵族茶道由贡茶演化而来，源于明清的潮闽工夫茶，发展到今天已经日趋大众化。贵族茶道最早流传于达官贵人、富商大贾和豪门乡绅之间。他们不必懂诗词歌赋、琴棋书画，但一定要身份尊贵，有地位，且家中一定要富有，有万贯家私。他们用来品饮的茶叶、水、器具都极尽奢华，可谓是"精茶、真水、活火、妙器"，缺一不可。如此的贵族茶道，无非是在炫耀其权力与地位，似乎不如此便有损自己的形象与脸面。

晋代常据在《华阳国志·巴志》中记载，周武王发联合当时居住川、陕、部一带的庸、蜀、羌、苗、微、卢、彭、消几国共同伐纣，凯旋而归。此后，巴蜀之地所产的茶叶便正式列为朝廷贡品。这便是将茶列为贡品最早的记载。

贵族茶道多注重茶、水、器具的极尽奢华。

茶的功能虽然被大众所认知，而一旦被列为贡品，首先享用的必然是皇帝妃子以及皇室成员。正因为各地要进献贡茶，在某种程度上也造成了百姓的疾苦。试想，当黎民为了贡茶夜不得息昼不得停地劳作，得到的茶叶却被贵族们用来攀比炫耀，即便茶本是洁品，也会失去了其质朴的品格和济世活人的德行了吧。

2. 雅士茶道

雅士茶道中的茶人主要是古代的知识分子，他们有机会得到名茶，有条件品茗，是他们最先培养起对茶的精细感觉，也是他们雅化了茶事并创立了雅士茶道。

中国文人嗜茶者在魏晋之前并不多见，且人数寥寥，懂品饮者也只有三五人而已。但唐以后凡著名文人不嗜茶者几乎没有，不仅品饮，还咏之以诗。但自从唐代以后，这些文人雅士颇不赞同魏晋的所谓名士风度，一改"狂放啸傲、栖隐山林、向道慕仙"的文人作风，人人有"入世"之想，希望一展所学、留名千古。于是，文人的作风变得冷静、务实，以茶代酒便蔚为时尚，随着社会及文化的转变，开始担任茶道的主角。

对于饮茶，雅士们已不只图止渴、消食、提神，而在乎导引人之精神步入超凡脱俗的境界，于清新雅致的品茗中悟出点什么。"雅"体现在品茗之趣、以茶会友、雅化茶事等方面。茶人之意在乎山水之间，在乎风月之间，在乎诗文之间，在乎名利之间，希望有所发现，有所寄托，有所忘怀。由于茶助文思，于是兴起了品茶文学，品水文学，除此之外，还有茶歌、茶画、茶戏等等，于是，雅士茶道使饮茶升华为精神的享受。

3. 世俗茶道

茶是雅物，也是俗物，它生发于"茶之味"，以享乐人生为宗旨，因而添了几分世俗气息。唐朝，从茶叶打开丝绸之路输往海外开始，茶便与政治结缘；文成公主和亲西藏，带去了香茶；宋朝朝廷将茶供给西夏，以取悦强敌；明朝将茶输边易马，用茶作为杀手锏"以制番人之死命"……由此来看，茶在古代被用在各种各样的途径上。

而现代茶的用途也不在少数，它作为特色的礼品，人情往来靠它，成好事也成坏事，有时温情，有时却显势利。但茶终究是茶，虽常被扔进社会这个大染缸之中，可罪却不在它。

茶作为俗物，由"茶之味"竟生发出五花八门的茶道，大致分为几类，如家庭茶道、社区茶道、平民茶道等等，其中确实含有较多的学问。为了使这些学问更加完整与系统，我们可将这些概括为世俗茶道。

如今，随着生活水平逐渐提高，生活节奏加快，还出现了许多速溶茶、袋泡茶，都是既方便又实用的饮品。由此看来，最受中国百姓欢迎的还是世俗茶道，但它此时展现在人们面前的，已经完全不是古时的那种格局了。

4. 禅宗茶道

唐代著名诗僧皎然是中华茶道的奠基人之一，他提出的"三饮便得道"为禅宗和茶道之间架起了第一座桥梁；另外，佛家认为茶有三德，即坐禅时通夜不眠；满腹时帮助消化；还可抑制性欲。由此，茶成为佛门首选饮品。

古代多数名茶都与佛门有关，例如有名的西湖龙井茶。陆羽在《茶经》中说："杭州钱塘天竺、灵隐二寺产茶"；宋代天竺所产的香杯茶、白云茶都被列为贡茶献给皇室；阳羡茶的最早培植者也是僧人；松萝茶也是由一位佛教徒创制的；安溪铁观音"重如铁，美如观音"，其名取自佛经。普陀佛茶更不必说，直接以"佛"名其茶……

茶与佛门有着千丝万缕的联系，佛门中居士"清课"有"焚香、煮茗、习静、寻僧、奉佛、参禅、说法、做佛事、翻经、忏悔、放生……"等许多内容，其中"煮茗"名列第二，由此可以"禅茶一味"的提法所言非虚。

现如今，中国的茶道仍然在世界产生深远影响，它将日常的物质生活上升到精神文化层次，既是饮茶的艺术，也是生活的艺术，更成为人生的艺术。

中国茶道的三种表现形式

中国茶道有 3 种表现形式，即煎茶、斗茶和工夫茶。

1. 煎茶

煎茶从何时何地产生，没有固定的记载，但我们可以从诗词中捕捉到其身影。北宋著名文学家苏东坡在《试院煎茶》中写道："君不见，昔时李生好客手自煎，贵从活火发新泉。又不见，今时潞公煎茶学西蜀，定州花瓷琢红玉。"由此看来，苏东坡认为煎茶出自西蜀。

煎茶所用的原料

古人对茶叶的食用方法经过了几次变迁，先是生嚼，后又加水煮成汤饮用，直到秦汉以后，才出现了半制半饮的煎茶法。唐代时，人们饮的主要是经蒸压而成的茶饼，在煎茶前，首先将茶饼碾碎，再到烤茶，用火烤制，烤到茶饼呈现"虾蟆背"时才可以。接着将烤好的茶趁热包好，以免香气散掉，等到茶饼冷却时将它们研磨成细末。以风炉和釜作为烧水器具，将茶加以山泉水煎煮。这便是唐代民间煎茶的方法，由此看来，当时的人们已经在煎茶的技艺上颇为讲究，过程既烦琐又仔细。

2. 斗茶

斗茶又称茗战，兴于唐代末，盛于宋代，是古代品茶艺术的最高表现形式，要经过炙茶、碾茶、罗茶、候汤、熁盏、点茶 6 个步骤。

斗茶是古代文人雅士的一种品茶艺术，他们各自携带茶与水，通过比斗、品尝、鉴赏茶汤而定优胜。斗茶的标准主要有两方面：

（1）汤色

斗茶对茶水的颜色有着严格的标准，一般标准是以纯白为上，青白、灰白、黄白等次之。纯白的颜色表明茶质鲜嫩，蒸时火候恰到好处；如果颜色泛红，是炒焙火候过了头；颜色发青，则表明蒸时火候不足；颜色泛黄，是采摘不及时；颜色泛灰，是蒸时火候太老。这样看来，斗茶之人对汤色的好坏真是了如指掌。

（2）汤花

汤花是指汤面泛起的泡沫。与茶汤相同的是，汤花也有两条标准：其一是汤花的色泽，其标准与

茶的汤色是一个重要的品评标准。

313

汤色的标准一样；其二是汤花泛起后，以水痕出现的早晚定胜负，早者为负，晚者为胜。如果茶末研碾细腻，点汤、击拂恰到好处，汤花匀细，就可以紧咬盏沿，久聚不散，名曰"咬盏"。反之，汤花泛起，不能咬盏，会很快散开。汤花一散，汤与盏相接的地方就会露出茶色水线，即水痕。

斗茶的最终目的是品茶，通过品茶汤、看色泽等这些比斗，评选出优劣茶，唯有那些色、香、味俱佳的茶才算得上好茶，而那些人才能算斗茶胜利。

3. 工夫茶

工夫茶起源于宋代，在广东潮汕地区以及福建一代最为盛行。工夫茶讲究沏茶、泡茶的方式，对全过程操作手艺要求极高，没有一定的工夫是做不到的，既费时又费工夫，因此称为工夫茶。有些人常把"工夫茶"当作"工夫茶"，其实是错误的，因为潮州话"工夫"与"功夫"读音不同。

工夫茶在日常饮用中，从点火烧水开始，到置茶、备器，再到冲水、洗茶、冲茶，再经过冲水、冲泡、冲茶，稍候片刻才可以被人慢慢细饮。之后，再添水烧煮重复第二泡的过程，数泡以后换茶再泡，这一系列的过程听起来就十分费时间。

工夫茶所需要的物品都比较讲究，茶具要选择小巧的，一壶带 2 ~ 4 个杯子，以便控制泡茶的品质；冲泡的水最好是天然的山泉水；茶叶一般选择乌龙茶，以便于冲泡数次仍有余香；另外，冲泡工夫茶的手艺也是有较高要求的。

中国茶道的这 3 种表现形式，不仅包含着我国古代朴素的辩证唯物主义思想，

🍃 工夫茶

而且包含了人们主观的审美情趣和精神寄托，它渲染了茶性清纯、幽雅、质朴的气质，同时也增强了艺术感染力，实在算是我国茶文化的瑰宝。

茶道的自然美

茶道是中国传统文化的精髓，也是中国古典美学的基本特征和文化沉淀。它用自身的特性和独特的美感将古代各家的美学思想融为一体，构成了茶道独特的自然美感。

自然美的本意即自然而然、自然率真，因而，用它来形容茶道可谓相得益彰。茶道看似平淡，可平淡之中却又不平淡，具有深刻的韵味及深意。茶道在

中华茶道的自然之美体现在虚静之美与简约之美。

美学方面追求自然之美，协调之美和瞬间之美。中华茶道的自然之美，赋予了美学以无限的生命力及其艺术魅力，大体可分为虚静之美与简约之美。

1. 虚静之美

虚，即无的意思。天地本就是从虚无中来，万事万物也是从虚无中而生。静从虚中产生，有虚才有静，无虚则无静。我国茶道中提出的"虚静"，不仅是指心灵的虚静，同时也指品茗环境的宁静。在茶道的每一个环节中，仔细品味宁静之美，只有摒弃了尘世的浮躁之音后，我们才能聆听到自然界每一种细微的声音。

2. 简约之美

简，即简单的意思。约，乃是俭约之意。茶，其贵乎简易，而非贵乎烦琐；贵乎俭约，而非贵乎骄奢。茶历来是雅俗共赏之物，也因其简约俭朴而被世人所喜爱，越是简单的茶，人们越能从中品出其独特的味道。

我国茶道追求真、善、美的艺术境界，这与其自然美都是离不开的。从采摘到制作，茶经历的每一个过程都追求自然，而不刻意。茶的品种众多，但给人的感觉无一不是自然纯粹的，无论从色泽到香气，都能让人感受到大自然的芬芳美感，相信这也是人们爱茶的根本原因之一。

茶道与茶艺的关系

茶文化研究者曾提出茶道与茶艺之间的关系，他们认为：为了弘扬茶文化、推广品饮茗茶的民俗，有人提出使用"茶道"一词，但是中国虽自古有"茶道"之

茶艺是茶道的具体形式，茶道是茶艺的精神内涵。

说，但"道"字特别庄重，有些高高在上的感觉。因此，茶学家希望民众能普遍接受茶文化，因而提出了"茶艺"一词，即以茶为主体，将艺术融于生活以丰富生活。由此来看，"茶艺"产生的目的在于生活不在于茶。

茶道与茶艺之间有区别又有联系：茶艺是茶道的具体形式，茶道是茶艺的精神内涵，茶艺是有形的行为，而茶道是无形的意识。正因为有了茶艺和茶道的存在，饮茶活动的目的才具有了更高的层次，人们才可以在最普通的日常喝茶中培养自己良好的行为规范及与他人和谐相处的技能。

茶道与茶艺的差别表现在：茶艺本身对品茶更加重视。俗语说：三口为品。品茶主要就在于运用自己视觉、味觉等感官上的感受来品鉴茶的滋味。因而，与茶道相比茶艺更加讲究茶、水、茶具的品质以及品茶环境等等。若能找到茶中佳品、优质的茶具或是清雅的品茶之地，茶艺就会发挥得更加尽善尽美，我们也将在满足自己解渴提神等生理需要的同时，使自己的心理需求得到满足。也就是说，相对于喝茶而言，外在的物质对于茶艺的影响更大一些。

当品茶达到一定境界之后，我们就将不再满足于感官上的愉悦和心理上的愉悦了，只有将自己的境界提升到更高的层次，才能得到真正的圆满和解脱。于是，茶艺在这一时刻就要提升一个层次，形成茶道了。这时，我们关注的重点也发生了变化，从对于外在物质的重视转移到通过品茶探究人生奥妙的思想理念上来。品茶活动也不再重视茶品的资质、泡茶用水、茶具及品茶环境的选择了，而将通过对茶汤甘、香、滑、重的鉴别来将自己对于天地万物的认知与了解融会贯通。因此，从某种意义上来说，品茶活动已经变成了茶道活动的同义词了。

除此之外，茶道和茶艺之所以不能等同的原因还在于茶道自问世至今已经形成了前后传承的完整脉络、思想体系、形式与内容。而茶艺却是直到明清时期才形成的关于专门冲泡技艺的范式。虽然茶艺的流传促进了茶事活动的发展，但是从概念上来讲，仍不能被称作为"茶道"。

茶道与茶艺几乎同时产生，同时遭遇低谷，又同时在当代复兴。可以说，二者是相辅相成的，虽然在某种程度上我们无法使其界限十分分明，但两者却是各自独立的，不能混淆。

茶道起源于中国

"道"是中国哲学的最高范畴，一般指宇宙法则、终极真理、事物运动的总体规律、万物的本质或本源。茶道指的就是以茶艺为载体，以修行得道为宗旨的饮茶艺术，包含茶礼、礼法、环境、修行等要素。

据考证，茶道始于中国唐代。《封氏闻见记》中即已提到："又因鸿渐之论，广润色之，于是茶道大行。"唐代刘贞亮在饮茶十德中也明确提出："以茶可行道，以茶可雅志。"

茶道的重点在于"道"，即通过茶艺修身养性、参悟大道。

中国茶道起源于远古的茶图腾信仰

饮茶的历史非常久远，最初的茶是作为一种食物而被认识的。唐代陆羽在《茶经》中说，"茶之饮，发乎神农"。古人也有传说"神农尝百草，日遇七十二毒，得茶而解"。

相传，神农为上古时代的部落首领、农业始祖、中华药祖，史书还将他列为三皇之一。据说，神农当年是在鄂西神农架中尝百草的。神农架是一片古老的山林，充满着神秘的气息，至今还保留着一些原始宗教的茶图腾。

茶树枝叶。

图腾柱。

古人不懂生育奥秘，无意中把崇拜、感恩之情与茶相结合，从而形成茶图腾崇拜。

中国茶道无处不体现着浓郁的东方文化内涵。

中国茶道的基本含义

我国近代学者吴觉农认为：茶道是"把茶视为珍贵、高尚的饮料，饮茶是一种精神上的享受，是一种艺术，或是一种修身养性的手段"。庄晚芳将中国的茶道精神归纳为"廉、美、和、敬"，解释为：廉俭育德、美真廉乐、和诚处世、敬爱为人。陈香白先生则认为：中国茶道包含茶艺、茶德、茶礼、茶理、茶情、茶学说、茶道引导七种义理，中国茶道精神的核心是"和"。

中国茶道的成熟时期

茶道发展到中唐时期，无论是在社会风气上，还是在理论知识方面，都已经形成了相当可观的规模。

在理论界，出现了陆羽——中国茶道的鼻祖。他所写的《茶经》，从茶论、茶之功效、煎茶炙茶之法、茶具等方面做了全面系统的论述，让茶道成为一种完整的理论系统。陆羽倡导的饮茶之道，包括鉴茶、选水、赏器、取火、炙茶、

手托茶盘的侍女。

调琴的乐师。

品茶听琴的贵妇。

唐人将饮茶作为一种修身养性的途径，致使茶道在王侯贵族间风行一时。

碾末、烧水、煎茶、品饮等一系列程序、礼法和规则。他强调饮茶的文化和精神，注重烹煮的条件和方法，追求宁静平和的茶趣。

在社会饮茶习俗上，唐代茶道以文人为主体。诗僧皎然，提倡以茶代酒，以识茶香为品茶之得。他在《九日与陆处士羽饮茶》中写道：俗人多泛酒，谁解助茶香。诗人卢仝《走笔谢孟谏议寄新茶》一诗，让"七碗茶"流传千古。钱起《与赵莒茶宴》和温庭筠《西陵道士茶歌》，认为饮茶能让人"通仙灵""通杳冥""尘心洗尽"。唐末刘贞亮《茶十德》认为饮茶使人恭敬、有礼、仁爱、志雅，成为一个有道德的知礼之人。

中国茶道发展的鼎盛时期

茶道发展到宋代，由于饮茶阶层的不同，逐渐走向多元化。文人茶道有炙茶、碾茶、罗茶、候茶、温盏、点茶过程，追求茶香宁静的氛围，淡泊清尚的气度。

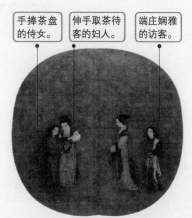

手捧茶盘的侍女。

伸手取茶待客的妇人。

端庄娴雅的访客。

到宋代，茶道从个人的修养身心发展至一种社会风气，相关的茶事、茶礼、茶俗逐步丰富起来。

宫廷的贡茶之道，讲究茶叶精美、茶艺精湛、礼仪繁缛、等级鲜明。宋徽宗赵佶在《大观茶论》说，茶叶"祛襟涤滞，致清导和""冲淡简洁，韵高致静"，说明宫廷茶道还有教化百姓之特色。至宋代的百姓民间，还流行以斗香、斗味为特色的"斗茶"。

明代朱权改革茶道，把道家思想与茶道融为一体，追求秉于性灵、回归自然的境界。明末冯可宾讲述了饮茶的一些宜忌，主张"天人合一"，比赵佶的茶道又深入一层。明太祖朱元璋改砖饼茶为散茶，茶由烹煮向冲泡发展，程序由繁至简，更加注重茶质本身和饮茶的气氛环境，从而达到返璞归真。

茶道与道教的关系

　　茶与道教结缘的历史已久，道教把茶看得很贵重。道教敬奉的三皇之一"农业之神"——神农氏就是最早使用茶者，道教认为神农寻茶的过程就是在竭力寻找长生之药，所以道教徒皆认为"茶乃养生之仙药，延龄之妙术"，茶是"草木之仙骨"。

道教茅山派陶弘景在《杂录》中说茶能轻身换骨，可见茶已被夸大为成仙的"妙药"。

　　早在晋代时，著名的道教理论家、医药学家、炼丹家葛洪，就在《抱朴子》一书中留下了"盖竹山，有仙翁茶园，旧传葛元植茗于此"的记载。壶居士《食忌》也记载："苦茶，久食羽化（羽化即成仙的意思）。"因此，在魏晋南北朝时期，道教徒中流传着很多把饮茶与神仙故事结合起来的传说。如《广陵耆老传》讲述了这样一个故事，晋代有一位以卖茶为生的老婆婆，官府以败坏风气为名将她逮捕，没想到的是，夜间老婆婆居然带着茶具从窗户中飞走了。《天台记》中也记载："丹丘出大茗，服之羽化。"这里的丹丘是汉代一位喜以饮茶养生的道士，传说他饮茶后得道成仙。唐代和尚皎然曾作诗《饮茶歌送郑容》曰："丹丘羽人轻玉食，采茶饮之生羽翼"，再现了丹丘饮茶的往事。

华山栈道

　　由于饮茶具有"得道成仙"神奇功能，所以道教徒都将茶作为修炼时重要的辅助工具。根据《宋录》的记载，道教把茶引进他们的修炼生活，不但自己以饮茶为乐，还提倡以茶待客，提倡以茶代酒，把茶作为祈祷、祭献、斋戒甚至"驱鬼捉妖"的贡品及延年益寿、祛病除疾的养生方法，此举也间接促进了民间饮茶习惯的形成。

　　道教徒之所以饮茶、爱茶、嗜茶，这与道教对人生的追求及生活情趣密切相关。道教以生为乐，以长寿为大乐，以不死成仙为极乐。饮茶的高雅脱俗、潇洒自在恰恰满足了道教对生活的需要，所以道教徒喜茶就不言而喻了。另外，道教徒喜欢闲云野鹤般的隐士生活，向往"野""幽"的境界，这也正是茶生长的环境，具有"野""幽"的禀性，因此，饮茶也是道士对最高生活境界的追求。

茶道与佛教的关系

自佛教传入中国后，由于佛教教义及僧侣生活的需要，就与茶结下深缘。苏东坡曾作诗曰："茶笋尽禅味，松杉真法音"，就说明了茶中有禅，禅茶一味的奥妙。而僧人在坐禅时，茶叶还是最佳饮料，具有清火、提神、明目、解渴、消疲解乏之效。因此，饮茶是僧人日常生活中不可缺少的重要内容，在中国茶文化中，佛的融入是独具特色的亮点。

佛教徒饮茶史最迟可追溯到东晋。《晋书·艺术传》记载，单道开在后赵的都城邺城昭德寺坐禅修行，不分寒暑，昼夜不眠，每天只"服镇守药数丸""复饮茶苏一、二升而已"。茶在寺院的普及则是在唐代禅宗兴起后，并随着僧人的饮茶而推广到北方饮茶习俗。

禅机需要用心去"悟"，而茶味则要靠"品"，悟禅与品茶便有了说不清的共同之处。

经过五代的发展，至宋代禅僧饮茶已十分普遍。据史书记载，南方凡有种植茶树的条件，寺院僧人都开辟为茶园，僧人已经到了一日几遍茶，不可一日无茶的地步。普陀山僧侣早在五代时期就开始种植茶树。一千多年来，普陀山温湿、阴潮，长年云雾缭绕的自然条件为普陀山的僧侣植茶、制茶创造了良好的条件，普陀山僧人烹茶成风，茶艺甚高，形成了誉满中华的"普陀佛茶"。

茶与佛在长期的融合中，形成了中国特有的茶文化。因为寺院中以煮茶、品茶闻名者代不乏人，如唐代的诗僧皎然，不但善烹茶、与茶圣陆羽是至交，而且留下许多著名的茶诗。

儒家学派创始人孔子，其"中庸""礼治"的思想对后世茶道、茶礼的影响颇为深远。

茶道与儒家的关系

中国茶道思想，融合了儒、佛、道诸家精华。儒家思想自从产生之后，就表现出强大的生命力，活跃在人类的历史进程中。茶文化的精神，就是以儒家的中庸为前提，在和谐的气氛之中，边饮茶边交流，抒发志向，增进友情。"清醒、达观、热情、亲和、包容"的特点，构成了儒家茶道精神的欢快格调。

佛教在茶宴中伴以青灯孤寂，要明心见性；道家茗饮寻求空灵虚静，避世超尘；儒家以茶励志，沟通人性，积极入世。它们在意境和价值取向上，都不尽相同；但是，它们都要求和谐、平静，这其实仍是儒家的中庸之道。

中国茶道的"四谛"

中国茶道的四谛，即"和、静、怡、真"。

和，是儒、佛、道所共有的理念，源自于《周易》"保合大和"，即世间万物皆由阴阳而生，阴阳协调，方可保全大和之元气。在泡茶之时，则表现为"酸甜苦涩调太和，掌握迟速量适中"。

静，是中国茶道修习的必由途径。中国茶道是修身养性，追寻自我之道。茶须静品，宋徽宗赵佶在《大观茶论》中说："茶之为物……冲淡闲洁，韵高致静。"静则明，静则虚，静可虚怀若谷，静可内敛含藏，静可洞察明激，体道入微。

静，恬淡宁静的氛围，空灵虚静的心境。

怡，和悦之美，怡然自得。

真，志存高远，率性求真。

和，是一种恰到好处的中庸之道。

怡，是指茶道中的雅俗共赏、怡然自得、身心愉悦，体现的是道家"自恣以适己"的随意性。王公贵族讲"茶之珍"，文人雅士讲"茶之韵"，佛家讲"茶之德"，道家讲"茶之功"，百姓讲究"茶之味"。无论何人，都可在茶事中获得精神上的享受。

真，是茶道的终极追求。茶道中的真，范围很广，表现在茶叶上，真茶、真香、真味；环境上，真山、真水、真迹；器具上，真竹、真木、真陶、真瓷；态度上，真心、真情、真诚、真闲。

中国茶道的四字守则

中国茶道，是由原浙江农业大学茶学系教授庄晚芳先生所提倡的。它的总纲为四字守则：廉、美、和、敬。其含义是：廉俭育德，美真康乐，和诚处世，敬爱为人。

清茶一杯，推行清廉，勤俭育德，以茶敬客，以茶代酒，大力弘扬国饮。

清茶一杯，名品为主，共品美味，共尝清香，共叙友情，康乐长寿。

清茶一杯，德重茶礼，和诚相处，以茶联谊，美好人际关系。

清茶一杯，敬人爱民，助人为乐，器净水甘，妥用茶艺，茶人修养之道。

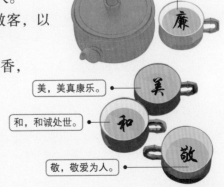

廉，廉俭育德。

美，美真康乐。

和，和诚处世。

敬，敬爱为人。

茶人精神是什么?

茶人,最早现于唐代诗人皮日休、陆龟蒙《茶中杂咏》的诗中。刚开始是指采茶制茶的人,后来又扩展到从事茶叶贸易、教育、科研等相关行业的人,现在也指爱茶之人。

茶人精神即是以茶树喻人,指的是茶人应有的形象或茶人应有精神风貌,提倡一种心胸宽广、默默奉献、无私为人的精神。这个概念是原上海茶叶学会理事长钱梁教授在 20 世纪 80 年代初提出的,从茶树的风格与品性引申而来,即为:"默默地无私奉献,为人类造福"。

茶树,不计较环境的恶劣,不怕酷暑与严寒,绿化大地;春天抽发新芽,任人采用,年复一年,给人们带来健康。

茶道的分类

中华茶道是以养生修心为宗旨的饮茶艺术,包含有"饮茶有道、饮茶修道、饮茶即道"三重含义。大体而言,茶道是由环境、礼法、茶艺、修行四方面所构成。

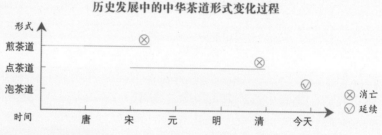

历史发展中的中华茶道形式变化过程

由于分类方法的不同,茶道划分不尽相同。如以茶为主体可分为乌龙茶道、绿茶茶道等;从功能上可分为修行类茶道、茶艺类茶道等;还可分为表演型茶道、非表演型茶道;从茶人身份上,可分为宫廷茶道、文士茶道、宗教茶道、民间茶道。

何为修行类茶道?

修行类茶道形成于唐代,它的宗旨是通过饮茶而得道,以诗僧皎然和卢仝为代表人物。这个道,可能是参禅修行的道,也可能是得道成仙的道。该茶道类型是以饮茶、品茗作为一种感悟"道"的手段,是从人的生理至心理直至心灵的多层次感受,有一个量变渐进的过程。

从观赏茶器、茶叶及沏茶的过程,到观茶色、嗅闻茶香、品味茶汤……品茗感受的过程是茶与心灵的和谐过程,使人返璞归真,从而体验类似羽化成仙或超凡入圣的美妙境界。

何为修身类茶道?

古时候,一些文人把饮茶当作陶冶情操、修身养性的一种手段,他们通过茗饮活动体悟大道、调和五行,不伍于世流,不污于时俗。他们的饮茶之道被称为修身类茶道。

修身类茶道,作为一种茶文化,室内的茶道场地要洁净雅致,装饰风格要有意境,物品、壁画都要有情趣。室外的场地也要讲究,如风景秀美的山林野地、松石泉边、茂林修竹、皓月清风。茶道环境包括茶室建筑风格、装饰格调空间的感觉意境、陈列物品、壁面布置等。

修身类茶道的茶人,往往表现为志向高远、仪表端庄、气质高雅、待人真诚、举止优雅大气、谈吐儒雅、虚怀若谷等气质。修身类茶道,寓含着中华民族精神和五行生克思想,揭示了中国古代文人修身、齐家、治国、平天下的传统思想以及朴素的世界观与方法论。

何为礼仪类茶道?

礼仪性茶道是偏重于礼仪、礼节,以表达主客之间诚恳、热情与谦恭的一种茶道类型。中国自古以来,即有"礼仪之邦"的美誉,人们在彼此相待、迎来送往过程中特别注重敬茶的习俗,这更像是知书达理的准绳或主客沟通的纽带,作为一种约定俗成的规范多少年来一直延续到今天。在这些礼仪性的茶道活动中,人们的服饰、妆容、言语、

外表、肢体语言等表现出的诚恳、谦逊、大度都能体现出主客双方的道德品质与文化修养。

举止,甚至表情都有着较为严格的约定。潮汕的工夫茶、昆明的九道茶、白族三道茶等都是较为著名的礼仪性茶道。

何为表演类茶道?

表演类茶道是为了满足观众观摩和欣赏需要而进行演示的一种茶道类型。表演类茶道是展示与传授沏茶技法和品饮艺术的一种方式,也是人们了解茶文化和中国传统文化的一条途径。

表演类茶道也是一种综合的艺术活动,表演中的动作、乐器、器具、整体环境都需要精心设计。表演类茶道种类繁多:宗教类的有佛教的禅茶、童子茶、佛茶、观音茶,民俗类的有白族三道茶、阿婆茶、傣族竹筒茶等。

第三章
装点生活赏茶艺

什么是茶艺？

　　茶的历史虽然久远，但"茶艺"一词却在唐朝之后才出现。对于"茶艺"从何而来，真是众说纷纭：刘贞亮认为茶艺是通过饮茶来提高人们的道德修养；皎然又认为茶艺是一种修炼的手段。但无论古人们怎么评价茶艺，这些都无法阻止茶艺的发展。

随着茶文化的发展，自然而然就产生了茶艺。

　　从唐朝开始，茶艺已经走进寻常百姓家中，到了宋代，茶文化由于进一步发展，茶艺也迎来了它的鼎盛时期。上至皇帝，下至百姓，无一不以茶为生活必需品，这也使饮茶精神从宋朝开始成为一种广为流传的时尚。而此时的茶艺也逐渐形成了一种特色，有了一套特有的规范动作。

　　明代后期，饮茶变得越来越讲究了：茶人所选择的茶叶、水、环境都有了较高的标准，例如茶叶一定要精致干燥，水源一定要干净，环境一定要清新雅致等等。我们也许会发现，从这一时代开始，茶艺已经与现实中的越来越像了。

　　茶艺到现代经历了几起几落的发展，人们对茶艺的认识也越来越深刻。总体而言，茶艺有广义和狭义之分。广义的茶艺是指研究与茶叶有关的学问，例如茶叶的生产、制造、经营、饮用方法等一系列原则与原理，从而达到人们在物质和精神方面的需求；而狭义的茶艺是指如何冲泡出一壶好茶的技巧以及如何享受一杯好茶的艺术，也可以说是整个品茶过程中对美好意境的体现。

茶艺包括一系列内容：选茶、选水、选茶具、烹茶技术以及环境等几方面内容。具体内容如下：

1. 茶叶的基本知识

进行茶艺表演之前首先要掌握茶叶的基本知识，这也是学习茶艺的基础。茶叶的知识包括茶叶的分类、主要名茶的品质特点、制作工艺，以及茶叶的鉴别、贮藏、选购等。茶艺员和泡茶者需要在冲泡时为宾客讲解有关的茶叶知识，这样才会显得专业。

2. 茶艺的技术

这是茶艺的核心部分，即茶艺的技巧以及工艺，包括茶艺表演的程序、动作要领、讲解的内容，茶叶色、香、味、形的欣赏，茶具的欣赏与收藏等。

3. 茶艺的礼仪与规范

即茶艺过程中的礼貌和礼节，不仅仅是茶艺员与泡茶者的礼仪，还包括对宾客的要求。礼仪与规范包括人们的仪容仪表、迎来送往、互相交流与彼此沟通的要求与技巧等，简而言之是真正体现出茶人之间平等互敬的精神。无论主人还是客人，都要以茶人的精神与品质要求自己去对待茶。

4. 悟道

这属于精神层次的内容。当我们对茶艺有了一定的了解之后，就可以提升到精神层次的觉悟了，即茶道的修行。这是一种生活的道路和方向，是人生的哲学。悟道是通过泡茶与品茶去感悟生活，感悟人生，探寻生命的意义，也是茶艺的一种最高境界。

千百年来，人们以茶待客，以茶修心，在美好的品茶环境中释放心灵，平稳情绪，从而提升了自己的精神道德。可以说，茶艺俨然成了一种媒介，沟通着人与人之间的关系，将物质层面的生活享受上升为艺术与精神的享受，并逐渐成为中国传统茶文化的奇葩。

传统茶艺和家庭茶艺

随着茶叶种类的多元化，饮茶方式的多样化，中国的传统茶艺发展越来越精深，茶艺道具也极其复杂讲究。

首先，泡茶之前需要烫壶，要用沸水注满茶壶，接着将壶中的水倒入废水盂中。接着，用茶匙或茶荷取茶，将干茶拨到壶中，可以在投茶之前将茶漏斗放在壶口处，这样做是比较讲究的置茶方式。

等水壶中的水烧好之后，将热水注入壶中，直至泡沫溢出壶口为止。静置片刻

随着茶叶种类的多元化及饮茶方式的多样化，中国的传统茶艺发展也越来越精深。

之后，提着壶沿茶船逆行转圈，以便于刮去壶底的水滴。此时要注意的是磨壶时的方向，一般来说，如果右手执壶，欢迎喝茶时要逆时针方向磨，送客时则往顺时针方向磨，如果左手提壶，则正好相反。

接着将壶中的茶倒入公道杯中，这样做可以使茶汤变得均匀，以便于每个客人茶杯中的茶汤浓度相当，做到不偏不倚。如果不使用公道杯，那么应该用茶壶轮流给几杯同时倒茶，当将要倒完时，把剩下的茶汤分别点入各杯中，因为最后剩下的茶汤算得上是精华。

奉茶时可以由泡茶者或茶艺员双手奉上，也可由客人自行取饮。品饮结束之后，传统茶艺才算告一段落。等到客人离去之后，主人才能洗杯、洗壶，以便下次使用。

家庭茶艺并没有传统茶艺那么复杂，往往道具更为简单、实用，且冲泡方法自由，在家中即可轻松冲泡，实在是一次难得的家庭体验。

随着人们生活水平提高，家庭茶艺已经走入许多家庭之中，茶慢慢地成为人们日常生活中必不可少的一种元素。家庭茶艺所需要的茶具较传统茶具简单得多，一般只需包括以下几部分就好：茶壶、品茗杯、闻香杯、公道杯、茶盘、茶托、茶荷等。这些道具在家庭茶艺中都起到至关重要的作用。茶具的选择也需要根据茶种类不同而变换，例如，冲泡绿茶可以使用玻璃器皿，冲泡花茶可以用瓷盖杯，啜品乌龙茶则可以选择小型紫砂壶，如此一来，家庭茶艺一定别有一番情趣。

我们可以在闲暇之余约几位友人或亲人，聊一聊冲泡技巧，并实际冲泡一下。另外，我们还可以亲自布置饮茶环境，播放烘托气氛的音乐，在喝茶中静心、静神，陶冶情操，去除杂念，令心神达到一个全新的静神层面。

家庭茶艺可以令喜欢茶艺的人们足不出户便可领略茶的魅力，也可以使人们在品茶之余悠闲自在地享受生活的乐趣，同时也将茶艺融入寻常生活之中。

无论是传统茶艺还是家庭茶艺，都不需要我们太刻意寻求什么外在的形式，相信只要有一颗清净安宁的心，就可以领略到每种茶艺带给自己精神上的愉悦，从而获得茶艺带给我们的轻松和享受。

工艺茶茶艺表演

　　工艺茶属于再加工茶类，并非7大基本茶类中的成员，主要有茉莉雪莲、丹桂飘香、仙女散花等30余个品种。品饮工艺茶，不仅可以使我们从嗅觉和视觉方面获得赏心悦目的艺术享受，还可以在享受时尚的同时达到美容养颜、滋养身心的目的。因此，从工艺茶问世的那一刻起，它就成了许多爱茶之人的首要选择，而工艺茶茶艺表演也变得越来越流行起来。下面我们将介绍工艺茶的茶艺表演：

1. 春江水暖鸭先知

　　苏东坡在《惠崇·春江晚景》一诗中曾这样写道，用这句诗形容烫杯的过程十分贴切，我们可以想象一下经过沸水烫洗过的正在冒着热气的杯子模样，是不是很像在暖暖江水中游动的小鸭子呢？

春江水暖鸭先知

2. 大珠小珠落玉盘

　　白居易在《琵琶行》中用这句形象地描述了琵琶弹奏出的动人琴声，在这里我们将其形容为取茶投茶的过程。当我们用茶导将工艺茶从贮茶罐中轻轻取出，将它拨进洁白如玉的茶杯中时，看着干花和茶叶纷纷落下，是不是就像落进盘中的珍珠一样呢？相信那幅画面一定很美。

大珠小珠落玉盘

3. 春潮带雨晚来急

　　工艺茶要经过三次冲泡才会泡出其美妙的形态与滋味。头泡要低注水，直接将适宜的热水倾注在茶叶上，使茶香慢慢浸出；二泡要中斟，热水要从离开杯口不远处注入，使工艺茶与水充分交融，此时茶中的花瓣已经渐渐舒展，极其好看；三泡时要高冲水，即热水从壶中直泻而下，使杯中的菊花随着水浪上下翻滚，如同"春潮带雨晚来急"一般，将其美好的形态展露无余。

🍵 春潮带雨晚来急

4. 手捧香茗敬知己

　　倒好茶汤之后，下一步需要敬茶。敬茶的过程中，要目视宾客，用双手捧杯，举至眉头处并行礼。随后，按照一定的顺序依次为客人奉上沏好的茶，并将最后一杯留给自己。这个过程一定要注意面带微笑，因为笑容会令宾客觉得茶艺员或倒茶者性情平和，也会更衬托出茶艺表演的氛围。

🍵 赏茶　　　　　　　　　🍵 奉茶

5. 小口品饮入人心

　　茶汤稍凉一些时，我们就可以品饮工艺茶了。品饮时注意，要用小口饮入，切莫"牛饮"，否则会给人留下没有礼貌的印象。

6. 细品茶味品人生

　　人生如茶，茶如人生，细细品尝茶汤味道之后，我们同

🍵 小口品饮

时也能领悟到茶中的百味人生。无论茶味苦涩还是甘甜，无论茶性平和还是醇厚，我们都可以在这杯茶中获得美好的感悟与憧憬。因此，品味人生也是品茶时的层次提升，更是茶艺表演中的重中之重。

7. 饮罢两腋起清风

唐朝诗人卢仝曾在自己的诗中写下了品茶的绝妙境界："一碗喉吻润；二碗破孤闷；三碗搜枯肠，唯有文字五千卷；四碗发轻汗，平生不平事，尽向毛孔散；五碗肌骨轻；六碗通仙灵；七碗吃不得，唯觉两腋习习清风生。"因此，当饮毕之后，腋下清风升起之时便是人茶融为一体之时。

以上为工艺茶茶艺表演的全部过程，当这些结束之后，茶艺员或泡茶者需要起身向宾客鞠躬敬礼，至此，一套完整的工艺茶茶艺表演就结束了。

喝上一杯工艺茶，就如同在欣赏一件艺术品。不仅是其色、香、味、形令人着迷，其中散发出的独特魅力也令每个人心驰神往。

乌龙茶茶艺表演

乌龙茶的茶艺表演很普遍，在我国许多地方都大受欢迎，我们以铁观音为例，为大家展示一下乌龙茶的茶艺表演。

1. 燃香静心

茶艺表演中不可缺少焚香的过程。首先通过点燃香料来营造一个安静、温馨、祥和的气氛，此时，

燃香静心

闻着幽幽袅袅的香气，人们一定会忘却烦恼，感觉到自己已经置身于大自然之中，并且会用一颗平凡的心去面对一切。

2. 旺火煮泉

这个过程即是用旺火煮沸壶中的山泉水，众所周知，泡茶最好要选择山泉水，但如果实在条件有限，也可以选择其他。另外，我们也可以用电热壶来取代旺火，这样也能随时调控温度。

旺火煮泉

3. 百花齐放

　　用百花齐放这句成语来展示精美的茶具可以说是十分贴切了。乌龙茶的茶艺表演中需要很多茶具，例如：茶盘、紫砂壶、茶荷、茶托、公道杯、茶具组合、随手泡等。最后，向客人展示闻香杯和品茗杯。

🍃 茶盘

🍃 紫砂壶

🍃 茶荷

🍃 茶托

🍃 公道杯

🍃 茶道具组合

🍃 随手泡

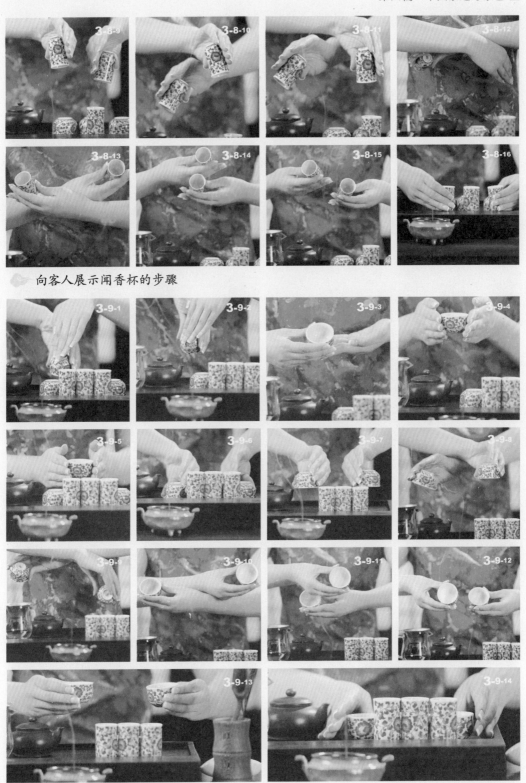

向客人展示闻香杯的步骤

向客人展示品茗杯的步骤

4. 绿芽吐芳

通过这一过程，我们可以敬请宾客欣赏一下今天将要冲泡的铁观音茶的外观，绿莹莹的颜色一定与"绿茶吐芳"贴切极了。

绿芽吐芳

5. 紫泥逢雨

这一过程就是用开水冲烫茶壶，即温壶的过程，这样做不仅能提高壶温，又能清洗壶体，"紫泥逢雨"即像是紫砂壶被细雨浇注一样。温壶后再温品茗杯和闻香杯。

紫泥逢雨

6. 温泉润壶

"温泉润壶"是淋壶的过程，即用温杯的热水浇淋壶的表面，以增加壶温的过程。这样做更有利于发挥茶性。

温泉润壶

7. 乌龙入宫

此过程为取茶投茶的过程，因为铁观音属于乌龙茶类，所以将其用茶导拨入壶中称之为"乌龙入宫"，形象而又生动。

乌龙入宫

8. 飞流直下

此为冲泡茶叶的过程，冲泡乌龙茶讲究高冲水，让茶叶在茶壶里翻腾，这样做可以令茶香散发得更快，同时也达到了洗茶的目的。因此，我们要讲究冲水的方法，使茶叶翻滚的形态更为美观。

飞流直下

9. 蛟龙入海

一般来说，我们冲茶的头一泡汤往往不喝，而是用其来烫洗茶具。将洗茶的废水注入茶海，即称"蛟龙入海"，看着带着茶色的水流冲入，还真是十分形象。

蛟龙入海

10. 再铸甘露

再次出汤，此茶汤可饮用。

再铸甘露

11. 祥龙行雨

所谓"祥龙行雨"就是将茶汤快速倒入闻香杯中，正与其甘露普降的本意相合。

祥龙行雨

12. 凤凰点头

这是指倒茶的手法，其更多的意思不仅在于倒茶，还表达了对宾客的欢迎及尊敬。

凤凰点头

13. 龙凤呈祥

将品茗杯扣于闻香杯之上，便是"龙凤呈祥"，意在祝福宾客家庭和睦。

龙凤呈祥

14. 鲤鱼翻身

我们将两个紧扣的杯子翻转过来，便是"鲤鱼翻身"。在我国古代传说中，有"鲤鱼跃龙门"的说法。"鲤鱼翻身"即取此意，意在祝福宾客家庭、事业双丰收。

鲤鱼翻身

15. 捧杯传情

倒好茶之后，我们可以将茶水为宾客一一奉上，使彼此的心贴得更近，品茶的气氛更加和谐温馨。在此，我们还需要表达一下自己对宾客的祝福之情。

捧杯传情

16. 品幽香，识佳茗

此过程为闻香品茶。用手轻旋闻香杯并轻轻提起，双手拢杯慢慢搓动闻香，顿

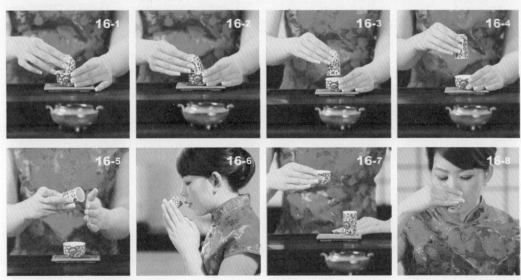

品幽香，识佳茗

觉神清气爽，茶香四溢；闻香之后，即品茶的过程。先将茶小口含在嘴里，不急于
咽下，往里吸气。使茶汤与舌尖、舌面、舌根及两腮充分接触，使铁观音的兰花香
在口中释放。这个时候需要我们适当地表示赞美，无论是对茶汤的品质来说，还是
对泡茶者的手艺来说，都不要吝啬，这样既可以给泡茶者带去鼓舞，也可以让整个
茶艺表演过程更加温馨和睦。

17. 细品观音韵

铁观音茶之所以被列为名茶，不仅是品质上乘，同时也具有独特的韵味，即观音
韵。我们在品饮茶的时候需要细细品味其中的音韵，这样才能感受到茶的真、善、美。

18. 谢客不可少

当宾客品饮结束之后，茶艺员或泡茶者一定不要忘记谢客，将自己最真挚的祝
福送给全部宾客及其家人。

以上即乌龙茶茶艺表演的全部过程，我们无论是作为泡茶者还是宾客，都可以
以此作为参加茶宴的参考。

绿茶茶艺表演

绿茶茶艺表演包括茶叶品评，艺术手法的鉴赏以及品茗的美好环境等整个过
程，注重茶汤品质的同时，也将形式与精神相互统一。
以下为茶艺的过程简介：

1. 焚香

俗话说："泡茶可修身养性，品茶如品味人生。"茶，
至清至洁，为天地之灵物，泡茶之人也需至清至洁，
才不会唐突了佳茗。古今品茶都讲究要平心静气。而
通过焚香就可以营造一个祥和肃穆的气氛。

焚香

2. 洗杯

这个过程即用开水再烫一遍本来就干净的玻璃杯，做到茶杯冰清玉洁，一尘不染。茶至清至洁，是天涵地育的灵物，因此泡茶要求所用的器皿也必须至清至洁。

洗杯

3. 凉汤

一般来说，较高级的绿茶茶芽细嫩，如果用滚烫的开水直接冲泡，会破坏茶芽中的维生素并造成熟汤失味。因此，我们需要将开水放置一会儿，使水温降至合适的温度才可。

 凉汤

4. 投茶

这个过程是用茶则把茶叶投放到冰清玉洁的玻璃杯中，绿茶因为冲泡出来后的形态美观，因此常选用玻璃杯冲泡。

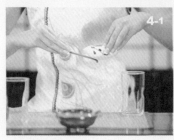

投茶

5. 润茶

再开始冲泡茶叶之前，先向杯中注入少许热水，起到润茶的作用。

润茶

6. 倒水

可以采用凤凰三点头方法冲泡绿茶，高冲水，使茶香扩散。

倒水

7. 赏茶

由于绿茶冲泡之后形态美观，所以茶艺表演中还需要观赏其姿态。杯中的热水如春波荡漾，在热水的冲泡下，茶芽慢慢地舒展开来，尖尖的叶芽如枪，展开的叶片如旗。在品绿茶之前先观赏在清碧澄净的茶水中，千姿百态的茶芽在玻璃杯中随波晃动，好像生命的绿精灵在舞蹈，十分生动有趣。

赏茶

8. 奉茶

双手将倒好的茶汤为宾客奉上，以表达祝福之情。

9. 品茶

绿茶茶汤清纯甘鲜，淡而有味，它虽然不像红茶那样浓艳醇厚，也不像乌龙茶那样岩韵醉人，但是只要你用心去品，就一定能从淡淡的绿茶香中品出天地间至清、至醇、至真、至美的韵味来。

奉茶

品茶

10. 谢茶

谢茶主要是针对宾客而言，这既是礼貌的象征，也是彼此沟通不可缺少的过程。只有互相沟通才可以学到许多书本上学不到的知识，这同样是一大乐事。因此，在品茶结束后，宾客需要向泡茶者致谢，感谢对方为自己带来如此美妙的物质与精神享受。

谢茶

以上为绿茶茶艺表演的全部过程，希望能对大家在今后的泡茶品茶中起到一定的作用。

花茶茶艺表演

花茶如诗如画一般美妙，它融茶之韵与花香于一体，通过"引花香，增茶味"，使花香与茶味珠联璧合，相得益彰。从花茶中，我们可以品出大自然的气息，同时也可以获得精神的放松与享受。那么，我们以碧潭飘雪来看一下花茶茶艺表演的过程：

1. 烫杯

烫杯的过程与其他茶艺表演很相似，都是用热水烫洗茶具的过程。

烫杯

2. 赏茶

花茶我们称之为"香花绿叶相扶持"。赏茶也称为"目品"。"目品"是花茶三品（目品、鼻品、口品）中的头一品，目的即观察鉴赏花茶茶胚的质量，主要观察茶胚的品种、工艺、细嫩程度及保管质量。

赏茶

3. 投茶

我们称之为"落英缤纷玉杯里"。"落英缤纷"是晋代文学家陶渊明先生在《桃花源记》一文中描述的美景。当我们用茶导

投茶

冲水

把花茶从茶荷中拨进洁白如玉的茶杯时,干花和茶叶飘然而下,恰似"落英缤纷"。

4. 冲水

我们称之为"春潮带雨晚来急"。冲泡花茶也讲究高冲水。冲泡特极茉莉花时,要用90℃左右的开水。热水从壶中直泄而下,注入杯中,杯中的花茶随水浪上下翻滚,恰似"春潮带雨晚来急"。

5. 闷茶

我们称之为"三才化育甘露美"。冲泡花茶一般要用"三才杯",茶杯的盖代表"天",杯托代表"地",茶杯代表"人"。人们认为茶是"天涵之,地载之,人育之"的灵物。

闷茶　　　　　　　　　　　敬茶

6. 敬茶

我们称之为"一盏香茗奉知己"。敬茶时应双手捧杯,举杯齐眉,注目嘉宾并行点头礼,然后从右到左,依次一杯一杯地把沏好的茶敬奉给客人,最后一杯留给自己。

7. 闻香

我们称之为"杯里清香浮清趣"。闻香也称为"鼻品",这是三品花茶中的第二品。品花茶讲究"未尝甘露味,先闻圣妙香"。闻香时"三才杯"的天、地、人不可分离,应用左手端起杯托,右手轻轻地将杯盖揭开一条缝,从缝隙中去闻香。闻香时主要看三项指标:一闻香气的鲜灵度,二闻香气的浓郁度,三闻香气的纯度。细心地闻优质花茶的茶香,是一种精神享受,一定会感悟到在天、地、人之间,有一股新鲜、浓郁、纯正、清和的花香伴随着清悠高雅的花香,沁入心脾,使人陶醉。

闻香

8. 品茶

　　我们称之为"舌端甘苦入心底"。品茶是指三品花茶的最后一品：口品。在品茶时依然是天、地、人三才杯不分离，依然是用左手托杯，右手将杯盖的前沿下压，后沿翘起，然后从开缝中品茶，品茶时应小口喝入茶汤。

　🍃 品茶

9. 回味

　　我们称之为"茶味人生细品悟"。人们认为一杯茶中有人生百味，无论茶是苦涩、甘鲜还是平和、醇厚，从一杯茶中人们都会有良好的感悟和联想，所以品茶重在回味。

10. 谢茶

　　我们称之为"饮罢两腋清风起"。唐代诗人卢仝的诗中写出了品茶的绝妙感觉，之前我们已经介绍过多次。

　🍃 谢茶

🍃 祁门红茶茶艺表演

　　红茶是世界上饮用量最大的茶类。每年世界各国人民饮用的红茶数量要占到饮茶总量的 1/3 以上。而祁门红茶算得上是红茶中的精品，它与斯里兰卡乌伐的季节茶及印度大吉岭茶并称世界三大高香茶。下面我们介绍一下祁门红茶的茶艺表演：

1. 备器

　　祁门红茶茶艺表演中所需要准备的器具与其他茶艺类似，需要有盖碗、公道杯、品茗杯、茶盘、茶荷、茶道具组等。

　🍃 备器

2. 赏茶

双手托茶荷，请在座的客人欣赏祁门红茶的外形和色泽。

3. 烫杯热罐

将开水倒入盖碗中，然后将水倒入公道杯，接着倒入品茗杯中，最后将品茗杯中的水倒入废水盂。

🍃 赏茶

🍃 烫杯热罐

4. 投茶

按一定比例把茶叶放入壶中，此时可以用茶拨和茶荷两种工具拨茶投茶。

🍃 投茶

5. 洗茶

洗茶的过程很重要，千万不可忽视。这一过程，我们需要用右手提壶加水，用

🍃 洗茶

左手拿盖刮去泡沫，左手将盖盖好，用右手将茶水倒入公道杯中。然后用此水依次温洗品茗杯。

6. 泡茶与倒茶

冲泡红茶的水温要在100℃，刚才初沸的水，此时已是"蟹眼已过鱼眼生"，正好用于冲泡。过程为：将沸水注入盖碗中，然后右手执盖碗，将茶水缓缓注入公道杯中，再从公道杯斟入品茗杯，只斟七分满。

🍃 泡茶与倒茶

7. 品茗

祁门红茶以鲜爽、浓醇为主，与红碎茶浓强的刺激性口感有所不同。滋味醇厚，回味绵长。因此，品茗环节便需十分讲究。无论是迎宾，还是独自品茗，大家都需要遵循小口慢品的原则。唯有细饮慢品，徐徐体味茶之真味，方得茶之真趣。

 🍃 品茗　　　　　　　　🍃 谢礼

8. 谢礼

谢礼的过程必不可少，不仅泡茶者要表达祝福之情，同时客人也要表达其感激与赞美之情。

红茶性情温和，收敛性差，易于交融，因此通常用之调饮，祁门红茶同样适于调饮，然清饮更能领略其特殊的"祁门香"，领略其独特的内质、隽永的回味、明艳的汤色。

禅茶茶艺表演

自古以来就有"茶禅一味"之说，禅茶中不仅蕴藏着禅机，对于我们普通人来说，禅茶茶艺还是最适合用于修身养性，强身健体的茶艺。它可以使人们放下世俗的烦恼，抛弃功利之心，以平和虚静之心来领略禅茶中的真谛。

在进行茶艺表演前，我们需要做好以下准备工作，即礼佛与调息。

礼佛时需要焚香合掌，同时要播放梵乐与梵唱，这样做的目的在于让我们将心牵引到虚无缥缈的境界，使心思沉淀下来，远离烦躁不宁的世界。

调息是为了进一步营造祥和肃穆的气氛，泡茶者应指导客人随着佛乐静坐调息，可伴随着佛乐有节奏敲打木鱼。这个过程中，静坐需要注意以下几点：头正；左右双肩稍微张开，使其平整适度，不可沉肩弯背；左右两手环结在丹田下面；双目似闭还开；舌头轻微舔抵上腭，面部微带笑容。左足放在右足上面，叫作如意坐。右足放在左足上面叫作金刚坐，开始习坐时，有人连单盘也做不了，也可以把双腿交叉架住。静坐的形态很重要，可以使人很容易进入这种祥和的环境之中，尽快平和心境。

接下来就是禅茶茶艺表演了，一般可分为以下 10 个步骤：

1. 入场

这一步骤可称为"步步生莲"。佛经上说：莲花，能给烦恼的人间，带来清凉的境界，因此茶艺员以莲步走向禅茶台，给人的感觉仿佛是脚下生莲一般，庄重而又高雅。

2. 静心

静心对茶艺员以及宾客皆有要求，在祥和肃穆的气氛中使心平静下来，去感受

入场　　　　　　　　　　　　　静心

"香烟茶晕满袈裟"的神韵。在禅茶茶艺中，泡茶者与宾客以礼一脉相承，彼此尊敬，虔诚之心也溢于言表。

3. 焚香

双手将香托平后进行插香，不仅协调好茶香，而且消散杂念，澄澈心怀。

❧ 焚香

4. 洁器

洁器即用水将茶杯清洗干净，其目的是使茶杯洁净无尘，亦如修佛，除却妄念，纯洁身心。洗的是茶杯，悟的是禅理。一尘不染的清净地，才是禅茶茶艺表演最佳环境。

❧ 洁器

5. 投茶

这个过程也被称为"观音下凡"，即投茶的过程。意在于投茶入壶的过程，如

❧ 投茶

观音下凡普度众生一样，将祥和之光播撒到人间。

6. 洗茶

洗茶过程洗的虽然是茶叶，但意在洗去茶人的尘心，好比漫天法雨普降，清洁尘世，润泽众生，因此，这个过程也称为"漫天法雨"。

洗茶

7. 泡茶

禅茶茶艺中，我们讲求以茶悟道，感悟到的是，茶清如露，心洁如佛。清洗茶叶后，再冲入第二道水，这个过程也被称为"菩萨点化"。

泡茶

8. 敬茶

茶艺员需要双手将茶敬上，使茶人慢慢品尝。由于茶人在苦涩的茶中能够品出人生百味，达到大彻大悟、大智大慧的境界，因此敬茶给客人，也称为"普度众生"，意在于将大慈大悲、大恩大德带给每一位宾客。

敬茶

9. 品茶

佛经说"凡夫生存是苦"，生苦、病苦、老苦、死苦，怨憎会苦，爱别离苦，求不得苦。而茶性亦苦，因此，人们在品茶的过程中，也是对"苦"的理解，参破"苦谛"，达到对"苦"的解脱，从而"苦海无边，回头是岸"。

品茶

10. 悟茶

品茶上升了一个精神境界之后，即是悟茶。禅茶茶艺之后，人们可能对茶有了更深层次的理解：放下苦恼烦忧，抛却功名利禄，超脱尘世之外，如此的境界才算是对茶真正地有了领悟。因此，这个过程也被称为"超凡脱俗"，即人们参破了人生，身心都从茶中获得了慰藉。这也是品禅茶的绝妙感受，佛法佛理就在日常最平凡的生活琐事之中，佛性真如就在我们自身的心底。

11. 谢茶

饮罢了茶要谢茶，谢茶是为了相约再品茶，茶要常饮，禅要常参，性要常养，身要常修，此为禅茶茶艺中的最后过程。

谢茶

禅茶茶艺相比于其他茶艺来说，更注重修心。若将心带入清净明澈之地，那么无论人在哪里，身边的物质如何，都不会影响到禅茶的本质。希望我们能抱着一颗禅心来欣赏或亲自尝试禅茶茶艺表演，这对提升我们的精神层次也有着极大的作用。

盖碗茶茶艺表演

盖碗茶在茶艺表演中也不在少数，被许多茶人推崇并喜爱。下面以武夷水仙茶为例，为大家简单介绍一下盖碗茶的茶艺表演过程：

1. 温泉净器

此过程就是用烧开的沸水依次烫洗盖碗、公道杯、品茗杯、闻香杯等器具，其目的在于洗去茶具上的灰尘，并使茶具增温。这样做可以保

温泉净器

持泡茶水的温度，不会因为茶器太凉而降低温度，温器之后的废水可以倒入茶海中。

2. 水中逢仙

这一过程包含许多步骤：取茶、投茶、冲泡、刮茶沫。用茶匙与茶荷将武夷水仙茶取出让宾客欣赏茶的色泽与形状。接着，用茶导将茶叶拨取到盖碗中，将沸水冲入盖碗中，左手提起碗盖，轻轻地在盖碗上绕一圈，将浮在盖碗表面上的泡沫刮去。用"水中逢仙"一词形容这个过程很形象，因为所冲泡的为水仙茶，因此得名。需要注意的是，乌龙茶的第一泡汤往往是不能喝的，主要用来洗茶，我们需要再次向盖碗中注入开水，刮去表面的泡沫。

水中逢仙

3. 普降甘霖

这是将茶汤倒入公道杯中的过程，茶艺员或泡茶者需要用右手的拇指和中指捏住盖碗的两个边沿，用食指按住盖碗上的盖钮，使盖子与碗身之间露出一条小缝。同时，倾斜盖碗，将里面泡好的茶汤注入公道杯中。接着将公道杯中的茶汤注入闻香杯中，这个过程需要注意，每个杯子里面的茶汤都要同样满，达到"普降甘霖"的作用。

普降甘霖

4. 扭转乾坤

　　将空的品茗杯倒扣在闻香杯上，手按紧，接着将两个杯子迅速翻转过来。这样，闻香杯里面的茶汤就都被注入品茗杯中了。而"扭转乾坤"这一过程恰好可以形象地比喻这个过程。

扭转乾坤

5. 闻香识茗

　　用左手扶住品茗杯，右手慢慢拿起闻香杯，并沿着品茗杯的杯沿轻轻绕一圈，让闻香杯中的茶汤全部注入品茗杯中。然后拿起闻香杯放在鼻尖下，双手搓动闻香杯，旋转闻香。

🍵 闻香识茗

6. 细品甘茗

闻香之后，就可以品茶了。缓缓地啜饮三口，之后就可以随意细品了。

🍵 细品甘茗

7. 尽杯谢茶

当宾客饮尽杯中茶后，需要向泡茶者及主人表达感激之情，感谢他们为自己奉上好茶，并感谢他们的完美表演，这也是盖碗茶茶艺表演的最后一个过程。

以上为盖碗茶茶艺表演的全部过程，不过用盖碗品茶还可以直接在碗中冲泡，这样也可以省下茶壶这个器具，比较适合人数较少的情况。

对茶艺师的基本要求

茶艺师的基本要求是：

1. 职业道德要求

（1）职业道德基本知识。

（2）职业守则：热爱专业，忠于职守。遵纪守法，文明经营。礼貌待客，热情服务。真诚守信，一丝不苟。钻研业务，精益求精。

2. 基础知识要求

（1）茶文化基本知识：包括中国用茶的渊源、饮茶方法的演变、茶文化的精神、中外饮茶风俗。

茶艺师不仅要有丰富的茶叶、茶具、饮茶知识，更要有严谨、专业的职业态度。

（2）茶叶知识：包括茶树基本知识、茶叶种类、名茶及其产地、茶叶品质鉴别知识、茶叶保管方法。

（3）茶具知识：包括茶具的种类及产地、瓷器茶具、紫砂茶具、其他茶具。

（4）品茗用水知识：包括品茶与用水的关系、品茗用水的分类、品茗用水的选择方法。

（5）茶艺基本知识：包括品饮要义、冲泡技巧、茶点选配。

（6）科学饮茶：包括茶叶主要成分、科学饮茶常识。

（7）食品与茶叶营养卫生：包括食品与茶叶营养卫生基础知识、饮食业食品卫生制度。

（8）相关法律、法规知识：包括劳动法相关知识、食品卫生法相关知识、消费者权益保护法相关知识、公共场所卫生管理条例相关知识、劳动安全基本知识等。

茶艺表演的形象要求

茶艺表演者的形象要求不仅是在外表，还要注重内在的气质。茶艺的表演不同于一般的表演，茶艺表演只要表现的是一种文化精神，要表达出清淡、明净、恬静、自然的意境。

茶艺师在表演时，动作要到位，过程要完整，不断加强自身的文化修养，初学者若不能从内在体现茶艺的韵味，就要表现得更加自然和谐、从容优雅，在自身修养逐步提高后，自然就能做到温文尔雅，意境悠远。

茶艺师在表演时要和观众进行交流，这也是茶艺师很重要的一课。表演时如果和观众没有交流，只是自己一味地表演，表演必然没有氛围。茶艺师的动作、手势、体态、姿态、表情、服饰都要自然统一，在表演时要用心去感受，体会茶艺的精神。

茶艺表演的环境要求

茶艺表演的环境要求是清、净、美。

清，就是说纯洁、无邪、清醒、无杂念。茶艺表演中的清则要求人、水、环境要保持清爽，清的另一个含义就是茶可以使人清醒头脑。

净，就是说洁净、净化。在茶艺表演中要求人的衣着、环境、茶叶、茶具、水都要保持洁净，人的洁净包括头发、手、衣服等，女性不要浓妆艳抹使人感到不舒服。桌椅要清洁，表演场所没有杂物。茶具必须干净，符合饮用标准。"净"还要求人的思想上、心灵上净化，没有杂念。

虽然在茶艺表演中很难做到完全"清"，但是茶艺一定要追求"清"，给人们营造一个"清"的氛围。

美，是指美好、优美。茶艺表演中要符合茶道的美，符合美学的要求，还要符合中国传统的审美情趣。首先是环境一定要布置得美，使人赏心悦目；其次是茶艺师一定要穿着得体，表演动作优美；再次是茶具要美。

茶艺表演的气质要求

茶艺师的气质要求都离不开文化底蕴，这样才能表达出茶艺的"精、气、神"，茶艺师在表演茶艺时让观赏者静静地体会出其中的幽香雅韵。如果没有内在，只是外在的表演，那么茶艺师根本就体现不出茶文化的内涵，只是一个单纯的表演而已。

茶艺师在表演时，要用身体姿态和动作来表现出内在气质。例如：坐姿、站姿、走姿、冲泡动作、面部表情等，这些都可以体现出一个茶艺师的气质。

茶艺师要在表演中不断完善自己，用茶来表达自己，要将自己的思想融合在表演中的每一个细节中。茶艺师在表演时要顺应茶性，将茶的特色和本色冲泡出来，这样才能将茶的真谛表达出来。

茶艺师举手投足间的呈现与变化都能表现出其自身的内在气质，从容不迫才能给人以沉稳之感。

神情的淡定。

身姿的和谐；

动作的优雅；

茶艺表演过程中怎样运用插花？

茶艺表演中的插花，不同于一般的插花，在茶艺表演中运用插花是为了体现茶的精神，追求自然、朴实典雅的风格，花不求多，只要有一两枝点缀即可。

茶艺表演中的插花形式，可以分为直立式、倾斜式、悬挂式和平卧式四种。直立式指鲜花的主枝干呈直立状，其他配花也都呈直立向上的姿态。倾斜式指花的主枝干呈倾斜姿态。悬挂式指插花主枝在花器上的造型为悬挂而下。平卧式指的是全部的花卉在一个平面上。茶席插花中，最常用的是直立式和悬挂式。

茶艺插花的基本要求是简洁、淡雅、小巧、精致，其作用主要是体现茶道精神与烘托意境。

茶艺表演中的插花意境有具象表现和抽象表现两种表现方法。具象表现是指没有夸张的设计，一切动作都是平凡真实，没有刻意营造的迹象，意境清晰明了。抽象表现是指表现的手法以夸张和虚拟为主。

茶艺表演中的插花用的花器是插花的关键，插花的造型很大程度上都是需要花器的依托，不同的花器表现出来的造型是截然不同的。总体来说，茶艺表演中的花器需要和花配合，大小适中，一般选择竹、木、草编、藤编和陶瓷的材质，可以表现出原始、自然、朴实的美感。

茶艺表演过程中的服饰要求

茶艺表演中要根据不同的表演来确定服饰。总体而言，其服饰要求是要和表演的主题相符，服装得体、衣着端庄，符合大众的审美要求。茶艺表演中的服装也要和表演场所的环境相协调，如果环境是仿古式场所，就应该穿古装；如果表演场所以黄色色调为主，着装可选青、绿、蓝、白等相应色调；如果是在日式的茶楼，可以用日本和服作为表演服饰。

庄重得体的禅衣。

燃起檀香的香炉。

在"禅茶表演"中要穿和主题相关的禅衣作为表演服饰。

茶艺表演过程中的音乐选择

　　茶艺表演中的音乐要和茶艺所表演的主题相符，这样有助于客人更快融入其中，表演效果也会更好。

　　茶艺表演中的音乐一般都是用来配合表演营造意境，同时也能使人心平气和，全身心投入表演中。音乐的选择有很多，一般都是以符合表演为前提。中国古典名曲是表演中常用的曲子，中国古典名曲的典雅韵味，正好和茶道的精神符合，一般可以选用《春江花月夜》《彩云追月》《塞上曲》《平湖秋月》等。

　　大自然的声音也是很多茶艺表演中的首选，运用这些声音，即使在室内也会给人一种置身大自然的清静，例如山泉飞瀑、小溪流水、雨打芭蕉、风吹竹林、秋虫鸣唱等都是常用的音乐。

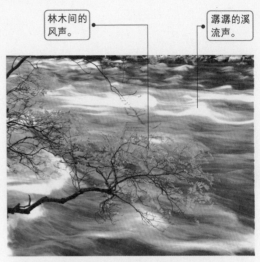

林木间的风声。

潺潺的溪流声。

大自然中所熟悉的声音，都可以轻松营造出品茶的自然意境。

茶艺表演过程中怎样选择茶叶？

　　茶艺表演中最重要的道具就是茶叶，茶叶是整个茶艺表演的根本，茶叶的品质直接影响到茶艺表演的好坏。

　　在茶艺表演中，要根据不同的茶叶来选择不同的冲泡技艺和表现形式，这样才能充分表现出茶叶的特点和品质。从茶叶中才能看出表演的灵魂，离开了茶叶，茶艺表演只是一个空洞、没有内容的普通表演而已，根本表现不出茶的内涵和韵味。而茶艺表演的过程就是力求将所选茶叶的外观、色泽、香气以及动静态间的内涵与韵味充分地展现出来。

宜选用玻璃杯冲泡法，并直接品饮。

一般的优质绿茶外形都很漂亮。

优质绿茶表演就要突出茶叶的外形，在表演时要充分显示绿茶的外形、色泽及其文化内涵。

茶艺表演过程中怎样运用茶具搭配？

茶艺表演中的茶具搭配也是很重要的一个内容，茶具是茶艺表演的外在表现。选择茶具时，一定要和茶叶的品质特点相匹配，也要能体现茶艺的精神内涵。

从茶艺产生时，茶具就是一个重要的课题，人们在研究茶的时候，总是将茶具

略浅而小的茶碗，易于察形观色。

上有盖，可保温、留香。

盖碗不仅方便"闻香观色"，更能体现出"工夫茶"的冲泡技艺。

下有杯托。

规划进去。在古代，茶具种类就很多，唐代陆羽的《茶经》中，记载了适宜烹茶、品饮的二十四器。现代的茶具更加多样，从材料上可以分为陶土、瓷器、玻璃、竹木、金属等。从功能、颜色和造型上，茶具的种类更加多姿多彩。

例如：在凤凰单枞茶的茶艺表演，要选用盖碗和公道壶作为主泡器具，这样可以突出它的"花香蜜韵"、色泽、制作工艺及其冲泡"功夫"；公道壶可以将"关公巡城"与"韩信点兵"合二为一，更能体现出茶道精神中的和谐、公平。

茶艺表演过程中的位置、顺序、动作要求

茶艺表演和一般的品茶不同，这是一种艺术，因此位置、顺序、动作都不能混乱或者错误，这些都是根据科学、美学原理制定的，符合"和、敬、清、寂"的茶道精神，因此在表演时一定要遵循这些规则。

茶艺表演的位置、顺序、动作所遵循的原则是合理性、科学性，符合美学原则及遵循茶道精神，符合中国传统文化的要求。

茶艺表演过程中的位置有主泡茶艺师的位置，助泡茶艺师的位置，客人的位置，茶具摆放的位置；茶艺表演过程中的顺序有茶艺师入场出场的顺序，客人出场的顺序，奉茶的顺序，茶具进出的顺序；茶艺表演过程中的动作有茶艺师行走的动作，泡茶的动作，奉茶的动作。

第四章
不可不知的茶礼仪

泡茶的礼仪

泡茶可分为泡茶前的礼仪以及泡茶时的礼仪。

1. 泡茶前的礼仪

泡茶前的礼仪主要是指泡茶前的准备工作，包括茶艺员的形象以及茶器的准备。

（1）茶艺员的形象

茶艺表演中，人们较多关注的都是茶艺员的双手。因此，在泡茶开始前，茶艺员一定要将双手清洗干净，不能让手沾有香皂味，更不可有其他异味。洗过手之后不要碰触其他物品，也不要摸脸，以免沾上化妆品的味道，影响茶的味道。另外，指甲不可过长，更不可涂抹指甲油，否则会给客人带来脏兮兮的感觉。

除了双手，茶艺员还要注意自己的头发、妆容和服饰。茶艺员如果是长头发，一定要将其盘起，切勿散落到面前，造成邋遢的印象；如果是短头发，则一定要梳理干净，不能让其挡住视线。因为如果头发碰到了茶具或落到桌面上，会使客人觉得很不卫生。在整个泡茶的过程中，茶艺员也不可用手去拨弄头发，否则会破坏整个泡茶流程的严谨性。

茶艺员的妆容也有些讲究。一般来说，茶艺员尽量不上妆或上淡妆，切忌浓妆艳抹和使用香水影响整个茶艺表演清幽雅致的特点。

茶艺员的着装不可太过鲜艳，袖口也不能太大，以免碰触到茶具。不宜佩戴太多首饰，例如手表手链等，不过可以佩戴一个手镯，这样也能为茶艺表演带来一些韵味。总体来说，茶艺员的着装应该以简约优雅为准则，与整个环境相称。

除此之外，茶艺员的心性在整个泡茶前的礼仪中也占据着重要比重。心性是对茶艺员的内在要求，需要其做到神情、心性与技艺相统一，让客人能够感受到整个茶艺表演的清新自如、祥和温馨的气氛，这才是对茶艺员最大的要求。

（2）茶器的准备

泡茶之前，要选择干净的泡茶器具。干净茶器的标准是，杯子里不可以有茶垢，必须是干净透明的，也不可有杂质、指纹等异物粘在杯子表面。

🌿 茶器的准备

2. 泡茶时的礼仪

泡茶时的礼仪包括取茶礼仪和装茶礼仪。

（1）开闭茶样罐礼仪

茶样罐大概有两种，套盖式和压盖式，两种开闭方法略有不同，具体方法如下：

套盖式茶样罐。两手捧住茶样罐，用两手的大拇指向上推外层铁盖，边推边转动罐身，使各部位受力均匀，这样很容易打开。当它松动之后，用右手大拇指与食指、中指捏住外盖外壁，转动手腕取下后按抛物线轨迹放到茶盘右侧后方角落，取完茶之后仍然以抛物线的轨迹取盖扣，用两手食指向下用力压紧盖好后，再将茶样罐放好。

压盖式茶样罐。两手捧住茶样罐，右手的大拇指、食指和中指捏住盖钮，向上提起，沿抛物线的轨迹将其放到茶盘右侧后方角落，取完茶之后按照前面的方

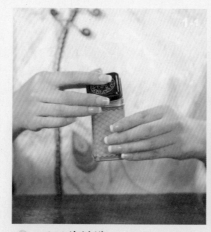

🌿 开闭茶样罐

法再盖回放下。

（2）取茶礼仪

取茶时常用的茶器具是茶荷和茶匙，有三种取茶方法。

茶匙茶荷取茶法。这种方法一般用于名优绿茶冲泡时取样，取茶的过程是：左手横握住已经开启的茶罐，使其开口向右，移至茶荷上方。接着用右手手背向下，大拇指、食指和中指捏茶匙，将其伸进茶叶罐中，将茶叶拨进茶荷内。放下茶叶罐盖好，再用左手托起茶荷，右手拿起茶匙，将茶荷中的茶叶分别拨进泡茶器具中，取茶的过程也就结束了。

茶荷取茶法。这一手法常用于乌龙茶的冲泡，取茶的过程是：右手托住茶荷，令茶荷口朝向自己。左手横握住茶叶罐，放在茶荷边，手腕稍稍用力使其来回滚动，此时茶叶就会缓缓地散入茶荷之中。接着，将茶叶从茶荷中直接投入冲泡器具之中。

茶匙取茶法。这种方法适用于多种茶的冲泡，其过程为：左手竖握住已经打开盖子的茶样罐，右手放下罐盖后弧形提臂转腕向放置茶匙的茶筒边，用大拇指、食指与中指三指捏住茶匙柄取出，将茶匙放入茶样罐，手腕向内旋转舀取茶样。同时，左手配合向外旋转手腕使茶叶疏松，以便轻松取出，用茶匙舀出的茶叶可以直接投入冲泡器具之中。取茶完毕后，右手将茶匙放回原来位置，再将茶样罐盖好放回原来位置。

茶匙茶荷取茶法　　　　茶荷取茶法　　　　茶匙取茶法

取茶之后，主人在主动介绍该茶的品种特点时，还需要让客人依次传递嗅赏茶叶，这个过程也是泡茶时必不可少的。

（3）装茶礼仪

用茶匙向泡茶器具中装茶叶的时候，也讲究方法和礼仪。一般来说，要按照茶叶的品种和饮用人数决定投放量。茶叶不宜过多，也不宜太少。茶叶过多，茶味过浓；茶叶太少，冲出的茶没啥味道。假如客人主动介绍自己喜欢喝浓茶或淡茶的习惯，那就按照客人的口味把茶冲好。这个过程中切记，茶艺员或泡茶者一定不能为了图省事就用手抓取茶叶，这样会让手上的气味影响茶叶的品质，另外也

装茶礼仪

使整个泡茶过程不雅观，也失去了干净整洁的美感。

（4）茶巾折合法

此类方法常用于九层式茶巾：将正方形的茶巾平铺在桌面上，将下端向上平折至茶巾的 2/3 处，将茶巾对折。接着，将茶巾右端向左竖折至 2/3 处，然后对折成正方形。最后，将折好的茶巾放入茶盘中，折口向内。

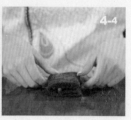

茶巾折合法

除了这些礼仪之外，泡茶过程中，茶艺员或泡茶者尽量不要说话。因为口气会影响到茶气，影响茶性的挥发；茶艺员闻香时，只能吸气，挪开茶叶或茶具后方可吐气。以上就是泡茶的礼仪，若我们能掌握好这些，就可以在茶艺表演中首先令客人眼前一亮，也会给接下来的表演创造良好的开端了。

奉茶的礼仪

关于奉茶，有这样一则美丽的传说：传说有种叫土地公的神明，他每年都要向玉皇大帝报告人间所发生的事。一次，土地公到人间去观察凡人的生活情形，走到一个地方之后，感觉特别渴。有个当地人告诉他，前面不远处的树下有个大茶壶。土地公到了那里，果然见到树下放着一个写有"奉茶"的茶壶，他用一旁的茶杯倒了杯茶喝起来。喝完之后感叹道："我从未喝过这么好的茶，究竟是谁准备的？"走了不久，他又发现了带着"奉茶"二字的茶壶，就接二连三地用其解渴。旅行回来之后，土地公在自己的庙里也准备了带有"奉茶"字样的茶壶，以供人随时饮用。当他把这茶壶中的茶水倒给玉皇大帝喝时，玉皇大帝惊讶地说："原来人世间竟然有这么美味的茶！"

虽然这个故事缺乏真实性，但却表达了人们"奉茶"时的美好心情，试想，人们若没有待人友好善意的心情，又怎能热忱地摆放写有"奉茶"字样的大茶壶为行人解渴呢？

据史料记载，早在东晋时期，人们就用茶汤待客，用茶果宴宾等。主人将茶端到客人面前献给客人，以表示对其的尊敬之意，因而，奉茶中也有着较多的礼仪。

1. 端茶

依照我国的传统习惯，端茶时要用双手呈给客人，一来表示对客人的诚意，二来表示对客人的尊敬。现在有些人不懂这个规矩，常常用一只手把茶杯递给客人就算了事，他们怕茶杯太烫，直接用五指捏着茶杯边沿，这样不但很不雅观，也不够卫生。试想一下，客人看着茶杯沿上都是主人的指痕，哪还有心情喝下去呢？

另外，双手端茶也有讲究。首先，双手要保持平衡，一只手托住杯底，另一之手扶住茶杯 1/2 以下的部分或把手下部，切莫触碰到杯子口。此时茶杯往往很烫，我们最好使用茶托，一来能保持茶杯的平稳，二来便于客人从泡茶者手中接过杯子。如果我们是给长辈或是老人倒茶时，身体一定要略微前倾，这样表示对长者的尊敬。

端茶

2. 放茶

有时我们需要直接将茶杯放在客人面前，这个时候需要注意的是，要用左手捧着茶盘底部，右手扶着茶盘边缘，接着，再用右手将茶杯从客人右方奉上。如果有茶点送上，应将其放在客人右前方，茶杯摆在点心右边。若是用红茶待客，那么杯耳和茶匙的握柄要朝着客人的右方，将砂糖和奶精放在小碟子上或茶杯旁，以供客人酌情自取。另外，放置茶壶时，壶嘴不能正对他人，否则表示请人赶快离开。

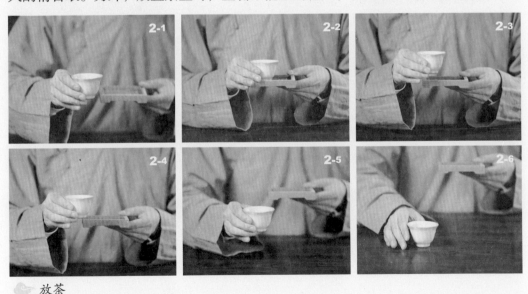

放茶

3. 伸掌礼

伸掌礼是茶艺表演中经常使用的示意礼，多用于主人向客人敬奉各种物品时的礼节。主人用表示"请"，客人用表示"谢谢"，主客双方均可采用。

伸掌礼

伸掌礼的具体姿势为：四指并拢，虎口分开，手掌略向内凹，侧斜之掌伸于敬奉的物品旁，同时欠身点头并微笑。如果两人面对面，均伸右掌行礼对答；两人并坐时，右侧一方伸右掌行礼，左侧伸左掌行礼。

除了以上几种奉茶的礼仪之外，我们还需要注意：茶水不可斟满，以七分为宜；水温不宜太烫，以免把客人烫伤；若有两位以上的客人，奉上的茶汤一定要均匀，最好使用公道杯。

若我们按照以上礼仪待客，一定会让客人感觉到我们的真诚与敬意，还可以增加彼此间的关系，起到良好沟通的作用。

品茶中的礼仪

品茶不仅仅是品尝茶汤的味道，一般包括审茶、观茶、品茶三道程序。待分辨出茶品质的好坏，水温是否适宜，茶叶的形态之后，才开始真正品茶。品茶时包含多种礼仪，使用不同茶器时礼仪有所差别。

1. 用玻璃杯品茶的礼仪

一般来说，高级绿茶或花草茶往往使用玻璃杯冲泡。一般说来，用玻璃杯品茶的方法是：用右手握住玻璃杯，左手托着杯底，分三次将茶水细细品啜。如果饮用的是花草茶，可以用小勺轻轻搅动茶水，直至其变色。首先，把杯子放在桌上，一只手轻轻扶着杯子，另一手大拇指和食指轻捏勺柄，按顺时针方向慢慢搅动。这个过程中需要注意的是，不要来回搅动，这样的动作很不雅观。当搅动几圈之后，茶汤的香味就会溢出来，其色泽也发生改变，变得透明晶莹，且带有浅淡的花果颜色。品饮的时候，要把小勺取出，不要放在茶杯中，也不要边搅动边喝，这样会显得很没礼貌。

用玻璃杯品茶的礼仪

2. 用盖碗品茶的礼仪

用盖碗品茶的标准姿势是：拿盖的手用大拇指和中指持盖顶，接着将盖略微倾斜，用靠近自己这面的盖边沿轻刮茶水水面，其目的在于将碗中的茶

用盖碗品茶的礼仪

叶拨到一边，以防喝到茶叶。接着，拿杯子的手慢慢抬起，如果茶水很烫，此时可以轻轻吹一吹，但切不可发出声音。女士则需要双手把盖碗连杯托端起，放在左手掌心。

3. 用瓷杯品茶的礼仪

人们一般用瓷杯冲泡红茶。无论自己喝茶还是与其他人一同饮茶，都需要注意男女握杯的差别：品茶时，如果是男士，拿着瓷杯的手要尽量收拢，这样才能表示大权在握；而女士可以把食指与小指弯曲呈兰花指状，左手指尖托住杯底，这样显得迷人而又优雅。总体说来，握杯的时候右手大拇指、中指握住杯两侧，无名指抵住杯底，食指及小指自然弯曲。

用瓷杯品茶的礼仪

以上为用几种不同茶具品茶时的讲究与礼仪，需要我们每个人了解并掌握，以便于应对各种茶具。

🍵 倒茶的礼仪

茶叶冲泡好之后，需要茶艺员或泡茶者为宾客倒茶。倒茶的礼仪包括以下两个方面，既适用于客户来公司拜访，同样也适用于商务餐桌。

1. 倒茶顺序

有时，我们会宴请几位友人或是出席一些茶宴，这时就涉及倒茶顺序的问题。一般来说，如果客人不止一位，那么首先要从年长者或女士开始倒茶。如果对方有职称的差别，那么应该先为领导倒茶，接着再给年长者或女士倒茶。如果在场的几位宾客中，有一位是自己领导，那么应该以宾客优先，最后才给自己的领导倒茶。

简而言之，倒茶的时候，如果分宾主，那么要先给宾客倒，然后才是主人；宾客如果多人，则根据他们的年龄，职位，性别不同来倒茶，年龄按先老后幼，职位则从高到低，性别是女士优先。

这个顺序切不可打乱，否则会让宾客觉得倒茶者太失礼了。

2. 续茶

品茶一段时间之后，客人杯子中的茶水可能已经饮下大半，这时我们需要为客人续茶。续茶的顺序与上面相同，也是要先给宾客添加，接着是自己

续茶

领导，最后再给自己添加。续茶的方法是：用大拇指、食指和中指握住杯把，从桌上端起茶杯，侧过身去，将茶水注入杯中，这样能显得倒茶者举止文雅。另外，给客人续茶时，不要等客人喝到杯子快见底了再添加，而要勤斟少加。

如果在茶馆中，我们可以示意服务生过来添茶，还可以让他们把茶壶留下，由我们自己添加。一般来说，如果气氛出现了尴尬的时候，或完全找不到谈论焦点时，也可以通过续茶这一方法掩饰一下，拖延时间以寻找话题。

另外，宾客中如果有外国人，他们往往喜欢在红茶中加糖，那么倒茶之前最好先询问一下对方是否需要加糖。

倒茶需要讲究以上的礼仪问题，若是对这些礼仪完全不懂，那么失去的不仅是自己的修养问题，也许还会影响生意等，切莫小看。

习茶的基本礼仪

习茶的基本礼仪包括站姿、坐姿、跪姿、行走和行礼等多方面内容，这些都是需要茶艺员或泡茶者必须掌握的动作，也是茶艺中标准的礼仪之一。

1. 站姿

站立的姿势算得上是茶艺表演中仪表美的基础。有时茶艺员因要多次离席，让客人观看茶样，并为宾客奉茶、奉点心等，时站时坐不太方便，或者桌子较高，下坐不方便，往往采用站立表演。因此，站姿对于茶艺表演来说十分重要。

站姿的动作要求是：双脚并拢身体挺直，双肩放松；头上顶下颌微收，双眼平视。女性右手在上双手虎口交握，置于胸前；男性双脚微呈外八字分开，左手在上双手虎口交握置于小腹部。

站姿既要符合表演身份的最佳站立姿势，也要注意茶艺员面部的表情，用真诚、美好的目光与观众亲切地交流。另外，挺拔的站姿会将一种优美高雅、庄重大方、积极向上的美好印象传达给大家。

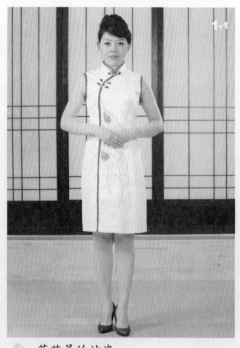

🍂 茶艺员的站姿

2. 坐姿

坐姿是指屈腿端坐的姿态，在茶艺表演中代表一种静态之美。它的具体姿势为：茶艺员端坐椅子中央，双腿并拢；上身挺直，双肩放松；头正下颌微敛，舌尖抵下颚；眼可平视或略垂视，面部表情自然；男性双手分开如肩宽，半握拳轻搭前方桌沿；女性右手在上双手虎口交握，置放胸前或面前桌沿。

另外，茶艺员或泡茶者身体要坐正，腰干要挺直，以保持美丽、优雅的姿势。两臂与肩膀不要因为持壶、倒茶、冲水而不自觉地抬得太高，甚至身体都歪到一边。全身放松，调匀呼吸、集中思想。

如果大家作为宾客坐在沙发上，切不可怎么舒适怎么坐，也是要讲求一点礼仪的。如果是男性，可以双手搭于扶手上，两腿可架成二郎腿但双脚必须下垂且不可抖动；如

习茶坐姿

果是女性，则可以正坐，或双腿并拢偏向一侧斜坐，脚踝可以交叉，时间久了之后可以换一侧，双手在前方交握并轻搭在腿根上。

3. 跪姿

跪姿是指双膝触地，臀部坐于自己小腿的姿态，它分为三种跪的姿势。

（1）跪坐

也就是日本茶道中的"正坐"。这个姿势为：放松双肩，挺直腰背，头端正，下颌略微收敛，舌尖抵上颚；两腿并拢，双膝跪在坐垫上，双脚的脚背相搭着地，臀部坐在双脚上；双手搭放于大腿上，女性右手在上，男性左手在上。

（2）单腿跪蹲

单腿跪蹲的姿势常用于奉茶。具体动作为：左腿膝盖与着地的左脚呈直角相屈，右腿膝盖与右足尖同时点地，其余姿势同跪坐一样。另外，如果桌面较高，可

跪坐

单腿跪蹲

盘腿坐

以转换为单腿半蹲式，即左脚前跨一步，膝盖稍稍弯曲，右腿的膝盖顶在左腿小腿肚上。

（3）盘腿坐

盘腿坐只适合男士，动作为：双腿向内屈伸盘起，双手分搭在两腿膝盖处，其他姿势同跪姿一样。

一般来说，跪姿主要出现在日本和韩国的茶艺表演中，另外，无我茶会上也常用这种姿势品茶。

4. 行走

行走是茶艺表演中的一种动态美，其基本要求为：以站姿为基础，在行走的过程中双肩放松，目光平视，下颌微微收敛。男性可以双臂下垂，放在身体两侧，随走动步伐自然摆动，女性可以双手同站姿时一样交握在身前行走。

眼神、表情以及身体各个部位有效配合，不要随意扭动上身，尽量沿着一条直线行走，这样才能走出茶艺员的风情与雅致。

走路的速度与幅度在行走中都有严格的要求。一般来说，行走时要保持一定的步速，不宜过急，否则会给人急躁、不稳重的感觉；步幅以每一步前后脚之间距离 30 厘米为宜，不宜过大也不宜过小，这样才会显得步履款款，走姿轻盈。

行走

行走过程中需要注意的是，当茶艺员走到来宾面前时，应该由侧身状态转成正面状态，离开时应先后退两步再侧身转弯，切不可掉转头直接走开，这样会非常不礼貌。

男性行礼

5. 行礼

行礼主要表现为鞠躬，可分为站式，坐式和跪式三种。

站立式鞠躬与坐式鞠躬比较常用，其动作要领是：两手平贴小腹部，上半身平直弯腰，弯腰时吐气，直身时吸气，弯腰到位后略作停顿，再慢慢直起上身；行礼的速度宜与他人保持一致，以免出现不谐调感。

女性行礼

　　行礼根据其对象，可分为"真礼"、"行礼"与"草礼"三种。"真礼"用于主客之间、"行礼"用于客人之间，而"草礼"用于说话前后。"真礼"时，要求茶艺员或泡茶者上半身与地面呈90度角，而"行礼"与"草礼"弯腰程度可以较低。

　　除了这几种习茶的礼仪，茶艺员还要做到一个"静"字，尽量用微笑、眼神、手势、姿势等示意，不主张用太多语言客套，还要求茶艺员调息静气，达到稳重的目的。一个小小的动作，轻柔而又表达清晰，使宾客不会觉得有任何压力。因而，茶艺员必须掌握好每个动作的分寸。

　　习茶的过程不主张繁文缛节，但是每一个关乎礼仪的动作都应该始终贯穿其中。总体来说，不用动作幅度很大的礼仪动作，而采用含蓄、温文尔雅、谦逊、诚挚的礼仪动作，这也可以表现出茶艺中含蓄内敛的特质，既美观又令宾客觉得温馨。

提壶、握杯与翻杯手法

　　泡茶者在泡茶的时候可以有不同的姿势，并非只按照一种手法进行泡茶。提壶、握杯与翻杯都有几种不同的手法，我们可以根据个人的喜好以及不同器具转换。

1. 提壶手法

　　（1）侧提壶

　　侧提壶可根据壶型大小决定不同提法。大型壶需要用右手食指、中指勾住壶把，大拇指与食指相搭。同时，左手食指、中指按住壶钮或盖，双手同时用力提壶；中型壶需要用右手食指、中指勾住壶把，大拇指按住壶盖一侧提壶；小型壶需要用右手拇指与中指勾住壶把，无名指与小拇指并列抵住中指，食指前伸呈弓形压住壶盖的盖钮或其基部，提壶。

　　（2）提梁壶

　　提梁壶的提壶方法为：右手除中指外的四指握住提梁，中指抵住壶盖提壶。如

 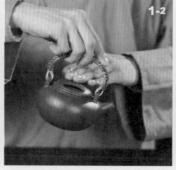 

侧提壶　　　　　　　提梁壶　　　　　　　无把壶

果提梁较高，无法抵住壶盖，这时可以五指一同握住提梁右侧。

若提梁壶为大型壶，则需要用右手握提梁把，左手食指、中指按在壶的盖钮上，使用双手提壶。

（3）无把壶

对于无把壶这类茶壶的提壶方法为：右手虎口分开，平稳地握住茶壶口两侧外壁，也可以用食指抵在盖钮上，将壶提起。

2. 握杯手法

（1）有柄杯

有柄杯的握杯手法为：右手的食指、中指勾住杯柄，大拇指与食指相搭。如果女士持杯，需要用左手指尖轻托杯底。

（2）无柄杯

无柄杯的握杯手法为：右手虎口分开握住茶杯。如果是女士，需要用左手指尖轻托杯底。

（3）品茗杯

品茗杯的握杯手法为：右手虎口分开，用大拇指、中指握杯两侧，无名指抵住杯子底部，食指及小指自然弯曲。这种握杯的手法也称为"三龙护鼎法"。

有柄杯　　　　　　　无柄杯　　　　　　　品茗杯

（4）闻香杯

闻香杯的握杯手法为：两手掌心相对虚拢作双手合十状，将闻香杯捧在两手间。也可右手虎口分开，手指虚拢成握空心拳状，将闻香杯直握于拳心。

🍵 闻香杯　　　　　　🍵 盖碗

（5）盖碗

拿盖碗的手法：右手虎口分开，大拇指与中指扣在杯身中间两侧，食指屈伸按在盖钮下凹处，无名指及小指自然搭在碗壁上。

3. 翻杯手法

翻杯也讲究方法，主要分为翻有柄杯和无柄杯两种。

（1）有柄杯

有柄杯的翻杯手法为：右手的虎口向下、反过手来，食指深入杯柄环中，再用大拇指与食指、中指捏住杯柄。左手的手背朝上，用大拇指、食指与中指轻扶茶杯

🍵 有柄杯翻杯法

右侧下部，双手同时向内转动手腕，茶杯翻好之后，将它轻轻地放在杯托或茶盘上。

（2）无柄杯

无柄杯的翻杯手法为：右手的虎口向下，反手握住面前茶杯的左侧下部，左手置于右手手腕下方，用大拇指和虎口部位轻托在茶杯的右侧下部。双手同时翻杯，再将其轻轻放下。

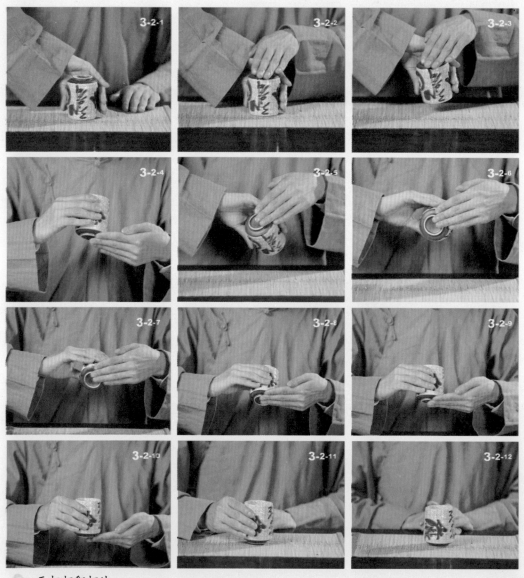

无柄杯翻杯法

需要注意的是，有时所用的茶杯很小，例如冲泡乌龙茶中的饮茶杯，可以用单手动作左右手同时翻杯。方法是：手心向下，用拇指与食指、中指三指扣住茶杯外壁，向内动手腕，轻轻将翻好的茶杯置于茶盘上。

提壶、握杯、翻杯的手法介绍到这里，也许开始学习比较复杂，一旦我们掌握了其中规律，就可以熟练掌握了。

温具手法

在冲泡茶的过程中，温壶温杯的步骤是必不可少的，我们在这里详细介绍一下：

1. 温壶法

（1）开盖。左手大拇指、食指与中指按在壶盖的壶钮上，揭开壶盖，提手腕以半圆形轨迹把壶盖放到茶盘中。

（2）注汤。右手提开水壶，按逆时针方向加回转手腕一圈低斟，使水流沿着茶壶口冲进，再提起手腕，让开水壶中的水从高处冲入茶壶中。等注水量为茶壶总容量的 1/2 时再低斟，回转手腕一圈并用力令壶流上翻，使开水壶及时断水，最后轻轻放回原处。

（3）加盖。用左手把开盖顺序颠倒即可。

（4）荡壶。双手取茶巾放在左手手指上，右手把茶壶放在茶巾上，双手按逆时针方向转动，手腕如滚球的动作，使茶壶的各部分都能充分接触开水，消除壶身上的冷气。

（5）倒水。根据茶壶的样式以正确手法提壶将水倒进废水盂中。

注汤　　　加盖　　　荡壶　　　倒水

2. 温杯法

温杯需要根据茶杯大小来决定手法，一般分为大茶杯和小茶杯两种。

（1）大茶杯

右手提着开水壶，按逆时针转动手腕，使水流沿着茶杯内壁冲入，大概冲入茶杯 1/3 左右时断水。将茶杯逐个注满水之后将开水壶放回原处。接着，右手

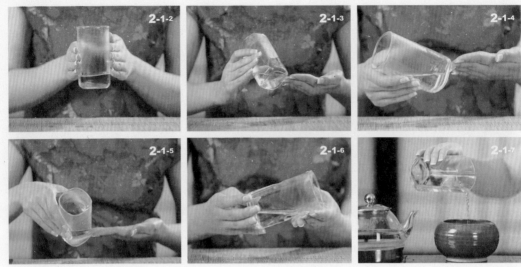

🍃 温大茶杯

握住茶杯下部，左手托杯底，右手手腕按逆时针转动，双手一齐动作，使茶杯各部分与开水充分接触，涤荡之后将里面的开水倒入废水盂中。

（2）小茶杯

首先将茶杯相连，排成一字形或半圆形，右手提壶，用往返斟水法或循环斟水法向各个小茶杯内注满开水，茶杯的内外都要用开水烫到，再将水壶放回原处。接着，将一只茶杯侧放到临近的一只杯中，用无名指勾住杯底令其旋转，使上面放着的这个茶杯内外壁都接触到开水，接着将茶杯放回原处。按照这种手法，将每个茶杯都进行一次温洗，直到最后一只茶杯温洗之后时，将杯中的温水轻轻荡几下之后，将水倒掉。

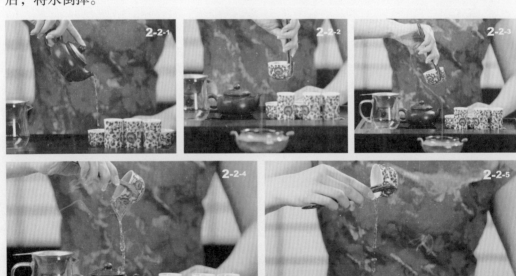

🍃 温小茶杯

3. 温盖碗法

温盖碗的方法可分斟水、翻盖、烫碗、倒水等几个步骤，详细手法如下所述：

（1）斟水

将盖碗的碗盖反放，使其与碗的内壁留有一个小缝隙。手提开水壶，按逆时针方向向盖内注入开水，等开水顺小隙流入碗内约 1/3 容量后，右手提起手腕断水，开水壶放回原处。

（2）翻盖

右手如握笔状取渣匙伸入缝隙中，左手手背向外护在盖碗外侧，掌沿轻靠碗沿。右手用渣匙由内向外拨动碗盖，左手大拇指、食指与中指迅速将翻起的碗盖盖在碗上。这一动作讲究左右手协调，搭配得越熟练越好。

（3）烫碗

右手虎口分开，用大拇指与中指搭在碗身的中间部位，食指抵在碗盖盖钮下的凹处，同时左手托住碗底，端起盖碗，右手

斟水

翻盖

烫碗

倒水

手腕呈逆时针运动，双手协调令盖碗内各部位充分接触到热水，最后将其放回茶盘。

（4）倒水

右手提起碗盖的盖钮，将碗盖靠右侧斜盖，距离盖碗左侧有一小空隙。按照前面方法端起盖碗，将其平移到废水盂上方，向左侧翻手腕，将碗中的水从盖碗左侧小缝隙中流进废水盂。

以上为几种主要器具的温洗手法，无论是哪一样茶具，在温洗的时候都要注意：不要让手碰触，这样会给人带来不正规、不干净的感觉。

常见的 4 种冲泡手法

冲泡茶的时候，需要有标准的姿势，总体说来应该做到：头正身直，目光平视，双肩齐平、抬臂沉肘。如果用右手冲泡，那么左手应半握拳自然放在桌上。以下是常见的 4 种冲泡手法，详细解释如下：

1. 单手回转冲泡法

　　右手提开水壶，手腕按逆时针回转，让水流沿着茶壶或茶杯口内壁冲入茶壶或茶杯中。

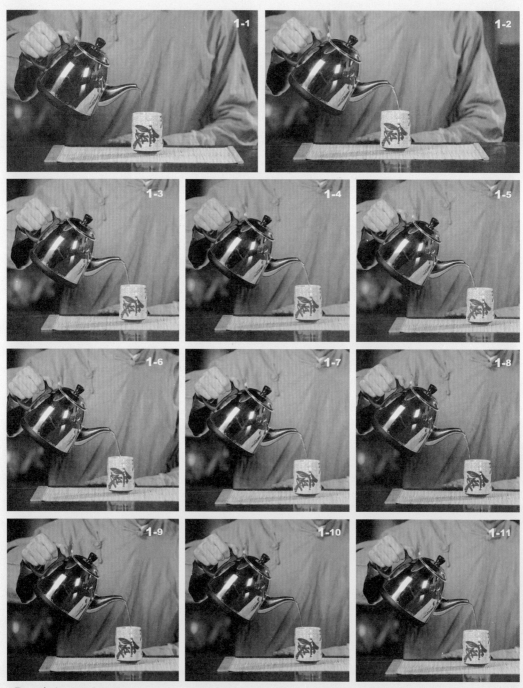

🍃 单手回转冲泡法

2. 双手回转冲泡法

　　如果开水壶比较沉，那么可以用这种方法冲泡。双手取过茶巾，将其放在左手手指部位，右手提起水壶，左手托着茶巾放在壶底。右手手腕按逆时针方向回转，让水流沿着茶壶口或茶杯口内壁冲入茶壶或茶杯中。

🍵 双手回转冲泡法

3. 回转高冲低斟法

　　此方法一般用来冲泡乌龙茶。详细手法为：先用单手回转法，用右手将开水壶提起，向茶具中注水，使水流先从茶壶茶肩开始，按逆时针绕圈至壶口、壶心，再提高水壶，使水流在茶壶中心处持续注入，直到里面的水大概到七分满的时候压腕低斟，动作与单手回转手法相同。

回转高冲低斟法

4. 凤凰三点头冲泡法

"凤凰三点头"是茶艺茶道中的一种传统礼仪，这种冲泡手法表达了对客人的敬意，同时也表达了对茶的敬意。

详细的冲泡手法为：手提水壶，进行高冲低斟反复 3 次，让茶叶在水中翻动，寓意为向来宾鞠躬 3 次以表示欢迎。反复 3 次之后，恰好注入所需水量，接着提腕断流收水。

凤凰三点头最重要的技巧在于手腕，不仅需要柔软，且要有控制力，使水声呈现"三响三轻"，同响同轻；水线呈现"三粗三细"，同粗同细；水流"三高三低"，同高同低；壶流"三起三落"，同起同落，最终使每碗茶汤完全一致。

凤凰三点头的手法需要柔和，不要剧烈。另外，水流 3 次冲击茶汤，能更多地激发茶性。我们不能以纯粹表演或做作的心态进行冲泡，一定要心神合一，这样才能冲泡出好茶来。

除了以上 4 种冲泡手法之外，在进行回转注水、斟茶、温杯、烫壶等动作时，还可能用到双手回旋手法。需要注意的是，右手必须按逆时针方向动作，同时左手必须按顺时针方向动作，类似于招呼手势，寓意为"来、来、来"，表示对客人的欢迎。反之则变成"去、去、去"的意思，所以千万不可做反。

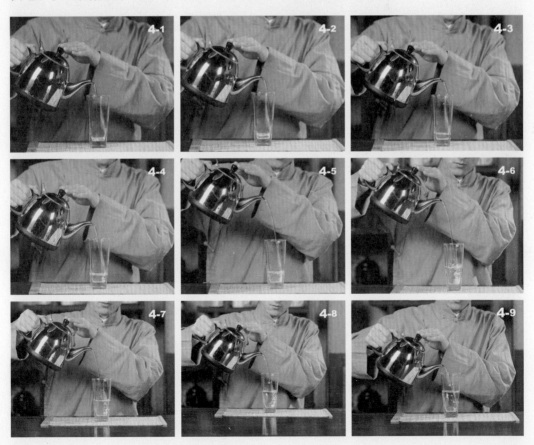

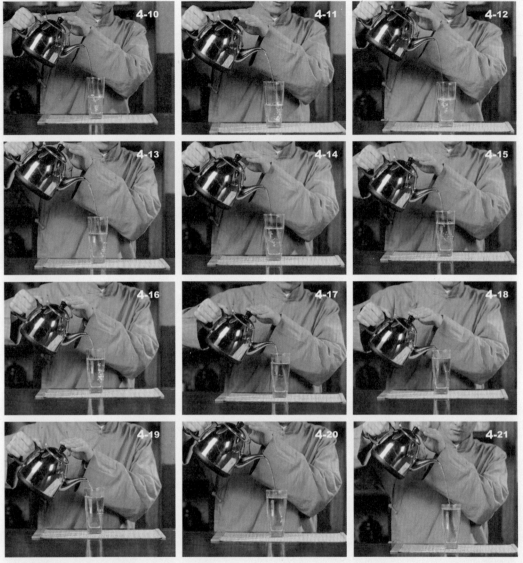

凤凰三点头冲泡法

冲泡手法大致为以上几种，使用正确方法泡茶，不仅可以使宾客觉得茶艺员或泡茶者有礼貌、有修养，还会增添茶的色香味等，真是一举多得。

喝茶做客的礼仪

当我们以客人的身份去参加聚会时，或是去朋友家参加茶宴时，都不可忘记礼仪问题。面对礼貌有加的主人，如果我们的动作太过随意，一定会令主人觉得我们太没有礼貌，从而影响自己在对方心中的形象。

一般来说，喝茶做客需要注意以下几种礼仪：

1. 接茶

"以茶待客"，需要的不仅是主人的诚意，同时也需要彼此间互相尊重。因此，接茶不仅可以看出一个人的品性，同时也能反映出宾客的道德素养，使主人与宾客间的感情交流更为真诚。

接茶

如果面对的是同辈或同事倒茶时，我们可以双手接过，也可单手，但一定要说声谢谢；如果面对长者为自己倒水，必须站起身，用双手去接杯子，同时致谢，这样才能显示出对老人的尊敬；如果我们不喝茶，要提前给对方一个信息，这样也能使对方减少不必要的麻烦。

在现实中，我们经常会看到一类人，他们觉得自己的身份地位都比倒茶者高，就很不屑地等对方将茶奉上，有的人甚至连接都不接，更不会说"谢谢"二字，他们认为对方倒茶是理所应当的。试想一下，对方为自己端上茶来，是表示对自己的尊重，如果我们非但不领情，还冷淡相待，这样倒显得自己极没有礼貌，有失身份了。如果你的注意力一时不在倒茶者的身上，没来得及接茶，那么也至少要表达出感谢之情，这样才不会伤害到倒茶者的感情。

2. 品茶

品茶时宜用右手端杯子喝，如果不是特殊情况，切忌用两手端茶杯，否则会给倒茶者带来"茶不够热"的讯号。

品茶讲究三品，即用盖碗或瓷碗品茶时，要三口品完，切忌一口饮下。品茶的过程中，切忌大口吞咽，发出声响。如果茶水中漂浮着茶叶，可以用杯盖拂去，或轻轻吹开，千万不可用手从杯中捞出，更不要吃茶叶，这样都是极不礼貌的。

品茶

除此之外，如果喝的是奶茶，则需要使用小勺。使用之后，我们要把小勺放到杯子的相反一侧。

3. 赞赏

赞赏的过程是一定要有的，这样可以表达出对主人热情款待的感激之情。赞赏主要针对茶汤、泡茶手法及环境而言。

一般来说，赞赏茶汤大致有以下几个要点：赞赏茶香清爽、幽雅；赞赏茶汤滋味浓厚持久，口中饱满；赞赏茶汤柔滑，自然流入喉中，不苦不涩；赞赏茶汤色泽清纯，无杂味。另外，如果主人或泡茶者的冲泡手法优美到位，还要对其赞赏一番，这并不是虚情假意的赞美，而是发自内心的感激。

我们在现实中常常遇到一类人，他们总会觉得自己很内行，对什么事都喜欢批评几句，认为这样可以显得自己很博学。提出批评与反对意见也可，但一定要根据客观事实，且对事不对人，尽量记得"多赞美少批评"。其实，人生的智慧就是不断去发现世间万物的优点，只有那些经常从事物中发现美好的人才算得上是聪明人。

4. 叩手礼

叩手礼亦称为叩指礼，是以手指轻轻叩击茶桌来行礼，且手指叩击桌面的次数与参与品茶者的情况直接相关。叩手礼是从古时的叩头礼演化而来的，古时的叩指礼是非常讲究的，必须屈腕握空拳，叩指关节。随着时间的推移，逐渐演化为将手弯曲，用几个指头轻叩桌面，以示谢忱。

现在流行一种不成文的习俗，即长辈或上级为晚辈或下级斟茶时，下级和晚辈必须用双手指作跪拜状叩击桌面两三下；晚辈或下级为长辈或上级斟茶时，长辈和上级只需用单指叩击桌面两三下即可。

有些地方也有着其他的方法，例如平辈之间互相敬茶或斟茶时，单指叩击桌面表示"谢谢你"；双指叩击桌面表示"我和我先生（太太）谢谢你"；三指叩击桌面表示"我们全家人感谢你"。这时我们就需要因各地习俗而定。

以上喝茶做客的礼仪是必不可少的，如果我们到他人家做客，一定不要忽视这些礼节，否则会使自己的形象大打折扣。

叩手礼

第五章
饮茶的宜忌

饮茶须有度

我国古代主要医学典籍《本草拾遗》中在描述茶的功能时有"久食令人瘦"的说法。这是一种非常科学的说法。因为茶汤中所含的芳香族化合物能够溶解人体中的油脂，帮助肠胃消化。所以，时至今日，仍有为数不少的人选择在吃过油腻食物之后喝上一杯茶去去体内的油腻。

茶固然具有去腻的功效，但大家切不可因此就不限制自己喝茶的次数。据医学调查发现，对于一般人而言，通常情况下，每天饮茶所用的茶叶量在 12 克左右，且最好分 3 ~ 4 次冲泡。而对于体力劳动量比较大、消耗较多、进食量也大的人来说，每天饮茶的用量在 20 克左右，而食用油腻食物较多，烟酒量较大的人也需要增加饮茶量。至于孕妇、儿童、神经衰弱者及心动过速的人饮茶量应适当减少。

若是不注意上述情况，仍然坚持大量饮茶的话，人们就容易出现焦虑、烦躁、失眠、心悸等症，并容易导致睡眠障碍和消化障碍及食欲不振等情况的发生。

基于上述因素，我们在饮茶时需要根据自己的实际情况进行"度"量，不宜一次性大量饮茶。

茶虽有益健康，但也不可过量饮茶。

不要饮隔夜茶

我国自古以来便流传下来以茶待客的传统。客人来了，奉上一杯香茶，暖手，喝上一口，暖心。如此，一杯茶就将主人对客人的一番心意传达得淋漓尽致。可是，如果来客并不喜欢喝茶，这杯茶就失去了暖心的功效，变成了一杯剩茶。客人走后，主人感到非常疲倦，没有及时清理茶具。这杯剩茶又成了隔夜茶。这杯一口未品的隔夜茶是否可以直接入口呢？答案是"不"。隔夜茶是不适宜饮用的。

究其原因，主要集中在两个方面：

第一，经过了长时间的冲泡之后，茶中的营养元素已经丧失殆尽，留下的多为一些难以溶解的有害物质。失去了营养元素，也就失去了营养价值。而如果将隔夜茶喝下去，有害物质就会随着茶汤进入人体，成为潜藏在人体中的威胁或是病灶。所以，失去营养价值的茶不宜再成为饮用的对象。

第二，隔夜茶容易变质，对人体本身造成伤害。蛋白质和糖类是茶叶的基本组成元素，同时也是细菌和霉菌繁殖的养料。一夜的工夫就足以使茶水变质，生出异味。若是这样的茶进入了口中，我们的消化器官就会受到严重的伤害，出现腹泻的情况。

由此可知，喝隔夜茶会为人体带来一定程度上的伤害。所以，为了健康着想，最好不要饮用隔夜茶。

饮茶忌空腹

古人云："不饮空心茶。"意思就是不能空腹饮茶。由于茶叶中含有咖啡因等生物碱，空腹喝茶不仅无法实现传统的清肠胃的功效，还会使肠道吸收的咖啡因数量过多，并最终导致心慌、手脚无力、心神恍惚等症状。这样，不仅会引发肠胃不适，影响食欲和食物消化，还可能损害神经系统的正常功能。

如果长期空腹喝茶，脾胃就会出现受凉症状，营养不良和食欲减退等情形就会出现。不仅如此，当情况变得严重时，负责消化的肠胃就会出现生理功能障碍，人们就会患上慢性肠胃病。

另外，千万不要对清晨空腹喝茶能清肠胃这个说法深信不疑。因为通常情况下，经过一夜的休息之后，晚饭时所吃的食物已经消化殆尽。早上醒来之后，人们实际上是处于一种饥饿的状态中的。所以此时饮茶并不能实现清肠胃的目标，反而会令肠胃受损。而清晨空腹喝一杯淡盐水或是蜂蜜水，才是比较好的清肠胃的方法。因此，我们在平常喝茶的时候还要注意"忌空腹"。

药茶要慎重选

药茶是中医的重要组成部分，至今已经有几千年的历史。早在春秋战国时期，药茶就已经出现了。不过，到了唐代，将茶叶用于防病治病的论述才逐渐变得多了起来。《唐本草》中就曾记载："茶叶甘苦，微寒无毒，去痰热消宿食，利小便，""下气消食，作饮加茱萸、葱、姜良。"如今，药茶已经成为中医防病治病、保健养生中的一大特色。

由于药茶很多时候是以药代茶，所以药茶的注意事项要比一般的茶饮多一些。

虽然药茶名为"茶"，但是实际上，它并非只包括茶叶一种。当代的药茶主要包括三类：茶叶单行、茶药相配合饮用及以药代茶。由于药茶很多时候是以药代茶，所以药茶的注意事项要比一般的茶饮要多一些。常见的药茶服用的注意事项有如下几个方面：

1. 饮茶者需要注意服用的适度问题

一切事都是"过犹不及"，服用药茶也是如此。通常情况下，药茶要以温热的状态服下。若是发汗类的药茶，就要以微微出汗作为标准。另外，药茶的冲泡或煎煮时间都不应该过长。一般不用隔夜茶。

2. 饮茶者需要注意所服药茶的时间性与季节性

药茶有很多种类，单从时间和季节性上来讲，就有睡前服用、多次频服、季节性及经常服用等若干种。在服用药茶之前，我们需要将它们所用的场合区别清楚，以免造成误服。

3. 饮茶者自己制茶时要注意选择适合自己的原料

药茶原料的选择主要需遵循两个原则：一是一定要选质量好的原料，不能用霉变或不洁的原料；二是要按照医嘱要求的配方选择。

4. 饮茶者需要学会选择制药的时机与贮药的方法

药茶的制作讲究趁热打铁，尽量缩短制作时间，以免药茶变质。而要避免药茶变质，我们就需要将药茶放置在通风干燥的地方。

药茶是中医药中一颗璀璨的明珠。当对它们的功用、服用方法及注意事项了然于胸时，我们就可以放下对药茶的几分怀疑与畏惧，尽情地享受药茶带来的身心通泰的滋味了。

茶中蕴五行，养生有讲究。

喝茶要讲究中医五行

古人有言："茶中蕴五行，养生有讲究。"只要了解自身的身体情况，选择适合自我饮用的茶品，使五行相和谐，我们就能达到养生的目的。五行即我们平时经常提到的金木水火土。它最早出自于《尚书》，是一种整体的物质观。后来，我国古代中医的重要典籍《黄帝内经》将"五行"引入了中医。《黄帝内经》认为：五行和脏腑是相配属的，即五行与五脏是一一对应的。又加之茶有改善五脏功能、预防脏腑器官疾病的功效，所以，在选择用于养生的茶品之时，茶品需要与五行、五脏一一对应。

另外，在传统中医的理论中，五行与五色、五味与脏腑、脏腑与五经之间也是相互配属的。所以，在选择茶饮的时候，我们需要非常讲究，需要对茶品与五行、五脏、五色、五味、五经之间的对应关系进行通盘考虑。

茶与五行、五脏、五色、五味、五经之间的对应关系具体表现在以下几个方面：

1. 火→心→苦→红色→心经

火对应心。心对应的味道是苦，颜色是红色。一旦出现心火过旺或过衰，或者是小肠能量失衡的情况，我们就可以选择茶性温和的红茶来帮助自己防治疾病。

2. 木→肝→酸→绿色→肝经

木对应肝。肝对应的味道是酸，颜色是绿色。而常饮绿茶等五行中归木的茶，我们会感到神清目明，肝火下降。

3. 土→脾→甜→黄色→脾经/胃经

土对应脾。脾对应的味道是甜，颜色是黄色。时常饮用五行中属土的黄茶可以使自己的脾胃得到调理，并能开胃助消化。

4. 水→肾→咸→黑色→肾经

水对应肾。肾对应的味道是咸味，颜色是黑色。像黑茶等五行归水的一类茶，能够深入肾经，并影响膀胱经。常饮这些茶有利于延年益寿，减肥降脂。

5. 金→肺→辣→白色→肺经

金对应肺。肺对应的味道是辣味，颜色是白色。常饮五行属金的白茶等，可以生津润肺、止咳化痰，调养呼吸道。

忌饮烫茶

很多人都知道热茶其实比冷茶更解渴。那么热茶的温度到底是多少才合适呢？恐怕知道这个问题答案的人就很少了。生活中，常有人在茶刚刚沏好之后就迫不及待地将其倒入口中，以求达到解渴的功效。其实，这种做法是相当不科学的。因为热茶和烫茶并不是同一个概念。

据一项权威研究发现，能令人们饮后产生解渴感的热茶通常情况下都在56℃以下。只要不超过56℃，茶汤就不会将咽喉、食道等处烫伤，也不会对胃产生直接而强烈的刺激。而当温度达到了62℃以上，茶水就是一杯烫茶了。这样的茶进入口中，不仅有可能将咽喉、食道等部位烫伤，还会刺激胃，并使其消化吸收功能受损。如果饮用烫茶的时间较长，咽喉、食道、胃等部位还可能出现病变。

茶本身是一种对人体有益的饮品。而茶对人体的损害同其过烫有着直接的关系。一种好的饮品，还得有好的加工与饮用方法。因此，人们在饮茶时一定要注意控制茶的温度，并适量饮用。如此才能使人们的身体健康得到保障。

忌饮冷茶

茶本性温凉，若是喝冷茶就会加重这种寒气，所以饮茶时还要注意"忌冷饮"。盛夏时节，天气炎热，骄阳似火，人们时常会感觉口渴。这时，很多人都会选择用一杯冷茶来防暑降温。实际上，这是一个误区。有医学实验证明，在盛夏时节，一杯冷茶的解暑效果远远不及热茶。喝下冷茶的人们仅仅会感到口腔和腹部有点凉，而饮用热茶的人们却可以在10分钟后体表的温度降低1℃~2℃。

热茶之所以比冷茶更解暑，主要有以下几个方面的原因：第一，茶品中含有的茶多酚、糖类、果胶、氨基酸等成分会在热茶的刺激下与唾液更好地发生反应。这样，我们的口腔就会得到充分的滋润，心中就会产生清凉的感觉。第二，热茶拥有很出色的利尿功能。这样，我们身体中堆积的大量热量和废物就会借助热茶排出体外，体温也会随之下降。第三，热茶中的咖啡因对控制体温的神经中枢起着重要的调节作用，热茶中芳香物质的挥发也加剧了散热的过程。

另外，冷茶还不适合于在吃饱饭之后饮用。若是在吃饱饭之后饮用冷茶，就会造成食物消化的困难，会对脾胃器官的运转产生极大的影响。拥有虚寒体质的人也不适宜饮用冷茶，否则会使他们本来就阳气不足的身体变得更加虚弱，并且容易出现感冒、气管炎等症状。气管炎患者如果再饮用冷茶就会使体内的炎痰积聚，减缓肌体的恢复。

忌饭后立即饮茶

很多人尤其是老年人喜欢在饭后喝一杯茶，其目的有二：第一，为了补充水分；第二，为了用茶水来帮助去除腹中残留的油脂。其实，这种做法并不科学。究其原因，同人们对于消化过程的认识并不清晰有着非常密切的关系。

吃过饭后，虽然口中不再有食物，但肠胃仍在不停地蠕动，以便使食物尽快地消化成为人体吸收的营养。此时，如果马上喝茶，就会进一步加重正在消化的肠胃的负担，影响消化的进程。此外，茶汤从口中进入肠胃之后，茶中的鞣酸还会同人体内的蛋白质、铁等发生反应生成沉淀，阻止人体对于铁和蛋白质的吸收。

　　由此可知，饭后立即饮茶不仅对于人体的消化吸收没有丝毫帮助，反而还会在无意中增加肠胃的负担，影响消化的进程及人体对于营养物质的正常吸收。所以，对于选择喝茶养生的人们而言，饭后马上喝茶的习惯并非科学养生之举。

忌冲泡次数过多

　　日常生活中，我们经常会看到不少人到了办公室之后，第一件事就是拿出自己的保温杯，然后放上一大把茶叶，倒满沸水焖泡。待五六分钟之后开盖饮用，随后再续水，再饮用……如此循环，一天下来，茶叶早已变得面目全非。那么一杯茶究竟冲泡多少次才比较适宜呢？这需要根据不同的茶叶和不同的饮用方式来决定。

　　绿茶是我国的传统茶类，而红茶是全世界销量最大的茶类。以下，我们就以红茶与绿茶为例来说明茶叶冲泡次数过多的危害。单就红茶而言，比较流行的茶品是易于快速冲泡的红碎茶和袋泡茶。它们制作的工艺同传统红茶不同，通常在制作过程中，茶叶细胞已经遭到了破坏。因此，上述两种红茶进行冲泡的时候只能冲泡1次，喜欢的话再加入糖或牛奶调味就可以了。再多次进行冲泡，茶中的营养成分早已消失殆尽，余下浸出的物质十有八九都是有害物质。

　　而对于普通的龙井等绿茶和祁红等红茶而言，冲泡次数也不宜超过三次。因为，从营养角度来说，茶叶中的营养成分第一次冲泡时会浸出50%左右，第二次会浸出30%左右，第三次浸出的比例是10%，第四次就几乎只有1%～3%。不仅如此，如果冲泡次数过多，最后浸出的物质都是一些难以溶解的有毒物质。这样的话，喝茶养生的初衷就改变了。所以，对于选择喝茶养生的人们来说，冲泡茶叶以2～3次为宜，不宜饮用冲泡次数过多的茶。

第五篇
丰富多彩的茶文化

第一章
生活处处有茶迹

茶与名人

从古至今，茶穿梭于各种场合之中。它进入皇宫，成为宫中的美味饮品之一；它流入寻常百姓家里，成为待客的首选。除此之外，它还与各类人打交道，上至王公大臣，下至黎民百姓，其中不乏各类名人，古今皆有。

1. 神农

第一个闻到茶香味的可以说是神农了。《茶经》中记载，"茶之为饮，发乎神农氏，闻于鲁周公"。由此看来，早在神农时期，茶及其药用价值已被发现，并由药用逐渐演变成日常生活饮品。

2. 陆羽

陆羽与茶也结下了不解之缘。他生前爱茶，并著有《茶经》一书，将与茶有关的知识介绍得极为详细。除此之外，陆羽开创的茶叶学术研究，历经千年，研究的门类更加齐全，研究的手段也更加先进，研究的成果更是丰盛，茶叶文化得到了更为广泛的发展。陆羽的贡献也日益为中国和世界所认识。陆羽逝世后不久，他在茶业界的地位就渐渐突出了起来，不仅在生产、品鉴等方面，就在茶叶贸易中，人们也把陆羽奉为神明，凡做茶叶生意的人，多用陶瓷做成陆羽像，供在家里，认为这样做对其生意有帮助。

3. 皎然

说到诗僧，大家一定会想到皎然，他是南朝大诗人谢灵运的十世孙。其实，他不仅爱诗，更爱茶。他与陆羽常常论茶品味，并以诗文唱和。其作品之中对茶饮的功效，地方名茶特点等都有介绍。

皎然博学多识，著作颇丰，有《杼山集》十卷、《诗式》五卷、《诗评》三卷及《儒释交游传》、《内典类聚》、《号呶子》等著作，时至今日仍被无数茶人捧读。

4. 卢仝

卢仝，唐代诗人，他好茶成癖，诗风浪漫。他曾著《走笔谢孟谏议寄新茶》诗，传唱千年而不衰。其中最为著名的是"七碗"之吟，即："一碗喉吻润，二碗破孤闷。三碗搜枯肠，唯有文字五千卷。四碗发轻汗，平生不平事，尽向毛孔散。五碗肌骨清。六碗通仙灵。七碗吃不得也，唯觉两腋习习清风生。"其诗中将他对茶饮的感受及喜爱之情皆展现出来，由此我们也能看出他与茶的感情至深，真可谓"人以诗名，诗则又以茶名也"。

5. 张岱

张岱认为人的一生应有爱好嗜好，甚至应该有"癖"，有"瘾"。那么，他的诸多爱好与嗜好中，称之为"癖"的非"茶癖"莫属了。种种史料表明，他对绍兴茶业的发展做出过极大的贡献，在《兰雪茶》一文中他说："遂募歙人入日铸。勺法、掐法、挪法、撒法、扇法、炒法、焙法、藏法，一如松萝。"兰雪一经出现后，立即得到人们的好评，绍兴人原来喝松萝茶的也只喝兰雪茶了，甚至在徽州各地，原来唯喝松萝茶的也改为兰雪茶，只喝兰雪茶了。他不仅创制了兰雪茶新品种，还发现和保护了绍兴的几处名泉，如"禊泉"、"阳和泉"等，使绍兴人能用上上等泉水煮茶品茗。由此看来，张岱与茶真如莫逆之交一样。

6. 曹雪芹

一部《红楼梦》让人记住了曹雪芹的名字，也同时看出了作者是个品茶好手。曹雪芹创作的许多诗词都可以在《红楼梦》中寻找到踪迹，例如"倦乡佳人幽梦长，金笼鹦鹉唤茶汤"；"静夜不眠因酒渴，沉烟重拨索烹茶"；"却喜侍儿知试茗，扫将新雪及时烹"。这些诗词将他的诗情与茶意相融合，为后人留下的不仅是诗词，同时也是无数与茶相关的知识。

另外，妙玉以雪烹茶等详细描写，更衬托出作者对茶的热爱；贾府中不同院落里的精致茶器，也从另一个角度突出了院落主人的性情以及贾府的奢华。我们不难看出，曹雪芹的确可称为爱茶之人。

7. 巴金

著名文学家巴金老人很早就与潮汕工夫茶结缘。已故作家汪曾祺在《寻常茶话》中记载："1946 年冬，开明书店在绿杨村请客。饭后，我们到巴金先生家喝工夫茶。几个人围着浅黄色老式圆桌，看陈蕴珍（萧珊）表演：濯器、炽炭、注水、淋壶、筛茶。每人喝了三小杯。我第一次喝工夫茶，印象深刻。这茶太酽了，只能

喝三小杯。在座的除巴先生夫妇，有靳以、黄裳。一转眼，四十三年了。靳以、萧珊都不在了。巴老衰病，大概没有喝一次工夫茶的兴致了。那套紫砂茶具大概也不在了。"

巴金老人平时喝茶很随意，用的是白瓷杯，后来，著名制壶大师许四海去拜访，用紫砂壶冲泡法为他冲泡了乌龙茶。茶还没喝时，一股清香就已经从壶中飘出，巴金老人一连喝了几盅，连连称赞。

8. 汤玛士·立顿

提到汤玛士·立顿，可能有许多人不知道他是谁，但提起"立顿"这个品牌，相信大家一定不会陌生。他就是立顿红茶的创办人，以"让全世界的人都能喝到真正的好茶"为口号，让"立顿"这个品牌响彻全球。

汤玛士对红茶极其热衷，他发现红茶会因水质不同有口味上的微妙差异，例如：适合曼彻斯特水质的红茶来到伦敦便完全走味，于是他想了个办法，让各地分店定期送来当地的水，再配合各地不同的水质创立不同的品牌。除此之外，他卖茶的方式也与众不同，以前的茶叶都是称重量，而他将茶叶分为许多不同重量的小包装，并在上面印有茶叶品质，这种独特的方式令许多人争相购买起来。

时至今日，由汤玛士奠定的基础，及后人对的求新求变，使立顿红茶行销全世界。"立顿"几乎成为红茶的代名词，在世界各个角落都能品尝到它的芳香。

从古至今，从中国到海外，茶与无数名人都结下了深厚的缘分。人们爱茶、敬茶，而茶叶将其独特的馥郁芬芳留给了每个喜爱它的人。到了今天，仍有无数名人与茶为伴，品味着一个又一个清幽雅致的故事。

茶诗

诗，文学体裁的一种，通过有节奏、韵律的语言反映生活，抒发情感。在茶文化中，茶诗是很有特色的。翻开中国茶文化史，我们可以看到无数与茶相关的诗词，既表达了诗人对茶的喜爱之情，同时也将茶与诗的魅力结合在一起。由此看来，茶诗不愧为中华茶文化宝库中的灿烂明珠。

1.《荈赋》

有关人士分析，最早的茶诗要数晋代杜育所写的《荈赋》了，但也有人认为，"赋"并不算是诗，只是古代文体的一种。但无论如何，茶诗源于晋代，这是个不争的事实，现在，我们将《荈赋》的全诗呈上：

> 灵山唯岳，奇产所钟。
>
> 厥生荈草，弥谷被岗。
>
> 承丰壤之滋润，受甘霖之霄降。
>
> 月唯初秋，农功少休，结偶同旅，是采是求。
>
> 水则岷方之注，挹彼清流；器择陶简，出自东隅；
>
> 酌之以匏，取式公刘。唯兹初成，沫成华浮，焕如积雪，晔若春敷。

该诗简单地从茶叶的生长环境开始介绍，又描述了茶农不辞劳苦采茶的情景，接着描写烹茶所选择的水源、器具，以及品茶之后的艺术美感。可以说，全诗将与茶有关的事宜描述得极为详细，给人一种身临其境的感觉，仿佛这幅画面呈现在人们眼前一样。

2.《答族侄僧中孚赠玉泉仙人掌茶》

> 常闻玉泉山，山洞多乳窟。
>
> 仙鼠如白鸦，倒悬清溪月。
>
> 茗生此中石，玉泉流不歇。
>
> 根柯洒芳津，采服润肌骨。
>
> 丛老卷绿叶，枝枝相接连。
>
> 曝成仙人掌，似拍洪崖肩。
>
> 举世未见之，其名定谁传。
>
> 宗英乃禅伯，投赠有佳篇。
>
> 清镜烛无盐，顾惭西子妍。
>
> 朝坐有馀兴，长吟播诸天。

此诗是一首咏茶名作，字里行间无不赞美饮茶之妙，为历代咏茶者赞赏不已。由此可以看出，诗仙李白是一个评茶行家，诗中仅寥寥几句，就把茶叶的生长环境、药用功效以及制作方法描述得惟妙惟肖。

3.《双井茶》

> 西江水清江石老，石上生茶如凤爪。
>
> 穷腊不寒春气早，双井芽生先百草。
>
> 白毛囊以红碧纱，十斤茶养一两芽。
>
> 宝云日铸非不精，争新弃旧世人情。
>
> 君不见建溪龙凤团，不改旧时香味色。

这首诗的作者是北宋诗人欧阳修，也是一位嗜茶爱茶之人，他的诗文不算多，但却很精彩。他沉宦40年，上下往返，窜斥流离。晚年他作诗自述，欲借咏茶感叹世路之崎岖，却也透露了他仍不失早年革新政治之志。本诗说的是人与茶的关系，以茶喻人。其中含义为：佳茗不可得，就好比君子之质，也是可遇而不可求的。当然，这里更直接的是述说了他一生饮茶的癖好，至老亦未有衰减。

4.《观采茶作歌》

> 前日采茶我不喜，率缘供览官经理；
> 今日采茶我爱观，吴民生计勤自然。
> 云栖取近跋山路，都非吏备清跸处，
> 无事回避出采茶，相将男妇实劳劬。
> 嫩荚新芽细拨挑，趁忙谷雨临明朝；
> 雨前价贵雨后贱，民艰触目陈鸣镳。
> 由来贵诚不贵伪，嗟哉老幼赴时意；
> 敝衣粝食曾不敷，龙团凤饼真无味。

相传，这首诗是乾隆皇帝巡视杭州时在龙井茶区所作。本诗先写的乾隆去观采茶前的心情，以前不喜欢是因为由官员经理，现在是看百姓采茶，自己却有兴趣了。后三句写的是期间经历所见。后面又写了观采茶后的想法。本诗既体现出乾隆观农务时的欢乐心情，康乾盛世，国泰民安，故而有闲观采茶，体民情；还表现了乾隆观采茶后心底油然发觉诚信最可贵，为政者要真切体察百姓的辛苦，而不是虚伪的关怀，如果不是今天看到茶农如此艰苦辛劳，自己喝再好的茶叶也无法体会茶的真实味道。

5.《一言至七言诗》

> 茶
> 香叶，嫩芽。
> 慕诗客，爱僧家。
> 碾雕白玉，罗织红纱。
> 铫煎黄蕊色，碗转曲尘花。
> 夜后邀陪明月，晨前命对朝霞。
> 洗尽古今人不倦，将知醉后岂堪夸！

这首《一言至七言诗》是我国唐朝诗人元稹所作。这种"一七体"诗歌是唐朝一种古体诗种，常称"宝塔诗"，由于这种诗体格律规范较严，过分讲究形式，因此，创作难度极大。此诗将"一七体"这种诗体运用如神、对仗工整、妙趣横生。

元稹与白居易为挚友，此诗是元稹等人欢送白居易以太子宾客的名义去洛阳，在兴化亭送别时，白居易以"诗"为题写了一首，元稹以"茶"为题写了这首诗。当时白居易心情较为低落，临别之际，元稹咏诗劝慰。

诗人咏茶，起句点题。诗中二三句赞茶质优，暗喻白居易品质优秀。四五句写茶受诗客与僧家爱慕，实言好友深受爱慕。"碾雕白玉，罗织红纱。铫煎黄蕊色，碗转曲尘花。"写茶的外形和碾磨，煎茶及茶汤的色泽、形态。接着写诗人与茶的情谊深厚。最后夸茶"洗尽古今人不倦"的功效。元稹用诗劝慰白居易，表达了两人之间真挚的感情，同时，这种诗歌也将元稹的才情展露无余。

6.《谢李六郎中寄新蜀茶》

故情周匝向交亲，新茗分张及病身。
红纸一封书后信，绿芽十片火前春。
汤添勺水煎鱼眼，末下刀圭搅曲尘。
不寄他人先寄我，应缘我是别茶人。

这首诗的作者是我国唐代诗人白居易，他是我国伟大的现实主义诗人，也是在文学史上负有盛名且影响深远的文学家。白居易不仅诗写得好，还是一个品茶行家。他本人亲自种过茶树，对茶叶了解颇深，也常常得到亲友们馈赠的茶叶。

这首《谢李六郎中寄新蜀茶》描写了与李六郎中之间的深厚交情，同时，最后两句"不寄他人先寄我，应缘我是别茶人"表明了白居易是一个品茶行家。

我国流传下来的茶诗数以千计，各种诗词体裁一应俱全。诗是有感而发、触景生情的产物。一首好诗，寥寥几字，却饱含着千言万语。当我们读着那些散发着墨香的文字时，一定会领悟当时诗人那种旷达幽怨的宁静心绪与对茶的浓浓喜爱之情。

茶诗

茶画

茶与画的关系既简单又微妙，画与象形文字有关，而茶能催发人的灵感，因此，有关茶的画作很多。茶入画后可以提升画的意境，而通过画的衬托又可以使茶更添加几分雅致。以茶为画的主题一来能使茶画区别于其他画作，二来也可以反映出当时社会对茶事的热衷程度以及社会史实与茶事变迁的关系。我国的茶画很多，茶画艺术也是始终遵循着生活轨迹而发展的，但也像书法一样，建立在毛笔和绢纸等工具基础上。

茶联

茶联是以茶为题材的对联，是茶文化的一种文学艺术兼书法形式的载体，也是中国茶文化中的一朵奇葩。茶联包括：茶的对联，茶店对联，茶庄对联，茶文化对联，茶楼对联，茶馆对联，等等。在各地的茶馆、茶道馆、茶艺馆、茶楼、茶坊、茶室、茶叶店等地都可以见到茶联的风采。在此，我们共同欣赏一下它们的魅力吧：

（1）北京前门"老舍茶馆"的门楼两旁挂有这样一副对联：大碗茶广交九州宾客；老二分奉献一片丹心。

（2）杭州"茶人之家"正门门柱上的茶联是：一杯春露暂留客；两腋清风几欲仙。店中会客室门前木柱上的茶联是：得与天下同其乐，不可一日无此君。陈列室中的茶联是：龙团雀舌香自幽谷；鼎彝玉盏灿若烟霞。

（3）福州南门外的茶亭悬挂的茶联是：山好好，水好好，开门一笑无烦恼；来匆匆，去匆匆，饮茶几杯各西东。

（4）绍兴的驻跸岭茶亭曾挂过一副茶联为：一掬甘泉好把清凉洗热客；两头岭路须将危险话行人。

（5）蜀地早年有家茶馆，同时也经营酒业。其大门两边有这样一幅茶酒联：为名忙，为利忙，忙里偷闲，且喝一杯茶去；劳心苦，劳力苦，苦中作乐，再倒一杯酒来。

我国还有一些茶联所写的内容都是各类名茶，有的形容茶叶外形，有的形容冲泡后的色泽以及香味，总之，五花八门，种类繁多，那么我们就看一下这类茶联究竟有哪些：

（1）题西湖龙井茶：

院外风荷西子笑；明前龙井女儿红。

（2）题太湖碧螺春：

碧螺飞翠太湖美；新雨吟香云水闲。

试待清明风景画；素描谷雨碧螺春。

（3）题黄山毛峰茶：

毛峰竞翠，黄山景外无二致；兰雀弄舌，震旦国中第一奇。

（4）题庐山云雾茶：

秀出东南，匡庐奇秀甲天下；香飘内外，云雾醇香益寿年。

欲识庐山真面目；兴吟云雾好茶诗。

（5）题君山银针茶：

川迥洞庭开，君山拔萃尘心去；境清天趣尽，云彩镶金好月来。

淡扫明湖开玉镜；妙着神笔画君山。

川迥洞庭开美景；金镶玉色画君山。

金镶玉色尘心去；川迥洞庭好月来。

（6）题武夷岩茶：

碧玉瓯中翠涛起；武夷山外美名扬。

（7）题安溪铁观音茶：

七泡余香溪月露；满心喜乐岭云涛。

（8）题祁门红茶：

祁红特绝群芳最；清誉高香不二门。

（9）题冻顶乌龙茶：

冻顶乌龙腾四海；茶中圣品味一流。

（10）题云南普洱茶：

香陈九畹芳兰气；品尽千年普洱情。

（11）题苏州茉莉花茶：

窨得茉莉无上味；列作人间第一香。

茶与茶联

除此之外，我国还有许许多多的茶联，它们有的被注册为商标，有的被作为签名，有的被用于茶叶外包装，还有的被网友注册为网名昵称。以下列举一些，仅供大家参考：

（1）趣言能适意；茶品可清心。

（2）草泥来趁蟹傲建；茗鼎香伴小龙团。

（3）四大皆空，坐片刻无分你我；两头是道，吃一盏莫问东西。

（4）韩信点兵，多多益善；关公仗义，旺旺大吉。

（5）扫来竹叶烹茶叶；劈碎松根煮菜根。

（6）人间珠宝何足取；宜兴紫砂最要得。

（7）争新买宠各出色；献艺看茶三咏香。

（8）诗写梅花月；茶烹谷雨香。

（9）若能杯酒比名淡；应信村茶比酒香。

（10）汲来江水烹新茗；买尽青山当画屏。

（11）陆羽知音偏好饮；清风无处不宜人。

（12）花笺茗碗香千载；云影波光活一楼。

（13）酒醒饭饱茶香；花好月圆人寿。

（14）泉从石出情宜洌；茶自峰生味更圆。

（15）茗外风清移月影；壶过夜静听松涛。

（16）紫芽白蕊岭头来，吃茶且坐；陆羽觉农圣驾去，余韵犹香。

如果有条件，我们也可以在家庭茶室中悬挂这样的茶联，既可以美化环境，同时又能增强文化气息，促进品茗的乐趣。相信在品茶之余，细细读来，一定更能体会到中国茶文化的魅力。

茶与歌舞

茶歌与茶诗、茶画的情况一样，都是由茶文化派生出来的一种与茶相关的文化现象。现存资料显示，最早茶歌是陆羽茶歌，皮日休在《茶中杂咏序》中就这样记载："昔晋杜育有荈赋，季疵有茶歌。"但可惜的是，陆羽的这首茶歌已经散佚，具体内容已无从考证。

不过在唐代中期，一些茶歌还能被找到，例如皎然的《茶歌》、卢仝的《走笔谢孟谏议寄新茶》、刘禹锡的《西山兰若试茶歌》等几首。

到了宋代，由茶叶诗词而传为茶歌的这种情况较多，如熊蕃在十首《御苑采茶歌》的序文中称："先朝漕司封修睦，自号退士，曾作《御苑采茶歌》十首，传在人口。"这里所说的"传在人口"，就是指在百姓间传唱歌曲。

有些人对卢仝的《走笔谢孟谏议寄新茶》有些疑问，认为这首诗在唐代并没有当作茶歌来唱。这虽然没有详细资料查考，但宋代王观国的《学林》就提到了"卢仝茶歌"或"卢仝谢孟谏议茶歌"，由此看来，至少在宋代，这首诗已经配乐演唱了。

以上介绍的茶歌都是诗歌加以配乐得成，正如《尔雅》所说："声比于琴瑟曰歌"；《韩诗章句》也有记载："有章曲曰歌"，它们都认为诗词只要配以章曲，声之如琴瑟，那么这首诗也就可以称其为歌了。

茶歌的另一种来源是由茶谣开始，即完全是茶农和茶工自己创作的民歌或山歌。茶农在山上采茶，面对着鸟语花香、天高气爽的环境，忍不住就开始放声歌唱。如清代流传在每年到武夷山采制茶叶的江西劳工中的歌，其歌词称：

> 清明过了谷雨边，背起包袱走福建。
> 想起福建无走头，三更半夜爬上楼。
> 三捆稻草搭张铺，两根杉木做枕头。
> 想起崇安真可怜，半碗腌菜半碗盐。
> 茶叶下山出江西，吃碗青茶赛过鸡。
> 采茶可怜真可怜，三夜没有两夜眠。
> 茶树底下冷饭吃，灯火旁边算工钱。
> 武夷山上九条龙，十个包头九个穷。
> 年轻穷了靠双手，老来穷了背竹筒。

类似由民谣改编的茶歌还有许多，不过当时茶农采制的茶往往都要作为贡茶献给宫廷，其辛苦程度也可想而知。因此，不少茶歌都是描绘茶农悲苦生活的，例如《富春江谣》，歌是这样唱的：

> 富春江之鱼，富阳山之茶。

鱼肥卖我子，茶香破我家。

采茶妇，捕鱼夫，官府拷掠无完肤。

昊天何不仁？此地亦何幸？

鱼何不生别县。茶何不生别都。

富阳山，何日摧？富阳水，何日枯？

山摧茶亦死，江枯鱼始无！

戏，山难摧，江难枯。

我民不可苏！

有个官吏韩邦奇，给皇上奏章，用了这首歌谣，皇上大怒，说："引用贼谣，图谋不轨。"韩邦奇为此差点丢了命。由此看来，君王杯中茶，俨然是百姓辛酸泪啊！

这些茶歌开始并没有形成统一的曲调，后来唱得多了，也就形成了自己的曲牌，同时还形成了"采茶调"，致使采茶调和山歌、盘歌、五更调、川江号子等并列，发展成为我国南方的一种传统民歌形式。当然，采茶调变成民歌的一种格调后，其歌唱的内容，就不一定限于茶事或与茶事有关的范围了。

边唱茶歌，边手足起舞，便成了茶舞。以茶事为内容的舞蹈可能发展较早，但在元代和明清期间，我国舞蹈经历了一段衰败阶段，因而在史料中对我国茶舞的记载很少。现在能被人们所知道的，仅仅是流行于我国南方各省的"茶灯"或"采茶灯"。

茶灯是福建、江西、湖南、湖北等省采茶灯的简称，是过去汉族比较常见的一种民间舞蹈形式。茶灯在广西被称为壮采茶和唱采舞；在江西，人们还称其为茶篮灯和灯歌；在湖南湖北，也被称为采茶和茶歌。

这种茶舞在各地有着不同的名字，连跳法也有所不同。但一般来说，跳舞的人往往是一男一女或一男二女，有时人数会更多。跳舞者腰中系着绸带，女人左手提着茶篮，右手拿着扇子，边唱边跳，清新活泼，表现了姑娘们在茶园劳动的勤劳画面；男人则手拿钱尺，以此作为扁担或锄头，同样载歌载舞。

这种茶灯舞属于汉族的民间舞蹈，而我国其他民族也有类似的以敬茶饮茶为内容的舞蹈，也可以看成一种茶舞。

中国现代最著名的茶舞，当推音乐家周大风先生作词作曲的《采茶舞曲》。这个舞中有一群江南少女，载歌载舞，将江南少女的美感与茶的风韵融合在一起，使满台生辉，将茶文化的魅力与精髓表现得淋漓尽致。

茶歌、茶舞的兴起，让我国的茶文化变得更加鲜活灵动、多姿多彩。试想一下，当人们在茶园中采茶时，面对着绿油油的茶树，温暖和煦的阳光，唱起歌跳起舞，一定会是一副极其美妙的画面。

🍃 茶与婚礼

我国古人常把茶与婚姻联系起来，他们认为，茶代表坚贞、纯洁的品德，也象征着多子多福。且有人认为"茶不移本，植必生子"，与我国古代广泛流行的婚姻观念极其吻合，所以茶与婚礼的各种习俗一直流传至今。如果想知道茶与婚礼有什么习俗，就请看以下的的简单介绍：

1. 送茶

送茶即男方家向女方家"求喜"、"过礼"。

送茶的这一过程与订婚相似，我国各地都有类似的仪式，虽然相差很大，但有一点却是共同的，即男方都要向女家送一定的礼品，即"送小礼"和"送大礼"。这样才会把亲事定下来。但无论送什么礼品，除首饰、衣料、酒与食品之外，茶都是不可少的。送过小礼之后，过一定时间，还要送大礼，有些地方送大礼和结婚合并进行，也称"送彩礼"。大礼送的衣料、首饰、钱财比小礼多；视家境情况，多的可到二十四抬或三十二抬。但大礼中，不管家境如何，茶叶、龙凤饼、枣、花生等一些象征性礼品，也是不可缺少的。当女方收到男家的彩礼之后，也要送些嫁妆，虽然嫁妆随家庭经济条件而有多寡，但不管怎样，一对茶叶罐是省不掉的。由此看来，茶与婚礼的关系实在紧密。

2. 吃茶

明人郎瑛在《七修类稿》中，有这样一段说明："种茶下子，不可移植，移植则不复生也，故女子受聘，谓之吃茶。"在婚俗中，"吃茶"意味着许婚。在浙江某些地区媒人奔波于男女双方之间的说合，俗称"食茶"，是旧时的汉族的一种婚俗。媒人受到男方之托，向女方提亲，如果女方应允，则用桂圆干泡茶，或用三只水泡蛋招待，俗称"食茶"。当地将其称为"圆眼茶"和"鸡子茶"。

3. 三茶

三茶是旧时汉族的婚俗之一，指订婚时的"下茶"，结婚时的"定茶"，同房时的"合合茶"。这种习俗现在虽然已经不常见了，但在某些地区仍然还有些痕迹。"三茶"有其独特的意义：媒人上门提亲，沏以糖茶，含有美言之意；男子上门相亲，置贵重物品或钱钞于杯中送还女方，如果姑娘收下则为心许，随即会递送一杯清茶；入洞房前，还要以红枣、花生、龙眼等泡入茶中，并拌以冰糖招待客人，为早生贵子跳龙门之美意。

4. 新婚请茶

新婚请茶是汉族的婚俗，现在许多地方仍有人使用。婚礼宴请男女双方的至亲好友外，为表达对他们的感激，泡清茶一杯，摆糖果、瓜子等几种茶点招待，既节约又热闹亲切。

5. 新婚三道茶

新婚三道茶也被称为"行三道茶"，主要用于新婚男女在拜堂成亲后饮用，通常饮用三道：第一道是两杯白果汤，新郎新娘双手接过第一道茶，对着神龛作揖以敬神；第二道是莲子红枣汤，新郎新娘将其敬给父母，感谢父母养育之恩；第三道是茶汤，需要两人一饮而尽，意在祈求神灵保佑新人白头到老，夫妻恩爱。

6. 离婚茶

离婚茶的习俗来源于旧时滇西的一个地方，也被称为好聚好散茶。据说这里的人面对离婚时，既不会大吵大闹，也不会出口伤人，他们会选择一个吉日，用喝茶的方式解决自己的感情问题，顺其自然地走向各自的生活。

离婚的过程简单叙述如下：男女双方谁先提出离婚就由谁负责摆茶席，请亲朋好友围坐。长辈会亲自泡好一壶"春尖"茶，递给即将离婚的男女，让他们在众亲人面前喝下。如果这第一杯茶男女双方都不喝完，只象征性地品一下，那么就证明婚姻生活还有余地；如果双方喝得干脆，则说明要继续生活下去的可能很小。

第二杯还是要离婚的双方喝，这一杯较前一杯甜，是泡了米花的甜茶，这样的茶据说是长辈念了72遍祝福语的，能让人回心转意。可是如果这样的茶，还是被男女双方喝得见杯底的话，那么就只有继续第三杯。

第三杯是祝福的茶，在座的亲朋好友都在喝，不苦不甜，并且很淡，喝起来简直与温水差不多。这杯茶的寓意很清楚，从今以后，离婚了的双方各奔前程，说不上是苦还是甜。因为离婚没有赢家，先提出离的一方不一定会好过，被背弃的一方说不定因此找到真正的知音。

喝完三杯茶，主持的长辈就会唱起一支古老的茶歌，旋律让人心伤，即将各奔东西的男女听完也会不住地抹眼泪。如果男女双方此刻心生悔意，还来得及握手言和。

整个过程虽然朴素，它送别过无数从此分道扬镳的夫妻，也挽留过不少裂痕不深的婚姻。试想一下，若是现今社会的人们在离婚时能添加这样一个过程，相信也能挽救不少婚姻吧？

🍃 茶与祭祀

在我国五彩缤纷的民间习俗中，茶与丧祭的关系也是十分密切的。《南齐书》中就有记载：齐武帝萧赜永明十一年在遗诏中称："我灵上慎勿以牲为祭，唯设饼果、茶饮、干饭、酒脯而已。"由此看来，早在南北朝时就已经将茶与丧祭联系在一起。因此，"无茶不在丧"的观念，在中华祭祀礼仪中根深蒂固。

1. 以茶陪丧

古人认为茶叶有洁净、干燥的作用，茶叶随葬有利于墓穴吸收异味、有利于遗体保存。在我国安徽、浙江等某些地区，人们总会先用甘露叶做成一个菱形的附葬品，再在死者手中放一包茶叶。因为人们迷信地认为，人死之后会被灌下"孟婆汤"，目的是为了让死者忘却人间旧事，甚而要将死者导入迷津备受欺凌或服苦役，而如果用这两样东西陪丧，死者的灵魂过孟婆亭时即可以不饮孟婆汤，从而保持清醒，不受鬼役蒙骗。因此，茶叶就成为重要的随葬品之一。

我国湖南某些地区旧时还会在棺木中放置茶叶枕头，即白布制作枕套，用茶叶作为填充料制成枕头。另外，将茶叶放置在棺木内，可消除异味。而在我国江苏的有些地区，死者入殓时要先在棺材底撒上一层茶叶、米粒，到出殡盖棺时再撒上一层茶叶、米粒，这样做的目的在于更好地保存遗体，不受潮，也可除去异味。

2. 以茶驱妖除魔

一般来说，丧葬时使用茶叶多是为死者而准备，但我国福建福安地区却是为活人准备的，也就是当地的"龙籽袋"习俗。旧时，如果当地人家里有人亡故，都要请风水先生选择一块风水宝地以便于埋葬死者。棺木入穴前，香火缭绕，鞭炮齐响，此时风水先生需要在穴中铺上地毯，并洒些茶叶、谷子、豆子以及钱币等物品，接着让亡者家属用地毯将里面的东西收集起来，用布袋装好并封口，将其挂

在自家房梁上，以便于长期保存，当地人称其为"龙籽袋"，象征着死者留给家属的"财富"。

当地人认为，茶叶是吉祥之物，能够"驱妖除魔"，保佑死者的子孙财源茂盛，吃穿不愁，同时里面的豆子、谷子也象征着五谷丰登，六畜兴旺。

3. 以茶祭祀

古人还以茶祭祀。古代用茶作祭，一般有三种形式：在茶碗、茶盏中注以茶水；不煮泡只放干茶；不放茶，只置茶壶、茶盅作象征。茶叶不是达官贵人才能独享，用茶叶祭扫也不是皇室的专利。上到皇宫贵族，下至庶民百姓，在祭祀中都离不开清香芬芳的茶叶。他们用茶祭天、地、神、佛，也用来祭鬼魂。

茶是在我国祭祀发展的较迟阶段上才加入祭品的，以茶祭祀的活动可以说是茶文化发展过程中衍生出来的一种带有封建迷信的副文化。虽然说部分祭祀活动是一种迷信的社会现象，但在某种程度上来说，它减轻了祭祀过程中的浪费，也有一些积极作用。随着国家建设的不断发展，旧有的一些祭祀活动已经被取代，发生了根本性的变化。

茶与谚语

谚语是流传于民间的比较简练而且言简意赅的话语，多数反映了劳动人民的生活实践经验。而茶谚是指关于茶叶饮用和生产经验的概括和表述，并通过谚语的形式，采取口传心记的办法来保存和流传。

茶谚并不是与茶同时产生的，而是在茶叶生产、饮用发展到一定阶段才产生的一种文化现象。可以说，茶谚是人们在种茶采茶制茶等过程中留下的珍贵经验。

我国对茶谚的最早文字记载是唐代苏广的《十六汤品》，里面写道："谚曰，茶瓶用瓦，如乘折脚骏马登高。"也就是说，当时就已经有茶谚产生了。茶谚不只是

我国茶学或茶文化的一宗宝贵遗产，从创作或文学的角度看，它又是中国民间文学中的一朵奇葩。

我国茶谚有很多种，分别讲述与茶相关的不同类别事宜，大概分为以下几类：

1. 揭示茶产地与茶质

"鸟语茶香"，意思是说当百鸟来栖息时，由于茶树上害虫的天敌数量增多，那么茶树必定少受虫害，茶树自然生长得欣欣向荣。

"高山雾多出名茶"，意思是说，名茶与山高多雾有关，包括顾渚紫笋、莫干黄芽等，茶品质好都与雾多有关。

2. 介绍采茶要领与诀窍

采茶要领因春、夏、秋三季茶叶的不同情况而不同，一般来说，这部分茶谚都是教人们适时采摘，合理采摘，合理留养的内容。例如"头茶勿采，二茶勿发"、"清明发芽，谷雨采茶"、"春茶一把，夏茶一头"、"茶叶本是时辰草，早三日是宝，迟三日是草"、"采高勿采低，采密不采稀"、"清明时节近，采茶忙又勤"、"谷雨茶，满地抓"、"立夏茶，夜夜老，小满过后茶变草"、"尖对尖，四十天，混茶当中间"、"插得秧来茶又老，采得茶来秧又草"等。

3. 传授植茶技术与经验

"惊蛰过，茶脱壳。"意思是说，惊蛰雷声起，大地春回，气温逐渐升高，孕育和保护越冬芽的鳞片逐渐张开，也就是说，新茶叶的潜育期到来了。

"留叶采摘，常采不败。""拱拱虫，拱一拱，茶农要吃西北风。""茶籽采得多，茶园发展快。""茶叶不怕采，只要肥料待。"这些茶谚都向人们传授了种植茶叶的经验。

除此之外，还有以下这些："正月栽茶用手捺"、"向阳好种茶，背阳好插衫"、"桑栽厚土扎根牢，茶种酸土呵呵笑"、"槐树不开花，种茶不还家"、"一年种，二年采"等。

4. 茶叶制作

有一些茶谚是讲茶叶如何制作的，例如："茶之否臧，存于口诀"、"大锅炒茶对锅保"、"小锅脚，对锅腰，大锅帽"、"抛闷结合，多抛少闷"、"高温杀青，先高后低"、"嫩叶老杀，老叶嫩杀"。

5. 讲述茶品

"山间乃是人家，清香嫩蕊黄芽。"意思为，茶的产地以山区为佳，以嫩蕊黄芽之鲜美与清香作为茶叶高品质的标准。

"嫩香值千金"是对新茶嫩芽的赞美，新茶嫩芽多有茸毛，是白毫的特点。另

外，因白毫富含的咖啡因是茶叶片上的精华，对人们的健康极其有利，因此才有"千金"之称。

6. 讲究茶的泡饮方法

"头交水，二交茶。"意思是说，有的好茶头交水不能将其茶汁充分泡出来，直到第二、三次才能使茶叶的精华释放，这时的茶汤才算真正的茶，味道也较先前好很多。

"头茶气芳，二茶易馊，三茶味薄。""头茶苦，二茶补，三汁四汁解罪过。"所说的都是头茶、二茶、三茶在品质上的差别。

另外，还有以下这些："山水上，江水中，井水下"、"水忌停，薪忌熏"、"扬子江中水，蒙山顶上茶"、"龙井茶，虎跑水"。

7. 倡导茶礼

例如我们大家都熟悉的"客来敬茶"、"客到茶烟起"，这些讲的都是茶礼问题。"茶七饭八酒加倍"意思是说，倒茶时，水以茶碗的七分为宜。

8. 提倡种茶树

"千茶万桑，万事兴旺"、"千杉万松，一生不空，千茶万桐，一世不穷"等，这些茶谚都比较古朴，意为提倡人们种植茶树。

9. 提醒饮茶与健康

"清晨一杯茶，饿死卖药家。""食了明前茶，使人眼睛佳。""常喝茶，少烂牙。""姜茶治病，糖茶和胃。"这些都是讲茶的功效，茶与健康的关系。

我国茶谚很多，包含了与茶相关的诸多内容。它们虽然是民间流传下来的通俗语言，但数千年来，这些茶谚在种茶、采摘、茶品、茶礼以及饮茶保健等方面一直发挥着教科书的作用，使无数茶农、茶人受益匪浅，是我国茶文化中不可缺少的一部分。

❧ 茶与棋

南宋诗人陆游曾写过这样两句诗："茶炉烟起知高兴，棋子声疏识苦心。"此句诗中，将茶与棋联系在一起。除了他以外，我国有很多诗人都吟咏过类似的诗句，例如曹臣《舌花录》中，曾把琴声、棋子声、煎茶声等并列为"声之至清者也"，还说"琴令人寂，茶令人爽，竹令人冷，月令人孤，棋令人闲"。由此看来，我国很早以前就将茶与棋看作一体，"茶诗琴棋酒画书"还被自古以来的文人雅士列为引以为豪的七件雅事。

棋与茶是亲密的伙伴，它们在唐朝一同兴盛，又一同作为盛唐文化经典漂洋过海，在东瀛扎根。同时，它们还传入朝鲜半岛和周边地区，如今，茶与棋已经进入全世界几十个国家和地区，将古老东方的文化播撒向全球，被全世界的人所深深喜爱。

人们将茶与棋联系起来也是有原因的，因为两者有着较为相似的地方。例如，下围棋时讲究下本手，其特点是：下这步棋的时候，功用不明显，但如果不走，需要时又无法补救，因此，为了防患于未然必须舒展宽裕地下出本手来。一般来说，那些华而不实的虚招往往会令对手反感。棋下得厚，积蓄的力量就会越来越大，围棋术语称之为"厚味"；但棋又不可下得太厚，否则赢棋的概率又会变低；另外，棋下得厚实，借力处就多，让对方处处受掣，时时小心提防，着子也得远些，免得被强大的厚味吞噬。因而，在这两者之间能够保持平衡的人才算得上是高手。

由此我们一定会联想到茶的某些特性吧？茶在某些方面也讲求这样的平衡，茶采摘得不能太早也不能太迟，若太早，其精华还未凝聚，制成的茶经不起冲泡，且味道很淡；若采得太迟又会太过粗老，因而，采摘的时候也需要掌握一定的平衡。除了茶的采摘，泡茶的时间也需要保持平衡，不可冲泡太久，亦不可冲泡太短；不可用太烫的水冲泡，又不能让温度降得太低；喝茶虽然有许多功效，但又不宜多饮，否则单宁酸摄入过剩，又会对身体有些损伤……总之，从茶的采摘开始，到品饮结束，许多环节都需要把握一个度，掌握平衡。

另外，茶产于名山大川之间，其性平和而中庸；棋崇尚平等竞技，一人一手轮流下子，棋逢对手本身就是一种平衡，完全符合中庸之道。中国茶道通过茶事，创造一种平和宁静的氛围和一个空灵虚静的心境，而曲径通幽，远离杂乱喧嚣是弈者追求的一种棋境；而对弈过程中，胜负乃是其次，重要的是于棋艺中彼此切磋，悟出棋中的精髓，与饮茶的意境又相辅相成。由此可以说，对弈成了双方心灵的交流，无声的语言沟通。而茶道与棋道也自然紧密地联系起来，一同称为东方文化的瑰宝。

除了两者在某些方面的相似，饮茶对于下棋来说还有许多益处：饮茶能令下棋之人思维敏捷、清晰，帮助其增加斗志，这是其他饮品难以企及的。正因为茶、棋相近相似的品性，我国才出现了许多以茶会友、以棋会友的茶艺馆。这些茶艺馆在表演茶文化魅力的同时，也为对弈者提供了远离尘器，曲径通幽

茶炉烟起知高兴，棋子声疏识苦心。

的良好棋境。在这些地方，爱下棋的人们可潇洒驰骋于天地间，心清气爽，喝着并不贵的盖碗茶，以茶助弈兴，把棋盘暂作人生搏击的战场，暂时忘却生活的烦扰，沉浸在棋局与茶香里；而茶客也可以边饮茶，边观看对弈，其乐趣尽在其中。因此，茶也就被认为世外桃源中的"忘忧君"，这些茶艺馆也被茶人棋人看作"世外桃源"一样。

茶与棋的关系并不是三言两语就能讲透，需要每个爱茶与爱棋之人细细体味之后才能得到它的韵味。看似遥不可及的两种事物，其中丝丝相连的意味却渗入每个人的心中，一同转化为中国文化几千年来的魅力。

茶和道家

道教是起源于我国的宗教，因以"道"为最高信仰，认为道是化生宇宙万物的本源。道教产生时间较早，而茶与道教的关系历史也较为久远。我国许多关于茶叶的神话和传说都证明两者关系密切，我们首先看一看史籍上有关茶和道教的文献记载：

南北朝著名道家思想家陶弘景在《茶录》中说："苦茶轻身换骨，昔丹丘子，黄

山君服之。"由此看来，当时人们认为茶叶的药用和饮用功效可以轻身换骨，这也是道士们经常服用茶叶以达到修炼成仙的目的所在。

《神异记》中讲述过这样的故事：余姚人虞洪上山采茶，路上遇见了一个道士，他牵着三头青牛，把虞洪领到一个大瀑布下并对他说："我便是神仙丹丘子，听说你善于煮茶，常想得到你的惠赐。"于是指示给他一棵大茶树，从此虞洪常以茶祭丹丘子。

《武夷茶歌》中也记载："相传老人初献茶，死为山神享庙祀。"相传，福建武夷山的茶树最先也是道教发展起来的。

《广陵耆老传》记载过这样一个故事：晋代有个卖茶的老婆婆，终日提壶卖茶，可壶中的茶水却丝毫不减少，官吏认为她是邪道中人，于是把她抓了起来。可到了晚上，老婆婆带着茶具从窗户飞走了，后来人们议论说老婆婆是仙人。后世道家的许多成仙飞升的故事，往往与茶有关。

《后汉书徐登传》中记载：泉州道士徐登，精医善巫，贵尚清俭。曾以茶济世，据传曾在莲花山摩崖石刻"莲花茶襟"，提出保护这一片的茶园。这记录的也是道士与茶的故事。

唐德宗时期的李季兰就是一位颇有名气的女道士，她在江南与茶圣陆羽、诗僧皎然一起组织苕溪诗会、共襄茶事。有人认为正是这一儒（陆羽）、一僧（皎然）、一道（李季兰）共同开创了唐代文士茶格局，这些对后世中国茶道形成回归自然、参天地造化的品格，都有很大的影响。

明代道士朱权是朱元璋的第十七子，他在《茶谱》中写道："凡鸾俦鹤侣，骚人羽客，皆能志绝尘境，栖神物外，不伍于世流，不污于时俗。""探虚玄而参造化，清心神而出尘表。"

以上这些史料记载都表示出茶与道家密不可分的关系。那么，道家为什么这么喜欢茶呢？这要从茶性开始说起，茶性自然、纯朴、平和，这与道家崇尚节俭、清静无为的思想在很大程度上都相当契合。茶叶的保健功能也被道教中人无限放大，他们认为，茶可以健身、修心、养性，喝茶还可以羽化成仙，因而，他们将茶称为甘露、仙草、仙茗、仙茶、灵草等。朱权在《天皇至道太清玉册》中借用老子的话说："食是茶者，皆汝之道徒也。"由此看来，有些道教人士竟以喝茶作为标志，这也表明了道家与茶的关系之密切。

除了饮茶之外，道教人士早期便开始种植茶树，葛玄在天台山建圃种茶，吴理真在一蒙山上清峰手植茶树，武夷山、杭州西湖的茶树最先为道教徒所种。他们种茶、采茶、饮茶，完全可以算作"爱茶一族"了。

另外，道家思想中的清、静、和等观念，也对品茗艺术产生了深刻的影响。"清"是道家的一个重要概念。《老子》和《庄子》中经常提到"清"：《老子》中记载，"天得一以清，地得一以宁，清静为天下正。"《庄子·至乐》中也记载，"天无为以之清，地无为以之宁。"它与茶人们所追求的品茗意境有共通之处，用以表达经过修行得道后一种清虚明澈的精神状态。

"静"也是道家哲学的重要范畴。《道德经》中写道："致虚极，守静笃，万物并作，吾以观其复。夫物芸芸，各复归于其根。归根曰静，静曰复命。"《庄子》也说："水静伏明，而况精神。圣人之心，静乎？天地之鉴也，万物之镜也。"因而，道家把"静"看成人与生俱来的本质特征，他们主张"无欲故静"，追求起杂欲而得内在之精微。道家所崇尚的这种"静"与茶叶的自然属性中的"静"是相通的。因而，茶人们自然会将道家这种思想融入茶事之中，整个品茗的环境也追求一种"静"的感觉，达到"无我"的境界。

"和"也是道家的重要思想。《道德经》中提到："道生一，一生二，二生三，三生万物。万物负阴而抱阳，冲气以为和。"道家认为人和自然界万物都是阴阳两气相和而生，本为一体，其性必然亲和。他们所强调的"和"是指人与自然之间的和谐，强调要"法天顺地"，将自己融入大自然中去，追求物我两忘、天人合一的和美境界。由此来看，道家的这种思想与茶又息息相关了。

以上皆可以证明，茶和道的关系极为紧密。茶所具有的那些清净、自然、纯朴的特性，不仅被道家深深喜爱，也让世间每一个人着迷，想必这就是茶的魅力所在吧。

茶和儒家

儒家的学说与思想一直是中国古代封建社会的精神支柱，它作为"庙堂之教"，对中国人影响深远。茶与儒家的关系也是极为密切，主要表现在以下几个方面：

1. 静

茶树生长在山野之中，由于其自然条件与其他树木不同，这也决定了茶性微寒，味道醇厚而不浓烈，使人提神醒脑而不过于兴奋以至迷惘、狂躁。与一般烈性的饮料大不相同，茶叶具有平和、冲淡、闲洁的特性，饮茶之后，人们会有宁静、冷静、闲静之感。而进行茶艺的过程中，茶的这一特性也表现出来，使整个茶艺也具有相同的功能。这一现象被儒家发现并重视起来，也可以说，茶叶与儒家的思想在"静"这个字上有共通之处。

《礼记·乐记》曰："人生而静，天之性也。"《礼记·大学》也说："知止而后有定，定而后能静，静而后能安，安而后能虑，虑而后能得。"因此，儒家认为静是人的天性，这也是作为农耕社会产物的儒家思想，故儒家以静为本。

2. 雅

唐代刘贞亮在《茶十德》中提到，"以茶可雅志"，他认为品茗活动不但是一种高雅的活动，还可以使人的品格更加高雅。"雅"是儒家文化中的一个重要概念，它是在"静"、"和"的基础上形成的一种气质、风度和神韵。它与品茗艺术的儒雅之美是相通的。在茶艺与茶道中，无论是煮茶过程、茶具使用、茶汤品饮还是茶礼仪等多方面动作要领，都不失儒家端庄典雅的风韵。儒家将品茗活动称为"雅尚"，心志之雅，使茶性与人性相契合，由茶性之雅，到茶艺之雅，至茶道之雅，最后造就茶人之雅。可见中国茶艺受儒家思想的影响之深。由此看来，两者有着不可忽视的关系，而推广茶艺也成了一种必不可少的修身养性方法。

3. 礼

中国自古被誉为"礼仪之邦"，从唐代开始，宫廷的许多重要活动，例如春秋大祭、殿试、大宴等都有茶仪茶礼，以表示尊崇。到了宋明两个朝代，儒家更是把茶礼引入"家礼"，用在婚丧、祭祀、待客等时候，这都是儒教"礼制"思想的一个重要体现，以致后世有了"无茶不礼"的说法。同时，儒家也用"茶礼"作为正伦序、明典章的手段，将茶与儒家的关系进一步联系在一起。

4. 德

刘贞亮总结过茶之"十德"，除了"以茶尝滋味"、"以茶养身体"、"以茶散郁气"、"以茶驱睡气"、"以茶养生气"、"以茶除病气"这六德之外，他似乎更看重精神性的"四德"，即"以茶利礼仁"、"以茶表敬意"、"以茶可雅志"、"以茶可行道"，这些都代表了儒家的观点。

在我国历史上，各朝各代对茶与品德之间的关系也有记载：从唐代的陆羽到明代的屠隆，都提出了一个观点，即茶"最宜精行俭德之人"。明确论述了对饮茶之人的品德要求，强调了茶对于人格自我完善的重要性。另外，欧阳修《双井茶》诗曰："岂知君子有常德，至宝不随时变易。"就是借茶的品性比喻人的情操。

当茶上升到了精神境界，即茶品上升到与人品相对应的高度时，就使茶的清淡宁静与人的品格统一起来，这种自然与人文的高度契合也体现出儒家对真、善、美境界的追求，而茶叶沟通了人与人、人与器、人与环境之间的关系，不再有界限，整个世界都统一和谐起来，这也是儒家所追求的"天人合一"的境界。

5. 中庸

"中庸"被看成是中国人的智慧，反映了中国人对和谐、平衡以及友好精神的认识与追求，同时，它也是儒家基本精神之一。茶虽然对人有一定程度的刺激，令人产生兴奋的情绪，但总体来说，它对人的总体效果是亲而不乱的，这正与儒家尊崇的中庸之道相吻合。

正因为儒家这种积极入世的思想，古代文人非常关注人际关系的和谐与社会秩序的稳定，即便是日常生活中的小事也常常被赋予伦理道德的色彩。于是，从古时的茶宴开始，儒家常常通过这种方式沟通人们之间的情感与维系人际关系，让众人在品茶的活动中体会到茶的魅力与生活的乐趣，同时也受到这种"中庸"思想的教化与熏陶。不仅在古代，时至今日，人们仍然在聚会、访友等活动中品一杯香茗，将茶与儒家思想运用在日常生活之中。

儒家主张"寓教于乐"，并在茗饮艺术中发现了"修、齐、治、平"的人伦大道，应对进退的规矩法度，乃至怡情悦性的艺术等等。由此来看，茶与儒家有着千丝万缕的联系，而儒家的思想也通过茶融入每一个生活细节之中，被寻常人所接受并推崇。

名人住宅的著名茶联

司空图撰，联曰：

茶爽添诗句；天道莹道心。

清代赵福撰，联曰：

焚香煮画；煮茗敲诗。

清代吴让之撰，联曰：

茗杯眠起味；书卷静中缘。

清代曹雪芹撰，联曰：

宝鼎茶闲烟尚绿；幽窗棋罢指犹凉。

清代诗人袁枚撰，联曰：

若能杯酒比名淡；应信村茶比酒香。

清代郑板桥撰，联曰：

白菜青盐糁子饭；瓦壶天水菊花茶。

浙江绍兴鲁迅故居

鲁迅一生对茶格外偏爱，曾由衷感叹："有好茶喝，会喝好茶，是一种清福。"

古代名人的著名茶联

清代郑燮曾写过一个茶联，联曰：

扫来竹叶烹茶叶；劈碎松根煮菜根。

清代郑篮写有一则茶联，联曰：

瀹茗夸阳羡；论诗到建安。

清代杭世骏所写的一则行草书录，联曰：

作客思秋议图赤脚婢；品茶入室为仿长须奴。

明代洪应明著的《菜根谭》中有一联，联曰：

千载奇逢，无如好书良友；

一生清福，只在碗茗炉烟。

清代曹雪芹曾写过一个茶联，联曰：

宝鼎茶闲烟尚绿；幽窗棋罢指犹凉。

清代林则徐曾写过一个茶联挂在福州贡院，联曰：

攀桂天高，忆八百孤寒，到此莫忘修士苦；

煎茶地胜，看五千文字，个中谁是谪仙人。

宋代苏轼写过一个茶联，联曰：

欲把西湖比西子；从来佳茗似佳人。

明代陈继儒写过一个茶联，联曰：

泉从石出情宜冽；茶自峰生味更圆。

作为以诗书画三绝著称于世的"扬州八怪"首席人物，郑板桥所作的茶联则充分地展现了其朴素、恬淡的人生境界与清雅、脱俗的精神追求。

第二章
茶人茶事茶典

诗僧与茶僧

提到诗僧与茶僧，茶人们一定会联想起那个丰神如玉、一尘不染的人来，他就是皎然，茶圣陆羽的忘年之交。

每逢三四月，江南就是落雨天气。清晨，月还未落，皎然踏上木屐便出门照看那些茶树，穿梭在细雨之间，嘴里念着茶树的情况："三月十三日，雨，一芽一叶初展，叶方开面……"当他记录完这日清晨茶树的生长情况之后，雨下得也大了起来。他从茶山慢慢地往下走。回到居处，却见门半开着。

"鸿渐，你来了吗？"皎然在门外喊了一声，以为是好友陆羽来了。可进门看时，却发现正是当时很出名的女道士李季兰。她背对着皎然，正往紫铜的薰笼里储进一片檀香。

皎然笑着说："是你啊，我当是鸿渐来了呢。"

李季兰回身向他一笑，人淡如菊："他一会儿也要来的，我想先弹一首新学的曲子给你听。"说完在琴凳上轻盈地坐下来，试了试音调之后笑道："我就要弹了，这次要考一考你，看我弹的是什么曲子？"

一曲终了，李季兰低头不语，半晌方抬起头来莞尔一笑，对皎然笑道："连我自己都到琴曲里面去了。"

皎然猜到了这曲子的名字，李季兰顿时觉得心生愉悦。随后皎然也为她弹了曲子，直听得李季兰泪眼婆娑，说道："人生倏忽兮如白驹过隙，唉，年华流去，连我也不知明日身在何处，同谁在一起……"

皎然笑着回答说："随它去。"

正说笑间,陆羽到了。吃罢早饭之后,几人在茶室闲话消食。陆羽自怀中掏出一个荷包,从中抽出几枚叶片递给皎然:"此叶是清晨我同一位茶农在山顶烂石间的一棵大树上摘的,你瞧瞧。"

皎然接过叶片,仔细看了会儿,又闻了闻味道,回答说:"这叶片应是茶种,却同咱们以前发现的那些略有不同。"

"是,我也觉得有些不一样,不过不太确定,这才拿来给你再看看。"陆羽点头答道。

皎然将叶片放进口中细细嚼着,陆羽急忙阻止说:"这才发现的茶种,也不知有毒没毒,你怎么就吃了!"

皎然无所谓地笑笑,回答说:"无妨,此茶味清甜芬芳,应是好的茶种。鸿渐,这茶树共有几棵,树旁是否有别的果木间生?"陆羽道:"树倒是只有一棵,却是野生无疑,旁有果树,只不知是什么果子。"

皎然在本子上边记录边道:"待天放晴后,上山去采一些鲜叶回来制茶试试,此茶应为茶中珍品。"

陆羽眼中顿时现出了光芒:"正好用它来试试咱们前几日想出的隔蒸法!"皎然笑而点头曰:"对,此茶虽然娇嫩,但极有内质,正好用隔蒸法激发茶性。"

皎然又问道:"上回你说煮茶时可不加咸醯,可曾试过?"

陆羽回答说:"不知不加咸醯是否会有青气,所以还未曾试,手边皆是好茶,都不舍得。再说前人煮茶一向加咸醯,想来是有些道理的。"

皎然道:"咸醯因为官贩,贵重难得,这才将其加入茶中,茶味鲜否倒在其次了。我倒觉得,不加咸醯方可品评茶之本味。"

陆羽说道:"只是今人吃惯了加醯之茶,不知又有几人能尝无醯之茶。"

皎然道:"茶也好,禅也好,原应归在一处的,与人何干。茶便是茶了,为什么依人的喜好呢?原本茶之事,最重为德,最宜精行俭德之人,德清自然茶纯,岂又是在醯中的。茶本难得,加之咸醯价贵,别说是贫民,就连一般人家也吃不起。何日农家商贾户户饮茶,那才是茶之归处。"

陆羽道:"只是茶清高珍贵,皇室大夫中还有人不谙其性,百姓家又怎知其味?"

皎然道:"胸怀中有茶,松针落叶莫不是茶了。"陆羽笑道:"至难。"皎然笑而不答。

三人吃茶清谈,至晚方散。

李季兰说琴谱忘了带回,让陆羽在前方等她,转身回去。远远地就见到皎然那飘然若仙的背影,她忽然觉得听到了自己的心跳声。李季兰站在了皎然的身后,见他正立于画案前挥毫书字。

她正要出声唤他的名字,他却已转身,向她笑说道:"季兰,来瞧瞧我新写的诗。"

李季兰怔在那里,半晌方回过神来,走到他的身旁,只见纸上墨痕未干的一首诗："天女来相试，将花欲染衣。禅心竟不起，还捧旧花归。"字是连绵洒脱，人亦然。

李季兰再三读着，含着泪苦笑。她拿起搁在砚旁墨犹未干的笔来，另铺了一张纸，写道："禅心已如沾泥絮，不随东风任意飞。"一滴未忍住的泪滴在"飞"字上，将墨洇化了开来。

李季兰将笔搁回原处，轻声道："我已经放下了。"皎然点了点头。

皎然送李季兰到门口，挥手向她道别。李季兰黯然地走出一段，终还是回头望了一眼。可皎然已不在那里……

整个故事读罢不由得使人叹息一声：多情的李季兰，心如止水的皎然，两人在琴声与茶香里视彼此为知己，却无法在感情世界中比翼双飞。皎然爱茶，也爱同道中人，可面对这样一个才貌俱佳的女子，却仍是一心不起，虽然令人感到遗憾，却能看出他宁静淡然的心境，与茶何其相似。

唐伯虎与祝枝山猜茶谜

唐伯虎与祝枝山不仅同为"江南四大才子"，私下里也是特别好的朋友，两人经常互相切磋画技，有时也互相猜谜。

一天，祝枝山刚走进唐伯虎的书斋，就被邀品茶猜谜。

唐伯虎笑着说："我正巧作了一条四字谜，如果你猜不出，恕不接待！"说完，唐伯虎吟出谜面："说话已到十二月，两人土上东西分。三人牵牛少只角，草木之中有一人。"

祝枝山想了一会儿，立刻得意地敲了敲茶几，说："倒茶来！"唐伯虎见祝枝山猜中了，顿时哈哈大笑，把他让到椅子上，并示意仆人上茶。原来，这个字谜的谜底正是"请坐奉茶"。

两人边喝茶边聊天，过了一会儿，祝枝山也出了一条谜语，让唐伯虎猜。谜面是："虽是草木中人，乐为百姓献身。不惜赴汤蹈火，要振吾民精神。"听罢，唐伯虎随即也说了一个谜面："深山坞里一蓬青，玉龙十爪摘我心。带到潼关火烧死，投进汤泉又还魂。"

祝枝山听后不解其意，唐伯虎笑着说："祝兄，我的谜即是你的谜，谜底都是'茶'字呀！"祝枝山听完恍然大悟，摇头一笑。

不知不觉间已经到了中午，祝枝山要告辞回去，临走前对唐伯虎说：

"伯虎兄，我还有个字谜要请你猜，夕上又加夕，言身寸旁立。王字出点头，大字去了一。"唐伯虎略一沉思，随即答道："祝兄何必客气，不必'多谢主人'，欢迎你再来寒舍。"

这个小故事，两人以茶为谜题，互相猜来猜去，别有一番趣味。由此我们也能看出，古代的文人雅士往往都喜茶爱茶，茶俨然成为他们生活中的一部分了。

杨维桢与茶

元代杨维桢的《煮茶梦记》是一篇优美的古代茶事散文，写得优美绝伦。

杨维桢是元代著名的文学家、书法家，平时嗜茶如命，对茶饮情有独钟。有一年冬天，杨维桢读书读到半夜三更，忽然向窗外望去，见窗前月光明亮，一枝梅影摇曳不息。顿时，他茶兴大发，唤来书童，从山后取来泉水，燃起竹炉，并从茶囊中取出一种名为凌霄芽的茶叶，让书童
烹茶，他则在一旁观赏，借以放松身心，缓解读书的疲惫。

随着竹炉的火温升高和渐渐响起的水沸声，杨维桢不知不觉竟然睡着了。他感觉到全身轻飘飘的，像是漂浮在云中一样，似乎有一股仙气，把他送到一个"清真银辉"的堂上。

这里有制作精美的紫桂榻，垂地的香云帘，随着微风浮动，流光溢彩，烟霞缭绕。杨维桢见此美景，竟作出一首《太虚吟》，唱到："道无形兮兆无声，妙无心兮一以贞……"这时，他看到许多仙子翩翩而至，其中一位穿着绿衣服的仙子来到他面前，说自己名叫淡香，小字绿花。淡香捧着太元杯，杯中盛着"太清神明之醴"，双手奉给杨维桢，称此汤能延年益寿。

杨维桢接过并饮之，作了一首词赠给淡香，词中这样写道："心不行，神不行，无而为，万化清。"淡香立刻取来纸笔，也作了一首歌回赠于他，歌中唱到："道可受兮不可传，天无形兮四时以言。妙乎天兮天天之先。天天之先复何仙。"

歌罢，祥云渐渐消退，淡香与众位仙子一同化作一阵白烟，飘然远去。

杨维桢忽然醒了过来，这才发觉原来是一场梦。此时月光仍然皎洁明亮，隐于梅花之间。一切还与先前相同，但梦中所遇的仙景却留在杨维桢的脑海中了。

后来，杨维桢为了记录这段神奇的经历，便写了《煮茶梦记》这篇优美绝伦的散文。人们在读过这篇散文之后，一定会觉得其中包含着美妙的韵味，这正是他在梦中所见到的图景啊！

什么是茶典？

我国对茶的研究有着悠久的历史，不仅为人类提供了有关茶种植生产的科学技术，也留下了很多记录茶业的书籍和文献。

在我国的茶业历史上，有很多专门研究茶业的专门人员，也有许多爱茶人，他们所留下的书籍和文献中记录了大量关于茶史、茶事、茶人、茶叶生产技术、茶具等内容，而这些书籍和文献就被后人统称为茶典。我国著名的茶典有：《茶经》《十六汤品》《茶录》《大观茶论》《茶具图赞》《茶谱》《茶解》等。

多数人的生活都较为清苦。

以茶为友。

不少古人将自己有关茶的经历和见闻记录下来，做成专门论述茶业的书籍和文献。

《茶经》：世界上第一部茶叶专著

《茶经》是唐代大师陆羽经过对中国各大茶区茶叶种植、采制、品质、烹煮、饮用及茶史、茶事、茶俗的多年研究，总结而成的一套关于茶的精深著作。全书共 7000 多字，分上、中、下三卷，所论一之源、二之具、三之造、四之器、五之煮、六之饮、七之事、八之出、九之就、十之图，共十大部分。书中对中国茶叶的历史、产地、功效、栽培、采制、烹煮、饮用、器具等都做了详细叙述。在此之前，中国还没有这么完备的茶叶专著，因此，《茶经》是中国古代第一部，同时也是最完备的一部茶叶专著。

> 一之源，讲茶的起源、性状；二之具，讲采茶制茶的工具；三之造，讲茶的品种及采制方法；四之器，讲煮茶、饮茶的器具；五之煮，讲煮茶方法及论水；六之饮，讲饮茶风俗及历史；七之事，讲茶事、产地、功效等；八之出，讲唐代重要茶区的分布及各地茶叶的优劣；九之就，讲根据实际情况采茶、制茶用具的灵活应用；十之图，讲教人用绢素写茶经。

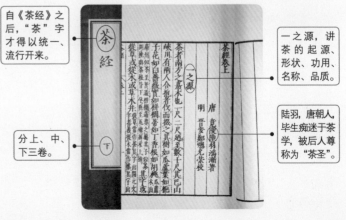

自《茶经》之后，"茶"字才得以统一、流行开来。

分上、中、下三卷。

一之源，讲茶的起源、形状、功用、名称、品质。

陆羽，唐朝人，毕生痴迷于茶学，被后人尊称为"茶圣"。

《煎茶水记》：我国第一部鉴水专著

《煎茶水记》是唐代张又新的著作，此书根据陆羽的《茶经》的五之煮，加以发挥，重点阐述了对水品的分析。此书全文仅仅九百余字，前半部分列举了刘伯刍所品的七水，后半部分列举了陆羽所品的二十水。

此书中将刘伯刍所说的七水加以扩大，品评为：庐山康王谷之水帘第一、无锡惠山泉水第二、蕲州兰溪之石下水第三、峡州扇子山下之石水第四、苏州虎丘寺水第五、庐山招贤寺下方桥之潭水第六、扬子江之南零第七、洪州西山之西东瀑布水第八、唐州桐柏县之淮之源第九、庐山龙池山之顾水第十、丹阳观音寺水第十一、扬州大明寺水第十二、汉江金州上游之中零水第十三、归州王虚洞下之香溪水第十四、商州武关西之洛水第十五、吴淞江水第十六、天台山西南峰之千丈瀑布水第十七、郴州之圆泉水第十八、桐庐之严陵滩水第十九、雪水第二十。

张又新，唐朝人，一生颠沛，尤嗜饮茶，对煮茶用水颇有心得。其所著《煎茶水记》是我国第一部专门评述煮茶用水的鉴水专著。

书中对煮茶的水论述十分详尽，并补充了《茶经》中对水的论述，为后人对煮茶水的鉴别、研究提供了根据。

《十六汤品》：最早的宜茶汤品专著

《十六汤品》是苏廙所著，苏廙约为晚唐五代或五代宋初人，是著名的候汤家、点茶家。

《十六汤品》全书只有一卷，书中认为汤决定了茶的优劣，书中将陆羽《茶经》中茶的煮法那章扩大，将汤分为十六种。书中将口沸程度分为三种，注法缓急分为三种，茶器种类分为五种，据薪炭燃料分为五种，总计十六汤品。

《十六汤品》是茶书中的冷门书，在固型茶被淘汰后，汤的神秘性也被破除，人们对汤的研究就不多了，但是《十六汤品》是最早的宜茶汤品，为随后汤品研究提供了依据，对茶道的贡献是不可抹杀的。

注汤的缓急。

汤的老嫩程度。

薪材。

煮汤器具。

《十六汤品》的出现说明人们已经由宏观茶学逐渐向更细微的微观茶学探寻、过渡。

蔡襄的茶书经典——《茶录》

《茶录》是宋代蔡襄所著。这部书分上下两篇，共八百多字。上篇论茶，下篇论茶器，侧重于烹制的方法。

《茶录》上篇中，主要叙述了茶的色、香、味，茶的储存以及碾茶、罗茶、候汤、火胁盏、点茶。在论述茶的香时，书中说茶不适合掺杂其他珍果香草，否则会影响茶本身的香味。书中还指出茶叶的香味受到产地、水土、环境等影响。下篇论述茶器中，主要是茶焙、茶笼、砧椎、茶钤、茶碾、茶罗、茶盏、茶匙和汤罐。书中从制茶工具、品茶器具等方面进行论述，都是值得后人借鉴的。

《茶录》不仅得到皇帝的鉴赏，还勒石传后世，对当时福建的茶业有很大的推动作用。

《大观茶论》：宋代茶书的代表

《大观茶论》共十二篇，主要是关于茶的各方面的论述。书中针对北宋时蒸青团茶的产地、采制、烹试、品质、斗茶风尚等进行的论述，内容详尽，论述精辟，是宋代茶书的代表作品之一，对宋代的茶品研究有很大的影响。其中，"点茶"一章尤为突出，论述深刻，从这方面我们也可以看出宋代时期我国茶叶的发展已经达到一个较高的水平，对后世研究宋代的茶道提供了宝贵资料。

《大观茶论》是宋徽宗赵佶的著作。他虽身为亡国之君，却在书画、茶学上造诣颇深。

《宣和北苑贡茶录》是一部什么样的论茶之作？

《宣和北苑贡茶录》是宋代熊蕃所著，作者根据自己的所见所闻而撰写此书，该书完成于宋宣和三年到七年，后有清朝汪继壕为此书做按语。

全书正文大约有1800多字，图38幅，旧注大约1000字，汪继壕按语约2000字。该书详尽记述了建茶沿革和贡茶的种类，并且有图可辨，可以清楚地了解当时贡茶的品种形制，而且注释和汪继壕的按语也是博采群书，便于考证，是研究宋代茶业的重要文献。

书中对当时北苑贡茶采制、品质的介绍全面而详细，对后人的研究意义非凡。

《茶具图赞》：我国第一部茶具专著

《茶具图赞》是宋朝申安老人的著作，书中主要介绍了十二种宋代的茶具图，并在每幅图的后面都加上了赞语，因此书名为茶具图赞，这也是我国第一部茶具的专著，以往的茶书中只是将茶具列为一部分，这部书单单研究茶具，写得很精细。

盒中内藏三只形状各异的杯碗。

盒盖表面浑厚、典雅的花纹。

耀州窑青釉剔花瓷盒（宋代）

书中的茶具有韦鸿胪、木待制、金法曹、石转运、胡员外、罗枢密、宗从事、漆雕秘阁、陶宝文、汤提点、竺副帅、司职方，分别是现代的茶炉、茶锤、茶压、石磨、茶匙、茶筛、茶刷、茶盘、茶杯、茶壶、刮水器、茶巾。其中茶锤、石磨、茶筛等是宋代制造团茶的专用器具，到明朝时这些器具已经没有了。

明代茶书《茶谱》

《茶谱》一书是明代朱权所著，是明代比较有特色的一部茶典，也是研究明代茶业的重要文献。朱权，明太祖朱元璋的十七子，号涵虚子、丹丘先生，谥号宁献王。全书共分十六章节，分别是序、品茶、收茶、点茶、茶炉、茶灶、茶磨、茶碾、茶罗、茶架、茶匙、茶筅、茶瓯、茶瓶、煎汤法、品水。书中记述详尽，内容丰富，涉及茶的很多方面，是一部参考价值很高的书，对后人的研究也有较大的影响。

《煮泉小品》：品茶用水专著

《煮泉小品》是明代田艺蘅所著。田艺蘅号上品下山，著有《大明同文集》《田子艺集》《留青日记》等。《煮泉小品》一书撰写于嘉靖三十三年，主要的版本有：宝颜堂秘籍本、茶书全集本、读说郛本、四库全书本。该书共分十个部分，记述考据都很齐全。该书不仅承袭了历代前人的精华，更通过亲身实地考察验证，结合自己的心得重新论述，有着非常高的参考价值。

古人对品茶用水格外讲究，《煮泉小品》是我国茶文化史中的又一个专论水品之作。

品茶专著《茶寮记》

《茶寮记》一书仅有大约 500 字，在《四库全书》中存目。主要的刊本有茶书全集本、宝颜堂秘籍本、夷门广牍本、说郛续本、古今图书集成本、丛书集成本。

该书在正文前有一篇引言，正文有七则，称为"煎茶七类"。全书分为人品、品泉、烹点、尝茶、茶候、茶侣、茶勋七则。每则都只有寥寥数语，对茶的鉴赏、烹制等内容涉及都不多，只是点到为止，并不能起到实际的作用，也没有进行深入的研究。

明代许次纾的《茶疏》

《茶疏》是明代许次纾所著，许次纾极其喜欢品茶，喜好茶的鉴赏，又得到吴兴姚、绍宪的指导，对茶理的研究很深。此书在《四库全书总目提要》中有存目，全书共约 4700 字，书中分 39 则，主要涉及茶品、采制、储藏、烹点等多个方面，在烹茶、品鉴方面也有着较为详细的评述，是明代具有代表性的茶书之一，是后人研究明代茶史的重要依据。《茶疏》对于明代初始的炒青技术有着最早的记录。

明代炒青绿茶加工揉捻工艺以冷揉为主，可保持色泽与香气。

《阳羡茗壶系》：关于宜兴紫砂壶的专著

《阳羡茗壶系》是明代著名学者周高起所著，其喜欢饮茶，对宜兴紫砂有着很深的研究。他将自己所见和以往传说的关于紫砂的工艺、制作家和相关事迹记录了下来，汇集成籍。该书分为"创始、正始、名家、雅流、神品、别派"等章节，论述了紫砂壶制作工艺的发展历程，各个制壶名家的生平、风格、流传器具等，是明代著名的研究紫砂壶著作，也是我国历史上第一本关于紫砂壶的专著。

紫砂壶是古今人们品茶论道的首选器具，而江苏宜兴出产的紫砂壶更是其中的极品。

《茶解》：论茶专著

《茶解》是明朝人罗廪所著，其自幼生长在茶乡，从小就深受茶文化的熏陶，喜爱茶艺。他生活的年代，政治腐败，社会黑暗，而他对现实不满，于是隐入山中，专心研究茶艺。他开辟了茶园，种植茶树，制造茶叶，鉴赏茶品，过着清心寡欲的生活，经过十年的时间，他以自己的亲身经历，再总结前人的经验，终于写成了《茶解》一书。

《茶解》的出世完全取决于个人脱离尘嚣之外的另一番实践与体悟。

《茶解》一书，对茶文化的传播与研究都有着很重要的作用，对后世的影响也很大，是众多茶典中的一部重要著作。

《茶史》：清代茶学专著

《茶史》是清代刘源长所著，是清代著名的关于茶的代表作品。全书共两卷，30个子目，上卷主要罗列茶的渊源、名品、采制、储藏以及历代名人雅士对茶学的论述与评鉴；下卷则主要记述了茶品鉴过程中所需了解的众多常识与古今名家的谏言，如选水、择器、茶事、茶咏等。

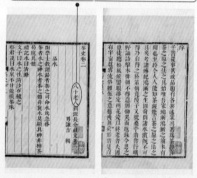
书中卷端自称"八十翁"，后人揣测实为暮年借以寄意汇编而成。

书中竭尽其能汇总了大量有关茶学方方面面的内容，对后人的研究起到一定的指导、推动作用，但由于过于繁杂而略显混乱。

何谓茶人？

"茶人"一词，历史上最早出现于唐代，单指从事茶叶采制生产的人，后来也将从事茶叶贸易和科研的人统称为茶人。

现代茶人分为三个类型：①专业从事茶叶生产和研究的人。包括种植、采制、检验、生产、流通、科研等人员。②和茶业相关的人。包括茶叶器具的研制、茶叶医疗保健、茶文化宣传、茶艺表演者等。③爱茶的人。包括喜爱饮茶的人、喜爱茶叶的人等。

古往今来的很多茶人，他们或精于茶学，或专于制茶，或单喜爱饮茶，为茶文化的发展提供着源源动力。

为什么白居易自称为"别茶人"？

白居易，字乐天，号香山居士，唐代著名的现实主义诗人。白居易一生嗜茶，对茶很偏爱，几乎从早到晚茶不离口。他在诗中不仅提到早茶、中茶、晚茶，还有饭后茶、寝后茶，是个精通茶道、鉴别茶叶的行家。白居易喜欢茶，他用茶来修身养性，交朋会友，以茶抒情，以茶施礼。从他的诗中可以看出，他品尝过很多茶，但是最喜欢的是四川蒙顶茶。

白居易嗜好诗、酒、茶、琴，曾作《谢六郎中寄新蜀茶》送友，以表感激之情。

白居易常以茶来宣泄郁闷，在诗中"从心到百骸，无一不自由""虽被世间笑，终无身外忧"，茶所带来的无尽妙处也是他爱茶的原因之一。

他的别号"别茶人"，是在《谢六郎中寄新蜀茶》一诗中提到的，诗中说："故情周匝向交亲，新茗分张及病身；红纸一封书后信，绿茶十片火前春；汤添勺水煎鱼眼，末下刀圭搅曲尘；不寄他人先寄我，应缘我是别茶人。"

卢仝与茶

卢仝，唐代诗人，他写的诗浪漫唯美。卢仝喜好品茶，他著的《走笔谢孟谏议寄新茶》诗，传唱千年，脍炙人口，尤其是"七碗茶歌"之吟："一碗喉吻润，二碗破孤闷。三碗搜枯肠，惟有文字五千卷。四碗发轻汗，平生不平事，尽向毛孔散。五碗肌骨清。六碗通仙灵。七碗吃不得也，唯觉两腋习习清风生。"他的"七碗茶歌"不仅在国内广泛流传，而且在日本也广为传颂，并演变为茶道："喉吻润、破孤闷、搜枯肠、发轻汗、肌骨清、通仙灵、清风生"。日本人对卢仝十分崇敬，经常把他和"茶圣"陆羽相提并论。

喝到第七碗茶时，感到两腋生风、飘飘欲仙。

在饮茶的前六个不同阶段，各有不同的感受与功效。

卢仝著有《茶谱》，被世人尊称为"茶仙"。

卢仝的"七碗茶歌"对后世影响颇大，许多人在品茶时，都会吟道："何须魏帝一九药，且尽卢仝七碗茶。"

423

欧阳修与茶有关的作品

欧阳修的一生，在官场上有四十一年，期间起伏跌宕，但是他始终坚守自己的情操，就像好茶的品格一样。在晚年他曾写道：吾年向老世味薄，所好未衰惟饮茶。从中可以看出，他对官场沉浮的感叹，也表达了自己嗜茶的爱好。

欧阳修写茶的诗并不是很多，但却都很精彩。他还为蔡襄的《茶录》做了序。他喜欢双井茶，因此做了一首《双井茶》的诗，诗中描写了双井茶的特点以及茶和人品的关系。此诗为：西江水清江石老，石上生茶如凤爪。穷腊不寒春气早，双井芽生先百草。白毛囊以红碧纱，十斤茶养一两芽。宝云日铸非不精，争新弃旧世人情。群不见，建溪龙凤团，不改旧时香味色。

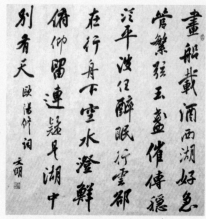

《采桑子·画船》"载酒西湖好"为欧阳修所题，其是北宋著名政治家、文学家，唐宋八大家之一。

欧阳修和北宋诗人梅尧臣有着很深的友谊，经常在一起品茗作对，欧阳修作了一首《尝新茶呈圣俞》送给梅尧臣，诗中赞美了建安龙凤团茶，从诗中可以看出，欧阳修认为品茶需要水甘、器洁、天气好，而且客人也要志同道合，这才是品茶的最高境界。

蔡襄对茶业的贡献

蔡襄，字君谟，是宋代的著名书法家，被世人评为行书第一，小楷第二，草书第三，和苏轼、黄庭坚、米芾共称为"宋四家"。他是宋代茶史上一个重要的人物，著有《茶录》一书，该书自成一个完整体系，是研究宋代茶史的重要依据。

龙凤茶原本为500克八饼，蔡襄任福建转运使后，改造为小团，即500克二十饼，名为"上品龙茶"，这种茶很珍贵，欧阳修曾对它有很详细的叙述，这是蔡襄对茶业的伟大贡献之一。在当时，小龙凤茶是朝廷的珍品，很多朝廷大臣和后宫嫔妃也只能观其形貌，而不能亲口品尝，可见其珍贵性。

《渑水燕谈录》曾评说："一斤二十饼，可谓上品龙茶。仁宗尤所珍惜。"

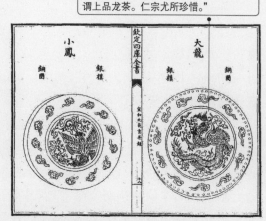

龙凤茶是宋代最著名的茶，有"始于丁谓，成于蔡襄"的说法。

东坡居士嗜茶

在苏轼的日常生活中，茶是必不可少的东西，在一天中无论做什么事都要有茶相伴。在苏轼的诗中有很多关于茶的内容，这些流传下来的佳作脍炙人口，从中也可以看出他对茶的喜爱。

他在《留别金山宝觉圆通二长老》一文中写道"沐罢巾冠快晚凉，睡余齿颊带茶香"，这是说睡前要喝茶；在《越州张中舍寿乐堂》一文中有"春浓睡足午窗明，想见新茶如泼乳"，说的是午睡起来要喝茶；在《次韵僧潜见赠》中提到"簿书鞭扑昼填委，煮茗烧栗宜宵征"，这是说在挑灯夜战时要饮茶；当然，在平日的填诗作文时茶更是少不得。

饮茶过程中所追求的自然、恬淡意境极符合苏轼的脾性，弥漫的茶香总能冲淡阴霾，激起万丈的豪情。

苏轼虽然官运不顺畅，可是因为数次被贬，到过的地方也很多，在这些地方，他总是寻访当地的名茶，品茗作诗。苏轼在徐州当太守时，有次夏日外出，因天气炎热，想喝茶解渴解馋，于是就向路旁的农家讨茶，因此写了《浣溪沙》一词："酒困路长睡欲睡，日高人渴漫思茶，敲门试问野人家"，词中记录的就是当时想茶解渴的情景。

黄庭坚把茶比作故人

黄庭坚（1045—1105）是北宋洪州分宁人（今江西修水），中国历史上著名的文学家、书法家，与苏轼、米芾和蔡襄并称书坛上的"宋四家"。除了爱好书法艺术，黄庭坚还嗜茶，年少时就以"分宁茶客"而名闻乡里。

黄庭坚40岁时，曾作一篇以戒酒戒肉为内容的《文愿文》，文曰："今日对佛发大誓，愿从今日尽未来也，不复淫欲，饮酒，食肉。设复为之，当堕地狱，为一切众生代受头苦。"此后20年，黄庭坚基本上依自己誓言而行，留下了一段以茶代酒的茶人佳话。

黄庭坚书法气势磅礴，被后人所敬仰、效仿。

除了饮茶，黄庭坚还是一位弘扬茶文化的诗人，涉及摘茶、碾茶、煎水、烹茶、品赏及咏赞茶功的诗和词比比皆是，现今尚有十首流传于世的茶诗，如赠送给苏东坡的《双井茶送子瞻》。双井茶从此受到朝野大夫和文人的青睐，最后还被列入朝廷贡茶，奉为极品，盛极一时。

黄庭坚早年嗜酒和茶，后因病而戒酒，唯有借茶以怡情，故称茶为故人。

擅长茶艺的宋徽宗

宋徽宗，即赵佶，是宋神宗的十一子。赵佶在位期间，政治腐朽黑暗，可以说他根本就没有治国才能，但是他却是精通音律、书画，对茶艺的研究也很深。他写有《大观茶论》一书，这是中国茶业历史上唯一一本由皇帝撰写的茶典。

他的《大观茶论》，内容丰富，见解独到，从书中可以看出北宋的茶业发达程度和制茶技术的发展状况，是研究宋代茶史的重要资料。《大观茶论》中，还记录了当时的贡茶和斗茶活动，对斗茶的描述很详尽，可以从中看出宋代皇室对斗茶很热衷，这也是宋代茶文化的重要特征。

独创书法"瘦金体"，笔锋瘦直舒展，行如刀锋。

抚琴者气沉神凝，仿佛指尖的音律在青松翠竹间盘旋。

听琴者全神贯注地聆听，一副心领神会的样子。

宋徽宗沉湎享乐，有着极高的艺术造诣，乐律、书画无所不精，常设茶宴会见大臣。

嗜茶大诗人陆游

陆游，字务观，号放翁，宋代爱国诗人。他是一位嗜茶诗人，和范成大、杨万里、尤袤并称为"南宋诗词四大家"。他的诗词中有关茶的诗词多达320首，是历史上写茶诗词最多的诗人之一。

陆游生于茶乡，出任茶官，晚年又隐居茶乡，他的一生都和茶息息相关，他的茶诗词，被认为是陆羽《茶经》的序，可见他对茶的喜爱和研究都是很深厚的。在日常生活中，陆游喜欢亲自煮茶，他的诗文中，也有很多记录煮茶心情的诗句，比如"归来何事添幽致，小灶灯前自煮茶"等。

茶韵中的风雅、苦节不仅与陆游脾性相似，更是他创作诗词的源泉。

朱熹现存于世的茶诗

淳熙十年，朱熹在武夷山兴建武夷精舍，开门收徒，传道授业。此处也是他朋友聚会的场所，他和朋友在这里斗茶品茗，吟诗作对，以茶会友，以茶论道。

据说，在武夷山居住时期，朱熹还亲自去茶园采茶，并自得其乐。《茶坂》一诗中说道：携赢北岭西，采撷供名饮。一啜夜心寒，羝跌谢蠹影。还有一首《咏武夷茶》，内容为：武夷高处是蓬莱，采取灵芽余自栽。芳菲镇长在，谷寒蜂蝶未全来。红裳似欲留人醉，锦幛何妨为客开。咀罢醒心何处所，近山重叠翠成堆。

朱熹，是中国继孔子之后的儒学思想代表人物，宋代著名理学家、教育家、诗人，更是一位嗜茶爱茶的智者。

朱权的饮茶新主张

朱权，明太祖朱元璋的十七子，封宁王，对茶道颇有研究，著有《茶谱》一书。

他在《茶谱》中写道："盖羽多尚奇古，制之为末，以膏为饼。至仁宗时，而立龙团、凤团、月团之名，杂以诸香，饰以金彩，不无夺其真味。然天地生物，各遂其性，莫若叶茶。烹而啜之，以遂其自然之性也。予故取烹茶之法，末茶之具，崇新改易，自成一家。"从这段话中可以看出他对饮茶的独到见解，而从他之后，茶的饮法逐渐变成现今直接用沸水冲泡的简易形式。

他还明确指出了茶的作用：助诗兴、伏睡魔、倍清淡、中利大肠，去积热化痰下气、解酒消食、除烦去腻等。他认为饮茶的最高境界就是："会泉石之间，或处于松竹之下，或对皓月清风，或坐明窗静牖，乃与客清淡款语，探虚立而参造化，清心神而出神表。"

朱权改革了传统的品饮方式和茶具，提倡形式从简，开创了清饮的风气，形成一套简便新颖的饮茶法。

以茶代酒的起源

据《三国志·吴志·韦曜传》记载，吴国第四代皇帝孙皓（242—283），嗜酒好饮。每次设宴，客人都不得不陪着他喝酒，至少也得喝酒七升，"虽不尽入口，皆浇灌取尽"。但朝臣韦曜例外，他博学多闻，深得孙皓的器重，但就是酒量小。所以，孙皓常常为韦曜破例，一发现韦曜无法拒绝客人的敬酒，就"密赐茶，以代酒"，这是我国历史记载中发现最早"以茶代酒"的案例。

皇帝孙皓经常暗暗赐茶给韦曜，以喝茶代替喝酒。

陆纳用茶果待客

晋朝的陆纳，虽然位居高官，可是却是一个勤俭朴素的人，传说中他也是第一个用茶果待客的人。

南朝宋《晋中兴书》中记载着这样一件事情：卫将军谢安前来拜访陆纳，谢安来到之后，陆纳仅拿出茶和果品招待他。陆俶看见叔叔并没有其他招待的东西，就将自己准备的筵席拿出来招待客人。陆纳当时没有说什么，等客人走后，立刻打了陆俶四十棍，并训斥他说："汝既不能光益叔父，奈何秽吾素业。"陆纳不能容忍侄子的铺张浪费，认为他败坏了自己的名声。

陆纳的侄子陆俶看见叔父没有做任何宴客的准备，于是就自作主张准备了丰盛的美味佳肴。

郑可简献茶谋官

北宋时期，斗茶活动十分兴盛，上至帝王大臣，下至平民百姓，无一不好斗茶者。为了满足宋徽宗的喜好，王公大臣更是以各种名目征收贡茶。据《苕溪渔隐丛话》记载，宣和二年（公元1120年），漕臣郑可简创制了一种以"银丝水芽"制成的"方寸新"，此团茶色如白雪，故名为"龙园胜雪"。

宋徽宗一见果然大喜，重赏了郑可简，封他为福建路转运使。郑可简从好茶那里得到好处，便一发不可收拾，又命侄子到各地山谷去搜集名茶奇品，他的侄子发现名茶"朱草"，郑可简便让自己的儿子拿着这种"朱草"进贡，儿子也因贡茶而得重赏。

人们对献茶谋官的荒唐晋级法嗤之以鼻，讽刺其为"父贵因茶白，儿荣为草朱"。

"吃茶去"

唐代时期赵州观音寺有一个高僧名叫从谂禅师，人称"赵州古佛"，他喜爱饮茶，不仅自己爱茶成癖，还积极倡导饮茶之风，他每次在说话之前，都要说一句："吃茶去"。

据《广群芳谱·茶谱》引《指月录》中记载："有僧至赵州，从谂禅师问：'新近曾到此间么？'曰：'曾到。'师曰：'吃茶去。'又问僧，僧曰：'不曾到。'师曰：'吃茶去。'后院主问曰：'为什么曾到也云吃茶去，不曾到也云吃茶去？'师召院主，主应诺，师曰：'吃茶去'"从此，人们认为吃茶能悟道，"吃茶去"也就成了禅语。

千里送惠泉

李德裕是唐武宗时的宰相，善于鉴水，宋代唐庚的《斗茶记》中就记载了他嗜惠山泉而不惜代价的故事。

无锡惠山泉曾被茶圣陆羽列为天下第二泉。李德裕听说惠山泉的美名，就很想尝尝山泉水的甘甜，但无锡离长安远距千里，这个梦想很难实现。唐德宗贞元五年，宫廷为了喝到上等的吴兴紫笋茶，就下旨吴兴每年贡茶必须一日兼程，赶在清明节前送到长安，是为"急程茶"。于是，李德裕借机利用职权，传令在两地之间设置驿站，从惠山汲泉后，由驿骑站站传递，不得停息，人称"水递"。

陆羽鉴水

据唐代张又新的《煎茶水记》中记载，唐代宗时，湖州刺史李季卿到维扬（今天扬州）会见陆羽。他见到神交已久的茶圣，对陆羽说："陆君善于品茶是天下人皆知，扬子江南零水质也天下闻名，此乃两绝妙也，千载难逢，我们何不以扬子江水泡茶？"于是吩咐左右执瓶操舟，去取南零水。在取水的同时，陆羽也没闲着，将自己平生所用的各种茶具一一放置停顿。一会儿，军士取水回来，陆羽用杓在水面一扬，就说道："这水是扬子江水不假，但不是南零段的，应该是临岸之

水。"军士嘴硬，说道："我确实乘舟深入南零，这是有目共睹的，我可不敢虚报功劳。"陆羽默不作声，只是端起水瓶，倒去一半水，又用水杓一扬，说："这才是南零水。"军士大惊，这才据实以报："我从南零取水回来，走到岸边时，船身晃荡了一下，整瓶水晃出半瓶，我怕水不够用，这才以岸边水填充，不想却逃不过大人你的法眼，小的知罪了。"

李季卿与同来数十个客人对陆羽鉴水技术的高超都十分佩服，纷纷向他讨教各种水的优劣，将陆羽鉴水的技巧一一记录下来，一时成为美谈。

"苦口师"的掌故

皮光业是唐代著名诗人皮日休之子，他自幼聪慧，能文善诗，有皮日休盛年的风范，吴越天福二年（937年）拜丞相。除了诗文，皮光业还嗜茶，善谈论，对茶颇有研究。一天，皮光业的表兄弟设宴待客，请他来品赏新柑。那天，宴席颇丰，当地的达官贵人云集。皮光业一进门，对表兄弟的新鲜甘美橙子视而不见，却急呼要茶喝。表兄弟急忙捧上一大瓯茶汤，皮光业手持茶碗，即兴吟道："未见甘心氏，先迎苦口师"。由于皮光业的盛名，"苦口师"很快成了茶的雅号流传开来。

陆卢遗风

陆卢遗风指的是要发扬陆羽和卢全的茶道精神、品茶技艺、茶德茶风。陆卢遗风中的"陆"是指茶圣陆羽，他一生爱茶研究茶，著作了第一本茶典《茶经》，对茶业做出了巨大的贡献，对后世的茶业有着很大影响，被世人誉为"茶仙""茶神"。"卢"是指唐代诗人卢全，他一生爱茶，写过很多关于茶的诗歌、对联，流传至今，千年不衰。他的诗歌《走笔谢孟谏议寄新茶》，脍炙人口，是茶诗中的佳作。

驿库茶神

唐代李肇的《国史补》中有一个这样的记载："江南有驿吏，以干事自任。典群者初至，吏白曰：'驿中已理，请一阅之。'刺史乃往，初见一室，署云酒库，诸酝毕熟，其外画一神，刺史问：'何也？'答曰：'杜康。'刺史曰：'公有余也。'又一室，署云茶库，诸茗毕贮，复有一神，问曰：'何？'曰：'陆鸿渐也。'刺史亦善之。又一室，署云菹库，诸菹必备，亦有一神，问曰：'何？'吏曰：'蔡伯喈。'刺史大笑曰：'不必置此。'"

《国史补》中记载的这段话，说的是陆羽在驿库和茶店被供奉的事，这个故事被后人称为"驿库茶神"，从中可以看出唐代对茶神崇拜的民风民俗。

"今日有水厄"

水厄的原意是不幸的人遭遇溺死之灾。在历史中三国魏晋之后，上至帝王将相，下至黎民百姓，日常生活逐渐开始普及饮茶之道，而那些起初对饮茶知之甚少甚至有些许排斥的人，常将饮茶的活动戏称遭到"水厄"。

"水厄"一词出自《世说新语》。晋代司徒长史王蒙嗜茶如命，不仅自己经常喝茶，还经常邀请客人陪着他一起饮茶。在当时，很多士大夫都不习惯饮茶，却又不好推脱，于是每次大家到王蒙家做客或是被邀前往时，都心中战战兢兢，并互称此次之行为"今日有水厄"。

乞赠密云龙

宋代周辉在《清波杂志》中有一个这样的记载："自熙宁后，始贡'密云龙'。每岁头纲修贡，奉宗庙及供玉食外，赍及臣下无几，戚里贵近乞赐尤繁。"

这段话中的"密云龙"是团茶中的极品，是每年朝廷的贡品，因为难得，朝廷把它赏赐给朝臣，来笼络他们的心。"密云龙"茶赏赐的对象不同，用的茶袋颜色也不相同，黄色茶袋是宫廷的专用，绯色茶袋才是臣僚所用。

李师中宽茶税

在《宋史·李师中传》有这样一个记载："北宋熙宁初，李师中任洛川知县，时民负官茶直十万缗，追索甚重。师中为脱桎梏，语之曰：'公钱无不偿之理，宽与汝期，可乎？'皆感泣听命。"

这个记载讲的是李师中收茶税的掌故，李师中当时在洛川任知县，当地茶农欠缴茶税，但却不能一次付清，于是他命每乡设置一柜，让茶农每天分缴所欠，登记在账簿上，直到税赋交清为止，这种宽期完税、化整为零的方法，使茶农将所欠茶税全都缴清了。

蔡襄辨茶

宋代彭乘的《墨客挥犀》中有这样的记载："蔡君谟善辨茶，后人莫及。建安能仁院有茶生石缝间，寺僧采造，得茶八饼，号石岩白，以四饼遗君谟，以四饼密遣人走京师，遗王内翰禹玉。岁余，君谟被召还阙，访禹玉。禹玉命子弟于茶笥中，选取茶之精品者碾待君谟。君谟捧瓯未尝，辄曰：'此茶极似能仁石岩白，公何从得之？'禹玉未信，索茶贴验之，乃服。"

蔡襄不仅能分辨出茶的品种产地，甚至相传其连差异很小的大小团茶泡在同一杯茶中也能辨别出来，可见其优秀辨茶能力。

蔡襄是历史上有名的茶人，对茶品颇有研究。

晋公立茶法

宋代魏泰的《东轩笔录》有这样的记载："陈晋公为三司使。将立茶法……语副使宋太初曰：'吾观上等之说，取利太深，此可行于商贾，而不可行于朝廷；下等固减裂无取；唯中等之说，公私皆济，吾裁损之，可以经久，遂立三等之茶叶税法。行之数年，货财流通，公用足而民富实。"晋公将茶叶税分为三等，根据不同的茶叶征收不同的税款，后来所立的茶叶税，都不如晋公的税法。

茶墨之辩

宋代张舜民的《画墁录》有这样的记载："司马光云，茶墨正相反。茶欲白，墨欲黑；茶欲新，墨欲陈；茶欲重，墨欲轻。如君子小人不同。"

喜爱饮茶的司马光邀请好友斗茶品茗。席间，他和苏东坡茶品不相伯仲，只因苏东坡取用隔年的雪水烹茶而占了上风。苏东坡得意洋洋，司马光却不服气地说："茶欲白，墨欲黑；茶欲新，墨欲陈；茶欲重，墨欲轻。君何以同爱两物？"苏东坡沉着地回答："奇茶妙墨俱香，是其德同也；皆坚，是其操同也；譬如贤人君子，黔晰美恶不同，其德操一也。公以为然否？"众人听了都很佩服，从此茶墨之辩的故事就流传了开来。

东坡梦泉

北宋苏东坡的《参寥泉铭》有这样的一段话："真即是梦，梦即是真。石泉槐火，九年而信。"

这句话记述的就是东坡梦泉的故事。在熙宁四年到七年期间，苏东坡任杭州通判，和诗僧道潜交往甚深。元丰三年时苏东坡居住在黄州，有天晚上他梦见道潜拿着一首诗来见他，他醒来时只记得诗中的两句："寒食清明都过了，石泉槐火一时新。"在梦中苏问道："火故新矣，泉何故新？"道潜回答说："俗以清明淘井。"九年后，苏东坡再次来到杭州，前去拜访道潜，道潜对他说道："舍下旧有泉，出石间，是月又凿石得泉，加洌。参寥子撷新茶，钻火煮泉而瀹之。"这个情景和九年前的梦境一样，苏东坡很吃惊，就创作了《参寥泉铭》。

得茶三昧

北宋杭州南屏山麓净慈寺中的谦师精于茶事，尤其对品评茶叶最拿手，人称"点茶三昧手"。苏东坡曾有一首诗《送南屏谦师》就是为他而作："道人晓出南屏山，来试点茶三昧手。"明代韩奕的《白云泉煮茶》诗："欲试点茶三昧手，上山亲汲云间泉。"

关于"茶三昧"，各人的理解也略有不同。陆树声曾在《茶寮记》中说："终南僧明亮者，近从天池来。饷余天池苦茶，授余烹点法甚细。……僧所烹茶，味绝清，乳面不黟，是具入清净味中三昧者，要之此一昧，非眠云跋石人，未易领略。"

茶三昧得之于心，应之于手，非可以言传学到。

唐庚失具

北宋文人唐庚在茶具丢失后作了一篇《失茶具说》："吾家失茶具，戒妇勿求。妇曰：'何也？'吾应之曰：'彼窃者必其所好也。心之所好则思得之，惧吾靳之不予也，而窃之。则斯人也得其所好矣。得其所好，则宝之，惧其泄而密之，惧其坏而安置之，则是物也得其所托矣。人得其所好，物得其所托，复何求哉！'妇曰：'嘻！焉得不贫？'"这里说的是唐庚在丢失茶具之后，将这件事情展开了议论，富有哲理，讽刺意味很深。

李清照饮茶助学

南宋李清照《金石录后序》："李清照偕夫闲居青州，每获一书，即共同校勘，整集签题，得书画彝鼎，亦摩玩舒卷，指摘疵病。夜尽一烛为率。……余性偶强记，每饭罢，坐归来堂，烹茶，指堆积书史，占某事在某书某卷第几页第几行，以中否决胜负，为饮茶先后。"

李清照与丈夫赵明诚常在一起读书钻研，并以茶为奖励促进学习，后被人传为美谈。

当年，李清照和丈夫赵明诚回到青州故居，两人每天吃过饭后，就会做"饮茶助学"的游戏，赢了的人先品茶，以茶为彩头来促进学习，他们很喜欢这种游戏，每每玩得不亦乐乎。

桑苎遗风

南宋陆游《八十三吟》："石帆山下白头人，八十三年见早春。自爱安闲忘寂寞，天将强健报清贫。枯桐已爨宁求识？弊帚当捐却自珍。桑苎家风君勿笑，他年犹得作茶神。"

大诗人陆游自名"老桑苎"，他很崇敬陆纳的桑苎家风，并且将其作为自己的家风，传承延续；同时，陆游又很敬佩陆羽恬淡的志趣和简朴的风格。这种勤俭自持、鄙弃浮华、崇尚恬淡、喜好事茶，有着茶友的高洁情怀和雅士的操行，这些就是"桑苎家风"，也被称为"桑苎遗风"。

陆游在湖州苕溪隐居著书时，自称"桑苎翁"，并将所住的草庐称为"桑苎庐"。

"且吃茶"

元代蔡司沾的《寄园丛话》中有这样一段话："余于白下获得一紫砂壶，镌有'且吃茶'，'清隐'草书五字，知为孙高士遗物。"

紫砂壶在以前只是一般的生活用品，并没有什么艺术性，人们对其也没有太多的研究。"且吃茶"是文人撰写壶名的发端，从此后，给紫砂壶命名也成为文人雅士的乐趣，后来还在紫砂壶上题诗作画，这也使紫砂茶壶从一般的日用品演变为艺术品。

从来佳茗似佳人

明代张大复《梅花草堂笔谈》："冯开之先生喜饮茶，而好亲其事，人或问之，答曰：'此事如美人，如古法书画，岂宜落他人之手！'"在苏轼的《次韵曹辅寄壑源试焙新茶》中也诗曰："戏作小诗君一笑，从来佳茗似佳人。"

爱茶之人，对茶都有一种特殊的感情，视茶为珍宝，因此常把"佳茗"比作"佳人"，这也说明了文人雅士对茶的眷恋，并对茶的品性给予了很高的评价。旧时杭州涌金门外藕香居茶室有副对联就用了苏轼的诗句："欲把西湖比西子，从来佳茗似佳人"。

张岱品茶定交

明代张岱《陶庵梦忆》："周墨能向余道，闵汶水茶不置口。戊寅九月，至留都，抵岸，即访闵汶水于桃叶渡。"

这段话记述张岱和闵汶水品茶定交的故事。闵汶水擅长煮茶，被人称为闵老子。许多路过他家的人都会前去拜访，为的是欣赏他的茶艺。

张岱前去桃叶渡拜访闵汶水时，闵刚好外出，张岱就在那等了很久，闵汶水的家人问他为何不离开，张岱回答说："慕闵老久，今日不畅饮闵老茶，决不去！"闵汶水回到家中，听到有客来访，赶紧"自起当炉。茶旋煮，急如风雨。导至一室，明窗净几，荆溪壶、成宣窑瓷瓯十余种，皆精绝。灯下视茶色，与瓷瓯无别，而香气逼人。"看到这样的茶艺，张岱连连叫好！品茶时，闵汶水说茶为"阆苑茶"，水是"惠泉水"。张岱品尝过后，觉得不对劲，就说："茶似阆苑制法而味小似，何其似罗蚧甚也。水亦非普通惠泉。"闵汶水听后很是敬佩，就回道："奇！奇！"然后将实情告诉了张。

张岱又说："香朴烈，味甚浑厚，此春茶耶？向瀹者的是秋茶。"汶水回答说："余年七十，精尝鉴者无客比。"闵张二人在一起就茶的产地、制法和采制，水的新陈、老嫩等茶事展开了辩论，两人志同道合，最终成为至交，成就一段佳话。

仁宗赐茶

宋代王巩的《甲申杂记》中有这样的记载："初贡团茶及白羊酒，惟见任两府方赐之。仁宗朝，及前宰臣，岁赐茶一斤，酒二壶，后以为例。"

这段话说的是宋仁宗改革赐茶旧制的事情。宋仁宗将原先赐茶的制度改革，并将赏赐范围扩大，原先的前任宰臣是没有资格得到赏茶的，可是仁宗为了显示其皇恩浩荡，就将前任宰臣也包括在赐茶范围内，每年赐茶 500 克，赐酒两壶。

乾隆量水

中国历代皇帝中，恐怕很少有人如清代的乾隆那样喜茶好饮，不仅嗜茶如命，为茶取名字，吟诗，作文，还自创了饮茶鉴水的方法。

众所周知，中国自唐代陆羽以来的各个品茗爱好者，都对全国各地的水作了专门的评定，许多泉水的排列似乎已成定论，各水与茶的组合也成为约定俗成。如谚语："龙井茶，虎跑水"，说明以杭州的虎跑泉水煮杭州的龙井茶是绝妙的搭配，二者相得益彰，天生一对。但乾隆却不以为意，而是用自己的方法再亲自做鉴定。

乾隆鉴定的方法也与众不同，用特制的银斗以水质的轻重来分上下，他认为水质轻的品质最好。用他的方法来测定，北京海淀镇西面的玉泉水为第一，镇江中泠泉次之，无锡的惠泉和杭州的虎跑又次之。

但是，由于路途上的颠簸，玉泉水味道不免有所改变。乾隆便以水洗水，制造出"再生"玉泉水。具体做法是，用一大器皿，放上玉泉水，做好刻度标记，再加入其他同量的泉水，二者搅拌，静置后，不洁之物沉入水底，上面清澈明亮的"轻水"便是玉泉水。据说，乾隆这种以水洗水使玉泉水"复活"的做法效果很不错，倒出之后还有一种新鲜感，几乎跟新鲜的玉泉水一样呢！

此外，乾隆还对雪水进行了测试，他认为雪水最轻，是上好的煮茶水，可与玉泉相媲美。但由于雪水不属于泉水，所以不在名水之列。

重华宫茶宴

重华宫茶宴是清代的朝廷规礼之一，是从乾隆年间开始的。每年中元节过后三天，皇帝在重华宫设茶宴，邀请大臣中善于吟诗作赋的人，大家欢聚在一起，品茗作诗，是一种皇宫宴席。

在康熙二十一年正月，康熙在乾清宫大宴百官，93 人仿照"柏梁体"依次联句。后来，在雍正四年，有 99 人在乾清宫宴会联句。到了乾隆年间，乾隆将酒宴改为以雪水、松实、梅花、佛手配的"三清茶"以及果品待客的"茶宴"，并将地点改在重华宫，还制定了每次参与联句只有 28 人的制度，在乾隆在位年间，茶宴总共举办过43 次。在嘉庆元年，乾隆将重华宫茶宴定为"家法"，至咸丰时期才停止。

"才不如命"的掌故

"才不如命"出自"他才不如你，你命不如他"这句话，这是明朝开国皇帝朱元璋说的。明代文学家冯梦龙在《古今谭概》有记载：明太祖朱元璋到国子监视察，有个厨师为他送来一杯热茶。朱元璋喝了这茶后觉得很满意，于是就下诏，赐予那个厨师顶冠束带，封他为官。

国子监有个老生员看到了这个情景，心里很有感触，不禁仰天长叹，吟出两句诗："十载寒窗下，何如一盏茶！"意思就是说自己寒窗苦读十年，可是也没有当上官，可以一个厨师因为一杯热茶，就被封了官，实在是太不公平了！朱元璋听见了老生员吟的诗，于是便说道："他才不如你，你命不如他。"这就是才不如命的掌故。

板桥壶诗

板桥壶诗说的是郑板桥曾做过的一首《咏壶》诗，诗的内容为：

嘴尖肚大耳偏高，才免饥寒便自豪；

量小不能容大物，两三寸水起波涛。

这是一首以物喻人的讽刺诗，郑板桥在诗中用茶壶讽刺那些眼高手低，自命不凡，却妒忌别人的人，这些人就像是半桶水，不能承受太多的事物，却还要造声势，空有其表，没有内涵。

良马换《茶经》

唐末时期，我国的茶马交易已经很盛行。这年，唐使按照往年惯例，在边关囤积了一千多担上等的茶叶，准备和别国换取急需的战马。

回纥的使者也按照每年的惯例带着马匹来到边关交易，可是他却拒绝了原来的贸易交易品，要求换取一本《茶经》。唐使虽然从来没有见过《茶经》这本书，但是用一本书换一千匹马，是很合算的，于是和对方签订了合约。唐使签了合约后，连夜奔波赶回朝廷，将此事报告给朝廷。可是满朝文武却都不知道《茶经》这本书，将书库翻遍了也找不到此书。

这时，太师忽然想起江南有位品茶名士，或许《茶经》就是他所写的。于是皇帝派人快马前往江南寻找那位高人，但是眼看两国约定的期限就快到了，还是没有找到陆羽和《茶经》。朝廷上下都在为此事焦急着，忽有一日，一个秀才拦住朝廷使者的马，大声喊说："我乃竟陵皮日休，特向朝廷献宝。"使者问："你有何宝要献啊？"皮日休当即捧出《茶经》三卷。

使者看见后心中惊喜不已，赶忙下马跪接道谢，并说道："有此宝书，换得战马千匹，平叛宁国有望矣！"从此以后，陆羽的《茶经》名扬海内，成为种茶、品茶的珍贵书籍。

袁枚品茶的传说

袁枚生活在清代乾隆年间，号简斋，著有《随园诗话》一书。他一生嗜茶如命，特别喜欢品尝各地名茶。他听说武夷岩茶很有名，于是想要品尝。他来到武夷山，但是尝遍了武夷岩茶，却没有一个中意的滋味，因此他失望地说道："徒有虚名，不过如此。"

他得知武夷宫道长对品茶颇有研究，于是便登门拜访。见了道长之后，袁枚问道："陆羽被世人称为茶圣，可是在《茶经》中却没有写到武夷岩茶，这是为什么呢？"道长笑笑没有回答，只是把范仲淹的《斗茶歌》拿给他看。袁枚读过这本书，可是觉得词写得很夸张，心中有些不以为然。道长明白他的心思，因而说道："根据蔡襄的考证，陆羽并没有来过武夷，因而没有提到武夷岩茶。从这点可以说明陆羽的严谨态度。您是爱茶之人，不妨试试老朽的茶，不知怎样？"

袁枚按照道长的指示，慢慢品尝着茶，茶一入口，他感到一股清香，所有的疲劳都消失了。这杯茶和以前所喝的都不相同，于是他连饮五杯，并大声叫道"好茶"！袁枚很感谢道长，对道长说道："天下名茶，龙井味太薄，阳羡少余味，武夷岩茶真是名不虚传啊！"

雪芹辨泉的传说

传说《红楼梦》的作者曹雪芹，是个爱泉嗜茶的人，曾经有很长时间他都居住在香山白旗村。曹雪芹和鄂比是好朋友，经常在一起散步，还会一并上法泉寺南的品香泉打水回家泡茶。

这天，外面下雨了，鄂比就劝曹雪芹到双清泉取水，但是曹雪芹却不肯。鄂比很不理解，就问他为什么。曹雪芹回答说："我将香山的七个泉水都品尝过了，只有品香泉的水质最清澈、最香甜，泡出的茶味道最好。"鄂比对此并不相信，颇有怀疑。

又一次，鄂比来邀请曹雪芹，可是曹雪芹正在创作，因而鄂比只好自己上山取水。鄂比想试一下他辨泉水的能力，于是在水源头装了半壶水，然后在品香泉将其加满。回到住处，他将茶沏好，两人举杯啜饮。曹雪芹刚喝几口，他就问道："你是从哪里打的水？壶里怎么是两股泉水，一股是水源头的水，一股是品香泉的水，对不对？"

鄂比听到后，大吃一惊，惊奇地看着曹雪芹。曹雪芹又说道："这茶的上半碗水味道很纯正，是品香泉的水，但是下半碗就差多了，应该是水源头的泉水。"鄂比听了他的话，对他敬佩不已，也相信了他的辨泉能力。

第三章
茶与文学艺术

阎立本《萧翼赚兰亭图》

《萧翼赚兰亭图》是唐初画家阎立本的著作。阎立本，唐代著名的画家，曾任工部尚书，在唐高宗总章元年时拜为宰相。他擅长绘画，作品中以故事画居多，体裁大多是宫廷、官宦、贵族的历史事件。《萧翼赚兰亭图》中所画的故事讲的是唐太宗李世民派萧翼智取王羲之《兰亭序》的故事。此图的主题虽不是茶事，可是图中却反映出了唐代的饮茶生活。

侍童双手端着茶托茶碗，静候茶沸。

旁边的萧翼微微垂首，双手插在袖笼中，暗自算计着如何赚得《兰亭序》。

老者蹲坐在风炉前搅动茶汤。

竹几上放着茶托、茶碗、茶轮、茶罐。

老僧辩才坐在禅椅中，正在和萧翼交谈，没有丝毫警戒。

张萱《煎茶图》

《煎茶图》是唐代著名画家张萱的代表作品。该画是横卷绢本画，现藏于美国波士顿美术馆。张萱，开元年间可能就任宫廷画职，尤擅长画人物侍女图。《煎茶图》是《捣练图》中的一组。《捣练图》共分三组，描绘的是贵族妇女捣练、络线、熨平、缝制等加工绢丝的劳动情景。画中人物搭配错落有致，动作优雅自然，神态细致、专注、逼真，具有浓郁的生活气息。

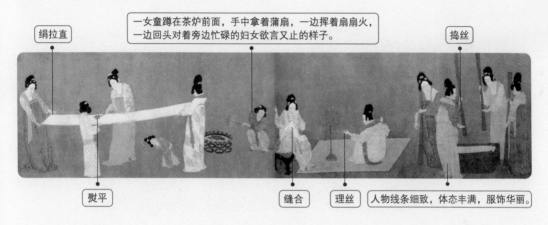

绢拉直

一女童蹲在茶炉前面，手中拿着蒲扇，一边挥着扇扇火，一边回头对着旁边忙碌的妇女欲言又止的样子。

捣丝

熨平

缝合　理丝　人物线条细致，体态丰满，服饰华丽。

《宫乐图》中的饮茶之风

《宫乐图》大约成图于晚唐时期，当时正是饮茶之风昌盛时期。该画虽历经千年，但是画面色泽却依旧艳丽，纹理清晰可辨，实乃传世之精品。图中共有十余人，其中后宫嫔妃十人，分坐在一张大型的方桌周围，神态各异，栩栩如生，有的在品茗，有的在行酒令，中间的四人，则在吹乐助兴。其手中所拿乐器从右至左分别是筚篥、琵琶、古筝与笙，旁边站立的二名侍女中，还有一人轻敲着牙板，为她们打节拍。

一人正慢慢啜饮，身后有一侍女轻轻扶着她。

一人手执长柄茶勺从方桌中央的茶锅中取茶汤。

另一人端着茶碗，似在沉思，又似沉迷于乐曲中。

周昉《调琴啜茗图》

《调琴啜茗图》是唐代画家周昉的作品。周昉擅长画人物，作品中有很多贵族妇女形象，《调琴啜茗图》是他的代表作之一，横为75.3厘米，高为28厘米，现藏于美国密苏里州堪萨斯市纳尔逊·艾金斯艺术博物馆。

图中描绘的是唐代仕女弹琴饮茶的生活情景。图中共有五位仕女，其中三人为贵妇，另两人为侍女，三个贵妇坐在院中品茗、弹琴、听乐。整个图结构比较松散，正好和图中人物的闲散神态相吻合，从图中贵妇的神态可以看出她们慵懒寂寞的姿态，而图中的桂花树和梧桐树表示着秋日已来临，主题表现得更加鲜明。

一个侍女端着茶托随时侍奉。

一人坐在园中树边的石凳上调琴弹乐。

一个侍女拿着茶杯。

另两人一边品茗，一边欣赏乐曲。

赵佶《文会图》

《文会图》是北宋徽宗赵佶的作品，描绘的是当时文人雅士品茗的场景。

图中的地点是在一个庭院中，院中池水清清，石脚显露，四周有栏楯围护，垂柳修竹，树木葱郁。在树下，八九个文士围着一个大案，案上摆着果盘、酒樽、杯盏等。他们有的端坐，有的谈论，有的持盏，有的私语，个个衣着儒雅，姿态优雅。垂柳后设有一石几，石几上有瑶琴、香炉。在大案前，有小桌、茶床，小桌上摆放着酒樽、菜肴等，一童子在桌边忙碌，装点食盘。

图的右上角有赵佶的亲笔题诗："题文会图：儒林华国古今同，吟咏飞毫醒醉中。多士作新知入彀，画图犹喜见文雄。"左上方有蔡京的题诗："臣京谨依韵和进：明时不与有唐同，八表人归大道中。可笑当年十八士，经纶谁是出群雄。"

茶床上摆放着各式茶具。

茶炉、茶箱等。

冲点、盛茶的童子。

阎立本《斗茶图卷》

《斗茶图卷》是唐代著名画家阎立本的作品。他的画作中，有很多关于茶事的著作，这幅图是代表作之一。

《斗茶图卷》一图生动描绘了唐代民间斗茶的情景，真实地反映了当时的茶风茶俗。画中总共有 6 个人物，他们都是平民装束，从图中可以猜测出，他们大概以三个人一组。每组人都携带着自己的茶具、茶炉、茶叶，用来比试。左边的三个人中，一人正在炉上煎茶，一个将袖子卷起的人正提着茶壶将茶汤注入茶盏中，第三个人则提着茶壶貌似在向对方夸赞自己的茶叶。右边的三个人中有两个人在啜饮品茗，第三个人赤着脚，腰间有一个专门装茶叶的茶盒，并且手中拿着一个茶叶罐好像在研究茶叶。从三个人的神情中可以看出，他们正在听对方的介绍，同时也准备着发表自己的意见。这幅画整体结构严谨，人物性格、神情的刻画生动形象，是一幅很珍贵的茶事图。

刘松年《茗园赌市图》

《茗园赌市图》是南宋画家刘松年的作品，他一生中创作了很多关于茶事的画作，尤其是"斗茶图"得到世人很高的评价，但是可惜的是流传下来的却不多，具有代表性的作品有《卢仝烹茶图》和《茗园赌市图》。《茗园赌市图》以人物为主，画中的人物很多，其中茶贩是重要焦点。驻足观看的人也都是兴致盎然、神态各异，男人、女人、老人、青年、儿童，每个人的神情姿势都各不相同，所有人都将目光聚集在茶贩们的"斗茶"之上。这幅图将宋代民间的街头茗园"赌市"斗茶情景细腻地展现了出来，反映出了当时的茶风茶俗。

一个茶贩正弯身注水点茶。

落败的茶贩心有不甘地回头张望战局。

胸有成竹的茶贩昂头等待着评判。

挑茶担卖茶小贩正驻足倾身观看。

路过的妇女一手拎着壶一手拉着孩子，微笑着边行边看斗茶。

刘松年《撵茶图》

《撵茶图》是南宋著名画家刘松年的代表作品。现藏于台北故宫博物院。《撵茶图》描绘的是宋代从磨茶到烹点的具体过程和场面，充分反映出了宋代茶事的兴盛。

画中有一人跨坐在凳上推磨磨茶，磨出的末茶呈玉白色，应该是头纲芽茶，旁边的桌子上备有茶罗、茶盒等茶具。另有一个人站立在桌边，手中提着汤瓶正在点茶，他的左手边摆放着煮水的茶炉、茶壶和茶巾，右手边摆放着贮泉瓮，桌上有备用的茶笼、茶盏和盏托。从画中可以看出场景显得很安静，一切程序有条不紊地进行着，也可以看出贵族官宦之家对品茶的讲究。

刘松年《卢仝烹茶图》

《卢仝烹茶图》是南宋著名画家刘松年又一代表作，是《茗园赌市图》的姐妹图。图中生动描绘了卢仝烹茶情景。画面上山石瘦削，松槐错落，树影婆娑，环抱茅屋，卢仝在屋中坐着看书，一个赤着脚的女婢手中拿着扇子对着茶鼎扇着，还有一个长着长胡须的仆人在用壶汲取泉水。此图是刘松年画作中的精品，艺术成就很高，后人多将其作为样板画临摹。

刘松年《博古图》

《博古图》为南宋著名画家刘松年之作，现藏于台北"故宫博物院"。"博古图"取博古通今之意，后人将绘有铜、瓷、玉、石等古代器物的绘画统称为"博古图"。

画中在郁郁葱葱的松林之下，亭台楼阁之边，一群文人墨客正聚集在一起鉴赏古玩器物，每个人都神情专注，体态、动作各有不同。画家用简单的线条勾勒，着重辅以松柏与人物之间强烈的明暗对比，烘托出浓郁的清新、静雅、脱俗的艺术氛围，给人耳目一新之感。本图以精细的笔触、高超的构图描绘出宋时文人墨客优雅的品位与脱俗的生活情趣，将作者内心的恬淡与对美好生活的向往与追求跃然纸上。

远处的侍女正躬身执扇催火烹茶。

若有所思的人。

驻足把玩的人。

郁郁葱葱的水墨松林与线条细致的人物形成强烈的视觉反差。

倾身观看的人。

仔细端详的人。

倪瓒《安处斋图卷》

　　《安处斋图卷》，是元代倪瓒的代表作品，藏于台北"故宫博物院"。作者以擅长水墨山水为傲，所作多取材于太湖周边的优美景致。画中笔法简洁，山水意境悠远，野岸沙渚，疏林茅茨，柳树萧萧，颇有世外山野高人的遁世脱俗之感。画的右下角有作者的自题诗："湖上斋居处士家，淡烟疏柳望中赊。安时为善年年乐，处顺谋身事事佳。竹叶夜香缸面酒，菊苗春点磨头茶。幽栖不作红尘客，遮莫寒江卷浪花。"左上角是乾隆御览后的即兴题诗："是谁肥遁隐君家，家对湖山引兴赊。名取仲舒真可法，图成懒瓒亦云嘉。高眠不入客星梦，消渴常分谷雨茶，致我闲情频展玩，围炉听雪剪灯花。"

屋后土坡上稀疏、高傲的几株树木。　　薄雾中的远山、丛林。

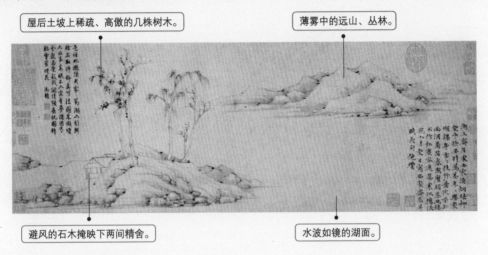

避风的石木掩映下两间精舍。　　水波如镜的湖面。

赵原《陆羽烹茶图》

　　《陆羽烹茶图》是元代赵原的代表作品。该画是纸本水墨画，长78厘米，宽27厘米，现藏在台北"故宫博物馆"。图中表现的是陆羽隐居在浙江时的生活，画中山水清幽，树木挺拔，茅屋朴实，环境清净，陆羽坐在屋内榻上，旁边有一个童子，正在茶炉前烹茶，画上有作者自题的字："陆羽烹茶图"。

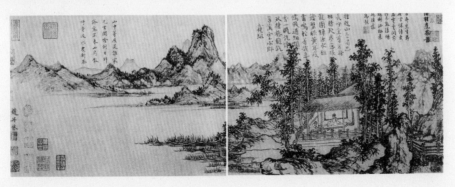

王绂《竹炉煮茶图》

《竹炉煮茶图》，是明代王绂的代表作品。作者学识渊博，饱读诗书，擅长吟诗作赋，写山木竹石，曾经供职于文渊阁。明朝无锡惠山寺高僧性海，在洪武二十八年时托湖州竹工制作一具烹茶烹水的竹炉，刚好当时王绂正在寺中养病，于是请他绘制了一幅《竹炉煮茶图》。

可惜的是，这幅画在清代时被一场火灾毁掉了。因为乾隆很喜欢这幅画，觉得很惋惜，于是命人仿王绂笔迹画了一幅《竹炉煮茶图》，并且在画上题诗"竹炉是处有山房，茗碗偏欣滋味长。梅韵松蕤重清晤，春风数典哪能忘。"

姚绶《煮茶图咏》

《煮茶图咏》是明代画家姚绶的代表作品，作者擅长画山水、竹石。该画为素笺本设色，二幅，前图后咏。前幅的画中有一茅屋，茅屋中有两个人对坐，旁边有一个童子在茶炉前煮茶，上面书有"煮茶图"三个字。后幅有姚绶亲笔书写的《煮茶歌》，内容为："丹丘羽人轻玉食，采茶饮之生羽翼。名藏仙府世空知，骨化云官人不识。雪山童子调金铛，楚人茶经空得名。霜天半夜芳草折，烂漫缃花啜又生。赏君茶，祛我疾，使人胸中荡忧栗。日上香炉情未毕，乱踏虎溪云，高歌送君出。"诗的结尾写有："《煮茶图》成，复书此歌送靖之翁兄北上。倘遇佳山水处，不吝展卷，当勿忘水竹村煮茗夜话也。"

唐寅《事茗图》

《事茗图》是明代著名画家唐寅的代表作品，现藏于北京故宫博物院。唐寅，字子畏、伯虎，号六如居士、桃花庵主，自称江南第一风流才子，是明代著名的画家，文学家，擅长画山水、人物、花鸟画。《事茗图》描绘的是文人雅士品茗的场景。这幅画形象地表现了文人雅士幽静的生活。整幅画卷笔工细致，线条流畅，墨色渲染精细，是唐寅具有代表性的作品。

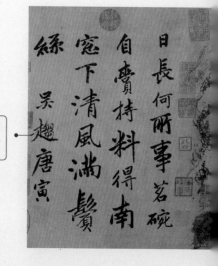

卷左为唐寅的自题诗：日长何所事，茗碗自赍持。料得南窗下，清风满鬓丝。

文征明《惠山茶会图》

《惠山茶会图》是明代画家文征明的代表作品，绘制于正德十三年。文征明，名璧，字征明，江苏长洲人，是"吴门"风格的大画家。《惠山茶会图》长 67 厘米，宽 22 厘米，现藏于北京故宫博物院。画中描绘的是文征明和友人在无锡惠山清幽之处品茗的场景。图中共有七个人，四个主人三个童子，童子在烹茶，布置茶具，亭子里的茶人正在坐着等童子上茶。

| 高耸的松树。 | 林间的小亭。 | 两人在曲径上交谈。 |

| 童子正架炉生火煮茶。 | 一人在观察井水。 | 一人在井栏边读书。 | 山石林立。 |

| 堂前高耸、苍翠的松树。 | 屋后茂密的竹林。 | 远处群山、薄暮间的飞瀑。 | 缓缓流淌着的溪流。 |

| 童子在隔壁烹茶。 | 主人坐在桌前看书。 | 屋外板桥上缓步而来的访客。 | 抱琴的小童。 |

陈洪绶《停琴啜茗图》

《停琴啜茗图》是明代著名画家陈洪绶的代表作品。陈洪绶出身望族，仕途坎坷，命运遭遇不济，造就出他颓废落寂的绘画风格，他画中的人物造型都非常古怪离奇，冷峻而独特。

《停琴啜茗图》中有两位高人相对而坐，正面的人坐在巨大的芭蕉叶上，侧面的人坐在长方石案之后的珊瑚石上，两人边品茗边交谈，一会儿还会思考片刻。整幅画看上去清新淡雅，将环境渲染得很到位，充分展现了文士品茶的场景和习俗。

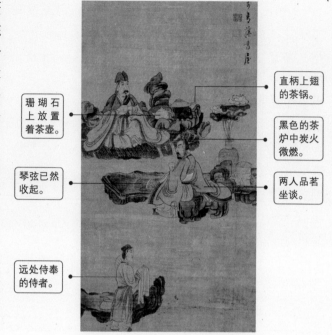

珊瑚石上放置着茶壶。

琴弦已然收起。

远处侍奉的侍者。

直柄上翅的茶锅。

黑色的茶炉中炭火微燃。

两人品茗坐谈。

华岩《闲说听旧图》

《闲说听旧图》是清代华岩的作品。华岩字秋岳，年少时就喜欢绘画，擅长绘制人物、山水，尤精花鸟、鱼虫、走兽等，他重视写生，构图新颖，形象生动多姿，时用枯笔干墨淡彩，赋色鲜嫩不腻，画风松秀明丽，独树一帜。

他的《闲说听旧图》通过饮茶者的不同形象生动地反映了社会贫与富的对比与差别。画中描绘了早稻收割季节，村民们在听书休闲之时的情景。体态臃肿的富人坐在长凳上，有专人服侍，神情傲慢而自得；旁边的老人独自一人，双手抱着茶碗在喝茶，鲜明的对比中反映了社会的不平等。

边寿民《紫砂壶》

《紫砂壶》是清代边寿民的作品，边寿民字颐公，又字渐僧，号苇间居士，又自署六如居士、墨仙、绰绰老人等，江苏淮安人，晚年在扬州地区卖画，为扬州八怪之一，工诗词、书法、画山水、花鸟，尤其擅长画芦雁。《紫砂壶》一画的表现手法采用了一些近似西画中的素描方法，用干笔淡墨略加勾擦，边缘仍以线条勾勒，表现了茶壶的质朴之美，从中也可以看出画者对紫砂壶具的体察入微与深厚的感情投入。

王士慎《墨梅图》

《墨梅图》是清代名家汪士慎的作品。汪士慎字近人，号巢林，是扬州八怪之中性情较为内敛的人，原籍安徽休宁，居江苏扬州。精篆刻和隶书，工画花卉，尤其擅长画梅，笔墨清劲。

长卷中画面为墨梅，似乎与茶没有关系，但是从画中的题诗可以看出，此画系为饮茶得意而作。画家以墨梅来抒发茶情，共只为一个"清"字。此画现藏于浙江省博物馆。

款识为"驻马清流香气吹，东风渐近落花时。可怜踯躅关山客，才见江南第一枝。近人汪士慎于七峰草堂。"

以倒挂梅花，绒绒点点，挥洒自然，抒发绘者一种伤春将去的心境。

金农《玉川先生煮茶图》

《玉川先生煮茶图》是清代金农的代表作品。该画纵 24.4 厘米，横 31 厘米，先藏于北京故宫博物院，是金农《山水人物图册》的其中一幅。

画中的人物描绘的是卢仝的煮茶生活场景。卢仝头戴纱帽笼头，留着长须，双眼微微睁着，身上穿着布衣，手中握着蒲扇，正在看火候熬茶汤。他的神情悠闲，看上去飘逸潇洒，同时也能看出他对茶事的喜爱。在图的右角有题为："玉川先生煎茶图，宋人摹本也。昔耶居士。"

卢仝正在风炉前候汤烹茶。

众多茂盛的芭蕉树，宽大的叶片下一地树荫。

赤脚的侍婢正用吊桶在泉井边汲水。

李方膺《梅兰图》

《梅兰图》是清代李方膺的代表作品。该画纵 127.2 厘米，横 46.7 厘米，现藏于浙江省博物馆。李方膺，字虬仲，号晴江，别号秋池、抑园、白衣山人，清代著名画家，是"扬州八怪"之一。他擅长画梅兰竹菊等，代表作有《风竹图》《游鱼图》《墨梅图》等。

《墨梅图》是他的经典画作之一，画面中的右侧花瓶中插着一枝梅花，梅影稀疏，孤傲冷艳。画面的左侧有一盆惠兰，造型婀娜，飘逸洒脱。梅兰前面有一个壶和一个杯，造型朴实笨拙，憨态可掬。在画的下边有一个长题，内容为："峒山秋片，茶烹惠泉。贮砂壶中，色香乃胜。光福梅花开时，折得一枝归，吃两壶，尤觉眼耳鼻舌俱游清虚世界，非烟人可梦见也。"

蒲作英《茶熟菊开图》

《茶熟菊开图》是清代画家浦作英的作品。《茶熟菊开图》一图展现的是清新闲雅的品茗环境。画的正中央是一柄大的东坡提梁壶，壶后有一块太湖石，该石大孔小穴、窝洞相套、上下贯穿、四面玲珑，看上去颇为别致。在太湖石后面有两朵盛放的菊花。在画的上方一角有一题款，内容为："茶以熟，菊正开，赏秋人，来不来。"图字相配，相得益彰，意境悠远。

钱慧安《烹茶洗砚图》

《烹茶洗砚图》是中国清代画家钱慧安的代表作品。该画为立轴纸本设色画，纵 62.1 厘米，横 59.2 厘米，现藏于上海博物馆。钱慧安，初名贵昌，字吉生，号双管楼、清溪樵子，宝山人。擅长画人物、仕女和花鸟。代表作品有《听鹂图》《烹茶洗砚图》《簪花图》。《烹茶洗砚图》描绘的是烹茶洗砚台的场景，反映了文人的日常生活场景。整幅画表现出宁静和谐的意境，人物线条勾画细腻有力，笔锋硬健，是清末海上画派的风格代表。

依石而建的水榭雕阁。

挺拔的松树。

琴桌上摆放着茶具、书函。

一男子倚栏而坐。

手持蒲扇在茶炉前烹茶的侍童。

在水边洗砚的侍童。

水中金鱼向砚台游去。

吴昌硕《品茗图》

《品茗图》是清代画家吴昌硕的代表作品。该画为纸本设色，纵 42 厘米，横 44 厘米。吴昌硕，初名俊，又名俊卿，字昌硕。晚清著名画家、书法家、篆刻家，是"后海派"的代表。《品茗图》的右边画着一把茶壶，看上去似乎是随意点染，更加突出壶的古色古香；壶的旁边有一个茶杯，笔墨清淡；画的上半部勾勒了几枝梅花，从右上一直延伸到左下，与下面的茶壶、茶杯交映成趣。

画的左上有题记，"梅梢春雪活火煎，山中人兮仙乎仙。禄甫先生正画丁巳年寒。"

造型有俯仰、正侧、向背、交叠，生动活泼的梅花。

外形古朴典雅的茶壶。

吴昌硕《煮茗图》

《煮茗图》是清代画家吴昌硕的代表作品。《煮茗图》和《品茗图》合称"双璧"。画面的右半边画着泥茶炉和砂壶，茶炉中的炭火正在燃烧着，左半边画着一枝梅花，花朵开得很灿烂。画下方正中央一个大大的芭蕉扇，一侧倚靠着泥茶炉，一侧倚靠着灿烂绽放的梅枝，似乎要把炉火扇旺。

胡术《清茗红烛图》

《清茗红烛图》作者是清末民初杰出的作家胡术。胡术，字仙锄，萧山人，工画山水、花卉、人物。他的《清茗红烛图》展示了文人墨客所崇尚的雅人之致，此图画面十分简洁，从左到右依次有：一枝红梅、一只茶壶、两只茶杯、一枝点燃的红烛。

丁云鹏《煮茶图》

《煮茶图》是明代著名画家丁云鹏的代表作品，藏于无锡市博物馆。作者擅长画人物、佛像、山水。整幅画看上去生动真实，背景中的白玉兰花和假山石相映成趣，更加体现出画的意境。榻上的卢仝拿着蒲扇，坐着烹煮茶汤；榻前摆放着各式茶具；长须仆人提壶汲取泉水；一侍婢手端果盘。

齐白石《梅花茶具图》

《梅花茶具图》是著名画家齐白石的代表作品。该画创作于1952年，是齐白石花鸟写意画中的顶级杰作，艺术成就极高。齐白石，湖南湘潭人，20世纪中国著名的画艺大师，20世纪十大书法家之一，20世纪十大画家之一，世界文化名人。《梅花茶具图》一画非常简洁凝练，可谓雅俗共赏，整个画面意蕴深远，隐喻感很强，从画中可以看出画家的人生体验、智慧与哲理。《梅花茶具图》是齐白石送给毛泽东的画，画中的梅花表达了对毛泽东同志革命风骨的敬佩，茶具是对毛泽东为政清廉的赞美。

一枝苍劲有力的红梅傲然挺立。

下方搭配着一套拙朴脱俗的茶具。

"大匠之门"印章，齐白石老人时刻不忘自己木匠出身的过去而篆刻的印章。

丰子恺《人散后》

《人散后》是现代画家丰子恺的代表作品，是中国的第一幅漫画作品。丰子恺，原名丰润，名仁。浙江桐乡石门镇人。我国现代画家、散文家、美术教育家、音乐教育家和翻译家，是一位多才多艺的文艺大师。他的漫画风格独特，寓意深刻，很受人们的喜爱。

《人散后》的画面非常简单，一弯新月挂在天空，卷着帘子的屋子里，有一张方桌，桌子上放着茶壶、茶碗，茶依然在，可是人却已经散去了。虽只有寥寥数笔，可是整个画中却把那种寂静空虚的感觉诠释得很完美。在画的右边有题字，内容为："人散后，一钩新月天如水。"

丁聪《茶馆画旧》

《茶馆画旧》是现代著名画家丁聪的代表作品。该画是一幅漫画，是一个以《茶馆画旧》为主题的组画，总共有四幅，分别是《沏开水》《一盅两件》《"吃讲茶"的"英雄"》和《"知音"》。丁聪，中国著名漫画家，上海人；擅长漫画、插图。

《沏开水》中描绘的是四川茶馆的堂倌正在冲水，表现出了他高超娴熟的冲水技艺；《一盅两件》是对往日广东早茶场景的真实描绘；《"吃讲茶"的"英雄"》中描绘的是旧时上海滩茶楼中的一个场景；《"知音"》一画中描绘的是北京茶客和鸟迷们。

茶与书法的关系

茶与书法的联系更多是体现在本质的相似性，即以不同的形式，表现出共同的审美理想、审美趣味和艺术特性。宋代文学家、书法家苏东坡曾以精妙的语言概括茶与书法的关系："上茶妙墨俱香，是其德也；皆坚，是其操也。譬如贤人君子黔皙美恶之不同，其德操一也"。

茶讲究从朴实中表现出韵味，在简明色调对比中求得缤纷的效果。

书法讲究在简单的线条中求得丰富的思想内涵。

书法家需要以静寂的心态进行创作，这与饮茶需要心平气和的境界是相通的。

唐代是书法艺术的繁盛期，书法中有很多与茶相关的记载，其中比较有代表性的是唐代著名的狂草书家怀素和尚的《苦笋贴》："苦笋及茗异常佳，乃可径来，怀素上"，现藏于上海博物馆。宋代则是无论在茶业，还是书法史上，都是一个极为重要的时代，这一时期茶叶由饮用的实用性逐渐走向艺术化，因此涌现出很多著名的作品，如苏东坡的《一夜帖》、米芾的《茗溪诗》、汪巢林的《幼孚斋中试泾县茶》等。唐宋以后，茶与书法的关系更为密切，有茶叶内容的书法作品也更多。

史游《急就章》

《急就章》，是西汉汉元帝时期黄门令史游以草书所作，"急就"取速成之意，是一本旨在让儿童识字、学习常识的启蒙读本。历代众多书家都曾书写过《急就章》，现存有元代邓文原临写本和明代宋克临写本。现存本共有 34 章，2144 字，总共按照姓名、衣服、饮食、器用等分成三言、四言、七言的韵句。书中曾提及的"板柞所产谷口茶"，即是在讲述茶事，而这是最早的一幅含有茶字的书法作品。

《急就章》是最早的一幅含有茶字的书法作品。

《急就章》为西汉史游以草书所作，字字独立，笔势沉着凌厉，将隶书草写化，后人将其书体称为"章草"，历代书法家争相传摹，图为元代赵孟頫临摹之作。

怀素《苦笋帖》

《苦笋帖》是唐代草书家怀素大师的代表作品，现藏于上海博物馆。其内容为："苦笋及茗异常佳，乃可径来。怀素上。"虽只有短短两行14个字，但其中运笔娴熟的功底与万变不离法度的神韵，无不令后人仰慕。后来其笔法被称为"狂草"，与同时期另一位草书家张旭齐名，人称"张颠素狂"。

运笔犹如行云施雨，奔流直下，飞动圆转，看似变化无常，实则法度具备，肥瘦相宜，轻重合度。

蔡襄《茶录书卷》

《茶录书卷》是北宋蔡襄的作品。蔡襄著有《茶录》两篇，用楷体小字书写，大约有800字，是重要的茶典之一，更是稀世墨宝。这本书是为仁宗皇帝所作，后收藏入内府。

欧阳修曾为此书作跋，曰："善为书者以真楷为难，而真楷又以小字为难……以此见前人于小楷难工，而传于世者少而难得也。君谟小字新出而传者二，《集古录目序》横逸飘发，而《茶录》劲实端严，为体虽殊，而各极其妙，盖学之至者。"

苏轼《一夜帖》

《一夜帖》，又称为《季常帖》，是北宋苏轼所写茶帖佳作，为书法著作，纵27.6厘米，横45.2厘米，现藏于台北"故宫博物院"。全帖总共70个字，是苏轼为他的好友陈季常所写的书札。

全帖的内容为："一夜寻黄居审龙，不获，方悟半月前是曹光州借去摹揭，更须一两月方取得。恐王君疑是翻悔，且告子细说与，才取得，即纳去也。却寄团茶一饼与之，旌其好事也。轼白季常。廿三日。"

帖中运笔自然流畅，笔势苍劲有力。

黄庭坚《茶宴》

《茶宴》是北宋黄庭坚的作品。他擅长行书、草书，开始拜周越为师。后来又受到颜真卿和怀素的指点，他的作品侧险取势，纵横交错，自成一体，是"宋四家"之一。茶宴是文人雅士的一种集体活动，以茶为媒介来会友交流，在宋代很流行，最初提到"茶宴"这个词的是唐代诗人钱起的《与赵莒茶宴》。

在元祐四年时，黄庭坚写了《元祐四年正月初九日茶宴和御制元韵》的诗书，其中的"茶宴"二字是最早的"茶宴"手迹。

米芾《苕溪诗卷》

《苕溪诗卷》是北宋米芾所作的自书诗。该贴纵长 30.3 厘米，横长 189.5 厘米，现藏于北京故宫博物院。原帖在清乾隆时被收入内府，后来在清朝灭亡之后，被带到了长春伪满宫，之后散落民间，直到 1963 年才被北京故宫博物院重新收藏。

《苕溪诗卷》是米芾在苕溪游玩时所作的诗作，总共有三十五行，是米芾三十八岁时的作品，此帖书写得苍劲有力，但却不张扬，有着一种成熟之美。

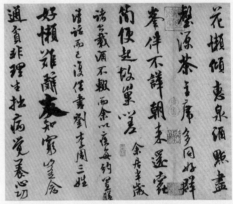

笔锋饱满，运笔潇洒，结构顺畅，代表着米芾壮年时期的风格。

唐寅《夜坐》

《夜坐》是明代唐寅所作的自书诗，先藏于上海博物馆。这首《夜坐》是在唐寅去世那年所写的，是他的《行书手卷》的其中一首。这首诗的内容为："竹簰灯下纸窗前，伴手无聊展一编。茶罐汤鸣春蚓窍，乳炉香炙毒龙涎。细思寓世皆羁旅，坐尽寒更似老禅。筋力渐衰头渐白，江南风雪又残年。"

《夜坐》笔法纯熟流利，无论是从诗的内容还是笔法上来看都不失为一件佳作。

徐渭《煎茶七类卷》

　　《煎茶七类卷》是明代徐渭所作，原文记载在《徐文长逸草》卷六，现藏于上虞曹娥庙。《煎茶七类卷》原文是卢仝所作。此帖为行书作品，徐渭擅长草书，但是行书亦佳。文后有作者后记曰："是七类乃卢仝作也，中夥甚疾，余艇书稍改定之。"书后有小记所署时间为"壬辰秋仲"，也就是万历二十年，当时徐渭已经71岁高龄，因而此帖是徐渭晚年的代表之作。

全卷文字笔锋饱满，雄健有力，姿态多变，如行云流水。

吴昌硕《角茶轩》

　　《角茶轩》是清代吴昌硕的作品，是一个篆书横披，书写于 1905 年，应该是应友人的请求而作的。落款中写道："礼堂孝谦藏金石甚富，用宋赵德父夫妇角茶趣事以名山居。……茶字不见许书，唐人于茶山诗刻石，茶字五见皆作荼。……"

"角茶轩"三个字是典型的吴氏风格，无论是笔法还是气势都来自于石鼓文。

落款用行草所写，篇幅很长，对"角茶"的典故、"茶"字的字形都做了叙述。

刘墉"赐衣传茶"印章

《赐衣传茶》是清代刘墉的作品。在《姜宸英草书刘墉真书合册》中，有一方刘墉的"赐衣传茶"红白相间印。

刘墉，字嵩如，号石庵，山东诸城人，乾隆时任仁阁大学士。在古代，臣子立了大功，皇帝用赐衣赐茶的方法来奖励，在清代一般都是赏赐黄马褂，对于臣子来说这是天大的荣耀。据考证，刘墉刻此印，可能是为了纪念乾隆十六年考中进士时皇帝的赐衣传茶，也可能是在任时受到皇帝恩宠而刻下的。"赐衣传茶"四字中，只有"衣"字是朱文，其余三字为白文。

"衣"字线条细匀、光滑、柔美。

整个印章红白相映，古朴秀丽，别致有趣。

"一瓯香乳听调琴"印章

《一瓯香乳听调琴》是清代乾隆皇帝的一枚闲印。该印曾经钤在明代画家文伯仁的《金陵十八景册》。安徽省怀远县城有一个白乳泉，用此泉的水煮茶，茶味香浓醇厚，被苏东坡誉为天下第七名泉，印章中所指香茶就是此泉水所煮的茶。

印文中"香乳"指的即是香茶。

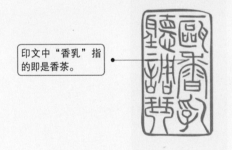

"一瓯香乳听调琴"说的是文人雅士品茶、弄琴的闲情逸趣。

该印章的刻法，虚实对比强烈，线条均匀，刻法沉稳，字体朴实，又有汉印的风格。

赵之谦"茶梦轩"印章

《茶梦轩》是清代赵之谦的作品。该印为白文印，篆刻的字是减去一笔的现代"茶"字。另外有一则边款，内容为："说文无茶字，汉荼宣、荼宏、荼信印皆从木，与茶正同，疑茶之为荼由此生误。"边款中所说的三例汉印印蜕已经不存在了，但是根据考证，在《续汉印分韵》中记载的"茶"字和"茶梦轩"中的"茶"字很相像。

韦应物《喜园中茶生》

《喜园中茶生》是唐代诗人韦应物所作的一首五言古诗。

诗中描述的是诗人在工作之余的空闲时间里，在荒园中种植了一些茶树，诗人很享受这样的种植生活，看着茶树茁壮成长，诗人开心不已，也说明诗人在这样平静的生活中自得其乐。同时在诗中也赞美了茶的清洁，茶的香味，并提到常饮茶可以除去烦恼。

> **《喜园中茶生》**
>
> 洁性不可污，为饮涤尘烦。
>
> 此物信灵味，本自出山原。
>
> 聊因理郡余，率尔植荒园。
>
> 喜随众草长，得与幽人言。

白居易《琴茶》

《琴茶》是唐代诗人白居易所作的一首七律。

这首诗的主题是写琴和茶，诗人喜欢饮茶和弹琴，这也是他生活中的两大乐趣。诗中写到自己已经抛官而且不用读书，只是喜欢弹奏《渌水曲》和品尝蒙顶茶。诗人在自己的世界里，饮茶弹琴自娱自乐，同时也说明了诗人的"达则兼济天下，穷则独善其身"的观点。

> **《琴茶》**
>
> 兀兀寄形群动内，
>
> 陶陶任性一生间。
>
> 自抛官后春多醉，
>
> 不读书来老更闲。
>
> 琴里知闻唯《渌水》，
>
> 茶中故旧是蒙山。
>
> 穷通行止长相伴，
>
> 谁道吾今无往还。

柳宗元《夏昼偶作》

《夏昼偶作》是唐代诗人柳宗元所作的一首诗。

这首诗是诗人在夏日的白天睡醒之后的情景，诗中写出了在竹林中煮茶的悠闲和清静，富有禅意。诗中描绘出的一种清幽的环境，言语清新爽利，意境表达深远。诗中的"隔竹敲茶臼"五字，尤其受到世人的喜爱，在后来的诗歌中多次出现，宋人常常将此作为诗题或融入诗中。

> **《夏昼偶作》**
>
> 南州溽暑醉如酒，
>
> 隐几熟眠开北牖。
>
> 日午独觉无余声，
>
> 山童隔竹敲茶臼。

杜牧《题茶山》

《题茶山》是唐代诗人杜牧所作的一首五言排律。

这首诗是诗人奉诏来茶山监制贡茶时所作，诗中描述了作者为何来茶山、茶山修贡时的繁华景象、茶山的自然风景、紫笋茶的上贡。诗人写到自己监制贡茶时的场景，有很多船，岸上插着很多旗，山中采茶的人们欢声笑语，载歌载舞，场面欢乐和谐。山中的风景很美，贡茶已经制好，贡茶收完后大家依依惜别。

《题茶山》

山实东吴秀，茶称瑞草魁。
剖符虽俗吏，修贡亦仙才。
溪尽停蛮棹，旗张卓翠苔。
柳村穿窈窕，松涧渡喧豗。
等级云峰峻，宽平洞府开。
佛天闻笑语，特地见楼台。
泉嫩黄金涌，牙香紫璧裁。
拜章期沃日，轻骑疾奔雷。
舞袖岚侵涧，歌声谷答回。
磬音藏叶鸟，雪艳照潭梅。
好是全家到，兼为奉诏来。
树阴香作帐，花径落成堆。
景物残三月，登临怆一杯。
重游难自克，俯首入尘埃。

范仲淹《和章岷从事斗茶歌》

《和章岷从事斗茶歌》是宋代文学家范仲淹所作的一首七言古诗。

这首诗中描述了斗茶的情景，诗中多处引用了典故。诗的开头讲了茶的采制过程，接着讲斗茶，斗茶有斗味和斗香，斗茶是在大家的注视下进行的，很公平。胜利的人很得意，而失败的人感到很羞辱。诗中还讲到了斗茶的茶品有很神奇的功效，虽然言语之中略显夸张，但仍不失为一首绝妙的茶诗。

《和章岷从事斗茶歌》

年年春自东南来，建溪先暖冰微开。
溪边奇茗冠天下，武夷仙人从古栽。
新雷昨夜发何处，家家嬉笑穿云去。
露芽错落一番荣，缀玉含珠散嘉树。
终朝采掇未盈襜，唯求精粹不敢贪。
研膏焙乳有雅制，方中圭兮圆中蟾。
北苑将期献天子，林下雄豪先斗美。
鼎磨云外首山铜，瓶携江上中泠水。
黄金碾畔绿尘飞，紫玉瓯心雪涛起。
斗余味兮轻醍醐，斗余香兮薄兰芷。
其间品第胡能欺，十目视而十手指。
胜若登仙不可攀，输同降将无穷耻。
吁嗟天产石上英，论功不愧阶前蓂。
众人之浊我可清，千日之醉我可醒。
屈原试与招魂魄，刘伶却得闻雷霆。
卢仝敢不歌，陆羽须作经。
森然万象中，焉知无茶星。
商山丈人休茹芝，首阳先生休采薇。
长安酒价减千万，成都药市无光辉。
不如仙山一啜好，泠然便欲乘风飞。
君莫羡花间女郎只斗草，赢得珠玑满斗归。

欧阳修《双井茶》

《双井茶》是北宋诗人欧阳修所作的一首七言古诗。

这首诗主要是在夸赞"双井茶"，并说到"一啜尤须三日夸"，意思就是喝一口就能让人夸奖三天。诗的前半部分主要描述了茶的各个方面，后来从茶引到人情世故，将境界提高了一个档次。诗人认为，做人要像建溪龙凤团茶那样，在时间的考验下，也不要改变自己的品性。

> **《双井茶》**
>
> 西江水清江石老，石上生茶如凤爪。
> 穷腊不寒春气早，双井芽生先百草。
> 白毛囊以红碧纱，十斤茶养一两芽。
> 长安富贵五侯家，一啜尤须三日夸。
> 宝云日注非不精，争新弃旧世人情。
> 岂知君子有常德，至宝不随时变易。
> 君不见建溪龙凤团，不改旧时香味色。

欧阳修《三游洞》

《三游洞》是欧阳修的作品。

这首诗主要描写三游洞的景色，在美景中品饮清茶，别有一番情趣。

> **《三游洞》**
>
> 漾楫溯清川，舍舟缘翠岭。探奇冒层险，因以穷人境。
> 弄舟终日爱云山，徒见青苍杳霭间。谁知一室烟霞里，乳窦云腴凝石髓。
> 苍崖一泾横查渡，翠壁千寻当户起。昔人心赏为谁留，人去山阿迹更幽。
> 青萝绿桂何岑寂，山鸟嘤嘤不惊客。松鸣涧底自生风，月出林间来照席。
> 仙境难寻复易迷，山回路转几人知。惟应洞口春花落，流出岩前百丈溪。

范成大《夔州竹枝歌》

《夔州竹枝歌》是南宋诗人范成大所作的一首七绝诗。

这首诗只有短短的四句，描述的是村妇采茶的情景，有着浓浓的乡土气息。诗中的白头发的老年妇女头上戴着红花，年轻的母亲背着熟睡中的孩子，她们的生活很繁忙，在采完桑叶后，还要上山采茶。整首诗都采用直接描写，使人物更加生动形象，也真实反映出了农村妇女的日常生活。

> **《夔州竹枝歌》**
>
> 白头老媪簪红花，
> 黑头女娘三髻丫。
> 背上儿眠上山去，
> 采桑已闲当采茶。

杨万里《以六一泉煮双井茶》

《以六一泉煮双井茶》是南宋诗人杨万里所作的一首七律。

这首诗中写的是诗人用六一泉水煮双井茶的场景。诗中用了大量的描写字眼，文字很优美。诗中的鹰爪，就是指细嫩的双井茶。松风鸣雪，指煮茶的声音以及茶汤上的茶沫。兔毫霜即茶芽上的白毛。诗中还指出口铸茶和建溪茶都比不上双井茶。在煮茶过程中，诗人想到了自己的家乡，希望有一天自己能在滕王阁上煮茶饮茶。

> 《以六一泉煮双井茶》
>
> 鹰爪新茶蟹眼汤，松风鸣雪兔毫霜。
> 细参六一泉中味，故有涪翁句子香。
> 日铸建溪当退舍，落霞秋水梦还乡。
> 何时归上滕王阁，自看风炉自煮尝。

王世贞《试虎丘茶》

《试虎丘茶》是明代诗人王世贞所作的一首七言古诗。

这首诗是诗人在煎饮虎丘茶时的所思所想，篇幅不长，可是其中却表现出开阔的眼界，引经据典颇多。诗中说虎丘茶的优秀品质，鹤岭茶、北苑茶、蒙顶茶都不如虎丘茶。就连惠山泉水也要凭借虎丘茶来提高身价。诗中有提到茶具，说河北定窑的红色瓷茶碗不如明朝宣德年间所制造的瓷茶碗。整首诗都体现了饮茶的美好心情。

诗中的词句颇为优美，这些词句充分展示出了饮茶的乐趣。例如松飙，是指煮茶水沸的声音；真珠，则指水沸时的水泡。

> 《试虎丘茶》
>
> 洪都鹤岭太麓生，北苑凤团先一鸣。
> 虎丘晚出谷雨候，百草斗品皆为轻。
> 惠水不肯甘第二，拟借春芽冠春意。
> 陆郎为我手自煎，松飙泻出真珠泉。
> 君不见蒙顶空劳荐巴蜀，定红输却宣瓷玉。
> 毡根麦粉填调饥，碧纱捧出双蛾眉。
> 掐笋炙管且未要，隐囊筠榻须相随。
> 最宜纤指就一吸，半醉倦读《离骚》时。

我国古代与茶有关的戏剧

古代和茶有关的戏剧有：

（1）《水浒记·借茶》，明代计自昌编剧。

（2）《玉簪记·茶叙》，明代高濂编剧。

（3）《凤鸣记·吃茶》，明代王世贞编剧。

（4）《四婵娟·斗茗》，清代洪昇编剧。

（5）《败茶船》，元代王实甫编剧。

（6）《牡丹亭·劝农》，明代汤显祖编剧。

（7）《寻亲记·茶访昆剧》，作者不详。

（8）《龙井茶歌》，清代王文治编剧。

我国茶歌的主要来源

茶歌是从茶叶生产、饮用中派生出来的一种茶文化现象。茶歌的来源，主要有三种：

第一种是由诗改编的歌，文人创作很多关于茶的诗，将这些诗直接谱上曲就成了茶歌。

第二种是民谣，民谣中有很多是关于茶事的，这些民谣经过文人的整理配曲就成了茶歌。

第三种是茶农和茶工自己创作的民歌或山歌，这种茶歌没有经过专门的人整理，原汁原味。

我国的著名茶歌

我国著名茶歌有：

《富阳江谣》《富阳茶鱼歌》《台湾茶歌》《冷水泡茶慢慢浓》《武夷茶歌》《安溪采茶歌》《江西婺源茶歌》《采茶调》《龙井谣》《茶谣》《倒采茶》《茶山情歌》《请茶歌》《茶山小调》《挑担茶叶上北京》《龙井茶，虎跑泉》《采茶舞曲》《想念乌龙茶》《大碗茶之歌》《前门情思大碗茶》等。

|附 录|
陆羽《茶经》精要解读

一之源

茶者，南方之嘉木也。一尺、二尺乃至数十尺。其巴山峡川，有两人合抱者，伐而掇之。

其树如瓜芦，叶如栀子，花如白蔷薇，实如木并榈，茎如丁香，根如胡桃。

其字，或从草，或从木，或草木并。

其名，一曰茶，二曰槚，三曰蔎，四曰茗，五曰荈。

其地，上者生烂石，中者生栎壤，下者生黄土。

凡移而不实，植而罕茂，法如种瓜。三岁可采。野者上，园者次；阳崖阴林，紫者上，绿者次：笋者上，牙者次；叶卷上，叶舒次。阴山坡谷者不堪采掇，性凝滞，结瘕疾。

茶之为用，味至寒，为饮最宜精行俭德之人，若热渴、凝闷、脑疼、目涩、四肢烦、百节不舒，聊四五啜，与醍醐、甘露抗衡也。采不时，造不精，杂以卉莽，饮之成疾。

茶为累也，亦犹人参，上者生上党，中者生百济、新罗，下者生高丽。有生泽州、易州、幽州、檀州者，为药无效，况非此者！设服荠苨，使六疾不瘳。知人参为累，则茶累尽矣。

【精要解读】

本章主要介绍了茶叶的源流以及各种特点，解读如下：

中国南方，有一种优良的树种，当地人称其为茶。这种树高约一、二尺，有的更高，可达数十尺。这种茶树不仅高，且有的树干需要两人合抱才能抱得过来，如果要采摘上面的茶叶，必须砍下树枝才可。

茶树长得很像瓜芦木，叶片像栀子，茶花像白蔷薇，果实像棕榈的种子，蕾蒂像丁香，根像核桃树根。

"茶"这个字有的属于草本植物，有的属于木本植物，有的合属于两者。茶的名称，一叫作茶，二叫作槚，三叫作蔎，四叫作茗，五叫作荈。

种茶的土地，最好是有烂石的地方，一般的地方有砂质土壤也可，最差的则是黄土地。

用移栽的方法种茶不如用种子直接播种，后者茶树长得茂盛，且三年就可以采摘，这种方法如同种瓜一样。在向阳的山崖上，并且有树木遮挡的地方，茶树生长得最好。而且芽叶呈紫色状的最好，绿色的次些。茶叶的形状像笋的最好，短小像牙的次些。叶片卷着未展开的最好，已经舒展的次些。并且，那些生长在阴坡山谷里的茶树不宜采摘叶片，因为由这种茶树制成的茶很容易在人体内凝结硬块。

茶作为寒凉的饮品，很适宜那些品行端正，生活节俭的人。如果人们感觉到又热又渴，闷燥，头疼，眼睛干涩，四肢无力，全身关节不舒服，可以喝上四五口茶水，其功能可以和醍醐、甘露等相媲美。如果不根据时令采摘，制茶时不够精细，茶中又混合许多杂物，这种茶喝过之后往往会使人生病。

饮茶不当也会对人体造成伤害，就像服用人参不当也会受到伤害一样。

二之具

籝，一曰篮，一曰笼，一曰筥。以竹织之，受五升，或一斗、二斗、三斗者，茶人负以采茶也。

灶无用突者，釜用唇口者。

甑，或木或瓦，匪腰而泥，篮以箄之，篾以系之。始其蒸也，入乎箄，既其熟也，出乎箄。釜涸注于甑中，又以谷木枝三亚者制之，散所蒸牙笋并叶，畏流其膏。

杵臼，一曰碓，惟恒用者佳。

规，一曰模，一曰棬。以铁制之，或圆或方或花。

承，一曰台，一曰砧。以石为之，不然以槐、桑木半埋地中，遣无所摇动。

檐，一曰衣。以油绢或雨衫单服败者为之，以檐置承上，又以规置檐上，以造茶也。茶成，举而易之。

芘莉，一曰赢子，一曰篣筤。以二小竹长三赤，躯二赤五寸，柄五寸，以篾织，方眼如圃，人土罗阔二赤，以列茶也。

棨，一曰锥刀，柄以坚木为之，用穿茶也。

扑，一曰鞭。以竹为之，穿茶以解茶也。

焙，凿地深二尺，阔二尺五寸，长一丈，上作短墙，高二尺，泥之。

贯，削竹为之，长二尺五寸，以贯茶焙之。

棚，一曰栈，以木构于焙上，编木两层，高一尺，以焙茶也。茶之半干升下棚，全干升上棚。

穿，江东淮南剖竹为之，巴川峡山纫谷皮为之。江东以一斤为上穿，半斤为中穿，四两五两为小穿。峡中以一百二十斤为上，八十斤为中穿，五十斤为小穿。字旧作钗钏之"钏"，字或作贯串，今则不然。如磨、扇、弹、钻、缝五字，文以平声书之，义以去声呼之，其字以穿名之。

育，以木制之，以竹编之，以纸糊之，中有隔，上有覆，下有床，傍有门，掩一扇，中置一器，贮煻煨火，令煴煴然，江南梅雨时焚之以火。

【精要解读】

本章主要介绍了饮茶的器具等物品。

籯，主要是采茶人背在背上采茶用的。

灶，要使用没有烟囱的；釜，要使用边缘外翻如唇形的。

甑，原料要用木质或瓦制的

杵臼，经常使用的被称为最好的。

规，以铁的原料制成圆形、方形或者花形的。

承，用石为原料制成，或是用槐木、桑木半埋在地里。

檐，用旧的油绢、雨衫，单衣制成。

芘莉，用来放茶的竹篮和竹笼。

棨，柄为坚木所做的锥刀，用来穿茶饼的孔眼。

扑，以竹子做成，用来串茶饼，可以将茶送到灶上。

焙，凿深二尺，宽二尺五寸，长一丈的坑，在坑上作高二尺的短墙，用泥抹墙面。

贯，用竹子削成，长二尺五寸，用来搭着茶叶烘焙。

棚，用于焙茶叶饼。茶叶烘焙到半干的时候，可以放在下棚上，全干时放在上棚。

穿，扎穿茶叶的东西。

育，以木制成架子，用竹子编成壁，再用纸糊壁，中间用架子隔开，上面有盖板，下面有床架，旁边有开门，平时关一扇，"育"中间放置一个炉子，能将其烤得暖烘烘的。

三之造

凡采茶，在二月三月四月之间。茶之笋者生烂石沃土，长四五寸，若薇蕨始抽，凌露采焉。茶之牙者，发于丛薄之上，有三枝四枝五枝者，选其中枝颖拔者采焉，其日有雨不采，晴有云不采。晴采之，蒸之，捣之，拍之，焙之，穿之，封之，茶之干矣。

茶有千万状，卤莽而言，如胡人靴者蹙缩然，犎牛臆者廉檐然，浮云出山者轮菌然，轻飚拂水者涵澹然。有如陶家之子罗，膏土以水澄泚之。又如新治地者，遇暴雨流潦之所经，此皆茶之精腴。有如竹箨者，枝干坚实，艰于蒸捣，故其形籭簁然；有如霜荷者，至叶凋，沮易其状貌，故厥状委萃然，此皆茶之瘠老者也。

自采至于封七经目，自胡靴至于霜荷八等，或以光黑平正，言嘉者，斯鉴之下也；以皱黄坳垤言佳者；鉴之次也。若皆言嘉及皆言不嘉者，鉴之上也。何者？出膏者光，含膏者皱，宿制者则黑，日成者则黄，蒸压则平正，纵之则坳垤，此茶与草木叶一也，茶之否臧，存于口诀。

【精要解读】

本章主要介绍了茶的制作方法以及注意事项。

采茶应该在二、三、四月之间。茶一般生长在烂石沃土之中，长度约四、五寸，外观很像刚抽芽的野蕨菜，趁着清晨有露水的时候采摘最好。短小的茶芽生在草木丛中，有三枝、四枝、五枝的，应该选择其中长势最好的采摘。采摘的时间也有讲究，雨天不要采摘，晴天有云不要采摘。要选择晴朗的天气采摘，制茶的工序为，将采下来的茶蒸熟、捣碎、拍打、烘焙，再穿起来，最后封装保存。

茶叶的形状有许多种，可谓千奇百怪。有的像浮云出山，有的像微风拂过水面的波纹，不过这些都是茶中的精品。有的茶却很劣质，很难蒸捣，样貌看起来也衰败萎缩，较为粗老。

从采茶到加工成茶需要经过七道工序，其质量也可分为八个等级。鉴茶水平比较低的人，会把块状光滑，黑色平整的茶称为好茶或是将皱缩、黄色、表面凹凸不平的茶说成好茶。其实这两种说法大体都不是正确的。制茶的过程中，被压出茶汁来的就光滑，茶汁没有被压出来的就有皱缩；夜间制作的茶为黑色，采茶当日制成的茶为黄色；表面平整的茶是蒸压时故意为之的，而凹凸不平则是制作过程中任期自由处之的结果。

四之器

风炉：风炉以铜铁铸之，如古鼎形，厚三分，缘阔九分，令六分虚中，致其圬墁，凡三足。古文书二十一字，一足云"坎上巽下离于中"，一足云"体均五行去百疾"，一足云"圣唐灭胡明年铸"。其三足之间设三窗，底一窗，以为通飚漏烬之所，上并古文书六字：一窗之上书"伊公"二字，一窗之上书"羹陆"二字，一窗之上书"氏茶"二字，所谓"伊公羹陆氏茶"也。置墆㙍于其内，设三格：其一格有翟焉，翟者，火禽也，画一卦曰离；其一格有彪焉，彪者，风兽也，画一卦曰巽；其一格有鱼焉，鱼者，水虫也，画一卦曰坎。巽主风，离主火，坎主水。风能兴火，火能熟水，故备其三卦焉。其饰以连葩、垂蔓、曲水、方文之类。其炉或锻铁为之，或运泥为之，其灰承作三足，铁柈台之。

筥：筥以竹织之，高一尺二寸，径阔七寸，或用藤作，木楦，如筥形，织之六出，固眼其底，盖若利箧口铄之。

炭挝：炭挝以铁六棱制之，长一尺，锐一丰，中执细头，系一小𫐐展，以饰挝也。若今之河陇军人木吾也，或作锤，或作斧，随其便也。

火筴：火筴一名箸，若常用者圆直一尺三寸，顶平截，无葱台勾锁之属，以铁或熟铜制之。

镀：镀以生铁为之，今人有业冶者所谓急铁。其铁以耕刀之趄炼而铸之，内摸土而外摸沙土。滑于内，易其摩涤；沙涩于外，吸其炎焰。方其耳，以正令也；广其缘，以务远也；长其脐，以守中也。脐长则沸中，沸中则末易扬，末易扬则其味淳也。洪州以瓷为之，莱州以石为之，瓷与石皆雅器也，性非坚实，难可持久。用银为之，至洁，但涉于侈丽。雅则雅矣，洁亦洁矣，若用之恒而卒归于银也。

交床：交床以十字交之，剜中令虚，以支镀也。

夹：夹以小青竹为之，长一尺二寸，令一寸有节，节已上剖之，以炙茶也。彼竹之筱津润于火，假其香洁以益茶味，恐非林谷间莫之致。或用精铁熟铜之类，取其久也。

纸囊：纸囊以剡藤纸白厚者夹缝之，以贮所炙茶，使不泄其香也。

碾：碾以橘木为之，次以梨、桑、桐柘为臼，内圆而外方。内圆备于运行也，外方制其倾危也。内容堕而外无余木，堕形如车轮，不辐而轴焉，长九寸，阔一寸七分，堕径三寸八分，中厚一寸，边厚半寸，轴中方而执圆，其拂末以鸟羽制之。

罗合：罗末以合盖贮之，以则置合中，用巨竹剖而屈之，以纱绢衣之，其合以竹节为之，或屈杉以漆之。高三寸，盖一寸，底二寸，口径四寸。

则：则以海贝蛎蛤之属，或以铜铁竹匕策之类。则者，量也，准也，度。凡煮水一升，用末方寸匕。若好薄者减之，嗜浓者增之，故云则也。

水方：水方以椆木、槐、楸、梓等合之，其里并外缝漆之，受一斗。

漉水囊：漉水囊若常用者，其格以生铜铸之，以备水湿，无有苔秽腥涩。意以熟铜苔秽、铁腥涩也。林栖谷隐者或用之竹木，木与竹非持久涉远之具，故用之生铜。其囊织青竹以卷之，裁碧缣以缝之，纽翠钿以缀之，又作绿油囊以贮之，圆径五寸，柄一寸五分。

瓢：瓢一曰牺杓，剖瓠为之，或刊木为之。晋舍人杜毓《荈赋》云："酌之以匏。"匏，瓢也，口阔胫薄柄短。永嘉中，馀姚人虞洪入瀑布山采茗，遇一道士云："吾丹丘子，祈子他日瓯牺之余乞相遗也。"牺，木杓也，今常用以梨木为之。

竹筴：竹筴或以桃、柳、蒲、葵木为之，或以柿心木为之，长一尺，银裹两头。

鹾簋：鹾簋以瓷为之，圆径四寸。若合形，或瓶或罍，贮盐花也。其揭竹制，长四寸一分，阔九分。揭，策也。

熟盂：熟盂以贮熟水，或瓷或沙，受二升。

碗：碗，越州上，鼎州次，婺州次，岳州次，寿州、洪州次。或者以邢州处越州上，殊为不然。若邢瓷类银，越瓷类玉，邢不如越一也；若邢瓷类雪，则越瓷类冰，邢不如越二也；邢瓷白而茶色丹，越瓷青而茶色绿，邢不如越三也。晋·杜毓《荈赋》所谓器择陶拣，出自东瓯。瓯，越也。瓯，越州上口唇不卷，底卷而浅，受半升已下。越州瓷、岳瓷皆青，青则益茶，茶作白红之色。邢州瓷白，茶色红；寿州瓷黄，茶色紫；洪州瓷褐，茶色黑：悉不宜茶。

畚：畚以白蒲卷而编之，可贮碗十枚。或用筥，其纸帕，以剡纸夹缝令方，亦十之也。

札：札缉栟榈皮以茱萸木夹而缚之。或截竹束而管之，若巨笔形。

涤方：涤方以贮涤洗之余，用楸木合之，制如水方，受八升。

滓方：滓方以集诸滓，制如涤方，处五升。

巾：巾以绝为之，长二尺，作二枚，玄用之以洁诸器。

具列：具列或作床，或作架，或纯木纯竹而制之，或木法竹黄黑可扃而漆者，长三尺，阔二尺，高六寸，其到者悉敛诸器物，悉以陈列也。

都篮：都篮以悉设诸器而名之。以竹篾内作三角方眼，外以双篾阔者经之，以单篾纤者缚之，递压双经作方眼，使玲珑。高一尺五寸，底阔一尺，高二寸，长二尺四寸，阔二尺。

【精要解读】

本章主要介绍的是制茶的器具，详细用途如下分析：

风炉，用铜或铁制成，形状很像古鼎。

筥，装炭的篓。用竹子编制而成。

炭挝，用六棱形的铁棒制成。长一尺，头部尖，中间粗，握处细，握的一头套一个小环作装饰。

火夹，又叫火筷子，也就是常用的火钳。

镀，类似小口锅的器具，用生铁制成。

交床，锅座，是个十字交叉形的器物。把中间挖凹些，用来坐锅的器具。

夹子，用小青竹制成，长一尺二寸，经久耐用。

纸袋，用双层白而厚的剡溪藤纸缝制而成。用来暂时存放烤好的饼茶，使香气不散失。

碾槽，多用橘木制作，梨木、桑木、桐木、柘木次之。

罗，筛茶末的筛子。盒，贮存茶末的盒子，用罗筛出的茶末放在盒中盖紧存放。

则，用海贝、蛎蛤的贝壳之类制成的茶匙，或用铜、铁、竹做的茶匙。

盛水盆，用稠木、槐木、楸木、梓木等制作而成。里面和外面的缝都用油漆密封，盛水量一斗。

滤水囊，圈骨用生铜铸造，这是为了防止浸湿后附着铜绿和污垢，使水有腥涩味。

瓢，又叫杓。把葫芦剖开制成，或是用树木挖成。

竹筴，有的用桃木制作，也有的用柳木、蒲葵木或柿心木等制作。

鹾簋，用瓷做成，用于装盐。圆形，直径四寸，像个盒子，也有像瓶和小口坛子的。揭，用竹制成，长四寸一分，宽九分。揭就是策，是取盐花的勺子。

开水瓶，用来贮存开水；用瓷或砂石制成；可存二升水。

茶碗，以越州，（今浙江绍兴）产的最好，鼎州（今陕西泾阳）、婺州（今浙江金华）产的差些。

畚，用白蒲草卷成绳索而编成的盛具，可放十只碗。也有的用竹篮来装碗，用双层剡纸缝制成方形衬垫，也可以存放十个碗。

札，刷子，用茱萸木夹上棕榈皮纤维，捆扎紧制成。或将棕榈皮纤维一头扎紧套入一段竹管中，形状很像一只毛笔。

洗涤盆，用来存放剩水的器具。用楸木拼合制成，可装水八升。

茶渣盆，用来盛放各种茶渣。

巾，抹布，用粗绸绝布制作，用以清洁茶具。

具列，意为可贮放全部器物之意。有的全用木或全用竹制作。无论木制还是竹制的，均漆成黄黑色，柜门可关。

都篮，装得下全部茶具而得此名，用途即为盛装茶具。

五之煮

凡炙茶，慎勿于风烬间炙，熛焰如钻，使炎凉不均。持以逼火，屡其翻正，候炮出培塿状，虾蟆背，然后去火五寸，卷而舒则本其始，又炙之。若火干者，以气熟止；日干者，以柔止。

其始若茶之至嫩者，茶罢热捣叶烂而牙笋存焉。假以力者，持千钧杵亦不之烂，如漆科珠，壮士接之不能驻其指，及就则似无穰骨也。炙之，则其节若倪，倪如婴儿之臂耳。既而承热用纸囊贮之，精华之气无所散越。候寒末之其火用炭，次用劲薪。其炭曾经燔炙，为膻腻所及，及膏木败器不用之。古人有劳薪之味，信哉！

其水，用山水上，江水中，井水下。其山水，拣乳泉石地慢流者上，其瀑涌湍漱勿食之，久食令人有颈疾。又多别流于山谷者，澄浸不泄，自火天至霜郊以前，或潜龙畜毒于其间，饮者可决之以流其恶，使新泉涓涓然酌之。其江水，取去人远者。井取汲多者。

其沸如鱼目，微有声为一沸，缘边如涌泉连珠为二沸，腾波鼓浪为三沸，已上水老不可食也。初沸则水合量，调之以盐味，谓弃其啜余，无乃而钟其一味乎？第二沸出水一瓢，以竹筴环激汤心，则量末当中心，而下有顷势若奔涛，溅沫以所出水止之，而育其华也。凡酌置诸碗，令沫饽均。沫饽，汤之华也。华之薄者曰沫，厚者曰饽，细轻者曰花，如枣花漂漂然于环池之上。又如回潭曲渚，青萍之始生；又如晴天爽朗，有浮云鳞然。其沫者，若绿钱浮于水湄，又如菊英堕于镡俎之中。饽者以滓煮之。及沸则重华累沫，皤皤然若积雪耳。《荈赋》所谓"焕如积雪，烨若春花"，有之。

第一煮水沸，而弃其沫之上，有水膜如黑云母，饮之则其味不正。其第一者为隽永，或留熟以贮之，以备育华救沸之用。诸第一与第二第三碗，次之第四第五碗，外非渴甚莫之饮。凡煮水一升，酌分五碗，乘热连饮之，以重浊凝其下，精英浮其上。如冷则精英随气而竭，饮啜不消亦然矣。

茶性俭，不宜广，则其味黯澹，且如一满碗，啜半而味寡，况其广乎！其色缃也，其馨也。其味甘槚也；不甘而苦，荈也；啜苦咽甘，茶也。

【精要解读】

本章详细介绍了煮茶的过程，技巧以及选择的原料等等，具体步骤以及分析如下：

炙茶的时候，不要在大风和余火中进行，因为会导致茶叶各部分受热不均。炙茶时，要用竹夹夹住茶饼靠近火焰，不断翻转，等到茶饼烤得像小火堆，形状像蛤蟆背一样的时候，离开火焰大约五寸，再继续开始新一轮的翻烤，如此反复多次，直到茶饼完全变软了为止。

如果一开始采摘的是嫩茶叶，需要进行蒸青，并且趁热捣烂。炙热的茶饼需要趁热用纸袋包好，这样可以让茶叶的香气不至于很快散发掉。等茶叶凉了的时候再将它碾成粉末。

煮茶的燃料最好选用木炭，其他的例如桑树、槐树、桐树等杂木也可，只是比木炭差些。煮茶的水以山水为最好，其次为江河水，其中最差的水为井水。

煮水也需要掌握分寸，当水煮到表面出现鱼眼睛大小的气泡，并产生轻微的沸声时，被称为"第一沸"。水初次沸时，可以适当地加入一些盐来调味。当水边缘的气泡连续向上涌出时，被称为"第二沸"。当水面波浪翻腾时，被称为"第三沸"。三沸之后的水会变老，不宜饮用。

在水第一次煮时，应当舍弃茶沫上的一层水膜，否则它会让茶的味道有失偏颇，味道不正。煮茶一般用一升水，再分作五碗，并趁热喝完。因为水热的时候，茶中的精华部分都会浮在上层；而茶水冷了的时候，这些精华之物就会随着热气散发掉，不能被人体吸收。品茶的时候，把味道甘甜的称作"槚"；把不甜而有苦味的叫作"荈"；把有甜味的叫作"茶"。

六之饮

翼而飞，毛而走，去而言，此三者俱生于天地间。饮啄以活，饮之时，义远矣哉。至若救渴，饮之以浆；蠲忧忿，饮之以酒；荡昏寐，饮之以茶。

茶之为饮，发乎神农氏，闻于鲁周公，齐有晏婴，汉有扬雄、司马相如，吴有韦曜，晋有刘琨、张载、远祖纳、谢安、左思之徒，皆饮焉。滂时浸俗，盛于国朝，两都并荆俞间，以为比屋之饮。

饮有粗茶、散茶、末茶、饼茶者，乃斫，乃熬，乃炀，乃舂，贮于瓶缶之中，以汤沃焉，谓之痷茶。或用葱、姜、枣、橘皮、茱萸、薄荷之等，煮之百沸，或扬令滑，或煮去沫，斯沟渠间弃水耳，而习俗不已。

於戏！天育万物皆有至妙，人之所工，但猎浅易。所庇者屋屋精极，所着者衣衣精极，所饱者饮食，食与酒皆精极之。茶有九难：一曰造，二曰别，三曰器，四曰火，五曰水，六曰炙，七曰末，八曰煮，九曰饮。阴采夜焙非造也，嚼味嗅香非别也，膻鼎腥瓯非器也，膏薪庖炭非火也，飞湍壅潦非水也，外熟内生非炙也，碧粉缥尘非末也，操艰搅遽非煮也，夏兴冬废非饮也。

夫珍鲜馥烈者，其碗数三；次之者，碗数五。若坐客数至，五行三碗，至七行五碗。若六人已下，不约碗数，但阙一人而已，其隽永补所阙人。

【精要解读】

本章介绍的主要是饮茶对于人的意义以及制茶的关键。

禽鸟因为有翅而飞，兽类因为有毛而跑，人类开口能说话。这三者都靠吃食和饮水维持生命，生长于天地之间。可见喝水的意义有多深远。为了解渴可以喝水；为了消除忧虑和烦恼可以喝酒；而为了去除昏沉欲睡，则可以喝茶。

茶成为饮料，开始于神农氏，到鲁周公正式对茶作了文字记载后才传闻于世。后来到处流行饮茶，成为风俗，最盛行于本唐朝。在西安和洛阳两都城及荆州、巴渝等地，几乎家家户户都要饮茶。

人们长饮用的茶有粗茶、散茶、末茶、饼茶几种。或砍、或熬、或烤、或舂，最后经过煮熬，才可以饮用。

茶有着几个难以掌握的关键：一是采制，二是鉴别，三是器具，四是用火，五是选水，六是炙烤，七是碾末，八是烹煮，九是品饮。阴天采摘、夜间焙制都是不正确的采制法；仅凭嚼茶尝味、靠嗅觉辨别香味也不算是会鉴别；使用沾有腥味的炉、锅和带有腥气的盆，也算是选器不当；也不能用急流和似水泡茶，这是用水不当；把饼茶烤得外熟里生，是烤茶不当；把茶叶碾得过细像粉尘一样，是碾茶不当；煮茶时操作不熟练、搅动茶汤太急促，也不算是回煮茶；夏天喝茶而冬天不喝，这也是不懂得饮茶。

一锅煮出的前三碗茶味道是极其鲜美浓郁的，这种美好的味道最多持续到第五碗。

七之事

三皇炎帝。神农氏。周鲁周公旦。齐相晏婴。汉仙人丹丘子。黄山君司马文。园令相如。杨执戟雄。吴归命侯。韦太傅弘嗣。晋惠帝。刘司空琨。琨兄子兖州刺史演。张黄门孟阳。傅司隶咸。江洗马充。孙参军楚。左记室太冲。陆吴兴纳。纳兄子会稽内史俶。谢冠军安石。郭弘农璞。桓扬州温。杜舍人毓。武康小山寺释法瑶。沛国夏侯恺。馀姚虞洪。北地傅巽。丹阳弘君举。安任育。宣城秦精。敦煌单道开。剡县陈务妻。广陵老姥。河内山谦之。后魏琅琊王肃。宋新安王子鸾。鸾弟豫章王子尚。鲍昭妹令晖。八公山沙门谭济。齐世祖武帝。梁·刘廷尉。陶先生弘景。皇朝徐英公绩。

《神农·食经》："茶茗久服，令人有力、悦志"。

周公《尔雅》："槚，苦茶。"

《广雅》云："荆巴间采叶作饼，叶老者饼成，以米膏出之，欲煮茗饮，先炙，令赤色，捣末置瓷器中，以汤浇覆之，用葱、姜、橘子芼之，其饮醒酒，令人不眠。"

《晏子春秋》："婴相齐景公时，食脱粟之饭，炙三戈五卵茗菜而已。"

司马相如《凡将篇》："乌啄桔梗芫华，款冬贝母木蘗萎，芩草芍药桂漏芦，蜚廉雚菌荈诧，白敛白芷菖蒲，芒消莞椒茱萸。"

《方言》："蜀西南人谓茶曰蔎。"

《吴志·韦曜传》："孙皓每飨宴坐席，无不率以七胜为限。虽不尽入口，皆浇灌取尽，曜饮酒不过二升，皓初礼异，密赐茶荈以代酒。"

《晋中兴书》："陆纳为吴兴太守，时卫将军谢安常欲诣纳，纳兄子俶怪纳，无所备，不敢问之，乃私蓄十数人馔。安既至，所设唯茶果而已。俶遂陈盛馔珍馐必具，及安去，纳杖俶四十，云：'汝既不能光益叔父，奈何秽吾素业？'"

《晋书》："桓温为扬州牧，性俭，每燕饮，唯下七奠，拌茶果而已。"

《搜神记》："夏侯恺因疾死，宗人字苟奴，察见鬼神，见恺来收马，并病其妻，着平上帻单衣入，坐生时西壁大床，就人觅茶饮。"

刘琨《与兄子南兖州刺史演书》云："前得安州干姜一斤、桂一斤、黄芩一斤，皆所须也，吾体中溃闷，常仰真茶，汝可置之。"

傅咸《司隶教》曰："闻南方有以困蜀妪作茶粥卖，为帘事打破其器具。又卖饼于市，而禁茶粥以蜀姥何哉！"

《神异记》："馀姚人虞洪入山采茗，遇一道士牵三青牛，引洪至瀑布山曰：'予丹丘子也。闻子善具饮，常思见惠。山中有大茗可以相给，祈子他日有瓯牺之余，乞相遗也。'因立奠祀。后常令家人入山，获大茗焉。"

左思《娇女诗》："吾家有娇女，皎皎颇白皙。小字为纨素，口齿自清历。有姊字惠芳，眉目粲如画。驰骛翔园林，果下皆生摘。贪华风雨中，倏忽数百适。心为茶荈剧，吹嘘对鼎𬯀。"

张孟阳《登成都楼诗》云："借问杨子舍，想见长卿庐。程卓累千金，骄侈拟五侯。门有连骑客，翠带腰吴钩。鼎食随时进，百和妙且殊。披林采秋橘，临江钓春鱼。黑子过龙醢，果馔逾蟹蝑。芳茶冠六情，溢味播九区。人生苟安乐，兹土聊可娱。"

《传巽七诲》："蒲桃、宛柰、齐柿、燕栗、峘阳黄梨、巫山朱橘、南中茶子、西极石蜜。"

弘君举食檄：寒温既毕，应下霜华之茗，三爵而终，应下诸蔗、木瓜、元李、杨梅、五味橄榄、悬豹、葵羹各一杯。孙楚歌：'茱萸出芳树颠，鲤鱼出洛水泉，白盐出河东，美豉出鲁渊。姜桂茶荈出巴蜀，椒橘、木兰出高山，蓼苏出沟渠，精稗出中田。'"

华佗《食论》："苦茶久食益意思。"

壶居士《食忌》："苦茶久食羽化。与韭同食，令人体重。"郭璞《尔雅注》云："树小似栀子，冬生叶，可煮羹饮，今呼早取为茶，晚取为茗，或一曰荈，蜀人名之苦茶。"

《世说》："任瞻字育长，少时有令名。自过江失志，既下饮，问人云：'此为茶为茗？'觉人有怪色，乃自分明云：'向问饮为热为冷？'"

《续搜神记·晋武帝》："宣城人秦精，常入武昌山采茗，遇一毛人长丈余，引精至山下，示以丛茗而去。俄而复还，乃探怀中橘以遗精，精怖，负茗而归。"

晋四王起事，惠帝蒙尘，还洛阳，黄门以瓦盂盛茶上至尊。

《异苑》："剡县陈务妻少，与二子寡居，好饮茶茗。以宅中有古冢，每饮，辄先祀之。二子患之曰：'古冢何知？徒以劳。'意欲掘去之，母苦禁而止。其夜梦一人云：吾止此冢三百余年，卿二子恒欲见毁，赖相保护，又享吾佳茗，虽潜壤朽骨，岂忘翳桑之报。及晓，于庭中获钱十万，似久埋者，但贯新耳。母告，二子惭之，从是祷馈愈甚。"

《广陵耆老传》："晋元帝时有老姥，每旦独提一器茗，往市鬻之，市人竞买，自旦至夕，其器不减，所得钱散路傍孤贫乞人。人或异之，州法曹縶之狱中，至夜，老姥执所鬻茗器，从狱牖中飞出。"

《艺术传》："敦煌人单道开不畏寒暑，常服小石子。所服药有松桂蜜之气，所余茶苏而已。"释道该说《续名僧传》："宋释法瑶姓杨氏，河东人，永嘉中过江遇沈台真，请真君武康小山寺，年垂悬车，饭所饮茶，永明中敕吴兴礼致上京，年七十九。"

《宋江氏家传》："江统字应迁，愍怀太子洗马，常上疏谏云：'今西园卖醯面蓝子菜茶之属，亏败国体。'"

《宋录》："新安王子鸾、豫章王子尚，诣昙济道人于八公山，道人设茶茗，子尚味之曰：此甘露也，何言茶茗。"

王微《杂诗》："寂寂掩高阁，寥寥空广厦。待君竟不归，收领今就槚。

鲍昭妹令晖着《香茗赋》。

南齐世祖武皇帝遗诏："我灵座上，慎勿以牲为祭，但设饼果、茶饮、干饭、酒脯而已。"

梁刘孝绰、谢晋安王饷米等，启传诏：李孟孙宣教旨，垂赐米、酒、瓜、笋、菹、脯、酢、茗八种，气苾新城，味芳云松。江潭抽节，迈昌荇之珍；疆场擢翘，越茸精之美。羞非纯束野麏，裛似雪之驴；鲊异陶瓶河鲤，操如琼之粲。茗同食粲酢，颜望楫免，千里宿春，省三月种聚。小人怀惠，大懿难忘。陶弘景《杂录》："苦茶轻换膏，昔丹丘子青山君服之。"

《后魏录》："琅琊王肃仕南朝，好茗饮莼羹。及还北地，又好羊肉酪浆，人或问之：茗何如酪？肃曰：茗不堪与酪为奴。"

《桐君录》："西阳武昌庐江昔陵好茗，皆东人作清茗。茗有饽，饮之宜人。凡可饮之物，皆多取其叶，天门冬、拔揳取根，皆益人。又巴东别有真茗茶，煎饮令人不眠。俗中多煮檀叶，并大皂李作茶，并冷。又南方有瓜芦木，亦似茗，至苦涩，取为屑茶，饮亦可通夜不眠。煮盐人但资此饮，而交广最重，客来先设，乃加以香芼辈。《坤元录》："辰州溆浦县西北三百五十里无射山，云蛮俗当吉庆之时，亲族集会，歌舞于山上，山多茶树。"

《括地图》："临遂县东一百四十里有茶溪。"

山谦之《吴兴记》："乌程县西二十里有温山，出御荈。《夷陵图经》："黄牛、荆门、女观望州等山，茶茗出焉。"

《永嘉图经》："永嘉县东三百里有白茶山。"

《淮阴图经》："山阳县南二十里有茶坡。"

《茶陵图经》云："茶陵者，所谓陵谷，生茶茗焉。"《本草·木部》："茗，苦茶，味甘苦，微寒，无毒，主瘘疮，利小便，去痰渴热，令人少睡。秋采之苦，主下气消食。注云：春采之。"

《本草·菜部》："苦茶，一名茶，一名选，一名游冬。生益州川谷山陵道傍，凌冬不死。三月三日采干。注云：疑此即是今茶，一名茶，令人不眠。本草注。"按《诗》云"谁谓茶苦"，又云"堇茶如饴"，皆苦菜也。陶谓之苦茶，木类，非菜流。茗，春采谓之苦？茶。

《枕中方》："疗积年瘘，苦茶、蜈蚣并炙，令香熟，等分捣筛，煮甘草汤洗，以末傅之。"

《孺子方》："疗小儿无故惊厥，以葱须煮服之。"

【精要解读】

本章主要讲解了一些提到茶或与茶有关的著作，也摘录了许多年前的茶事典故，详细介绍如下：

《神农食经》中说："长期饮茶，可使人有力气，精神好"。

《尔雅》中记载："槚，就是苦茶"。

《广雅》中记载："荆州、巴州一带，采茶叶做成茶饼，叶子老的，就用米汤拌和处理使能成饼。想煮茶时，先烤茶饼，烤到发红为止，然后捣碎成细末放到瓷器中，冲入沸水冲泡。或放些葱、姜、橘子，搅和后饮用。喝了这种茶可以醒酒，使人兴奋不想睡觉。"

《晏子春秋》中记载："晏婴作齐景公宰相时，吃的是粗粮，和一些烧烤的禽鸟和蛋品，除此之外，只饮茶罢了。"

《凡将篇》在药物类中记载："乌头、桔梗、芫华、款冬花、贝母、木香、黄柏、瓜蒌、黄芩、甘草、芍药、肉桂、漏芦、蜚廉、雚菌、荈茶、白敛、白芷、菖蒲、芒硝、茵芋、花椒、茱萸。"

《方言》中记载："蜀西南的人把茶叫作蔎。"

《吴志·韦曜传》中记载："孙皓每次宴请臣下，要大家都喝空七升酒。虽有人喝不完，也都要浇灌喝尽。韦曜的酒量不过二升，孙皓起初给予特别的礼节性照顾，暗地里让他用茶来代替酒。"

《晋中兴书》中记载："陆纳任吴兴太守时，卫将军谢安常想去拜访他。陆纳的侄子陆俶埋怨陆纳没有准备什么东西，但又不敢问他，就私下准备了十多个人的酒食菜肴。谢安到了陆家后，陆纳招待他的仅仅是茶和果品而已。陆俶便当即摆上丰盛的肴馔，各种珍奇的菜肴全都有。等到谢安辞去，陆纳却打了陆俶四十大板，并训斥道：你既然不能给叔父增光，为什么要玷污我一向清廉的名声呢？"

《晋书》中记载："桓温任扬州地方官时，性好俭朴，每次宴会时，仅用七盘茶果来招待客人。"

……

这些著作都可称得上是有关茶的精粹，它们直接或间接地表达了我们祖先对茶的欣赏及喜爱之情，也将茶的发展历程记录得极为详细。

八之出

山南以峡州上，襄州、荆州次，衡州下，金州、梁州又下。

淮南以光州上，义阳郡、舒州次，寿州下，蕲州、黄州又下。

浙西以湖州上，常州次，宣州、杭州、睦州、歙州下，润州、苏州又下。

剑南以彭州上，绵州、蜀州次，邛州次，雅州、泸州下，眉州、汉州又下。

浙东以越州上，明州、婺州次，台州下。

黔中生恩州、播州、费州、夷州，江南生鄂州、袁州、吉州，岭南生福州、建州、韶州、象州。其恩、播、费、夷、鄂、袁、吉、福、建、泉、韶、象十一州未详。往往得之，其味极佳。

【精要解读】

本章讲解的主要是茶叶的分布地带，以及不同地方茶叶的好坏区别。总体说来，湖北宜昌、河南光山、湖州、彭州、越州等地产的茶叶最好；其次是湖北江陵、湖南衡阳、河南信阳、安徽怀宁、常州、绵州、蜀州、明州、婺州；而陕西汉中、蕲州、黄州、润州、苏州、眉州、汉州产的茶又次之。只有了解了茶的产地，我们才可以更精准地挑选到好茶。

九之略

其造具，若方春禁火之时，于野寺山园丛手而掇，乃蒸，乃舂，乃以火干之，则又棨、朴、焙、贯、相、穿、育等七事皆废。其煮器，若松间石上可坐，则具列，废用槁薪鼎𬭚之属，则风炉、灰承、炭挝、火筴、交床等废；若瞰泉临涧，则水方、涤方、漉水囊废。若五人已下，茶可末而精者，则罗废；若援藟跻岩，引絙入洞，于山口灸而末之，或纸包合贮，则碾、拂末等废；既瓢碗、筴、札、熟盂、醝簋悉以一筥盛之，则都篮废。但城邑之中，王公之门，二十四器阙一则茶废矣！

【精要解读】

本章讲解的是可以省略的步骤以及器具等。制茶、饮茶因不同的地点所需要的条件与器具也各有不同，详细解读如下：

如果正值寒食节、民间禁火的时候，人们在荒野的寺庙或在山间茶园采摘茶叶，那么棨、朴、焙、贯、棚、穿、育等七种造茶工具可以省掉。

如果在松林之下，有青石可放置，那么具列这个煮茶工具也可以省掉。

如果用干柴草烧水，用与鼎相似的炉子煮茶，那么风炉、灰承、炭树、火夹、交床等煮茶工具可以省掉。

如果是在泉上溪边煮茶，用水方便，那么水方，涤方，漉水囊等这些煮茶工具都可以省掉。

如果喝茶的人在五人以下，茶又很容易被弄碎，那么罗可以省掉。

如果人们要牵着山藤拉着粗绳到岩穴中去，那么在山口就先要将茶用火烤好当即压成末，用纸包或盒装好，那么碾、拂末等可以省掉。

如果瓢、碗、夹、札、熟盂、鹾簋能用一个竹筥全部装起来带出去，那么都篮可以省掉。

但在城市中，尤其是王公显贵之门，二十四件煮茶、饮茶的器具如果少了一件，也就谈不上饮茶了。

十之图

以绢素或四幅或六幅，分布写之，陈诸座隅，则茶之源、之具、之造、之器、之煮、之饮、之事、之出、之略，目击而存，于是《茶经》之始终备焉。

【精要解读】————————————————————————

用素色绢绸，分成四幅或六幅，分别把《茶经》各章节的文字都抄写出来。将它们张挂在座位旁边，这样茶之源、茶之具、茶之造、茶之器、茶之煮、茶之饮、茶之事、茶之出、茶之略等就能被大家随时看到，于是《茶经》从头到尾的内容就记完备了。